3판

2015 개정 교육과정 반영

행복한 배움을 실천하는

가정과 수업 방법과
수업 실연

3판

2015 개정 교육과정 반영

행복한 배움을 실천하는

가정과 수업 방법과 수업 실연

채정현 · 박미정 · 김성교 · 유난숙 · 한 주 · 허영선 지음

교문사

머리말

학생은 수업을 통해서 교사를 만난다. 저자의 중·고등학교 시절을 회상하면 여러 선생님들의 수업이 떠오른다. 많은 선생님들은 주로 칠판에 배울 내용을 쭉 적어놓고 중요한 부분에 밑줄을 치고 다 같이 읽게 한 후에 그 곳만 지우고 아무나 지적하며 그 내용을 암기하였는지 확인하곤 하였다. 이때 아무나는 주로 수업이 있는 그 날 날짜여서 그 수업이 있는 날짜와 내 번호가 맞아떨어지면 하루 종일 혹시 선생님이 내 번호를 불러서 마구 질문하지 않을까 긴장하곤 했던 기억이 난다. 그런데 지나고 생각하면 그때 그 수업시간에 무엇을 배웠는지는 전혀 기억이 나지 않고 단지 그 교실의 긴장된 분위기만 떠오른다.

한편 어떤 선생님은 수업의 내용을 너무나도 재미있게 설명하여 배운 내용이 머릿속에 쏙 들어가게 하였다. 그 선생님의 설명이 얼마나 재미있고 유익했던지 일주일 내내 그 수업이 기다려지곤 하였다. 어떤 선생님은 수업 내용을 우리의 인생과 연계하여 과연 우리가 어떤 삶을 살아야 할지를 생각하게 하고 성찰할 기회를 주기도 하였다. 이런 수업을 하신 한 선생님이 잊혀지지 않는다.

고등학교 2학년 때 한 학기 수업을 담당했던 기간제 교사인 여금현 선생님은 저자의 인생을 바꾸어 놓을 만큼 인상적인 수업 활동을 하였다. 예를 들면, 선생님은 칠판에 "내가 죽은 후에 나에 대한 영화가 만들어진다면 그 영화 제목은 무엇일까, 그리고 그 영화 스토리는 어떤 것일까?"란 질문을 던져서 이에 대한 답을 써보고 발표하게 하였다. 그 시절 대부분 학교는 재학생들의 대학 합격에 집중하였기에 수업은 주로 입시 위주로 이루어졌다. 저자는 이러한 분위기 속의 고등학교 생활에 회의를 느끼고 있었기에 여 선생님의 수업 중 질문은 너무나 신선하고 흥분되고 놀라웠다. 여 선생님은 작고 통통한 보통 아줌마의 모습이었지만 학생들에게 말할 수 없이 따뜻하고 다정하였고 그분의 얼굴에는 화사한 빛과 함께 뭔지 모를 행복이 스며 있었다. 그런 분이 수업 중에 들려주신 자신에 대한 삶의 이야기나 느닷없이 던지는 '지금처럼 사는 삶이 인간적인 삶일까?', '이 사회는 평등할까?', '지금 우리는 영원한 삶을 살고 있는 것일까?', '대학은 꼭 가야 하는 것일까?', '나의 이웃은 누구인가?' 등의 질문은 나에게 도전으로 받아들여졌고 그 후로 '나는 누구인가?', '확실한 죽음 앞에서 이 삶을 어떻게 값지게 살아야 할까?'에 대한 질문을 늘 던지면서 지내왔다.

저자는 그 선생님을 잠시 수업을 통해서 만났을 뿐인데 그 선생님이 수업 중에 하신 이야기나 던진 질문 등은 나의 삶에 꼬리에 꼬리를 물고 오랜 시간 동안 깊은 영향을 주었다. 그분의 환한 미소와 학생들을 일일이 반기고 보듬는 따스한 모습은 어느 덧 삶의 모델이 되고 말았다. 그 수업 후에 저자는 인간다운 삶이란 사회공동체에 책임지는 삶, 슬퍼하는 자와 함께 슬퍼하고 기뻐하는 자와 함께 기뻐하는 자의 삶이란 것을 깨닫게 되었고 자유로운 삶과 정의로운 삶이 무엇인지, 또 왜 공부하고 치열하게 노력하며 살아야 하는지 등도 깨닫게 되었다.

여금현 선생님을 수업을 통해서 알게 된 이후에 고등학교 시절의 모든 것이 무의미한 것 같이 느껴져서 회의를 느끼고 방황하여 무력했던 마음의 병이 사라지니 꿈이 생기고 그 꿈을 이루고자 하는 의욕이 생겼다. 꿈과 의욕이 생기니 마음속의 어두움이 사라지고 환한 빛이 스며들어와 나도 모르게 싱글벙글거리며 밝은 미소를 짓게 되었다. 한 학기 동안 일주일에 딱 50분 받은 한 선생님의 짧았던 수업을 통해서 저자의 삶에 기적이 일어난 것이다. 그 선생님은 얼마 후 기간제 교사직을 끝내고 학교를 떠났고 그 후로는 다시 만나지 못했다. 하지만 여금현 선생님은 내 마음 속에 나의 삶을 변화시킨 영원한 스승으로 자리 잡고 있다. 이는 일주일에 한 시간짜리의 짧은 수업이라도 교사가 학생들에 대한 따스한 사랑과 철학이 담긴 학생 중심의 수업을 하였을 때 그 교육적 영향력이 얼마나 큰가를 보여 준 저자의 살아 있는 체험이다.

가정과는 가족과 가정생활을 대상으로 하는 교과로서 학생들이 자주적으로 깨어서 강건한 가족의 일원으로서 행복한 삶을 살아가도록 돕는 실천교과이다. 따라서 다른 주지교과와는 달리 가정과는 인지적인 지식을 제공하는 것 이외에도 학생들의 생활에 깊이 개입하고 그들이 자신뿐만 아니라 타인과 공동체를 생각하는 성숙한 마음을 갖고 성찰을 통해서 실제적으로 학생 개인의 삶을 긍정적으로 살아가는 정의적인 태도와 실천적 행동을 할 수 있게 한다는 장점이 있다.

교사는 주로 수업을 통해서 학생을 만난다. 과연 가정과교사는 수업에서 어떠한 모습으로 어떻게 학생을 만나서 학생들을 어떻게 변화시킬 것인가? 이에 대해서 체계적이고 과학적인 방법을 제시한 것이 바로 가정과 교수·학습 방법에 대한 이 책의 내용이다.

저자가 미국 유학 시절에 오하이오주의 가정과 교수·학습 과정안을 처음 보았을 때 그 내용의 많은 부분이 여금현 선생님의 수업 내용과 수업 중에 던진 도전적인 질문과 유사한 것을 보고 놀라웠다. 저자의 고등학교 때를 회상하면서, 가정과야말로 다른 주지교과와는 달리 제대로만 교육하면 학생들에게 희망을 주고 꿈을 갖게 하며 원하고 바라는 삶을 살게 할 수 있다는 확신이 들었다. 그렇다면 교실 현장에서 가정과교사는 어떠한 교수·학습 방법을 사용하여 수업해야 할까? 이러한 질문에 대해서 딱히 '이것이다'라는 답은 없을 것이다. 왜냐하면 그때그때의 교실상황, 수업 목표, 수업 내용, 학생들의 요구 등이 다르기 때문이다. 단지 가정과교사는 다른 주지교과와는 달리 실천교과로서의 특성을 살리고 가정과에서 궁극적으로 추구하는 비전, 성숙하고 깨어 있는 개인과 가족을 만든다는 사명의식을 갖고 그 날의 수업의 목표와 내용에 적합한 다양한 교수·학습 방법을 사용하여 최종적으로 학생들의 긍정적인 삶의 변화를 이끌어야 할 것이다. 그렇다면 가정과의 특성에 맞는 교수·학습 방법에는 무엇이 있는가?

이 책은 예비교사 및 현직 교사들이 가정과의 특성에 맞는 교수·학습 방법을 선택하고 활용하는 데 도움을 주도록 구성하였다. 구체적으로 가정과 교수·학습의 이해와 학습과 교수 및 수업이 어떤 의미인지 그들의 관계는 어떠한지 살펴보고, 교수설계에 관한 모형에는 어떤 것이 있는지 알아보았다. 1장 가정과 수업의 이해에서는 가정과 교육의 본질을 살펴보고 학습, 교수, 수업의 개념 및 그들 간의 관계를 통해 다양한 교수 설계 모형을 이해하도록 하였다. 2장 가정과 수업의 설계에서는 수업 환경과 상황, 대상과 목표 등에 따라 다양한 모습을 지니게 되는 가정과 수업 설계를 수업 계획, 수업 내용 분석, 수업 목표 설정 및 진술, 교수·학습 지도안의 작성을 중심으로 살펴보았다. 특히 가정과 수업 설계를 중등교사 2차 임용시험과 연계하여 교수·학습 지도안 작성과 수업능력 평가에 실제로 적용할 수 있도록 구성하였다. 3장 가정과 수업 모형에서는 가정과 수업에서 활용되는 다양한 수업 모형을 알아보고 이를 적용한 구체적인 교수·학습 과정안을 제시하여 학생들이 수업 목표와 내용에 적합한 모형을 선정하고 활용하는 데 도움이 되도록 하였다. 4장 가정과 수업에서의 평가에서는 평가의 의미를 이해하고 다양한 평가의 종류에 따라 적절한 평가 방법을 활용할 수 있도록 하였다. 특히 변화하는 평가 패러다임에 따라 수업과 연계한 다양한 평가 방법을 실제로 적용할 수 있도록 구성하였다. 5장 가정과 수업 평가 및 컨설팅에서는 다양한 교수·학습 방법에 따른 가정과 수업을 분석하고 평가하는 방법을 소개하고 더 나아가 보다 체계적인 컨설팅 과정을 통해 가정과 수업을 향상시키는 데 도움을 주고자 하였다.

이 책은 어떻게 하면 좋은 가정과 수업을 할 수 있을지 고민하면서 오랫동안 수업 연구를 해온 박미정 교수님, 김성교 선생님, 유난숙 교수님, 한주 교수님, 허영선 선생님과 공동으로 집필하였다. 책 집필을 위해 2년이 넘는 기간 동안 강원도, 경기도, 경상도, 전라도, 충청도 등 전국에 근무하는 저자들이 휴일을 반납하고 정기적으로 만나서 서로의 집필 내용을 함께 검토하고 의논하였다. 초판, 재판 과정을 거치면서 부족한 내용을 보완하려고 나름의 노력을 기울였으나 아직도 갈 길이 멀다는 생각이 든다. 이번 3판에서는 2015 개정 교육과정과 이에 따른 평가관련 내용들을 추가하였다.

그동안 꾸준히 《가정과 수업 방법과 수업 실연》을 찾아준 많은 예비 가정과 교사들에게 감사드리며, 이 책의 독자들이 임용에 합격하기를 응원한다. 그리고 앞으로 대한민국의 청소년, 가정, 그리고 사회를 밝히는 사명자로서의 가정교과 전문가로 성장하는 데 이 책이 발판이 되기를 온 마음으로 바란다.

본서는 가정과 교육의 학문적·정책적인 면에 헌신해 오신 이연숙 교수님, 가정과 교육의 세계적인 학자이신 유태명 교수님, 오랜 중등학교 가정과교사의 경험을 토대로 대학에서 이론과 실제를 접목하여 가정과 수업에 대한 강의와 연구를 병행하신 이수희 교수님, 그리고 교과 내용을 접목하여 가정과 수업에 대한 연구를 성실하고 탁월하게 수행해 오신 조재순 교수님을 비롯한 전국의 가정교육과 교수님들과 가정과 선생님들, 그리고 대학원생들의 학문적 성과에 기반하였기에 이 자리를 빌려 진심으로 감사드린다.

무엇보다 이 책의 출판 과정을 진두지휘하신 정용섭 부장님, 실무 업무를 꼼꼼하게 담당하신 편집부 직원들, 그리고 교문사 류제동 대표님께 깊이 감사드린다.

2019. 8.
다락리 연구실에서
채정현

차 례

CHAPTER **3**

가정과 수업
모형

CHAPTER **4**

**가정과 수업에서의
평가**

가정과 수업의
이해

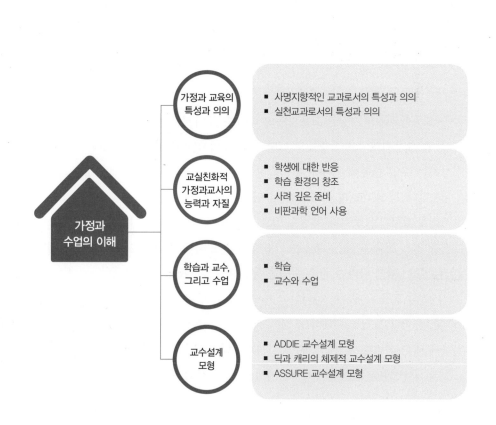

가정과
수업의 이해

가정과 교육의
특성과 의의
- 사명지향적인 교과로서의 특성과 의의
- 실천교과로서의 특성과 의의

교실친화적
가정과교사의
능력과 자질
- 학생에 대한 반응
- 학습 환경의 창조
- 사려 깊은 준비
- 비판과학 언어 사용

학습과 교수,
그리고 수업
- 학습
- 교수와 수업

교수설계
모형
- ADDIE 교수설계 모형
- 딕과 캐리의 체제적 교수설계 모형
- ASSURE 교수설계 모형

가정과 수업의 이해

핵심 개념 ▶ 가성과 교육, 사명지향적인 교과, 실전교과, 교실진화적 가정과교사, 비판과학 언어, 교수설계 모형, ADDIE 교수설계 모형, 딕과 캐리의 체제적 교수설계 모형, ASSURE 교수설계 모형

1. 가정과 교육의 특성과 의의

중·고등학교에서 지정된 교육활동의 대다수를 차지하는 부분은 교과를 통한 수업 활동이다. 중·고등학교에서 학생들은 해당 교과 수업시간에 해당 교과 교사를 만나고 교사가 구상하는 수업 활동에 참여하여 학습한다. 모든 교과교육은 학생에게 교육을 한다는 점에서 비슷하나 각 교과만의 독특한 점이 있기에 각 교과교육의 특성과 의의, 그리고 각 교과 교사에게 요구되는 능력과 자질을 알고 교육하는 것이 필요하다. 실제로 각 교과교육의 독특성을 알고 교육을 하는 교사는 그렇지 않은 교사에 비해서 교육 신념이나 열정, 그리고 자신감 등이 높게 나타나 좋은 수업을 하는 것으로 나타났다.

　가정과 교육도 예외는 아니어서 가정과 교육의 특성과 의의, 그리고 가정과교사에게 요구되는 능력과 자질을 이해하는 것이 필요하다. 이런 이해를 통해서 수업을 할 때 가정과 교육에 대한 신념과 열정을 가지고 가정과 교육이라는 큰 틀에서 해당 단원의 목표와 내용에 맞게 교육방법을 계획하여 학생들에게 와 닿는 좋은 수업을 실행할 수 있을 것이다.

가정과* 교육은 개인과 가족의 일원인 학생을 대상으로 그들이 접하는 생활 속의 문제를 예방하거나 해결하는 능력을 기르게 하고 자신은 물론 타인과 사회를 위해서 선한 행동을 하여 성숙한 개인과 가족이 되도록 돕는 사명지향적인 교과이자 실천교과의 특성을 지니고 있다.

프랑스의 바슈라르는 '인간은 가정 안의 존재'라고 하면서 가정의 중요성을 강조하여 설명하였다. 2014년에 실시된 '행복의 조건'이 무엇인지에 대한 조사에서, 초·중학생들은 제1조건으로 '화목한 가정'이라고 답하였다(세계일보, 2014. 6. 1.). 2009년도에 실시된 조사에서도 현대인의 행복결정요인 1위가 '가정에서의 만족(YTN, 2009. 2. 19.)'으로 나타났다. 이러한 결과는 시대가 변하여도 가정은 인간생활의 기본적인 바탕이 되고 사회 전체를 지탱해 주는 사랑, 안전, 인정, 희망, 행복과 같은 인간의 기본적 욕구를 충족시키고 인간의 성장을 위해서 가장 중요한 곳이라는 것에는 변함이 없다는 것을 보여준다. 가정과 교육은 초·중·고등학교 학생을 대상으로 가족과 가정생활과 관련된 내용을 다루며 교육을 통한 개인과 가족의 행복이 최종 목표이기에 학생들이 행복한 삶을 살도록 교육을 하고 있다는 점에서 그 의의가 크다.

1 | 사명지향적인 교과로서의 특성과 의의

가정과 교육은 교육을 통해서 가족의 일원인 학생들이 현재와 미래에 강건한 가족인(strong family)이 되도록 준비시키는 사명이 있기에 사명지향적인 교과이다. 강건한 가족은 자아가 성숙하며 자신뿐만 아니라 타인과 사회를 위해서 유익한 행동을 한다. 그렇다면 현대인이 강건한 가족이 되지 못하게 하는 장애 요소는 무엇이며 이를 어떻게 극복하여야 할까?

우리나라는 지난 50년 동안 경제와 과학기술이 비약적으로 발전하였으나 사회적·문화적·도덕적 측면에서는 발전보다는 퇴보하였다. 즉 개인주의와 이기주의, 그리고 향락주의가 가

---

* 가정과는 가정교과를 말하며 초등학교에서는 '실과'의 한 영역이고, 중학교에서는 '기술·가정' 교과의 한 영역이다. 일반 고등학교에서는 '기술·가정' 교과의 한 영역 또는 '가정과학'의 명칭으로 불리며, 가사실업계고등학교에서는 기술·가정의 한 영역 또는 가정과학, 식품영양, 인간발달 등 가정과 관련 명칭으로, 우리나라 학교 교육에서 특별히 지정된 교과이다.

정에 침투하여 높은 이혼율, 가족폭력, 성범죄, 청소년의 일탈행동, 노인들에 대한 방기, 과소비 등의 문제가 대두되었다. 한완상(1993)은 도덕적 타락, 이기주의와 개인주의, 그리고 향락주의에서 비롯된 이러한 문제를 해결하기 위한 방안으로 가족이라는 '나'를 사회라는 '우리'로 넓히는 작업을 해야 한다고 주장하였다. 배해수 외(1994)는 이러한 작업을 하기 위한 근본적인 방안은 사회구성원의 의식개혁에 있는데 이러한 의식개혁은 사회 제도나 정치 개혁보다는 "바로 가정교육이나 학교교육이라는 교육적 수단이 가장 근본적이고 완전한 것"이라고 주장하였다. 이를 위하여 우리나라가 목표로 삼아야 할 이상적인 가족은 어떠한 모습인지 설정하고 이에 도달하기 위한 노력을 하여야 한다고 강조하였다.

사회학자이자 철학자인 김태길 외(1989)는 우리나라가 목표로 삼아야 할 이상적인 가족은 첫째, 가족 구성원들의 개인적 자유와 주체성이 존중될 뿐 아니라 둘째, 가족 구성원들이 자유롭고 주체적인 협동을 통하여 각 개인의 '나'보다도 가족공동체로서의 '우리'를 우선시하는 모습의 가족이라고 하였다.

1970년대 말에 미국의 가정학회는 "가정학의 사명(mission)이란 가족으로 하여금 개인의 자아 형성을 성숙하게 하고, 사회적 목표와 그것을 성취하기 위한 수단을 비판하고, 구축하는데 의식적으로 깨어서 협동적으로 그 일에 참여하도록 이끄는 행동의 체계를 형성하고 유지시키는 것이라고 하였다(Brown & Paolucci, 1979: 23)." 이 사명서에서는 가족 개인의 자아형성과 사회의 구성원으로서 사회공동체의 참여를 중요시하였다. 이와 같이 자신뿐만 아니라 사회공동체를 생각하는 미국 가정학회에서 제시한 가족상은 김태길이 제시한 이상적인 가족상의 모습과 유사한데 여기에 가족 공동체를 넘어서 사회 공동체까지 그 관심을 확대한 점에서 차이가 난다.

미국 가정학회는 성숙한 가정은 자신의 책임을 다하고 다른 사람을 존중하고 돌보며 민주적인 가정과 사회를 이루기 위해서 창조적인 리더십을 발휘한다고 본다. 가정과 교육은 학생들이 성숙한 가족 구성원이 되게 하기 위해서 청소년기부터 과학성과 도덕성을 겸비하여 가정에 대한 꿈과 비전을 갖게 하며, 과학적이고 합리적인 가정생활 방법을 탐구하게 하여 자신의 진로를 개척하게 하고, 직장과 가정생활을 조화롭게 하는 능력을 기르게 하며, 가족, 즉 언니(형), 동생, 딸(아들), 아내와 남편, 그리고 부모가 성숙하게 되도록 준비시킨다.

그뿐만 아니라 가족이기주의에서 벗어나 지역공동체와 더불어 살아가는 소양을 길러 실천하게 하며, 지역사회의 환경지킴이가 되게 하고, 더 나아가서 다문화가족을 이해하고 배려하며 존중하는 태도를 갖게 하며, 글로벌 시대에서 우리나라와 세계의 가정 문화를 이해하고 창조하는 능력을 기르게 한다(한국가정과교육학회, 2008).

브라운(Brown, 1993)은 가정과의 사명은 개인과 가족을 자유와 자율이 보장되고 인권과 정의가 살아 있는 민주 가정과 민주 사회로 변화시키는 주체 세력이 되게 하는데 있다고 하였다.

따라서 가정과교사는 수업에서 다루는 내용과 과정에서 가정교과의 사명 완수라는 큰 방향을 생각하는 것이 요구된다.

2 | 실천교과로서의 특성과 의의

가정과는 실천교과이다. 브라운(1993)은 하버마스가 제시한 실천의 의미를 가정과에 적용하였다. 하버마스가 제시한 실천개념은 선한 행동이라는 규범성과 엄밀성이라는 과학성을 확보한 의사소통적 행동이다. 그녀는 개인은 타인과 여러 집단과의 의사소통을 통하여 문제의 근원이 되는 배경을 이해하고, 서로의 의견에 대한 합의점을 찾는 과정에서 새로운 규범을 만들어 가며, 그 사회에 지배적인 그릇된 허위의식에서 벗어나 이성적 행동을 할 수 있다고 하였는데, 이것을 실천이라고 보았다. 이러한 실천은 추론에 기초하여 나오고 유지될 수 있다(유태명·이수희, 2010).

홍성효(2010)는 도덕적 행동은 조화개념이면서 상대개념인 지·정·의의 통합을 통해서 나올 수 있다고 하며 도덕적 행동이란 지·정·의 측면에서 모두 자기 목소리를 내면서 화음을 이루도록 하는 것이라 하였다. 라코스와 피터스는 지·정·의 중에서 '의' 대신 '행'을 써서 지·정·행을 도덕성의 구성요소로 보았고 의가 행에 포함된다고 보았다.

따라서 과학적으로 엄밀한 지식을 토대로 하는 도덕적 행동인 실천은 지·정·의의 통합을 바탕으로 행동으로 표출될 수 있는 개념이다. 지·정·의가 통합되는 과정에서 지·정·의의 가치중립적 성격이 실천이라는 가치적 요소로 변할 수 있을까? 지·정·의의 통합은 단순한 의미의 양적 결합이 아니라 과학성을 바탕으로 가치지향적인 규범성과 통합이 될 때 실천이라는 가치적 요소로 표출될 수 있을 것이다. 이러한 과정에서 요구되는 것은 기술적, 의사소통적·해석적, 그리고 해방적 관심이나 행동이다.

교실 수업을 중심으로 이루어지는 가정과 교육은 타 교과교육과는 달리 수업에서의 추론 과정을 통하여 학생으로 하여금 과학적 엄밀성과 도덕적 규범성을 통하여 실천을 유발하게 할 수 있다는 장점이 있다. 가정과 수업에서는 가정생활에 대한 과학적 탐구방식뿐만 아니라 실제 일어날 수 있는 삶의 문제를 인식하고 추론하며 비판하게 한다. 이 밖에도 다양한 대안이 선한 행동인지를 따져보아서 다양한 대안 중 하나를 선택하고 선택한 대안을 실제 행동으로 옮기는 이성과 도덕성을 겸비한 지혜로운 삶의 방식을 생각하게 한다. 실천적 행동은 인간의 구체적 생활 사태에서 이루어지는 삶 그 자체이기 때문에 가정과 수업에서 '살아 있는 삶' 그 자체로서의 내용과 과정을 직접 다룰 수 있다. 이는 가정과가 타 교과와 구별되는 독특한 점이며 가정과 교육에서 현 교육과 사회의 이슈를 다룰 수 있는 근거를 제공한다.

사명지향적인 교과이자 실천교과인 가정과의 특성은 통합에 있다. 즉 자연과학적 엄밀성과 인문·사회과학적인 규범성의 통합, 기술적·의사소통적·해방적 행동의 통합, 그리고 지·정·의의 통합, 더 나아가 가정학 지식(영양학·식품조리, 의복재료와 관리·의복디자인과 구성, 주거와 실내디자인, 가정경영·소비자학, 아동학, 가족학, 인간발달과 자원관리, 가정생활과 복지, 가정생활 문화, 가정생활과 진로 등)의 통합에 있다. 따라서 가정과교사는 수업에서 어떻게 각 요소가 자기 목소리를 내면서 아름다운 화음이 나도록 통합하여 학생들에게 실천을 유도하게 할지 연구해야 할 것이다.

가정과교사는 학습 내용을 가르치는 것 이상으로 가정과의 특성을 제대로 알고 학생의 요구가 무엇인지 신중하게 파악하고 급격히 변화하는 복잡한 사회의 다양한 요구를 반영하여 가정과의 교육적 사명을 숙고하여 실행해야 한다.

권재술(2008)은 이러한 특성을 지닌 교사를 교실친화적 교사라고 명명하면서, 교실친화적 교사는 수업을 할 때 학생의 요구를 파악하고, 구성주의적인 수업방식에 입각하여 지식을 가르치지만 그 지식이 가지고 있는 의미와 그 지식을 습득하는 방법을 알 수 있게 하며, 학생들이 지식을 이해할 뿐 아니라 실천하게 한다고 주장하였다. 이돈희 외(1994)와 김한종(2007)도 교직 전문성을 갖춘 교사는 수업을 행할 때 학생이 이해할 수 있게 수업의 내용을 재구성하여 학생으로 하여금 새로운 세계를 보고 삶의 의미를 재해석하고 실천할 수 있게 해야 한다고 언급하였다. 그렇다면 가정과교사에게 요구되는 교실친화적 능력과 자질은 무엇인가? 이에 대해 살펴보자.

2. 교실친화적 가정과교사의 능력과 자질[*]

가정과교사는 어떤 능력과 자질을 갖추어야 할까? 가정과 교육 분야에서 1990년대 중반부터 학생에게 초점을 맞춘 교실친화적 가정과교사가 갖추어야 할 능력 요소를 강조하는 수업에 대한 연구를 활발히 실행하고 있다. 이러한 연구는 미국의 펜실베니아주를 위시하여, 미네소타주, 오하이오주, 아이오와주 등에서 가정과 교육을 통해서 어떻게 중등학교 학생들의 인성을 변화시키고 그들이 이웃과 공동체 사회를 위해서 자신을 헌신할 수 있는 사람이 되게 할까 성찰하여 수행되었다. 이에 기존의 음식 만들기와 바느질하기를 연상시키는 가

표 1-1 교실친화적 교사의 능력 요소

범주	주요 능력 요소		
교실 활동 능력	수업 능력	· 교과내용지식 · 교수·학습 이론 · 교수학적 내용지식(PCK) · 교육과정 이해능력 · 교육과정 개발능력 · 교과서 분석 및 재구성능력 · 수업 활동 설계능력	· 수업 활동 전개능력 · 수업 활동 평가능력 · 학생 이해능력 · 언어적 표현능력 · 교수학습자료 제작 및 활용능력 · 매체활동능력
	생활지도 및 학급경영능력	· 학급관리 실무능력 · 의사소통능력 · 학생요구 분석능력 · 상황이해 및 대처능력	· 의사결정능력 · 대외협력능력 · 학생특성 이해능력 · 학생 관리능력
자기 개발 능력	· 자기주도적 학습능력 · 실행연구능력 · 반성적 성찰능력 · 정보 관리능력		
교직 품성	· 인간애 · 교직에 대한 헌신 · 교육공동체 의식	· 학생인권 의식 · 학생 정신 · 교육적 감수성	

---

[*] 자료: 채정현(2012). 가정과 교육실습 프로그램. 교육실습프로그램: 중등학교 자연계열(281-349). 한국교원대학교.

정과 수업에서 탈피하여 과학적 엄밀성과 도덕적 규범성을 겸비한 실천을 꾀하는 수업으로 전환하고 있다. 이러한 가정과 수업에서는 가정교육학의 학문적 특성을 파악하고 학생 중심으로 학생들의 요구와 심리를 이해할 뿐 아니라 재구성하여 가르친다.

교실친화적 교사란 학교 안팎의 교육의 장에서 교육에 대한 가치와 원리에 맞는 수업을 효과적으로 수행할 뿐 아니라 생활지도, 학급경영, 현장연구 등 자기개발을 하고 성숙한 교직품성을 지녀서 전문적으로 실천하는 교사라고 말할 수 있다(최돈형 외, 2009). 교실친화적 교사는 학교 안의 교실에서 수업을 유능하게 하는 교사 이상의 의미를 포함한다고 할 수 있다. 즉 교실친화적 교사는 교과가 추구하는 방향과 학생의 요구가 무엇인지 신중하게 파악하고 급격히 변화하는 복잡한 사회의 다양한 요구를 통합하여 교육적 가치와 신념을 갖추고 성숙한 태도로 학생을 교육시킬 수 있는 전문적 소양과 능력을 갖춘 교사를 의미한다.

최돈형 외(2009)는 교실친화적 교사의 능력을 교실활동능력, 자기개발능력, 그리고 교직품성의 세 범주로 나누어서 각 범주에 따른 주요 능력 요소를 상세하게 제시하였다(표 1–1 참조). 여기서 교실활동능력은 수업 능력과 생활지도 및 학급경영능력을 포함한다. 교실친화적 교사는 교실활동능력 외에 인간을 사랑하고 학생을 위해서 자신을 헌신하겠다는 교직품성을 지니고 지속적으로 자기개발을 하여 교육현장에서 전문적으로 학생을 위해서 헌신하는 삶을 사는 교사라고 말할 수 있다.

교실친화적 가정과교사는 〈표 1–2〉에서 제시되어 있듯이, 교실활동능력, 자기개발 능력, 교직품성이 있어야 한다. 이러한 능력 중에서 교실에서 가정과교사가 갖추어야 하는 핵심능력은 수업 능력이다. 수업 능력을 기르는 데에는 교과내용지식과 교수학적 내용지식을 이해하는 것이 가장 중요하다. 그리고 교육과정의 총론 및 가정과 교육과정을 이해하고, 개발하며, 교과서를 분석하고 재구성할 수 있는 능력이 필요하다. 이런 능력은 일반 교육과정과 교과별 교육과정에 대한 바른 이해와 교과서 제작, 분석, 재구성 교육, 교수·학습 이론, 수업 설계 및 평가, 학생의 심리 이해, 적절한 언어 표현, 매체 제작과 활용 능력을 갖추었을 때 발휘된다. 그리고 이와 같은 수업 관련 능력 요소를 기초로 하여 교실친화적 가정과교사들은 자신이 설계한 수업을 교실 현장에서 펼칠 수 있는 능력을 지녀야 한다. 그러한 능력은 좋은 수업의 사례를 발굴하고, 타인의 수업을 관찰하고 비평하며 실제로 모의수업을 실행하고 피드백을 받는 과정을 통해서 길러질 수 있다.

이 외에 가정과의 특성상 가정과교사는 가정과의 내용을 이해하기 쉽게 잘 설명하는 것

표 1-2 교실친화적 가정과교사의 능력 요소

교실친화적 교사의 능력 요소		교실친화적 가정과교사의 능력 요소
	교과내용지식	· 가정과교사는 가정과 내용 영역에 대해 통합적으로 이해한다. · 가정과교사는 가정과의 기반이 되는 학문적의 핵심 개념과 원리, 개념들의 관계, 탐구 방식을 이해한다. · 가정과교사는 가정과 기반 학문의 최신 동향을 알고 지속적으로 탐구한다.
	교수·학습 이론	· 가정과교사는 교수·학습 이론을 이해하고 적용한다.
	교수학적 내용지식(PCK)	· 가정과교사는 교수학적 내용지식이 있다. · 가정과교사는 이론과 실천을 연결하는 지식이 있다.
	· 교육과정 이해능력 · 교육과정 개발능력	· 가정과교사는 국가 수준의 교육과정을 이해한다. · 가정과교사는 국가 수준의 교육과정을 학생과 교육환경에 적합하게 재구성한다. · 가정과교사는 학교 교육과정 연구 및 자료 개발에 노력을 기울인다.
	교과서 분석 및 재구성능력	· 가정과교사는 교과서를 분석하고 재구성한다. · 가정과교사는 교육과정이나 교과서, 그리고 수업 내용을 재구성한다.
수업 활동 능력	· 수업 활동 설계능력 · 수업 활동 전개능력	· 가정과교사는 교육목표, 교과내용, 학생 수준에 적합한 수업을 계획한다. · 가정과교사는 다양한 수업 방법 및 매체를 활용하여 효과적인 수업을 운영한다. · 가정과교사는 실험·실습 지도를 효과적으로 계획하고 운영한다. · 가정과교사는 가정과 수업에 필요한 자료를 창의적으로 개발한다. · 가정과교사는 가정과에 대한 학습 요구를 진단하고 적절한 지원을 한다.
	수업 활동 평가능력	· 가정과교사는 평가 목적과 내용에 적절한 다양한 평가 방법을 활용한다. · 가정과교사는 평가 결과에 대해 타당한 분석을 하고 효과적으로 의사소통한다. · 가정과교사는 평가 결과를 학생의 학습 지원과 수업 개선에 활용한다.
	학생 이해능력	· 가정과교사는 학생의 선행 학습, 학습 방식, 학습 동기 및 요구, 학습 수준을 이해한다. · 가정과교사는 학생의 인지·사회성·정서·신체 발달 특성을 이해한다. · 가정과교사는 학생의 개인적 특성과 가정·사회·경제·문화적 환경을 이해한다. · 가정과교사는 가정과에 대한 학습 요구를 진단하고 적절한 지원을 한다.

(계속)

교실친화적 교사의 능력 요소		교실친화적 가정과교사의 능력 요소
	언어적 표현능력	· 가정과교사는 이해하기 쉽고 명료하게 설명한다. · 가정과교사는 발음, 말의 속도, 음성 크기를 적절하게 한다. · 가정과교사는 비판언어(문제의 근본적 뿌리를 이해하기 위해서 표면적인 단어의 의미를 파헤치며 우리의 삶에 영향을 주는 복합적인 요인을 설명하고 우리 주변의 세상에 관한 결과를 반성적으로 생각하고, 읽고, 말하고 쓰는 강력한 습관)를 사용한다.
	교수·학습자료 제작 활용능력	· 가정과교사는 다양한 수업방법 및 매체를 활용하여 효과적인 수업을 운영한다. · 가정과교사는 가정과 수업에 필요한 자료를 창의적으로 개발한다.
	실험·실습 계획과 운영능력	· 가정과교사는 가정과 교육과정, 학생, 학습환경에 적합한 실험·실습 지도 계획을 수립한다. · 가정과교사는 실험·실습을 지도하고 과정을 포함하여 평가한다. · 가정과교사는 가정과 실험·실습수업에 필요한 환경을 조직하고 운영한다. · 가정과교사는 가정과 실험·실습에 필요한 안전지도를 한다.
생활 지도 및 학급 경영 능력	학급관리 실무능력	· 가정과교사는 민주적으로 학급을 운영·관리한다. · 가정과교사는 서로 존중하고 신뢰하는 학교 문화를 조성한다. · 가정과교사는 수업 및 학생관리를 위한 기록을 정확하게 정리하고 보관한다. · 가정과교사는 가정과 실험·실습시설 및 환경을 조직하고 관리한다. · 가정과교사는 학습지도와 학급운영을 위해 교실을 재구조화하고 시설 개선에 노력한다. · 가정과교사는 가정과와 관련한 예산 편성 및 확보에 적극 참여한다.
	· 학생요구 분석능력 · 학생특성 이해능력 · 학생관리능력	· 가정과교사는 학생과 친밀한 관계를 유지한다. · 가정과교사는 학생을 존중하고 공정하게 대우하며 개개인의 교육적 요구에 응한다. · 가정과교사는 학생이 잠재력을 발휘하도록 행동과 학업성취에 높은 기대감을 제시한다. · 가정과교사는 학생 개개인의 특성과 요구에 맞는 진로지도 및 상담을 한다.
	의사소통능력	· 가정과교사는 교육목표 달성을 위해 지역사회와 연계하고 효과적으로 의사소통한다. · 가정과교사는 개방적이고 열린 마음으로 대화한다. · 가정과교사는 가정과 교육과 관련하여 정책자나 입안자를 설득하는 능력이 있다.
	상황이해 및 대처능력	· 가정과교사는 가정과 교육의 사회·문화·정치·경제적 맥락을 이해한다.

(계속)

교실친화적 교사의 능력 요소		교실친화적 가정과교사의 능력 요소
		· 가정과교사는 교과 및 학급운영에 학부모, 지역사회 인사 및 단체의 참여와 협력을 유도한다. · 가정과교사는 지역사회 주민이나 단체의 교육 및 문화 활동을 지원한다.
	의사결정능력	· 가정과교사는 학생의 자율적 문제해결과 의사결정을 지원한다. · 가정과교사는 실천적 추론능력, 문제해결능력, 비판적 사고력, 의사결정능력이 있다.
	대외협력능력	· 가정과교사는 가정과 및 학급운영에 지역사회 자원인사들의 참여와 협력을 유도한다.
자기 개발	· 자기주도적 학습능력 · 실행연구능력 · 반성적 성찰능력 · 정보관리능력	· 가정과교사는 자신의 교수활동을 반성하고 교육실천력을 향상시킨다. · 가정과교사는 교내외 연수 프로그램과 활동에 적극 참여한다. · 가정과교사는 관련 학회 및 연구회 참여 등 다양한 자기장학 기회를 가진다. · 가정과교사는 동료 교원의 재교육활동에 자신의 전문성을 제공한다. · 가정과교사는 기술적, 의사소통적, 해방적 인식과 행동체계를 강화하기 위한 자기개발 노력을 지속적으로 한다.

교직
품성
	· 인간애
	· 학생인권의식
	· 교직에 대한 헌신
	· 교육공동체의식
	· 학생정신
	· 교육적 감수성
		· 가정과교사는 성숙한 인성을 갖는다.
		· 가정과교사는 교직과 가정과 교육에 대한 사명감을 갖는다.
		· 가정과교사는 교직에 필요한 윤리의식과 사회적 책임의식을 갖는다.
		  – 가정과교사는 학생들을 존중하며, 돌보고, 헌신하는 이타심이 있다.
		  – 가정과교사는 타인의 고통에 민감하다.
		  – 가정과교사는 열정이 있다.
		  – 가정과교사는 모든 사람을 우주와도 바꿀 수 없는 귀한 존재로 여긴다.
		  – 가정과교사는 가정과 교육을 통하여 성숙한 가정인과 정의로운 사회를 만들 수 있다는 신념을 갖는다.

자료 : 한국교육과정평가원·한국가정과교육학회(2008). 재구성.

이상의 자질과 능력이 필요하다. 즉 가정과 교육을 통해서 학생뿐만 아니라 공동체 사회의 유익을 위해서 학생들이 삶의 현장에서 살아 있는 실천을 하도록 그들의 머리와 마음과 손과 발을 움직일 수 있어야 한다. 그러기 위해서 교실 현장과 학생을 이해하고 그 현장에서 가정과교사로서의 전문적 능력을 발휘할 수 있는 교실친화적 가정과교사의 능력을 갖추어야 한다. 한국가정교육학회와 한국교육과정평가원(2008)에서 연구하여 제시한 신규 중등학교 가정과교사의 자격기준을 교실친화적 교사의 능력 요소와 선행연구에서 제시한 가정과

교사의 능력과 연계하면 다음과 같다(표 1–2 참조).

가정과교사는 교실친화적 능력 이외에 사명지향적인 교과이자 실천교과인 가정과의 특성을 고려하고 가정과의 사명을 이루기 위해서 다음과 같은 능력과 자질이 요구된다.

첫째, 가정과는 학생으로 하여금 사회와 관련하여 가족의 문제를 예방하고 해결하는 능력을 기르게 하는 교과이기에 가정과교사는 도덕적·사회적으로 책임 있는 교육을 감당하는 사명감이 투철해야 한다.

둘째, 가정과는 정의로운 가정과 사회를 이루려는 가치를 지니고 있다. 따라서 가정을 정의로운 사회를 이루기 위한 사회 변화의 주체집단이 되도록 민주시민 교육을 하며 가정과교사는 민주적인 방법으로 학생들에게 수업해야 한다.

셋째, 가정과는 수공훈련, 과학의 적용 등 제작과 실증적인 행동인 기술적 행동, 상호 이해를 위한 의사소통적 행동, 그리고 사회에 만연하는 그릇된 허위의식을 비판하는 해방적 행동을 모두 형성하고 유지시키는 데 그 목적이 있다. 따라서 가정과교사는 기술적, 의사소통적, 해방적 인식과 행동체계를 이해하고 이를 통합하기 위한 자기개발 노력을 지속적으로 해야 한다.

넷째, 가정과는 이론을 토대로 실천하게 하는 것이 중요하다. 따라서 가정과교사는 이론과 실천을 연결하는 지식을 알아야 한다.

다섯째, 가정과 지식은 여러 학문 분야에서 선택되고 조직되며 실천될 수 있도록 재구성되어야 한다. 가정과교사는 교육과정이나 교과서, 그리고 수업 내용을 재구성하는 능력이 있어야 한다.

여섯째, 가정과는 사회문제를 해결하고 예방하는 방법을 교육하는 사명지향적인 교과이다. 따라서 가정과교사는 사회 전반의 문제를 파악하고 통찰하고 교육을 통해서 이를 해결하는 방안을 모색해야 한다.

마지막으로, 가정과는 학생으로 하여금 생활 속에서 과학적 지식을 바탕으로 선한 행동을 하게 하는 실천교과이므로 가정과교사는 학생들을 존중하고, 돌보며, 그들의 고통에 민감하게 반응하고 열정적이며 더 나아가서 이타적인 마음이 있어야 한다.

윌리엄(William, 1999)은 수업 중 가정과교사의 역할을 학생에 대한 반응, 학습 환경의 창조, 사려 깊은 준비, 비판과학 언어 사용 측면에서 다음과 같이 설명하였다.

1│ 학생에 대한 반응

가정과교사는 학생을 개인별로 일대일 응답해야 한다. 가정과교사는 학생들을 집단으로 대하지 않고 학생 개인의 독특성을 인정하여 개별적으로 대해야 한다. 이를 위하여 학생의 이름을 외우는 노력이 요구된다.

2│ 학습 환경의 창조

가정과교사가 열정적일 때 학습이 권태롭지 않다. 가정과교사는 학생들을 질책하거나 무시하지 않고 자유롭게 자기 의견을 발표할 수 있도록 편안한 분위기를 만들어야 한다. 가정과 수업에서 학생들이 서로 존중하고 돌보며 도와준다는 느낌을 받도록 해야 하며, 가정과교사와 학생 간에 상호 신뢰와 존경이 있도록 학습 환경을 창조해야 한다. 왜냐하면 학생과 학생, 가정과교사와 학생 간에 신뢰와 존경이 없다면 학생들은 자유롭게 서로의 의견을 교환하지 않기 때문이다.

3│ 사려 깊은 준비

가정과교사는 학생들의 요구가 무엇인지 민감하게 귀를 기울이고 융통성 있게 반응하며, 학생들이 제시한 목표에 동의할 수 있는가를 살피고, 학생들이 원하는 바를 들어주고 학생들의 과거 경험과 목표를 이해하고 알아야 한다.

가정과교사는 학생들의 깊이 있는 어려운 질문에 제대로 답할 수 있도록 미리 준비하고 학생 개인의 목소리를 기꺼이 들어야 하며 그들의 이야기에 귀를 기울이고 그들이 지니는 편견이 무엇인지를 발견해야 한다. 또한 그들이 미래에 만날 일이 무엇인지를 생각하고 그것을 수업에 적용해야 한다. 이를 위해서 가정과교사는 현재 겪고 있는 문제와 요구, 그리고 지금보다 훨씬 많은 것을 아는 것이 필요하다.

4 | 비판과학 언어 사용

램(Rehm, 1999)은 비판과학 언어(critical science language)에 대해서 자세히 설명하고 있다. 그가 말한 내용을 요약하면 다음과 같다.

비판과학 언어란 표면적인 단어의 의미를 파헤쳐서 문제의 근본 뿌리가 무엇인지를 알아내고, 우리의 삶에 영향을 주는 복합적인 요인을 이해하며, 우리 주변에서 일어나는 일상적인 일에 대해서 반성적으로 생각하여 말하거나, 읽고, 쓰는 모든 언어를 의미한다. 비판과학 언어를 통해서 우리 삶을 왜곡하고 억압하는 것과 불평등을 조장하는 것을 파헤치고 이해하고 설명하며 의문을 던져서 새로운 의미를 창조할 수 있다.

가정과교사가 비판과학 언어를 사용해야 하는 이유는 다음과 같다. 비판과학 언어는 학생으로 하여금 판에 박힌 사고에서 벗어나서 융통성 있는 사고를 하게 한다. 학생 자신이 겪는 다양한 문제를 남의 판단이나 명령에 의해서 해결하지 않고 자기 스스로 주도적·자주적으로 해결하게 한다. 그리고 학생의 살아 있는 경험을 친구나 교사와 함께 역동적으로 서로 나누게 한다. 더불어, 학생이 자신의 목소리를 내고 능동적으로 참여하여 객관의 세계를 주관의 세계로 옮기는 과정을 경험하게 한다.

비판과학 언어는 인간의 가능성을 확장시킨다는 점에서 매우 중요하다. 비판과학 언어를 사용하므로 학생은 진실에 대한 믿음과 의미를 분석하고 개념적 질문이나 기술적 질문만을 통해 얻은 사실이 과연 진실인가라는 의구심을 밝힐 수 있다. 예를 들면, '명문대학에 들어가야 성공하는 것일까? 재산이 많을수록 행복할까? 맞벌이 부부인데도 왜 대부분의 가사일을 여자가 하는 것일까?'라는 비판적 질문을 통해서 사실과 방법 그 이상의 진실과 믿음의 근본을 이해할 수 있다.

비판과학 언어를 통해서 평등하고 자유로운 가정과 사회를 만들어 나갈 수 있으며 개인은 자율적인 자아를 형성할 수 있다. 이 언어를 통해서 학생들은 능동적이고 깨어 있는 행동을 하며 잠재해 있는 능력을 발휘할 수 있고 자유롭게 될 수 있다. 또한 행복하지 않으면서 행복이라고 믿었던 허위의식을 비판할 수 있게 된다.

비판과학 언어를 통해서 학생들은 다각적인 관점에서 상황을 조사하게 되어 사고의 힘이 커질 수 있다. 그뿐만 아니라 학생들은 이 언어를 통해서 자신뿐만 아니라 사회를 위해서 최선의 행동을 모색하고 자신이 믿고 따랐던 신념을 성찰하여 새로운 신념을 가질 수 있다.

가정과교사는 이 언어를 사용함으로 학생들에게 감추어진 잠재력을 극대화하고 보다 넓은 시각으로 사회를 바라보게 할 수 있다.

가정과 수업에서 가장 중요한 것의 하나는 교사가 의사소통(지식 구조화, 비판적 자아 성찰, 강도 높은 도덕적 대화, 자유와 정의를 가로막는 억압에 대한 사회 비판, 협동적 그룹 워크, 일상적 대화, 경험의 공유)을 할 때 학생을 포함시켜서 학생이 지적이고 도덕적인 판단을 할 수 있도록 도와야 한다는 것이다.

비판과학 언어의 핵심적인 주제는 해방적 행동, 자유, 변화시키는 행동, 임파워먼트라 불리는 것이다. 가정과 교육의 내용은 가족과 지역 사회에 대한 항구적인 문제로 구성되고 도덕적인 행동을 통해서 이러한 문제를 해결할 수 있는 개념을 포함한다. 청소년과 성인이 직면하는 가장 어려운 문제는 가정, 직장, 지역 사회에서의 인간 문제이다. 따라서 가정과 교육은 청소년들에게 영향을 미치는 사회적 이슈를 알고 이를 해결하는 방법뿐만 아니라 학생들이 이 문제를 해결하기 위해서 실제적으로 어떻게 행동해야 할지에 대한 질문을 던져야 한다.

이러한 질문은 자신뿐만 아니라 타인과 지역 사회를 위한 것으로 도덕적 판단을 요구한다. 그렇기 때문에 가정과교사는 자연과학과 인문사회과학, 예술학의 다양한 관점에서 가족과 지역 사회와 관련된 현안과 이슈, 인간과 지역 사회의 발달 과정, 개인, 직장, 지역 사회와의 관계, 인간관계, 영양과 건강, 자원 관리 등에 대하여 많은 관심을 가져야 한다.

 이해를 위한 교육과정 개발의 원리

백워드 설계(Backward Design)는 현재 학교 교육과정 설계 방식이 학생의 진정한 학습을 이끌어내지 못하고 있다는 문제의식에서 시작된 교육과정 설계의 새로운 모형이다.

전통적인 교육과정 설계 방식인 타일러의 목표 중심 모형은 '목표-내용-방법-평가'가 하나의 논리적 계열성을 유지한다. 즉 수업에서 무엇을 어떻게 가르치고 평가할 것인가라는 질문은 모두 수업의 목표로 귀결된다. 이는 교육과정 설계의 모든 단계가 목표라는 구심점을 향해 집중되므로 교육과정의 설계에서 실행까지가 통일성을 갖는 장점이 있다.

반면, 교육목표에 대한 지나친 강조는 평가가 가능한 목표만을 설정하는 현상을 낳았고 이로 인해 교육활동이 단순화, 획일화되는 문제점이 생겨났다. 또한 설정된 목표 달성에만 초점을 두어 수업을 통한 깊이 있는 이해보다는 피상적인 학습과 진도 나가기 식의 수업이 만연하는데 영향을 주었다.

위긴스와 맥타이(Wiggins & McTighe, 2008)는 전통적 교육과정 설계의 한계를 극복하고 학생이 단편적 지식이 아닌 학문의 큰 개념을 심층적으로 알게 되는 "영속적인 이해(enduring understanding)"에 도달할 수 있도록 백워드 설계를 제안하였다. 백워드 설계는 첫 단계에서 교육목표를 설정하고 강조한다는 점에서는 타일러의 모형과 일치한다. 하지만 타일러의 모형이 평가를 제일 마지막으로 설계한 것과는 달리, 두 번째 단계에서 학생이 목표에 도달했음을 확인할 수 있는 수행 증거나 사실, 루브릭 등을 결정하는 평가계획을 세운다. 그리고 마지막으로 목표와 평가계획에 일치되도록 구체적인 학습 경험을 계획한다.

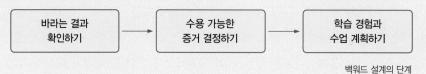

백워드 설계의 단계

자료 : Wiggins & McTighe(2008), p.37.

다음 표는 백워드 설계의 각 단계와 각 단계별 질문을 제시한 템플릿으로, 교사가 백워드 설계를 개발할 때뿐만 아니라 개발한 단원을 검토하기 위해서도 사용될 수 있다.

설계 질문으로 구성된 교사용 템플릿

1단계–바라는 결과들	
설정된 목표(established goal) · 이 설계에서 어떠한 적절한 목표(내용 기준, 과정이나 프로그램 목표, 학습 결과)를 다룰 수 있는가?	
이해(understandings) 학생들은 다음 내용을 이해할 것이다. · 주요 아이디어는 무엇인가? · 주요 아이디어에 대해 어떤 구체적인 이해가 바람직한가? · 어떠한 오해가 예측되는가?	**본질적 질문(essential questions)** · 어떠한 흥미 유발적인 질문이 학습의 탐구, 이해, 전이를 촉진시킬 것인가?
학생들은 다음 내용을 알 수 있을 것이다. · 이 단원의 결과로 학생들이 획득하게 될 핵심지식과 기능은 무엇인가? · 학생들은 그러한 지식과 기능의 결과로서 궁극적으로 무엇을 할 수 있어야만 하는가?	

2단계-평가 증거(assessment evidence)	
수행과제(performance tasks) · 학생들은 어떠한 진정한 수행 과제를 통해 바라는 이해를 증명할 수 있는가? · 이해의 수행을 어떠한 준거에 따라 판단할 수 있는가?	**다른 증거(other evidence)** · 학생들은 어떤 다른 증거(퀴즈, 시험, 학문적인 조언, 관찰, 숙제, 정기간행물)를 통해 바라는 결과의 성취를 증명할 수 있는가? · 학생들은 어떻게 자신들의 학습을 자기평가하고 반성할 것인가?

3단계-학습 계획(learning plan)
학습활동(learning activities) · 어떠한 학습 경험과 수업이 학생들이 의도한 결과를 성취하는 것을 가능하게 할 것인가? · 어떻게 설계할 것인가? 　－ W: 단원이 어디로(where) 향하고 있는지, 무엇을(what) 기대하는지 학생들이 알도록 도와주어라. 학생들이 어디로부터(예를 들어, 선행지식과 흥미로부터) 오는지 교사가 알도록 도와주어라. 　－ H: 모든 학생의 주의를 환기시키고(hook), 그들의 흥미를 유지(hold)하라. 　－ E: 학생들을 준비(equip)시키고, 주요 아이디어를 학생들이 경험(experience)할 수 있도록 도우며, 이슈를 탐험(explore)하도록 도와주어라. 　－ R: 학생들의 이해와 작업을 재고(rethink)하고 개정(revise)할 수 있는 기회를 제공하라. 　－ E: 학생들이 그들의 작업과 그것의 함축적인 의미를 평가(evaluate)하도록 허락하라. 　－ T: 서로 다른 요구와 흥미, 학생의 능력에 대해 맞추도록(tailor) 개별화하라. 　－ O: 효과적인 학습뿐만 아니라 주도적이고 지속적인 참여를 최대화할 수 있도록 조직(organize)하라.

자료 : Wiggins & McTighe(2008), p.42.

위긴스와 맥타이(2008)는 교과서에서 아이디어를 얻어서 지도안을 짜고 단순히 흥밋거리가 되는 활동들로 시간을 때우는 전통적인 교과서 중심의 교육과정 개발을 맹렬히 비판하였다. 이들이 제안하는 '이해'란 단순히 아는 것이 아니라 그것이 왜 옳은지 설명할 수 있도록 숙고한다는 것이고, 지식을 단순히 회상하는 것이 아니라 이를 현실적 과제에 전이할 수 있는 것을 말하며, 피상적인 지식을 습득하는 것이 아니라 능동적으로 큰 개념을 영속적으로 획득하는 것이다. 즉 백워드 설계에서의 이해란 지식을 머릿속으로 아는 것뿐만 아니라 새로운 상황에 적용하고 실천하는 데까지 나아가는 것을 의미한다.

가정과 수업은 학생의 실천을 요구한다. 그렇기에 가정과 교사는 학생이 수업을 통해 진정한 이해, 실천에 닿을 수 있도록 백워드 설계에서의 이해의 의미를 곱씹어볼 필요가 있다.

3. 학습과 교수, 그리고 수업

교사와 학생들이 만나는 교실 현장에서 이루어지는 주된 활동으로 학습과 교수가 있다. 사전적인 의미로, 학습(學習, learning)은 '과거의 경험을 통해서 새로운 지식, 기술을 배워서 익힘, 또는 지식, 기예를 의식적으로 습득함'이고, 교수(敎授, teaching)는 '학생에게 지식과 기예를 가르침'으로 풀이되고 있다. 여기서는 학습과 교수가 어떤 의미인지, 그리고 그 둘의 관계는 어떠한지 살펴보기로 한다.

1 | 학습

학습이란 학생들이 학습 목표를 성취하도록 제공된 조건이나 환경과 상호작용하는 과정이며, 이때 상호작용이란 제공된 학습의 상황에서 듣고, 해 보고, 느끼고, 말하는 등의 활동을 포함한다(변영계, 2005).

　넓은 의미에서 학습이란 사람과 동물이 의도되었든지 의도되지 않았든지, 바람직하든지 바람직하지 않든지 간에 결과적으로 나타난 모든 행동의 변화를 의미한다. 그러나 좁은 의미로 학습을 정의할 때는 학습의 주체, 학습의 상황, 행동의 변화 등에 있어서 위와는 다른 의미를 갖고 있다. 첫째로, 학습의 주체를 학생으로 한정한다. 이때 학생이란 교육적 기능을 가진 제도적 기관, 즉 학교, 학원, 사회교육기관에서 그 교육을 받는 자에 국한한다. 둘째, 학습의 상황이나 활동은 의도적으로 제공되는 것으로만 제한한다. 이때 학습의 상황이란 학습할 수 있는 가장 알맞은 조건이 어떠한 것인가를 의도적이고 계획적으로 선택하고, 마련해 주는 경우를 말한다. 셋째로, 학습을 통한 행동의 변화는 바람직한 행동의 변화를 전제로 한다.

　결국 좁은 의미의 학습이란 사람이 미리 주어진 계획된 경험을 통하여 비교적 지속적인 행동이나 인지의 바람직한 변화를 의미한다. 이와 같은 학습은 계획된 경험을 통해서 학습자의 타고난 반응 경향에 따라서 자연스럽게 생각과 행동이 변화하고 성숙하게 되는 것을 의미한다. 따라서 우연히 주어진 질병이나 사고 등으로 인한 일시적인 변화는 학습이 아닌 것으로 본다(변영계, 1984). 이런 의미에서 교육을 하는 자가 사용하는 단어인 학습은 좁은 의미의 학습을 의미한다.

한편, 학습은 자의적이든지 타의적이든지 간에 관계없이, 인위적인 간섭의 결과로 나타나는 자기주도·자기창발적인, 지적·행동적 능력의 변화작용이다(한준상, 2007). "인간이 배운다는 것은 그가 익히는 내용이 그 무엇이든 간에, 그 익힘으로부터 일련의 의미(意味, meaning)를 찾아내서 자기의 것으로 만들어 간다라는 말과 같다." 그러므로, 학습을 통해 찾아진 의미는 인간의 삶 속에서 차지하게 되는 가치에 의해 그 의미의 중요도와 성숙도가 결정되는데, 이는 다음 공식으로 학습을 표현할 수 있다.

$$L = MS^2$$
L: 학습(Larning), M: 의미(Meaning), S: 의의(Significance)

이는 "학습은 의미(찾기와 만들어내기)이다."로, 이 세상만사의 모든 것들은 의미(M)들이고 그 의미들이 바로 배움(L)을 말하는 것이다. 세상만사의 의미들이 그 나름대로 학생에게 쓰임새를 높여주는 문제해결력과 실천적인 효용성을 제공해 주면 줄수록(S^2), 그것은 더욱 더 학습의 크기와 질, 그리고 배움의 흐름을 보강해 준다(한준상, 2007).

이와 같이 학습을 의도된 바람직한 변화라고 하고, 의미를 찾으며 만들어내기라고 할 때 가정과 교육에서 학습이란 무엇일까? 가정과 수업을 통해 학생들이 어떠한 바람직한 변화를 기대하고 있는가? 가정과 교육을 통해 길러내고자 하는 인간상이 실천적 지혜를 가진

그림 1-1 학습의 의미

사람이라고 하는데(유태명·이수희, 2010), 이를 가정과 교육에서의 학습과 연관지으면 어떨까? 실천적 지혜를 가진 사람은 "개인 및 가정생활에서 일어나는 실천적 문제의 구체적 상황에서 자신뿐만 아니라 모두를 위해 최고의 선을 구체화하는 행동(실천하는 삶, praxis)을 할 수 있는 사람"이다. 즉 가정과 교육에서 학습을 실천적 지혜와 관련지어 생각해 보는 것이 필요하다. 그러므로, 가정과교사는 한 차시 또는 한 학기, 1년 동안 가정과 수업을 통해 학생들에게 어떤 학습이 이루어져 궁극적으로 어떤 삶을 사는 사람으로 살게 해야 할 것인지 뚜렷한 철학을 가지고 수업을 계획하고 실행해야 한다.

2 | 교수와 수업

교수란 학생들이 무엇인가를 배울 수 있도록 도와주는 일련의 활동으로 정의된다. 교수는 학생에게 특정의 행동변화가 나타날 수 있도록 학생의 외적 환경을 조작해 주는 과정으로, 의도성과 계획성이 포함된다. 코리(Corey, 1971)는 교수를 "어떤 특정한 조건하에서 특정한 행동을 습득하거나 배제하고 혹은 특수한 상황에 대해 반응을 하거나 학습이 일어날 수 있

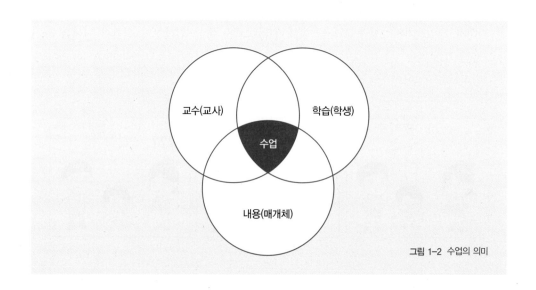

그림 1-2 수업의 의미

도록 개인의 환경을 계획적으로 관리하는 전 과정"이라고 하였다(박숙희·염명숙, 2009). 또한 류지현 외(2013)는 교수는 학습을 촉진시켜 주기 위해 정보, 상황, 조건 등 제반 환경을 조성하고 제공하는 특성을 갖고 있다고 하였다.

그러면, 수업(授業, instruction)이란 무엇인가? 수업이란 사전적인 의미로, '정해진 과정을 따라 정해진 시간과 장소에서 지식과 기능을 가르쳐 주는 것, 또는 그런 일이나 그 일을 위한 시간'으로, 주로 교사의 적용과 실행에 중점을 둔다. 교사가 수업(受業, class)시간에 가르치는 활동이 곧 수업이며, 수업을 준비하고 실행하며 평가하는 모든 활동을 포함하는 포괄적인 활동이 교수이다(박숙희·염명숙, 2009). 그럼에도 불구하고 교수와 수업은 혼용되고 있는데, 실제적으로 교수와 수업은 '학문이나 기술을 가르치는 행위'를 나타내는 말로서 그 의미가 다르지 않다(오만록, 2012).

4. 교수설계 모형

교수설계에 관한 모형(model of instructional design)은 거시적 설계와 미시적 설계로 구분할 수 있다. 교수의 전 과정에 걸쳐 체제적으로 순환하는 설계 모형인 거시적 설계는 일반적으로 교수설계 또는 수업 설계라고 불리고, 대부분 수업체제설계 관점에서 이루어지기 때문에 교수 체제 개발(ISD: Instructional Systems Development)이라고도 한다. 미시적 설계는 수업의 내용에 대한 구체적인 계획으로, 일반적으로 수업 모형, 교수·학습 모형, ID(Instructional Design)라고 불린다. 거시 설계인 교수설계 모형은 수업 목표를 달성하는 데 영향을 주는 모든 요소들의 관계를 총체적으로 조망해 볼 수 있는 모형을 의미하며, 여기에는 ADDIE 모형, 딕과 캐리(Dick & Carey)의 체제적 교수설계 모형, ASSURE 모형 등이 해당된다. 미시적 설계인 수업 모형은 전체 수업 체제보다 수업 그 자체에 초점을 맞춘 것으로 교수설계를 이루는 하나의 구성요소로 간주되는데(Dick, Carey & Carey, 2009), 구체적인 모형들은 3장에서 살펴볼 것이다.

교수설계는 수업의 효과를 증진시킬 수 있는 최적의 교수방법을 처방해 주는 조직적인 절차로서, 체제이론에 바탕을 둔 체제적 설계의 관점을 따르고 있다. 체제(system)는 서로 관련된 부분들의 집합으로서, 체제를 구성하고 있는 부분들 모두는 정해진 목표를 향하여 같이 작용하게 된다. 딕 외(2009)는 교수 과정 그 자체도 학습을 만들어 내기 위한 목표를 가지고 있는 체제로 보았다. 이 체제를 구성하는 요소들은 학생, 교사, 교수 프로그램, 학습 환경이며, 이러한 요소들은 체제의 목표를 달성하기 위해서 서로 밀접하게 상호작용을 하게 되는 것이다. 교수설계란 교사, 학생, 자료 및 학습 환경 등과 같은 교수체제의 요소들이 교수·학습 목적을 성취하기 위하여 각 요소들이 해내야 할 일을 정확하게 해내고 서로 상호 작용하면서 기능을 하도록 하기 위한 조직적인 절차이다(Dick, et al., 2009). 따라서 그 체제의 목표달성 여부를 측정한 결과, 실패하고 있다면 평가하여 수정할 수 있는 메커니즘이 있어야 한다.

흔히 체계적(systematic) 접근과 체제적(systemic) 접근을 혼동하는데, 교수설계의 체계적 접근은 미리 정해진 절차나 단계에 따라 주어진 목표를 효과적, 효율적으로 달성하기 위해 수업 활동을 설계하는 것을 의미하고, 체제적 접근은 교수설계자의 상상력과 창조성을 근거로 상황적인 특성에 부응하도록 융통성 있게 설계하는 것을 의미한다(박숙희·염명숙, 2009). 교수설계 과정은 입력–과정–출력 패러다임의 과정이기 때문에 체계적이며, 동시에 각 구성 요소의 결과가 직접적 또는 간접적으로 교수설계 과정의 모든 다른 구성요소 영향을 주기 때문에 체제적이며 파급효과를 갖는다(Edmonds et al., 1994; 박숙희·염명숙, 2009, 재인용).

1 | ADDIE 교수설계 모형

ADDIE 교수설계 모형은 교수설계의 가장 일반적 형태로, 교수설계 모형의 기본과정인 분석(analysis), 설계(design), 개발(development), 실행(implementation), 평가(evaluation) 등의 5단계로 구분되며 각 단계를 나타내는 영어 단어의 첫 글자를 따서 ADDIE 교수설계 모형이라고 한다. 다섯 가지의 요소들은 어떤 ID, ISD 모형에서도 발견되는 핵심적인 활동이며 각 모형의 기초개념이 된다(이화여자대학교 교육공학과, 2002).

(1) 분석

분석 단계에서는 선행연구 및 문헌 고찰과 현존자료 분석을 통하여 요구분석, 학습자분석, 환경(맥락과 자원) 분석, 직무 및 과제분석 등이 이루어진다. 요구분석은 현재 상태와 이상적인 상태를 파악함으로써 그 차이를 분석하는 것으로 이를 위해 요구분석 대상 및 도구를 선정하고 면담 질문지를 전문가의 검토를 거치며, 요구분석 대상에게 면담을 실시하고 그 결과를 분석하게 된다. 학생분석은 학생이 누구인지 현재 어느 수준인지 학생의 특성을 파악하고 학생이 필요로 하는 것과 기대하는 것이 무엇인지 등을 분석하는 것이다. 환경(맥락과 자원) 분석에서는 교육실제에 사용할 수 있는 물적 자원과 학습공간의 물리적 환경을 분석하며, 직무 및 과제분석은 교수자가 목표 달성을 하기 위하여 필요로 하는 지식, 기능, 태도 등을 파악하고 분석하는 것으로 교육과정과 해설서 분석, 성취기준 및 성취수준 분석, 교과서 분석 등이 이에 해당한다.

(2) 설계

수업을 위한 분석단계를 마치면 효과적이고 효율적인 교육 프로그램을 개발하기 위하여 분석단계에서 나온 결과물을 종합한다. 수행 목표를 행동적인 용어로 명확히 하며, 그 목표가 제대로 이루어졌는지를 평가하는 도구를 선정한다. 학생에게 효율적인 프로그램이 되도록 계열화하며, 어떻게 가르칠 것인지 교수전략을 수립한다. 또한 학습활동을 촉진시킬 수 있는 적절한 교수매체를 선정한다(권낙원·김동엽, 2006). 이러한 활동을 통해 주제에 따른 교육내용 설계, 회기별 교수·학습활동 설계, 평가도구 선정, 코스목표, 수업의 주요 단원이나 주제, 단원의 목표, 학습활동 단위 결정, 구체적인 학습활동 등을 어떻게 할 것인지 계획하여 설계한다.

(3) 개발

개발단계에서는 수업에 사용될 교수·학습 과정안, 학습활동지, 학습자료 등 교수·학습 자료와 평가도구를 개발하고 제작하여 예비조사를 실시하거나 전문가에게 타당도검사를 의뢰하여 그 결과를 바탕으로 교수·학습 자료를 수정한 후 최종 프로그램 개발이 진행된다.

표 1-3 ADDIE 교수설계 모형의 단계

단계 및 기능	세부 설계(활동) 영역	결과(산출물)
분석: 학습 내용을 정의하는 과정	요구분석, 학생분석, 환경분석, 직무분석, 과제분석	교수의 필요, 학습과제, 교수 목적, 제한점
설계: 교수방법을 구체화하는 과정	학습 목표 진술, 평가도구 개발, 계열화와 교수전략 및 매체 선정	학습 목표, 평가도구와 교수매체 개발을 위한 설계 명세서
개발: 교수 자료(매체)를 제작하는 과정	교수·학습 자료 개발, 형성평가(수정, 보완)	교수·학습매체를 포함한 교수·학습 프로그램
실행: 교수 프로그램을 실제 상황에 석용, 설치하는 과정	교수 프로그램의 설치, 사용, 유지 및 관리	실행된 교수·학습 프로그램
평가: 프로그램의 적절성을 통제 결정하는 과정	총괄평가	프로그램의 가치 및 적절성 등을 평가한 보고서

자료: 강은정(2007). 특수아를 위한 체제적 교수설계 방안. 경북대학교 석사학위논문. p.11.

(4) 실행

설계되고 개발된 교수·학습 자료를 실제 수업 현장에서 사용하고 이를 교육과정에 설치하며 계속적으로 유지하고 변화 관리하는 활동을 포함한다.

(5) 평가

이 단계에서는 분석, 설계, 개발, 실행 모든 과정에서의 모든 결과를 평가하는 것이다. 설계·개발된 교수·학습 자료, 교수매체의 적합성과 효율성, 그 과정을 계속 이어나가도 될지에 대한 지속성 여부, 문제점이 발생했다면 어떻게 수정해서 재적용할 것인지에 대한 수정사항 등을 평가한다(조규락·김선연, 2006). 즉 수업 내용과 자료는 학생에게 유익하고 수준에 맞았는지, 수업 과정에서 학생과 교사의 상호작용은 활발했는지, 수업에 대한 학생들의 인식은 어떠한지, 학업 성취의 효과는 어떠한지 등 수업 전반이 성공했는지를 결정하는 단계이다. 평가결과를 바탕으로 교수·학습 과정안에 포함된 동기 유발 전략 및 수업 내용의 분량과 난이도를 수정하여 최종 교수·학습 과정안을 완성한다.

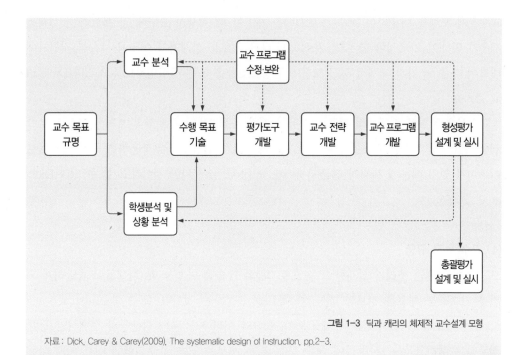

그림 1-3 딕과 캐리의 체제적 교수설계 모형

자료 : Dick, Carey & Carey(2009), The systematic design of Instruction, pp.2-3.

2│ 딕과 캐리의 체제적 교수설계 모형

딕과 캐리(Dick & Carey)의 체제적 교수설계 모형은 수업 설계과정을 체제적 접근방식을 통하여 설명하면서 구체적인 수업 설계활동을 처방하고 있다. 딕과 캐리의 모형은 각 단계가 구체적으로 명시되어 각 단계에서 해야 할 일들을 명확하게 제시하고 있어 체제적 수업 설계에 익숙하지 않은 초보자들이 활용하기에 좋은 모형으로 알려져 있다(강은정, 2007).

이 모형은 절차적 모형으로서, 효과적인 교수 프로그램을 개발하는 데 필요한 일련의 단계들과 그 단계들 간의 역동적인 관련성에 초점을 맞추고 있다. 교수 목표 규명단계가 수업 설계 과정에서 가장 중요한 일로 다루고 있는데, '평가도구 개발' 단계가 '교수전략 개발' 단계 이전에 위치한다는 것을 볼 때 이는 교육에서의 책무성을 강조하면서 목표에서 평가까지의 일관성을 세우기 위한 전략으로, 이는 교육과정 설계에서 평가의 역할을 중시한 위긴스와 맥타이의 백워드 교육과정 설계와도 일맥상통한다고 할 수 있다(임헌규, 2013). 체제적 교수설계 모형을 이용하여 교수 프로그램을 개발할 때 학생의 요구에 잘 부합하는 계획을 세우기 위하여, 가르쳐야 할 것을 분석하여 나온 정보를 설계자가 어떻게 사용할 것인가에 대하여 다음 열 가지 체제적 접근 모형의 구성요소들을 통해서 설명하도록 하겠다(Dick, et al., 2009).

교수설계를 위하여 체제적 접근을 이용할 때 활용될 9개의 기본적 단계들은 교수 프로그램이 목표에서 진술된 요구를 충족하기 위하여 서로 밀접하게 상호작용하는 구성 요소들로 이루어져 있기 때문에 체제적 접근(systemic approach)에 의한 것이라고 할 수 있다(Dick, et al., 2009).

(1) 교수 목표 규명

모형의 첫 단계는 우리가 설계한 교수 프로그램의 학습을 마쳤을 때, 학생들이 숙달하게 되기를 기대하는 새로운 정보와 기능, 즉 목표를 결정하는 것이다. 교수 목표(instructional goal)는 목표의 목록, 수행분석, 요구분석, 학습의 어려움을 겪는 학생들의 실제적인 경험, 직무를 수행하고 있는 사람들에 대한 분석 혹은 새로운 교수 프로그램에 대한 어떤 다른 요청(requirements)으로부터 도출될 수 있다.

(2) 교수 분석

교수 목표를 규명했다면, 다음에는 학생들이 그 목표를 성취하게 되었을 때 무엇을 할 수 있을 것인가를 단계별로 표현하는 것을 결정해야 하고 그 목표를 완전하게 숙달하기 위하여 필요한 하위 기능들을 분석해야 할 것이다. 교수 분석(instructional analysis)의 마지막 단계는 학생들이 새로운 교수 프로그램에서 성공적으로 학습하기 위하여 필요한 출발점 기능(entry skills), 즉 어떤 기능, 지식, 태도가 필요한가를 결정하는 것이다. 예를 들어, 학생이 식품구성자전거를 이해하기 위해서는 영양소의 종류와 기능을 알아야 하는데, 이 개념들은 식품구성자전거를 이해하는 것에 관한 교수 프로그램의 출발점 기능이 되는 것이다.

(3) 학생 및 상황 분석

교수 목표 분석뿐 아니라 학생, 기능들을 학습할 상황, 배운 기능들을 사용하게 될 상황에 대한 분석을 해야 한다. 학생들이 현재 가지고 있는 기능, 선호 경향, 태도는 교수·학습 상황의 특성들은 물론 학습한 기능을 나중에 활용할 상황을 결정하는 데도 필요하다. 이러한 중요한 정보는 이 모형의 다른 단계, 특히 교수 전략 부분에 영향을 미친다.

(4) 성취 목표 기술

성취 목표 기술이란 교수 분석 및 출발점 기능 기술에 기초하여, 교수 프로그램에 대한 학습이 끝났을 때 학생이 무엇을 할 수 있게 될 것인지에 대하여 구체적으로 기술하는 것이다. 교수 분석에서 나온 기능들로부터 도출된 성취 목표(performance objectives)를 진술할 때는 학습하게 될 성취 행동(기능), 그 성취 행동이 수행될 조건, 성취되었다고 판단할 준거 등이 포함되어야 한다.

(5) 평가도구 개발

앞서 기술한 성취 목표에 기초하여 그 목표에서 기술한 것을 학생들이 성취했는지 측정하기 위한 평가도구를 개발한다. 이 때 평가도구는 학습자 중심이어야 하며 준거 지향적이어야 한다. 평가도구의 개발이 교수 프로그램 개발 이후가 아니라 교수 설계 과정에 들어가는 이유는 평가 문항이 수행 목표와 일치해야 하고, 교수 전략을 개발하는 데에도 중요한 역할을 하기 때문이다. 평가 방법에는 객관식 검사, 배운 것을 그대로 수행해 보기, 태도 형성의 측정, 포트폴리오 등이 있다.

(6) 교수 전략 개발

앞서 분석한 다섯 단계의 정보에 근거하여, 최종 목표(goal)를 성취하기 위하여 교수 프로그램에 사용할 전략을 찾아내는 일이다. 이 교수 전략은 동기 유발하기, 주의 집중하기와 같은 초기 교수 활동, 예와 시연(demonstrations)과 같은 방법으로 새로운 학습 내용 제시, 능동적인 학생 참여 활동, 평가, 새롭게 배운 지식이나 기능을 실제 세계에 관련지을 수 있는 추수(follow-up) 활동을 포함하여 학습을 촉진하기 위한 요소에 강조가 되어야 한다. 이런 전략들은 학습에 대한 최근의 이론, 학습 연구의 결과, 학생들이 참여하여 사용하게 될 교수 매체와 가르칠 내용의 특성, 학생 특성에 바탕을 두어야 한다. 이러한 특성은 교수 프로그램을 개발하거나 혹은 선정하고, 교수 활동을 계획하는 데 활용된다.

(7) 교수 프로그램 개발 및 선정

이 단계에서는 앞서 개발한 교수 전략을 사용하여 교수 프로그램을 개발하는 것이다. 교수 프로그램에는 학생용 지침서, 교수 프로그램, 검사가 포함된다. 여기에서, 교수 프로그램은 교육운영자(학교에서는 교사, 기업에서는 강사 혹은 운영자를 지칭함)용 지침서, 학생용 읽기 목록, 파워포인트 발표자료, 사례연구, 비디오테이프, 팟캐스트(podcasts), 컴퓨터 기반 멀티미디어, 원격 학습을 위한 웹 페이지 등을 포함한 다양한 유형의 프로그램을 말한다. 교수 프로그램을 새롭게 개발해야 할 것인가는 교수 목표의 유형, 기존의 관련 프로그램이나 자료의 유무, 개발에 필요한 자원의 가용성 등을 고려해 서 설정한다. 기존의 프로그램 중에서 선택할 경우의 준거도 제공할 것이다.

(8) 형성평가 설계 및 실시

교수 프로그램의 초안이 완성되고 나면, 교수 프로그램이 가지고 있는 문제를 찾아내거나 그 프로그램의 질을 개선하기 위하여 사용할 자료를 수집하기 위한 일련의 평가활동이 이루어져야 한다. 이때의 평가는 교수 과정이나 프로그램의 질을 개선하기 위한 것이 목적이기 때문에 형성적이라고 한다. 형성평가(formative evaluation)에는 일대일평가(one-to-one evaluation), 소집단평가(small-group evaluation), 현장적용평가(field trial evaluation)의 세 가지 유형이 있다. 각각의 형성평가 결과는 프로그램을 수정하고 보완하는 데 사용할 수 있는 각기 다른 정보를 교수설계자에게 제공한다. 유사한 기법이 기존의 교수 프로그램이나 교실 수업의 형성평가에도 적용할 수 있다.

(9) 교수 프로그램 수정 및 보완

설계와 개발의 마지막 단계(반복된 주기에서는 처음 단계)는 교수 프로그램을 수정하는 것이다. 먼저 형성평가 결과가 요약되어 있으면, 학생들이 어떤 목표를 성취하는 데 어려움을 겪고 있는가를 파악하기 위하여 그 자료를 해석해야 하고, 구체적으로 교수 프로그램의 어느 부분이 그런 어려움을 초래하고 있는가를 찾아내야 한다. 본 교수설계 모형을 묘사하는 그림에서 '교수 프로그램의 수정, 보완'이라는 사각형이 점선으로 연결되어 있는 것의 의미는 형성평가의 자료가 단지 교수 프로그램 그 자체만을 수정하기 위하여 사용되는 것이 아니라, 교수 분석의 타당성과 출발점 기능, 학생 특성의 설정을 재검토하기 위하여 사용되어야 함을 나타낸다. 형성평가의 자료로부터 성취 목표의 진술, 평가문항 등을 검토할 필요도 있다. 그리고 교수 전략을 검토하고, 최종적으로 이 모든 것에 대한 고려사항은 교수 프로그램의 수정에 반영되어서 효과적인 학습이 이루어질 수 있도록 해야 한다.

(10) 총괄평가 설계 및 실시

총괄평가(summative evaluation)는 설계한 교수 프로그램의 효과를 총체적으로 알아보는 것이기는 하지만 일반적으로 설계 과정의 한 부분은 아니다. 이 평가는 교수 프로그램의 절대적 혹은 상대적 가치를 평가하는 것이라서 교수 프로그램에 대한 형성평가를 통하여 충분하게 수정이 이루어진 이후에 설계자가 생각하는 기준을 만족하고 있는가를 평가하기 위하여 이루어진다. 이 총괄평가는 교수설계자가 아닌 다른 별도의 평가자에 의하여 이루지기 때문에 교수설계 과정의 총체적 부분으로 보지 않는다.

총괄평가에서는 전문가의 검토와 현장 평가가 이루어진다. 첫째, 전문가 검토 단계의 목적은 현재 사용 중인 교수 프로그램이나 채택 후보에 오른 교수 프로그램이 조직의 요구를 충족시킬 잠재력이 있는지를 결정하는 것이다. 교수 프로그램의 범위는 일일 연수, 단기 연수, 한 학기 또는 일년 동안 지도할 수 있는 수업용 등 다양하다. 전문가 검토 단계에서는 조직의 요구와 교수 프로그램 간의 일관성 평가, 교수 프로그램의 완벽성·정확성·유용성 평가, 교수 전략 평가, 교수 프로그램에 대한 현재 사용자의 만족도 평가 등이 이루어진다. 둘째, 현장 평가 단계의 목적은 교수 프로그램이 의도한 수업 장면에서 대상 학습자에게 효과성을 검증하기 위해 교수 프로그램의 장단점을 발견하고, 그 장단점의 원인을 밝히며, 증거를 제시하는 것이다. 현장 평가에는 학습자의 성취와 태도, 교사의 태도, 교수 프로그램을 실행하는 데 필요한 자원에 관한 기록들이 포함된다.

3 | ASSURE 교수설계 모형

ASSURE 교수설계 모형은 하인니히와 동료들(Heinich, R. et al., 1992, 2002; 한정선 외 2011, 재인용)이 고안하였으며, 교수매체를 활용하기 위한 체제적 교수설계 모형으로, 어떻게 매체를 활용하여 원하는 교수목적에 도달할 수 있도록 교육의 구성요소들을 체계적, 체제적으로 조직

표 1-4 ASSURE 교수설계 모형의 단계별 고려할 사항

단계	고려할 사항
학생 분석 (Analyze learners)	· 학생들의 연령과 발달적 수준을 고려하는가? · 학생들의 동기수준을 파악하기 위해 사전경험을 질문, 토의 등을 통하고 이것이 학습활동을 선택하는 데 도움이 되는가? · 우선적으로 배려가 필요한 학생들을 고려하는가?
목표 진술 (State objectives)	· 수업 목표를 대상, 행동, 조건 기준을 고려하여 구체적으로 진술하는가? · 학생이 교수매체의 사용을 통해서 무엇을 배울 수 있는지를 기대할 수 있도록 미리 정보를 제공하는가?
교수자료의 선정 (Select methods, media, and materials)	· 교수자료가 학생의 학습에 대한 경험을 구체화시킨다거나 경험을 풍부하게 하는가? · 학생에게 학습에 대한 동기 유발이나 흥미를 불러일으키는가? · 교수목적에 따라 알맞은 교수방법을 선정하는가? · 제시되는 자료가 좋은 기술적 품질이 보장되는가?
매체와 자료의 활용 (Utilize media and materials)	· 교사가 수업자료를 학생들에게 제시하기 전에 미리 검토, 연습하였는가? · 학습될 내용과 절차, 기능들을 순서대로 조직하여 제시하는가? · 교수매체에 대한 지식이나 특별한 용어, 어휘에 대한 설명을 미리 하여 학생이 학습에 대한 준비를 할 수 있게 하는가?
학생 참여의 요구 (Require learners participation)	· 학생이 교수내용에 대한 반응을 제대로 하고 있는지를 토의, 질의, 응답 형식의 간단한 테스트로 대답하는 등의 기회를 제공하는가? · 학생이 학습결과로 얻은 지식이나 기술을 이용하여 수행하도록 하는가?
평가와 수정 (Evaluate and revise)	· 목표달성을 위하여 매체 사용이 도움이 되는가? · 매체 사용이 학습과제에 대한 개념이나 원리 이해에 도움이 되는가? · 매체 사용이 학습을 위한 주변 환경, 여건에 맞았는가? · 모든 학생들이 자료를 적절하게 선정, 활용할 수 있는가?

하는가에 초점을 두고 개발된 모형이다(백영균 외, 2007; 한정선 외, 2011). 교수매체는 교수자와 학생 간에 정보를 전달하는 것으로, 의사소통과 학습촉진을 목적으로 하므로, 학생들의 학습동기를 강화하고 학습이 이루어지도록 하며 교수자와 상호작용을 할 수 있도록 해야 한다.

하이니히 등(1996)이 개발한 ASSURE 교수설계 모형의 6단계를 수업을 위해 고려해야 할 항목으로 기술하면 〈표 1-4〉와 같다(조희정, 2012). 이 항목들은 학생의 적절한 학습환경을 위해 고려해야 할 요소들의 균형과 활용을 위한 의사결정에 대한 지침을 제공한다.

ASSURE 교수설계 모형의 장점은 개별교사가 교육현장에서 쉽게 활용할 수 있는 모형이다. 대다수의 교사들이 수업상황에서 매체를 선정하는 데 있어 자신의 경험에 의한 직관적

방법과 손쉽게 구할 수 있는 매체 선택을 하고 있으며, 모든 학습장면에서 유일한 매체가 존재하는 것이 아니기 때문에 각 매체와 자료가 갖고 있는 장단점을 파악하여 학생의 특성과 수업 목표, 환경에 맞게 선정, 활용하여 수업의 효율성을 높여야 한다(조희정, 2012).

(1) 학생 분석

학생의 특성과 교재의 내용 및 제시 방법은 교수매체의 효과에 지대한 영향을 미친다. 그러므로 교수매체를 활용한 교수활동을 계획하는 첫 번째 단계는 학생을 분석하는 일이라 할 수 있다. 학생 특성의 요인에는 연령이나 학력과 같은 일반적인 특성, 학생의 출발점에서의 행동, 학습양식이 있다.

- 일반적인 특성 분석: 학생의 연령, 학년, 직업이나 지위, 문화적·사회경제적 요인과 같은 것을 폭넓게 확인하는 것을 포함한다.
- 출발점 능력 분석: 학생이 이미 가지고 있는 지식과 기능 혹은 현재 가지고 있지 못한 지식과 기능을 포괄하는 분석이다.
- 학습양식 분석: 한 개인이 학습환경을 지각하고 상호작용하며, 정서적으로 반응하는 방식을 결정하는 심리적 특성 중 하나이다. 학생의 지각적 선호와 강점, 정보처리 습관, 동기적 요소, 그리고 심리적 요소로 범주화하여 교수설계하도록 한다.

(2) 목표 진술

학생이 학습한 후에 도달해야 하는 목표지점은 어디이며, 어떠한 새로운 능력을 발휘할 수 있는지를 진술한다. 구체적으로 목표를 진술하는 데에는 여러 가지 방법이 있지만, 특히, 게라크(Gerlach)의 교수 목표 진술 방법을 적용하면 좋다. 게라크는 교수 목표의 진술에 필요한 4가지 기본 요건을 A, B, C, D로 제시했다.

- A(대상): 누가 학습할 것인지에 관한 대상을 분명히 한다.
- B(행동): 학생이 성취해야 하는 것을 관찰 가능한 행동으로 진술한다.
- C(조건): 목표에 도달하는 데 사용되는 자원 및 자원의 조건, 그리고 시간을 제시한다.
- D(정도): 학생이 목표에 도달했는지의 여부를 나타내는 기준을 제시한다.

(3) 교수·학습 방법, 매체, 자료의 선정

학생 분석을 통하여 학생의 현재 수준을 파악하였고, 목표 진술을 통하여 학생이 도달해야 할 학습 목표를 파악한 것이기에, 교수·학습과정의 처음과 끝이 파악된 것이라고 할 수 있다. 그러므로 여기서는 시작과 도착의 두 지점을 연결하는 과정의 세부적인 일들을 고려해야 한다. 즉 어떤 수업방법을 선정할 것인지, 어느 매체를 사용할 것인지, 그리고 매체와 교수방법을 실행하기 위하여 어떠한 교재들을 활용할 것인지를 결정해야 한다.

○ 방법 선택: 교사나 학생에 따라서 다양한 방법이 선택되며 대체로 한 차시 수업에서 두 가지 이상의 방법이 활용된다.
○ 매체 유형 선택: 매체 유형은 수업 내용과 결합되어 결정된다.
○ 이용 가능한 매체 특정 자료 선정
○ 이용 가능한 자료 선택
   – 매체·공학 전문가를 포함시킨다. 매체·공학 전문가는 교사에게 중요한 자원이다.
   – 출처를 조사한다. 자료 출처를 조사하는 것은 적은 시간과 노력으로 좋은 수업자료를 선택하기 위해서다.
   – 선택준거를 수립한다. 매체 유형에 따라서 선택준거가 달라야 하며, 선택할 때는 가급적 선택준거를 고려하는 것이 바람직하다.
   – 수업자의 개인적 파일을 활용한다.
   – 네트워크에 참여하여 자료를 공유한다.
○ 기존 자료 수정: 기존 매체에서 준비한 수업에 부합하는 자료와 매체가 없다면 기존 매체를 수정하여 사용할 방안을 모색한다.
○ 새 자료 설계: 기존 자료를 활용하는 것이 불가능하다고 판단한 교사들은 자신이 직접 자료를 만들어야 한다. 기존 자료를 이용할 때와 마찬가지로 새로운 자료를 만들 때도 기본적인 요소를 고려해야 한다. 목표, 대상, 비용, 기술적 전문성, 기자재, 시설, 시간 등은 자료를 만들 때 고려해야 할 주요 요소이다.

(4) 매체와 자료의 활용
○ 자료에 대한 사전 검토: 수업할 자료가 자신의 수업에 적합한지를 미리 검토해 봄으로써

학생들의 수준과 목표에 적합한지를 결정한다.

- 자료 준비: 교사와 학생이 필요로 하는 모든 자료와 기자재를 결정하여 각 자료들을 수업의 목적과 진행단계에 맞게 배치한다.
- 환경 준비: 학습이 일어날 수 있는 모든 곳에 학생이 매체와 자료를 활용하기에 알맞은 시설을 준비한다. 예를 들어 편안한 의자, 적당한 조명과 환기, 충분한 전원 공급, 분위기 조절 등의 요소는 기본적인 환경이다.
- 학생 준비: 학생들의 주의를 집중시키기 위하여 제시할 내용의 소개, 학습할 주제와의 관련성, 또는 사용할 교수매체에 대한 정보나 특별한 용어에 대해 미리 설명해 줌으로써 동기 유발되도록 한다.
- 학습경험 제공: 학습경험을 제공할 때 교사 중심 수업 또는 학생 중심 수업에 따라 다른 학습경험을 제공한다.

(5) 학생 참여의 유도

학습은 학생이 학습과정에 능동적으로 참여할 때 더욱 효과적으로 이루어질 수 있다. 따라서 효율적인 학습상황을 위해 교사는 학생에게 학습상황에 맞는 발문에의 반응, 학습활동지를 활용한 필기, 구체적인 상황에 따른 선택 및 판단 등 실제 행동을 요구함으로써 학생이 능동적으로 참여할 수 있도록 유도한다.

(6) 평가와 수정

평가와 수정에 대한 내용은 다음과 같다.

- 학생 성취평가: 과정평가 방법으로서 수행평가, 태도 척도를 이용한 태도 측정평가, 산출물 평정표를 활용하는 평가 등을 이용하여 학생 성취를 평가함으로써 교수·학습 문제점과 어려움을 찾아내고 교정하는 데 활용한다.
- 교수매체와 교수방법 및 교수·학습과정에 대한 평가: 다음번의 교수매체 사용 시 참고하기 위해 평가한다.
- 수정: 평가자료 수집의 결과를 반영하여 수정하고, 이는 ASSURE 교수설계 모형의 마지막 단계이기도 하지만 지속적인 매체활용을 위한 시발점이기도 하다.

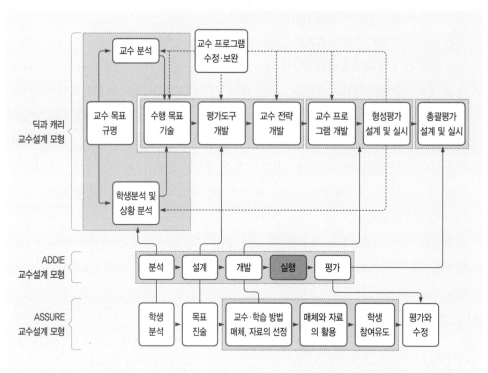

그림 1-4 딕과 캐리, ADDIE, ASSURE 교수설계 모형의 비교

딕과 캐리, ADDIE, ASSURE 교수설계 모형 등 교수설계 모형의 각 단계를 비교하면 〈그림 1-4〉와 같다(강은정, 2007).

1 쉴즈(B. Seels)와 리치(R. Richey)의 일반적 교수설계 모형(ADDIE)에 의거하여 친환경 의생활 교수·학습 과정안을 개발하고자 한다. (가)~(마)와 관련된 내용으로 적절하지 않은 것을 고르시오. **2010 기출**

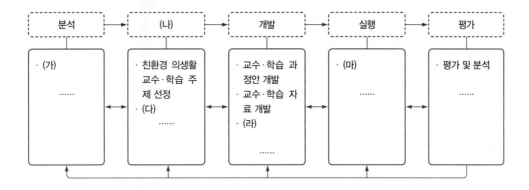

① (가)에서는 교육과정을 분석하고, 친환경 의생활의 학습 주제 선정을 위한 기준을 세우는 활동이 이루어 진다.

② (나)는 교수·학습 목표 선정 등의 활동이 이루어지는 설계단계이다.

③ (다)에서는 재활용 섬유의 종류를 알고 리폼(reform)할 수 있는 능력을 알아보기 위한 평가도구를 구상하 는 활동이 이루어진다.

④ (라)에서는 헌 옷을 리폼하여 생활 소품을 만드는 교수·학습에 적합한 전략 및 매체를 선정한다.

⑤ (마)에시는 재휠용 심유를 이해시기고 생활 소품을 만들어 보게 하는 교수·학습활동이 이루어진다.

1 김 교사는 ASSURE 교수설계 모형을 이용하여 '가족관계와 의사소통' 수업을 진행하고자 한다. 다음 단계별로 적합한 활동사례를 한 가지씩 쓰시오.

【학생 분석】

【교수·학습 방법, 매체, 자료의 선정】

【교수매체와 자료 활용】

【학생의 참여 유도】

CHAPTER **2**

가정과 수업의
설계

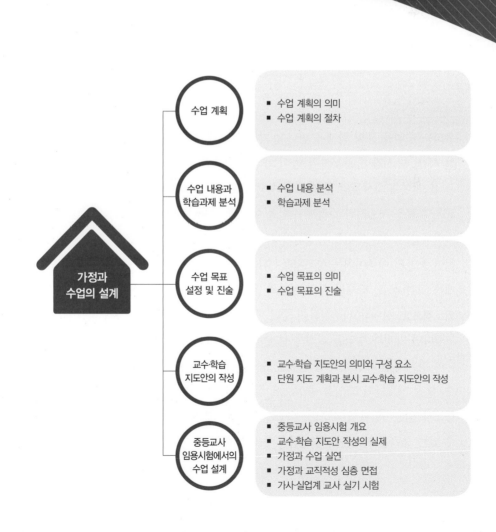

가정과
수업의 설계

수업 계획
- 수업 계획의 의미
- 수업 계획의 절차

수업 내용과
학습과제 분석
- 수업 내용 분석
- 학습과제 분석

수업 목표
설정 및 진술
- 수업 목표의 의미
- 수업 목표의 진술

교수·학습
지도안의 작성
- 교수·학습 지도안의 의미와 구성 요소
- 단원 지도 계획과 본시 교수·학습 지도안의 작성

중등교사
임용시험에서의
수업 설계
- 중등교사 임용시험 개요
- 교수·학습 지도안 작성의 실제
- 가정과 수업 실연
- 가정과 교직적성 심층 면접
- 가사·실업계 교사 실기 시험

CHAPTER 2
가정과 수업의
설계

핵심 개념 ▶ 교수·학습 지도안, 수업 계획, 수업 내용 분식, 학습과제 분석, 수업 목표, 단원 지도 계획, 중등교사 임용시험, 수업 능력 평가, 수업 실연, 수업 평가기준, 교직적성 심층 면접, 가사실업계 교사 실기시험

우리는 수업을 통해 학생을 만나고 가정과 교육의 세계로 학생들을 안내한다. 가정과 수업한 시간, 한 시간이 차곡차곡 쌓여 가정과 교육의 집을 지어가는 것이라고 할 수 있다. 미래는 물론 현재 학생들의 삶에 도움이 되고 울타리가 되어줄 수 있는 안전하고 행복한 가정과 교육의 집을 지으려면 가정과 수업을 어떻게 디자인해야 할까?

디자인은 어떤 목적을 달성하기 위하여 의도적으로 선택한 조형 요소들을 구성하여 유기적인 통일을 이루어내는 창조활동이다. 마찬가지로 수업 디자인, 즉 가정과 수업 설계는 크게는 교과 목표, 작게는 단위 시간의 학습 목표에 도달하기 위해 수업 내용이나 방법 등을 의도적으로 선택하고 구성하여 좋은 수업을 할 수 있는 토대를 마련하는 창의적 활동이다. 그렇다면 가정과 수업을 어떻게 설계하고 실행하는 것이 좋을까?

이 장에서는 가정과 수업 설계를 수업 계획, 수업 내용 분석, 수업 목표 설정 및 진술, 교수·학습 지도안의 작성을 중심으로 살펴보고자 한다. 특히 가정과 수업 설계의 내용을 중등교사 임용시험과 연계하여 실제로 교수·학습 지도안을 작성하고, 가정과 수업을 설계할 수 있는 능력을 기르는데 주안점을 두고자 한다.

1. 수업 계획

1 | 수업 계획의 의미

여행을 가기 위해서는 여행 계획을 세우듯이 수업을 하기 위해서는 수업 계획을 세워야 한다. 따라서 좋은 수업을 하기 위해서는 수업 계획을 잘 세우는 것에서부터 출발해야 한다.

수업 계획은 체계적이면서 동시에 유연해야 한다. 왜냐하면 수업 계획이 비체계적이어서 그냥 되는 대로 수업이 이루어진다면 소기의 성과를 거둘 수 없을 것이고, 너무 계획대로만 진행하면 수업 과정과 결과의 다양성이 제한되어 기계적인 수업이 이루어질 수 있다. 따라서 체계적으로 계획을 세우고 수업을 준비하되, 수업 실행에 있어서 유연하게 수정할 수 있는 가능성을 내포하고 있어야 한다(권낙원 외, 2010).

2 | 수업 계획의 절차

수업 계획의 절차에 대해서는 학자들마다 다양한 관점을 제시하고 있다. 이 책에서는 무어(Moore)의 수업 계획 절차를 중심으로 설명하고자 한다. 무어는 수업 계획 절차를 내용과 목표를 결정하고, 수업의 도입, 전략, 정리, 평가 단계를 계획하며, 새로 가르칠 내용을 결정하는 일곱 가지의 단계를 제시하였다(권낙원·최화숙, 2010).

- 내용 결정단계: 교과서와 교육과정지침, 학생들의 요구 분석 등을 통하여 가르칠 내용을 결정하는 단계이다.
- 목표 결정단계: 가르칠 내용에 따라 수업을 통해 기르고자 하는 지식, 기능, 태도 등의 수업 목표를 결정하는 단계이다. 목표는 수업이 끝난 후에 학생들이 행할 수 있는 바를 정확히 진술한다.
- 수업 도입단계: 학생들의 주의를 집중시킬 수 있는 도입단계를 계획한다.
- 수업 전략 선정단계: 학습과제, 학생들의 학습 양식, 발달특징, 교실 환경 등을 고려하여

최적의 수업 전략을 선정하는 단계이다. 무어는 이 단계가 수업에서 가장 중요하다고 보았다.

○ 수업 정리단계: 학생들이 학습 내용을 충분히 이해할 수 있도록 수업을 마무리하는 단계이다.

○ 수업 평가단계: 학생들이 주어진 목표에 도달했는지 평가하는 단계이다.

○ 새로 가르칠 내용 결정단계: 앞의 평가 결과에 기초하여 새로 가르칠 내용을 결정하는 단계이다.

2. 수업 내용과 학습과제 분석

수업 계획 후 학생이 학습해야 할 수업 내용이나 학습과제들을 분석하는 것이 필요하다. 이러한 활동을 수업 내용 분석과 학습과제 분석의 형태로 살펴보겠다.

1 | 수업 내용 분석

프라이스와 넬슨(Price & Nelson, 2007)은 수업 내용 분석을 교과 내용의 개요, 과제분석 또는 개념 분석, 원리 진술, 핵심 용어와 어휘 정의, 선수학습 기능과 지식으로 나누고 있다 (권낙원·최화숙, 2010).

○ 교과 내용 개요: 수업에서 다룰 구체적인 내용의 개요이다.

○ 과제 분석: 하나의 과제를 그 구성 요소로 나누어 분석하는 과정이다. 일반적으로 절차나 전략은 학생들이 구체적으로 무엇인가를 행하기를 바라는 것으로 절차란 과제를 완수하게 하는 일련의 단계를 의미하며, 전략은 계열화된 일련의 하위 목표들로 구성한다.

- 개념 분석: 주로 개념을 가르치기 이전에 시도되는 내용 분석 방법으로 개념의 정의, 모든 본보기에서 발견되는 특징적인 결정적 속성 목록, 모든 본보기에서 찾아볼 수 없는 비특징적이고 비결정적인 속성 목록, 본보기의 목록, 비본보기의 목록, 관련 개념 목록이 포함된다.
- 원리 진술: 원리란 두 개념 또는 그 이상의 개념들 간의 관계를 규정하는 규칙으로 원리 진술은 원리를 가르치기 위하여 시도된다.
- 핵심 용어와 어휘 분석: 핵심 용어와 전문적인 어휘를 학생들이 이해할 수 있는 단어로 재 진술하고 정의하는 것을 의미한다.
- 선수학습 기능과 지식: 본시 학습에 들어가기 이전에 꼭 습득해야 하는 선수학습 기능과 지식을 분석하는 것이다.

2 | 학습과제 분석

수업 활동에서 최종 수업 목표를 효율적으로 달성하기 위해 교사들은 '무엇을 어떻게' 가르쳐야 할지 고민한다. '어떻게' 가르쳐야 하는가에 해당하는 것이 '수업 방법'이라면, '무엇을'에 해당하는 것은 바로 학습 내용이며, 이를 효율적으로 가르치기 위해 '학습과제'라는 개념이 필요하다.

가네(Gagne, 1970)는 학습과제를 하위 수준의 기능으로부터 상위 수준의 기능을 학습하는 데 필요한 학습 요소나 학습 단위들의 위계적 관계를 타당성 있게 조직화함으로써 학습 요소들 간에 최대한의 긍정적 학습 전이를 일으킬 수 있는 능력 요소들의 체계적인 집합체라고 하였다. 라이거루스(Reigeluth, 1983)는 학습과제를 교수내용에 관한 정보를 제공해 주기 위해서 가르쳐야 할 모든 종류의 지식이나 기능을 분석하는 과정으로 정의하고 있다. 변영계(1984)는 학습과제란 최종 수업 목표의 획득을 위해 학생이 단계적으로 학습해야 할 비교적 단순한 능력이라고 하였고, 김형경(2008)은 교사가 수업을 설계하고 전개하는데 편의를 주는 수업의 내용적 단위라고 보았다(유진희, 2012).

학습과제 분석은 학생들에게 어떠한 행동을 육성시킬 것인가에 대한 목표 수립과 학생들이 수행하게 될 학습활동이 무엇인지를 분명하게 알기 위해서 필요하다. 또한 학습활동의 계열성이나 위계성에 따라서 선수학습 요소를 파악하고, 학습활동을 어떠한 순서로 전개해야 효율적인가를 알기 위하여, 학습 보조 자료의 제작을 구체화하고 적절한 시기에 활용하기 위하여, 학습활동의 결과 또는 숙달 수준을 평가할 수 있는 준거를 마련하기 위하여 필요하다.

학습과제 분석 방법으로는 학습 위계별 분석, 학습 단계별 분석, 시간·기능별 분석이 있다(권낙원·최화숙, 2010).

○ 학습 위계별 분석: 하나의 학습과제가 다수의 학습 요소들로 구성되어 있을 때, 그 요소들을 종적·횡적으로 분석하는 것을 학습 위계별 분석이라고 한다.
○ 학습 단계별 분석: 학습과제의 내용을 몇 가지의 영역으로 세분한 후, 각 영역을 임의의 순서에 따라서 조직하는 방법이다. 학습과제의 성격으로 볼 때 내용 체계나 학생의 지적 기능이나 능력 수준별에 따른 위계적 관계가 명백하지 않고, 학습활동의 계열성을 크게 강조하지 않아도 되는 교과영역이나 단원에서 활용할 수 있다.
○ 시간·기능별 분석: 일련의 과정이나 기능에 따라 학습과제의 수행이 이루어질 때 적용한다. 일련의 작업 과정을 처음부터 끝까지 순서화해 놓는 것을 말한다.

3. 수업 목표 설정 및 진술

1 | 수업 목표의 의미

일반적으로 수업 목표는 일련의 수업 과정을 통해 이루고자 하는 학습의 결과를 말한다.

수업 목표를 진술하는 방법은 매우 다양하다. '청소년의 성장 급등'과 같이 학습할 내용을 목표로 삼는 경우도 있고, '감동을 주는 죽 만들기'와 같이 수업 활동을 목표로 삼을 수도 있다. 또는 '실천적 문제해결능력 증진'과 같이 기르고자 하는 역량을 목표로 제시할 수도 있다.

　수업 목표가 학습 상황에 따른 융통성 있는 수업을 방해하고, 개별화 교육과 인간화 교육에 지장을 초래할 수 있다는 측면에서 수업 목표의 사용을 반대하는 입장(권낙원 외, 2010)도 있지만, 수업 목표는 결국 수업 전 과정에서 지침이 된다는 측면에서 매우 중요하다.

　수업 목표는 첫째, 수업을 계획할 때 중요한 내용은 부각시키고 별로 중요하지 않은 내용은 제거하도록 하는데 도움이 된다. 동시에 여러 행동 영역의 수준을 균형 있게 설정하는데 도움이 된다. 둘째, 수업 목표는 효과적인 수업 사태를 계획하는데 도움이 된다. 수업 사태란 학생들이 학습을 목적으로 그들이 참여하는 일련의 활동을 의미한다. 교사의 설명을 듣는 것, 과제를 수행하는 것, 실험이나 체험 활동을 하는 것 등이 모두 수업 사태의 예가 된다. 셋째, 수업 목표는 다양한 평가를 계획하는데 도움이 된다. 수업 목표는 기대하는 학습 결과로서, 타당도 검사 도구의 개발에 있어 핵심이 된다.

2 | 수업 목표의 진술

수업을 효과적으로 이끌고 학생들의 학습을 증진시키는데 도움이 되기 위해서 수업 목표는 구체적이고, 학생에게 기대되는 행동의 변화가 무엇인지 명확히 진술하는 것이 요구된다.

　수업 목표의 진술은 일반 목표를 주로 사용하다가 메이거(1962)의 《수업 목표 진술》이라는 책이 출간되면서 수업 목표를 구체적 행동 목표로 진술하려는 경향이 강해졌다. 그러나 모든 목표를 행동적 목표로 진술하기가 어렵다는 점이 인정되면서 그론룬드(Gronlund, 1999)는 일반 목표와 구체적 목표를 함께 제시할 것을 권장하였다.

(1) 타일러의 수업 목표 진술

타일러(Tyler, 1949)는 수업 목표 속에 다루어야 할 내용 영역과 추구해야 할 행동 영역이 동시에 기술되어야 한다고 주장하였다. 즉 수업 목표를 먼저, 학습 내용 또는 자료를 밝히고, 학생의 행동으로 표현하되, 도달점 행동의 구체적인 진술로 제시하도록 하였다.

　예를 들면 '건강한 가족의 특징을 설명할 수 있다.'라는 목표는 '건강한 가족'이라는 내용 영역과 '설명한다'는 학생의 행동 영역으로 구성되며, 행동 영역은 학생의 입장에서 도달점 행동을 쉽게 알 수 있는 명시적 행동 동사인 '설명할 수 있다.'로 진술한다.

건강한 가족의 특징을 설명할 수 있다.
(학습 내용) + (학생의 도달점 행동)

---

(2) 메이거의 수업 목표 진술

메이거(1962)는 성공적으로 수업을 마친 학생들에게 관찰될 수 있는 행위를 수업 목표에 명시해야 한다고 주장하였다. 즉 수업 목표 속에는 다음과 같은 세 가지 요소가 동시에 포함되어야 한다.

○ 조건: 이 행위가 발생되어야 할 중요 조건이나 장면의 기술
○ 기준: 이 행위가 성공적인 것인지 아닌지를 판단하기 위한 수락 기준의 명시
○ 성취 행동: 수업을 통해서 얻으려고 하는 도착점 행동을 나타내는 행위 동사

이와 같은 메이거의 수업 목표 진술 방법은 타일러의 행동과 내용 영역의 2차원적인 표시 방법에 비해 훨씬 더 정밀하지만, 가정과의 모든 수업 목표를 진술하기에는 현실적으로 제한이 있다.

노인기의 주생활에서 코하우징의 장점을 세 가지 이상 예를 들어 설명할 수 있다.
(조건) + (기준) + (성취 행동)

---

(3) 그론룬드의 수업 목표 진술

그론룬드(1999)는 일반적인 수업 목표를 제시하고, 그 다음으로 구체적이고 대표적인 행동 목표를 제시할 것을 주장하였다. 일반적인 수업 목표란 학생의 성취 영역을 포괄할 수 있도록 일반적인 용어로 진술한 의도된 학습결과를 말한다. 그론룬드는 일반적인 목표를 진술할 때는 한 가지 일반적인 학습 결과만을 포함하도록 하고, '안다', '이해한다' 등과 같이 포괄적인 성격의 암시적 동사를 사용하도록 안내했다. 일반적인 수업 목표는 교수의 방향을 안내해 주고, 수업 중에 지속적으로 목표를 명료히 의식할 수 있게 하는 장점이 있다.

반면, 구체적 수업 목표는 일반적 수업 목표가 달성된 증거로서 수용할 학생의 성취 유형의 입장에서 진술하는 구체적인 학습 결과라고 볼 수 있다. 그론룬드는 구체적인 수업 목표의 지침으로 각각의 일반 수업 목표 아래 구체적인 학습 결과를 열거해야 하며, 이 학습결과는 학생이 목표를 달성했을 때 보여주게 될 도착점 행위를 나타낸다고 하였다. 즉 구체적 수업 목표는 일반적 수업 목표를 달성하기 위해 조작적으로 정의된 명세화된 교수 목표라고 볼 수 있다.

- 일반적 수업 목표: 영양소의 기능을 이해한다.
- 구체적 수업 목표: 영양소를 체내 기능에 따라 분류할 수 있다, 영양소의 특징을 설명할 수 있다, 영양소의 주요 함유 식품을 열거할 수 있다, 영양소의 과잉 및 결핍증을 예를 들어 설명할 수 있다.

4. 교수·학습 지도안의 작성

1 │ 교수·학습 지도안의 의미와 구성 요소

수업 계획의 마지막 단계가 교수·학습 지도안을 작성하는 것이다. 교수·학습 지도안은 수업의 전체적인 설계나 실천 계획을 문서로 작성한 것으로 교수·학습 과정안, 수업 지도안, 교안 등으로도 불린다. 즉 교수·학습 지도안은 어느 시간 단위에, 어떤 목표로, 어떤 과정을 거쳐, 어떤 방법으로, 어떤 자료를 사용하여 어떻게 학습하게 할 것인가를 예상하여 그것을 한눈에 알아볼 수 있게 기술한 교수·학습 설계도라고 할 수 있으며 표준화된 형식은 없다(방경곤 외, 2013).

외국에서 일반적으로 널리 사용되고 있는 기본 교수·학습 지도안(Jacobson, Eggen & Kauchak, 1989; Orlich et al., 1990)의 구성 요소는 다음과 같다(권낙원·최화숙, 2010, 재인용).

- 목표: 단원 계획으로부터 선정한 구체적인 학습 의도
- 서론(도입): 수업 초에 학생의 주의와 관심을 끌어들이기 위한 활동
- 내용: 수업에서 가르칠 내용의 개요
- 방법과 절차: 단원 계획에서 선정한 당일의 전개 활동을 순서대로 열거
- 정리: 마무리 활동
- 자원과 자료: 수업에 필요한 수업 자료의 목록
- 평가 절차: 학생들이 수업에서 의도한 학습결과를 얼마나 잘 숙달하였는지를 결정하기 위한 활동과 기법
- 과제: 다음 시간까지 완성해야 할 수업 중 과제 또는 숙제

2 | 단원 지도 계획과 본시 교수·학습 지도안의 작성

교수·학습 지도 계획은 〈그림 2-1〉과 같이 분류할 수 있다. 교과의 연간계획과 단원 지도 계획을 포함한 장기안과 차시별 교수·학습 계획인 시안과 일안, 주안을 포함한 단기안이 있으며, 차시별 교수·학습 지도안은 구체적으로 작성하는 세안과 수업의 흐름을 간단하게 작성하는 약안으로 분류한다.

(1) 단원의 지도 계획

일반적으로 단원의 지도 계획에는 단원명, 단원의 개관, 단원 목표, 단원의 구조, 단원 지도 계획, 지도상의 유의점, 평가계획, 참고자료 등과 같은 구성요소가 포함된다(김민환 외, 2012).

① **단원명**　단원은 학습 내용의 조직 단위를 말한다. 단원은 그 범주에 따라 대단원, 중단원, 소단원으로 분류된다. 일반적으로 단원명(title)은 교육과정이나 교과서에 제시되어 있는 것을 그대로 기재한다. 그러나 독자적으로 프로그램을 구성할 때는 중요한 개념이나 원리, 혹은 중심 내용을 나타내는 용어로 정한다.

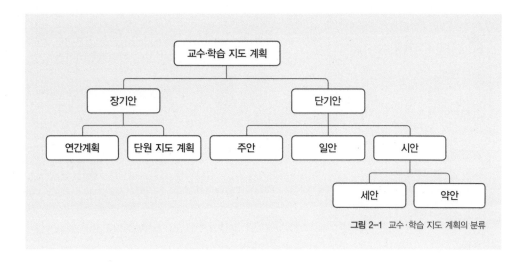

그림 2-1 교수·학습 지도 계획의 분류

② **단원의 개관**　단원의 개관(introduction)에서는 단원 내용의 전반적인 줄거리와 함께 단원 내용의 학습이 학생들에게 어떠한 의미가 있는지, 배울만한 가치가 무엇인가를 명확하게 진술한다. 때로는 '단원 설정의 이유'라는 용어로 단원 설정의 필요성이나 의의를 중심으로 기술하기도 한다. 단원 설정의 이유는 단원의 내용이 사회적으로 어떤 점에서 가치가 있으며 필요한지, 학생의 발달 수준과 흥미에 어떻게 부합되고 가치가 있는지, 그리고 교과나 교육과정의 체계와 어떠한 관련을 맺고 있으며, 어떠한 위치에 있는지 등을 서술한다. 이것은 국가수준의 교육과정 문서를 참고하여 교사의 교육 철학을 바탕으로 기술하는 것이 바람직하다.

③ **단원 목표**　단원 목표(general objectives)는 한 단원을 통하여 달성해야 할 학생 행동의 변화를 진술하는 것이다. 단원 목표는 수업 목표보다는 포괄적이며, 일반적으로 교육 목표의 영역에 따라 인지적 영역, 정의적 영역, 심동적 영역으로 나누어 행동적 용어로 진술한다.

④ **단원의 구조**　단원의 구조(structure of unit's content)는 단원 내용의 전체 구조를 일목요연하게 나타내는 것이다. 단원의 구조는 학습 내용들 간의 관계와 위계를 파악하는데 도움을 줄 수 있다.

1. 단원명

2. 단원의 개관

3. 단원 목표
　① 인지적 영역
　② 정의적 영역
　③ 심동적 영역

4. 단원의 구조

5. 단원 지도 계획

차시	주제(단원명)	수업 방법	수업 자료	비고

6. 지도상의 유의점

7. 평가계획

8. 참고 자료

⑤ **단원 지도 계획**　　단원 지도 계획(body of unit plan)은 차시별로 주요 내용과 학습 방법, 자료 및 유의점 등을 중심으로 단원 전체 수업의 개요를 한눈에 알아볼 수 있도록 구조화하여 제시한 것이다. 이때 본시 학습 부분을 표시해 주는 것이 바람직하다.

⑥ **지도상의 유의점**　　지도상의 유의점(instructional advertence)은 단원을 수업할 때 유의할 점이나 강조할 사항 등을 진술한다. 일반적으로 국가수준 교육과정 문서나 교사용 지도

서를 참고하여 기술하지만, 교사가 단원의 내용을 충분히 파악한 후 지역 여건이나 학습 환경을 고려하여 제시하는 것이 좋다.

⑦ **평가계획**　　단원의 평가계획(evaluation)으로 단원의 성격에 따른 평가의 관점이나 방향, 평가 방법, 평가 결과 활용 계획 등을 진술한다.

⑧ **참고 자료**　　단원 수업에 따른 주요 참고문헌(bibliography)이나 자료, 인터넷 사이트 등을 제시한다.

(2) 본시 교수·학습 계획

본시 교수·학습 계획은 단원 지도 계획의 큰 흐름 안에서 작성한다. 일반적으로 단원명, 차시, 장소, 대상 등의 수업 개요를 명시하고, 학습 목표, 교수·학습 전개 계획, 평가계획 등을 계획한다. 교수·학습 지도안 양식은 교사가 수업 내용 등을 고려하여 자유롭게 변형할 수 있으며, 수업 단계 또한 도입, 전개, 정리의 세 단계뿐 아니라 수업 모형의 특성에 따라 다양하게 제시할 수 있다. 본시 교수·학습 지도안의 작성 방법은 다음과 같다(김민환 외, 2012).

① **수업 개요**　　본시 교수·학습 계획의 단원명, 차시, 대상, 장소, 일시, 준비물 등을 제시한다. 해당 수업 지도안의 앞부분에 대단원명이나 대상, 일시, 장소 등이 기재되어 있다면 본시 수업 지도안에는 생략하여 작성하고, 단원 지도 계획이 없는 약안인 경우에는 포함시키는 것이 좋다. 또한 본시 학습 주제를 제시하기도 한다.

② **학습 목표**　　본시 학습 목표는 단원의 목표를 달성하기 위한 구체적인 목표이다. 일반적으로 한 시간 수업에는 대략 1~2개 정도의 학습 목표가 적절하다. 학습 목표가 너무 많으면 수업의 초점이 흐려질 가능성이 많고, 학습 목표 중에서 어느 하나도 제대로 달성할 수 없는 경우가 생길 수 있기 때문이다. 본시 학습 목표는 명확하고 구체적으로 진술하며, 가급적 학생 입장에서 행동적 용어로 진술한다.

③ **교수·학습 전개 계획**　　교수·학습 전개 계획은 수업 시간에 교사와 학생이 학습 내용을

중심으로 상호작용하는 과정을 계획하는 것으로 본시 수업 지도안의 핵심이라고 볼 수 있다. 수업 단계에 따라 교사와 학생이 어떤 학습 내용을 중심으로 어떠한 활동을 할 것인가를 명백하게 진술한다. 또한 각 단계별 수업 활동 시간을 고려하여 학습 자료와 지도상 유의점 등을 기술한다.

✏️ 본시 교수·학습 계획

9. 본시 교수·학습 계획

단원명	차시		
학습 목표			
수업 준비	· 교사: · 학생:		

학습단계	교수·학습활동		자료 및 유의점
	교 사	학 생	
도입 (○○분)			
전개 (○○분)			
정리 (○○분)			

비고: 평가계획 및 문항은 그 특성에 따라 본시 교수·학습 지도안의 정리 부분에 기재하거나 별도 항목으로 작성할 수 있다.

④ **평가계획** 본시 학습 평가계획은 학습 목표의 달성 여부와 그 정도를 파악하기 위한 것으로 주로 형성평가의 성격을 띠게 된다. 평가계획은 정리 부분에 포함시키거나 그 중요성과 양에 따라서 별도항목으로 작성하기도 하며, 선다형 및 서술형 평가뿐만 아니라 자기 평가와 동료 평가를 포함하여 다양한 방법으로 계획할 수 있다.

5. 중등교사 임용시험에서의 수업 설계

1 | 중등교사 임용시험 개요

중등교사의 임용시험은 한국교육과정평가원과 시·도교육청에서 시험을 관리하고 운영한다. 다음은 한국교육과정평가원 홈페이지(www.kice.re.kr)에 안내되어 있는 중등교사 임용시험 개요를 정리한 것이다.

(1) 시험 개요

① 출제 방향
- 합리적인 방법과 절차를 통하여 수준 높은 양질의 문항을 출제
- 교사로서의 전문적인 능력을 측정하는 평가
- 공정하고 객관적이며 신뢰성이 있는 중등교사 임용 전형자료를 제공

② 근거 법령
- 교육공무원법 및 교육공무원 임용령
- 교육공무원임용 후보자 선정 경쟁시험규칙

③ 시험 관리 기관
- 시·도교육청: 시행공고, 원서 교부·접수, 문답지 운송, 시험 실시, 합격자 발표
- 한국교육과정평가원: 1차 시험 출제 및 채점, 2차 시험 출제

④ 시험 과목 및 시간, 문항 유형
- 중등교사 임용시험의 시험 과목 및 시간, 문항 유형, 출제 범위 및 내용은 매년 변화될 수 있으므로 한국교육과정평가원과 시·도 교육청에서 사전에 확인해야 한다.
- 중등교사 임용 2차 시험은 시·도 교육청별, 과목별로 시험 과목 및 배점이 상이하다.

표 2-1 중등교사 임용 1차 시험(2020학년도 임용시험부터 적용)

시험 과목	교육학	전공(가정)			
교시 및 시험 시간	1교시(60분)	전공A: 2교시(90분)		전공B: 3교시(90분)	
문항 유형	논술형	기입형	서술형	기입형	서술형
문항 수	1문항	4문항	8문항	2문항	9문항
문항 당 배점	20점	2점	4점	2점	4점
문항 유형별 배점	20점	8점	32점	4점	36점
교시별 문항 수(배점)	1문항(20점)	12문항(40점)		11문항(40점)	
출제 범위 및 내용	교육학개론, 교육철학 및 교육사, 교육과정, 교육평가, 교육방법 및 교육공학, 교육심리, 교육사회, 교육행정 및 교육경영, 생활지도 및 상담	교과교육학과 교과내용학 [교육부고시 제2014-48호](2014.9.2.)의 [별표 3]'교사자격종별 및 표시과목별 기본이수과목(또는 분야)'에 제시된 과목 – 교과교육학(25~35%): 표시과목의 교과교육학(론)과 임용시험 시행 공고일 현재 국가(교육부 등)에 의해 고시되어 있는 총론 및 교과 교육과정까지 – 교과내용학(75~65%): 표시과목의 교과교육학(론)을 제외한 과목 ※ 외국어 과목은 해당 외국어로 출제 ※ 특수(중등) 과목도 동일 적용 ※ 비교수 교과는 교과내용학에서 100% 출제			

자료: 한국교육과정평가원 홈페이지(2019). 중등교사 임용시험 안내 재구성.
※ 기존의 2019학년도까지의 임용 1차 시험과 비교하여 교육학 과목의 논술능력 평가와 중복되는 논술형 문항(10점)을 삭제하고, 단순 기억력 평가 경향의 기입형 문항을 8문항에서 6문항으로 축소하였으며 서술형 문항을 늘려 전공 영역에서 총 문항 수가 1문항 증가하였음

표 2-2 중등교사 임용 2차 시험

시험 과목	출제 범위 및 내용	문항 수	시간
교직적성 심층 면접	교사로서의 적성, 교직관, 인격 및 소양	4	시·도 교육청 결정
교수·학습 지도안 작성	교수·학습 지도안 작성	1	
수업 능력 평가(수업 실연, 실기·실험)	수업 실연, 실기·실험	1	

자료: 한국교육과정평가원 홈페이지(2019). 중등교사 임용시험 안내 재구성.

표 2-3 중등 가정과교사 임용시험 2차 시험 과목 구성 및 배점 예시

구분			배점	평가 내용	평가 방법	평가 시간
서울시 교육청	교수·학습 지도안 작성		15점	· 교수·학습 지도안 작성	· 개별 평가	60분
	수업 실연		45점	· 수업 실연	· 개별 평가	20분
	교직적성 심층면접		40점	· 교원으로서의 적성, 교직관, 인격 및 소양 · 학생과의 소통·지도 능력	· 개별 면접	15분
	합계		100점			
경기도 교육청	수업 능력 평가	수업 실연	30점	· 교사로서의 학습지도 능력과 의사소통 능력	· 주어진 문제에 대해 25분 구상 후 수업실연	1인당 15분 이내
		수업 나눔	30점	· 수업에 대한 성찰적 질의 응답	· 주어진 문제에 대해 즉답형 수업나눔	1인당 10분 이내
	심층 면접 평가	집단 토의	20점	· 교원으로서의 적성, 교직관, 인격 및 소양	· 주어진 문제에 대해 40분 구상 후 집단토의	42분 이내 (6인 기준) 35분 이내 (5인 기준) 28분 이내 (4인 기준) 21분 이내 (3인 기준)
		개별 면접	20점		· 주어진 문제에 대해 10분 구상 후 개별면접(※ 구상형 2문항, 즉답형 2문항 포함) · 자기성장소개서 관련 추가 질문	1인당 10분 이내
	합계		100점			

자료: 서울특별시교육청, 경기도교육청

따라서 시험 전에 해당 교육청의 임용시험 안내를 확인해야 한다.

채점 위원 워크숍

↓

가채점

↓

채점 기준의 수정·보완

↓

채점 위원 3인의 독립 채점

그림 2-2 채점 절차

(2) 출제 위원 선정과 출제 원칙

① **출제 위원 선정**　대학 전임 교수(정년 트랙) 이상, 정부출연 연구기관 및 국립연구기관의 연구원 또는 교수, 석사학위 소지자로서 중등학교 교원 경력 만 5년 이상의 교사들을 출제 위원으로 선정한다. 출제 위원은 인력풀 등을 활용하여 후보자의 전공, 경력, 재직학교, 출신 교 등을 고려한 '출제 위원 선정 심사위원회'의 심의를 거쳐 선정한다.

② **출제 원칙**　한국교육과정평가원이 밝힌 중등학교 임용고사 출제 원칙은 다음과 같다.
o 중등학교 교사에게 필요한 전문 지식과 자질을 종합적으로 평가하는 문항을 출제함
o 교육 현장에서 실제로 필요한 지식과 기능, 소양을 평가하는 문항을 출제함
o 지식, 이해, 적용, 분석, 종합, 평가, 문제해결, 창의, 비판, 논리적 기술 등을 종합적으로 평가하는 다양한 문항 유형을 출제함
o 중등학교 교사 양성기관 교육과정을 충실히 이수한 자면 무난히 풀 수 있는 문항을 출제함
o 출제 범위는 교육과학기술부 고시 제2014-48호(2014. 9. 2.)의 [별표3] '교사자격종별 및 표시과목별 기본이수과목(또는 분야)'에 제시된 과목, 임용시험 공고일 현재 교육부에 의해 고시되어 있는 총론 및 교과교육과정, 교육학의 전범위로 함
o 평가의 목표 및 내용이 특정 영역이나 학설(또는 이론)에 치우치지 않고, 해당 분야 전반

에 걸쳐 고르게 출제함

○ 특히, 공동관리위원회가 발표한 '표시과목별 교사 자격 기준과 평가 영역 및 평가 내용 요소'를 반영하여 출제함

(3) 중등교사 임용시험 채점

① 채점 절차 및 방법　채점 위원 워크숍, 가채점, 채점 기준의 수정·보완, 3인의 채점 위원 별도 채점 등의 절차(그림 2-2)를 통하여 공정하고 객관적이며 정확한 채점 업무를 수행할 수 있는 채점시스템을 운영한다.

② 모범 답안 및 채점 기준 비공개　'공공기관의 정보공개에 관한 법률' 제9조 제1항 제5호의 규정과 '중등교사 신규임용전형공동관리위원회'가 한국교육과정평가원에 위탁한 사항에 따라 중등교사 임용시험 문항의 '모범답안'과 '채점 기준'은 비공개를 원칙으로 한다.

2│ 교수·학습 지도안 작성의 실제

가정과 중등교사 임용시험에서 교수·학습 지도안 작성을 2차 시험으로 시행하는 시·도 교육청이 있다. 또한 교수·학습 지도안을 바탕으로 수업 실연이 이루어지기 때문에 교수·학습 지도안의 작성은 가정과교사로 임용되기 위해 매우 중요한 요소라고 볼 수 있다.

(1) 교수·학습 지도안의 작성 방향

교수·학습 지도안은 학생들에게 가르칠 내용을 어떤 방법으로 어떻게 지도하겠다는 구체적인 계획서이다. 최근의 교육 환경은 학생 중심의 활동과 인성교육을 포함한 비판적 사고력, 문제해결력, 창의력 등의 고차원적인 사고력을 향상시킬 수 있는 방향으로 수업을 이끌어갈 것을 요구하고 있다. 따라서 교수·학습 지도안도 이러한 방향으로 계획해야 한다.

　교수·학습 지도안은 간단명료하면서도 목표 달성의 내용과 방법이 함께 나타나야 한다. 학습 원리나 교수법이 나타나야 하고, 수업 참관자가 수업을 쉽게 참관할 수 있도록 짜야

하며, 본시 수업 목표가 명확히 진술되어야 한다.

(2) 교수·학습 지도안의 작성을 위한 고려 사항

- 학생에 대한 실태 분석
- 수업 교재(교과서)에 대한 철저한 분석
- 단원 및 본시 학습 내용에 적합한 수업 방식 선택
- 학생들의 학습 동기 유발 전략
- 학습 목표 도달이 용이한 교수·학습 자료 및 기자재 사용
- 목표 지향 평가문항 작성 및 활용과 피드백
- 최근 가정과 교육과정의 성격과 목표에 맞는 수업 내용 구성

(3) 교수·학습 지도안의 작성 요건

① 교수·학습 지도안의 단계별 작성　　일반적으로 드라마나 영화의 스토리가 기·승·전·결을 따르듯 교수·학습 지도안은 도입, 전개, 정리의 단계별 과정을 거치게 된다. 각 단계의 특징 및 포함되어야 할 사항은 다음과 같다(방경곤 외, 2013).

- 도입: 도입단계는 본 수업이 시작되는 단계로 비교적 짧은 시간(대략 5~10분) 안에 전시 학습 상기, 본시 학습 동기 유발, 학습 목표 설정 및 확인 등이 이루어지는 단계이다. 이 때 동기 유발이 본시 학습의 주요 활동보다 많은 부분을 차지하지 않게 하며, 지나치게 놀이와 흥미만 추구해서 수업에 지장을 초래하지 않도록 한다.
- 전개: 전개단계는 다양한 수업 방법과 교수·학생 활동, 교수·학습 자료 등을 통하여 학습 목표에 도달할 수 있도록 하는 수업의 핵심적인 부분이다. 학습 주제에 적절한 개인별 또는 소집단별 활동을 유도해야 하며, 수업시간에 미진한 부분이나 깊이 있게 다루지 못한 부분은 보충 및 심화·발전 학습으로 유도할 수 있어야 한다.
- 정리: 정리단계는 학습 지도의 결론 부분이다. 여기서는 학습한 내용을 요약·정리하고 강화시키며, 실천으로 유도할 수 있도록 지도한다. 학습 주제에 따라 형성평가가 포함될 수 있으며, 학습과제와 차시예고를 제시한다.

표 2-4 교사와 학생 활동을 구분한 교수·학습 지도안

본시 교수·학습 지도안				
영역	학습 주제(차시)			
학습 목표				

학습단계	교수·학습활동		시간	자료 및 유의점
	교사	학생		
도입				
전개				
정리				

자료: 방경곤 외(2013). 교수·학습안과 수업 실연. 양서원. p.64.

표 2-5 교수·학습 활동을 통합하여 제시하는 교수·학습 지도안

본시 교수·학습 지도안		
영역	학습 주제(차시)	
학습 목표		

학습 단계 (시간)	교수·학습활동	자료 및 유의점
도입		
전개		
정리		

자료: 방경곤 외(2013). 교수·학습안과 수업 실연. 양서원. p.65.

교수·학습 지도안 평가

자신이 작성한 교수·학습 지도안을 다음 척도에 따라 평가해 보고, 발전적으로 보완해 보자.

단계	평가 준거	점수				
		5	4	3	2	1
도입	학습 동기 유발은 그 내용이 학습 목표와 관련이 있으며 효율적으로 흥미 있게 작성하였는가?					
	학습 목표는 내용과 행동을 구체적으로 알 수 있도록 명시적 행동 동사로 작성하였는가?					
	학습 문제(목표)는 명확하게 제시 및 확인하도록 작성하였는가?					
전개	학습 내용 선정 및 조직은 학습 목표 도달에 적합하게 학생 수준을 고려하여 작성하였는가?					
	수업 방법은 학습 목표 도달에 적합하고, 쉽게 작성하였는가?					
	교수·학습 자료는 목표 지향적이며 최적으로 사용할 수 있도록 계획하였는가?					
	교수·학습활동은 학생들의 적극적인 참여와 활동 중심으로 작성하였는가?					
	학생들의 활동과 고차원적인 사고를 유발할 수 있는 발문 전략이 포함되었는가?					
정리	학습 내용 정리는 본시 학습 목표 도달 확인 및 과제 학습 제시, 차시예고 등이 적절하게 제시되었는가?					
기타	(위의 내용 외에 추가할 사항을 적고 평가한다.)					

· 평가 항목별 점수는 매우 우수할 경우 5점, 우수할 경우 4점, 보통일 경우 3점, 미흡한 경우 2점, 매우 미흡한 경우 1점을 부여한다.

· 미흡한 부분에 체크가 된 항목을 중심으로 교수·학습 지도안을 발전적으로 수정해 보자.

② **교수·학습 지도안 양식**   교수·학습 지도안 양식은 학습 내용과 주안점에 따라 달라질 수 있다. 일반적으로 많이 사용하는 교수·학습 지도안 양식은 〈표 2-4~5〉와 교수·학습활동을 교사와 학생으로 구분하여 작성하거나 통합하여 작성하기도 한다.

③ **교수·학습 지도안 작성 시 유의할 점**　　방경곤 외(2013)는 교수·학습 지도안 작성 시 유의할 점을 다음과 같이 제시하였다. 첫째, 교과서를 가르치는 것이 아니라 교과서로 가르치며 교육과정을 가르치기 때문에 교사의 의도된 필요성에 의하여 단원 또는 차시를 재구성하여 교수·학습 지도안을 작성한다. 둘째, 수업 모형을 적용할 때는 모형의 본질을 깨뜨리지 않도록 주의하여야 한다. 셋째, 학년 간의 수직적 연계성을 이해하고 본시 교수·학습 지도안을 작성하여야 한다. 넷째, 학습 목표는 인지적, 정의적, 심동적 영역으로 세분화하여 행동 용어로 진술한다. 다섯째, 교수·학습활동란은 수업자의 판단에 따라 교사와 학생 활동으로 구분하거나 통합하여 설계하지만 발문과 학생 반응을 고려해 보는 것이 좋다. 여섯째, 호기심을 가질 수 있는 동기 유발로 시작을 연다. 신문 자료, 지도, 설문조사 결과, 사진이나 그림, 뉴스 등을 활용할 수 있다. 일곱째, 교수·학습활동란의 기호(□, ◆, ·, −)에 일관성을 유지하고 활동란과 자료란의 자료 번호를 일치시킨다. 여덟째, 본시 학습 내용 핵심 판서 내용 및 형성평가계획을 진술한다.

　　그러나 일반 수업 상황이 아닌 중등교사 임용시험에서의 교수·학습 지도안 작성은 문제에서 요구하는 사항을 반영해야 함은 물론 채점 기준에 따라 평가 결과가 달라질 수 있으므로 교수·학습 지도안의 평가 준거에 대한 고민이 선행되어야 할 것이다.

3 | 가정과 수업 실연

수업 실연(實演, public presentation)은 실제 무대에서의 공개의 의미를 가지는 공식적인 특성이 크고, 수업 시연(試演, public rehearsal)은 일반인에게 공개하기 전의 시험적 의미가 강하다. 따라서 직전 교사교육의 일환으로 교생 실습을 나가기 전에 대학 수업에서 이루어진 마이크로 티칭은 수업 '시연'의 한 형태이고, 교생 실습 및 그 기간 중에 있었던 연구수업은 수업 '실연'으로 간주하고 현직 교사가 되어 수업을 하는 것을 수업 '실행'이라고 할 수 있다(김원정, 2010). 이 책에서는 이러한 세 가지 개념을 포괄하는 의미로 '수업 실연'의 개념을 활용한다.

(1) 수업 능력의 개념 및 준거

중등교사 임용시험에서 교사로서의 수업 능력을 평가하기 위한 목적으로 수업 실연을 평가한다. 수업 능력은 좁게는 교사의 수업 실행 능력을 의미하고, 넓게는 수업 전문성이라는 용어와 유사한 의미로도 사용된다. 수업 능력과 관련한 여러 학자의 평가 준거를 살펴보면 다음과 같다.

① **원효헌의 수업 수행 평가 준거**   원효헌(1997)은 교사가 수업을 진행하는 과정에서 표출하는 능력 및 행동에 대한 평가의 준거를 〈표 2-6〉과 같이 개발하였다. 교사의 수업 수행 평가 영역은 수업 계획 및 조직, 수업 실행, 학생 평가의 세 영역으로 크게 분류하였고, 이를 다시 교과 내용 지식, 수업 목표 설정의 적절성 등의 18개 항목으로 구체화하였다.

표 2-6 교사의 수업 행동 영역 및 평가 준거

교수 활동		교수 수행 영역
수업 계획 및 조직		1. 교과내용 지식 2. 학생 성장 및 발달에 대한 지식 3. 수업 목표 설정의 적절성 4. 수업 활동의 구조화 5. 수업 계획의 수정 및 개선
수업 시행	학습 관리	1. 교수 방법의 효과적인 활용 2. 교과 내용의 효과적인 전달 3. 다양한 질문 기법의 활용 4. 피드백 기법의 활용 5. 학습기회의 제공 6. 효율적 학습환경의 제공
	학생 관리	1. 학습동기 유발 2. 학생과의 래포 형성 3. 학생의 긍정적 자아개념 조성 4. 자기주도적 학습능력의 촉진
학생 평가		1. 평가계획 수립의 적절성 2. 적절한 평가도구의 활용 3. 평가결과의 해석 및 활용

자료: 원효헌(1997). 교사의 수업 수행 평가 준거의 타당화 연구. 교육문제연구, 9, 고려대학교 교육문제연구소. p.272.

표 2-7 수업 실기 세부 능력

구분	항목	세부 항목
도입	전시학습 상기	교사는 수업 목표와 관련하여 전시 학습을 상기하여 주는가?
	목표진술	수업의 핵심 내용과 관련된 목표를 명확하게 진술하였는가?
	동기 유발	학생의 수준에 맞는 다양한 방법을 사용하여 동기를 유발하였는가?
전개	설명과 시연	교사는 수업의 핵심 요소를 분석하고 적절한 예시를 사용하는가? 학생들이 이해할 수 있는 용어를 사용하여 설명하는가?
	질문	수업 주제와 관련된 질문을 하는가? 교사가 질문을 하고 학생의 응답을 기다려주는가? 학생의 사고를 자극하는 질문을 하는가?
	강화 및 피드백	교사는 언어적인 격려와 칭찬을 통해 아동의 학습활동을 강화하는가? 명확하고 구체적인 피드백을 사용하는가?
	흥미와 집중	교사는 학생들의 적극적이고 능동적인 학습 참여를 유도하는가? 모든 학생들이 학습에 집중할 수 있도록 수업 상황을 조성하는가?
정리	요약 및 정리	수업의 주요 내용들을 구조화하여 정리해 주고 있는가?
	평가	수업 종결 시 핵심 내용 학습 여부를 확인하는가?
기타	개인적인 자질	교사의 옷차림이나 외모가 깔끔하고 단정한가? 교사의 목소리가 분명하고 쉽게 알아들을 수 있는가? 수업에 불필요한 말을 습관적으로 사용하지 않는가?
	교사와 학생의 관계	교사는 학생들에게 온정적이고 허용적인 학습 분위기를 만들어주는가?
	판서	필체가 바르고 글씨 크기는 알맞은가? 핵심적인 내용을 중심으로 판서하였는가?

자료: 김명수 외(2003). 수업실기능력 인증제 도입 연구. 교사교육 프로그램 개발 과제. 2003-11. p.78.

② **김명수 외의 수업 실기 능력**　　　김명수 외(2003)는 효과적인 수업과 관련된 교사의 바람직한 수업 행동과 이를 평가하기 위한 객관적인 기준을 도입, 전개, 정리, 기타의 4영역으로 구분하여 제시하였다. '도입'은 전시 학습 상기, 목표 진술, 동기 유발, '전개' 부분은 설명과 시연, 질문, 강화 및 피드백, 흥미와 집중, '정리' 부분은 요약 및 정리, 평가, 그리고 '기타' 부분은 개인적인 자질, 교사와 학생의 관계, 판서의 12개 세부 항목을 제시하였다.

③ **임찬빈 외의 수업 평가기준**　　　임찬빈 외(2004)는 좋은 수업과 교사의 전문성에 대한 이론

적 검토를 바탕으로 수업 평가기준을 〈표 2-8〉과 같이 지식-지식과 실천의 연계-실천-전문성 발달의 4개 대영역, 7개 중영역, 27개 평가 요소로 세분화하여 제시하였다.

표 2-8 수업 평가의 일반 기준 개관

대영역	중영역	평가 요소 및 진술
지식	교과 내용 및 방법 지식	· 교과내용 지식: 교사는 가르치는 교과의 중심 개념, 탐구 방식, 핵심 구조를 이해하며 내용 간의 선수 관계를 안다. · 내용 관련 방법 지식: 교사는 학생들에게 유의미한 학습이 일어날 수 있도록 내용을 지도하는 효과적인 방법을 안다.
	학생 이해	· 학생의 발달과 학습: 교사는 학생들이 발달하고 학습하는 특성을 이해하며, 그러한 특성을 고려하여 수업을 설계하고 지도하는 방법을 안다. · 학생의 배경 지식과 경험: 교사는 학생들의 배경(사전) 지식과 경험에 익숙하고 학생들에게 유의미한 학습이 일어날 수 있도록 그러한 변인들을 효과적으로 고려하는 방법을 안다. · 다양한 개인차-학습 방법, 관심, 학습 속도 등: 교사는 학생들의 강점과 약점, 흥미, 관심, 학습 접근 방식, 학습 속도, 능력 등을 이해하고, 이러한 변인들을 고려하여 수업을 설계하고 실행하는 법을 안다. 특히 특별한 요구를 지닌 학생들을 효과적으로 지도하는 방법을 안다.
계획	수업 설계	· 수업 목표 선정: 교사는 교과 내용 및 학생에 대한 이해(개인차 고려 포함)에 더한 수업 목표를 선정하고 명료하게 진술한다. · 수업 전략 구안: 교사는 교과 내용 및 다양한 학생의 특성을 고려하여 수업 전략을 구안한다. · 학습활동 및 과제 부과 계획: 학생들이 능동적으로 학습에 참여하고 유의미한 학습이 일어날 수 있도록 학습활동을 구안하고, 학습한 내용을 자기 학습으로 전환할 수 있는 과제를 마련한다. · 수업자료와 매체, 자원 활용 계획: 교사는 학생들에게 유의미한 학습이 일어날 수 있도록 수업 자료와 매체, 필요한 자원을 준비한다. · 학생 평가계획: 수업 목표와 일치하는 평가기준과 전략을 수립하고 학생의 진보를 확인할 수 있는 평가계획을 마련한다.
실천	수업 실행	· 수업 목표 및 수업 절차 명료화: 학생들에게 수업 목표와 수업 운영 절차를 명료하게 제시한다. · 다양하고 적절한 수업 전략 적용: 학생들의 사전 이해에 더해 교과의 핵심 개념과 원리를 안내, 설명하고, 다양한 표상(예: 이미지 등)을 사용하여 학습 효과를 증진하며, 교과 내용 및 학생들의 발달 수준과 다양한 개인차(학습 방식, 학습 속도, 흥미 관심 등)를 고려하여 적절한 수업 전략을 적용한다.

(계속)

대영역	중영역	평가 요소 및 진술
		· 학습활동 및 과제 부과: 학생들에게 유의미 학습이 일어날 수 있는 학습활동에 능동적으로 참여하게 하며, 학생 개개인에게 의미 있는 과제를 부과하여 학습한 내용을 완전히 자기 것을 만들게 한다. · 수업자료와 매체, 자원의 활용: 교과 내용과 관련하여 학생들에게 유의미한 학습 기회를 주기 위해 적절한 수업 자료와 매체, 필요한 자원(인사)을 활용한다. · 집단 운영: 교과 내용 및 학생들의 이해에 대한 전체–소집단–개별 지도 방식으로 융통성 있게 적용해 나가되, 특히 소집단 활동 시 상호협력을 통해 학습하는 습관을 형성하도록 지도한다. · 질문과 언어 사용: 다양하고 적절한 수준의 질문을 사용하여 학생들의 사고 활동을 활성화시키고 명료한 언어 사용을 통해 학생들의 이해를 재고한다. · 피드백 제공: 학생들의 학습효과를 증진하기 위해 적시에 정확하고, 구체적이며, 실질적인 피드백을 제공한다.
	수업 및 학급 운영	· 상호작용과 존중: 교사와 학생, 학생과 학생 간의 상호작용이 활발하고 학생 개개인이 존중을 받으며 교사와 학생 간에 래포가 형성되는 교실 분위기를 조성한다. · 학습 동기 유발 및 기대 수준: 학생 개개인에게 높은 성취를 기대하며, 학생들이 학습에 의미를 부여하고 스스로의 학습에 책임을 지도록 장려한다. · 학생 행동 관리: 일정한 행동 기준에 대해 일관되고 공평하게 학생 행동을 지도하고 문제 행동에 대처한다. · 학습 동기 유발 및 기대 수준: 수업이 효과적으로 이루어질 수 있도록 시간, 공간, 활동전환, 자료, 교구 및 비품 등을 효율적이고 안전하게 관리한다.
	학생 평가	· 평가 실행: 평가계획에 따라 학생의 학습을 증진하고 수업 전략을 개선하기 위해 다양한 평가 기법(예: 관찰, 할생 작품 평가, 포트폴리오, 교사제작검사, 표준화 검사, 수행과제, 자기 평가, 동료 평가 등)을 적절히 적용한다. · 평기 결과 활용: 평가 결과 정보에 대해 수업 효과를 분석하고, 학생 향상을 위한 계획을 수립하고 수업 계획 및 수업 전략 등을 개선한다.
전문성	전문성 발달	· 교사 자기 반성: 교사 수업을 반성하여 그 성과를 정확하게 평가한 후 향후 교수 활동 개선의 자료로 활용한다. · 교사의 전문성 발달 노력(연구): 교사 자신의 전문성 발달을 위해 지속적으로 노력하고 연구하는 자세를 견지한다. · 동료 교사와 협력: 교직 전문성을 향상시키기 위해 동료 교사들과 협력하고, 최근의 교육 연구 동향과 쟁점을 함께 토론하고 수업 개선을 위해 공동으로 노력한다. · 학부모와의 관계: 학부모(보호자)에게 교육과정 및 수업 프로그램, 그리고 개별 학생의 발달과 성취를 안내하고, 필요시 수업 프로그램 운영에 참여하도록 요청한다.

자료: 임찬빈·이화진·곽영순·강대현(2004). 수업평가 기준 개발 연구(I): 일반 기준 및 교과 기준 개발. 한국교육과정평가원. pp. 95–97.

표 2-9 더불어 성장하는 성찰적 실천가를 위한 수업 능력 요소

1차 항목	2차 항목
수업 설계 능력	교과 내용에 대한 이해, 교육과정에 대한 이해, 일반적 교수 방법에 대한 이해
수업 실행 능력	수업 관리 능력, 교수 내용 지식, 학생 이해
수업 성찰 능력	실천의 기록과 관리, 양적 수업 관찰과 질적 비평 능력, 자기 성장의 기획과 실행
수업 소통 능력	수업 공유에 대한 개방적 자세, 수업 대화 및 컨설팅 능력

자료: 김현진 외(2010). 예비교사의 수업능력 개발을 위한 교육방안 연구. 한국교육과정평가원 연구보고 RRI 2010-16, p.50.

④ **더불어 성장하는 성찰적 실천가를 위한 수업 능력 요소**　한국교육과정평가원(김현진 외, 2010)에서는 기존의 수업 능력의 개념화 방식이 수업의 예술성보다는 과학성에, 종합적 판단 능력보다는 분석적이고 요소적 항목화에, 상황과 맥락에 대한 민감성보다는 보편적인 수업 능력을 신장시키는 것에 강조점을 두고 있으며, 수업 능력을 수업 활동에 대한 전반적인 이해와 해석보다는 좁은 의미의 수업 기술로 환원하는 경향을 보인다고 비판하였다.

　　이에 따라 김현진 외(2010)의 연구에서는 교사상을 '학습 공동체를 통해서 더불어 성장하는 성찰적 실천가'에 두고, 이러한 교사의 수업 능력 요소를 〈표 2-9〉와 같이 제시하였다. 즉 교사의 수업 능력(전문성)을 수업 설계 능력, 수업 실행 능력, 수업 성찰 능력, 수업 소통 능력으로 1차 개념화하고, 이를 다시 11개 세부 항목으로 구체화하였다.

(2) 수업 실연의 실제

① **수업 실연 채점 항목과 기준**　수업 실연은 수험자가 당해 기관에서 제시하는 실연 방법(조건)에 따라 주어진 시간 동안 수업 실연실에서 자신의 수업을 실연하는 것이다. 이때 심사위원의 채점표에 제시된 항목과 평가기준은 한 가지로 통일하여 제시하기 어렵지만, 교수·학습 지도안 작성 시 고려할 점과 맥을 같이 한다고 볼 수 있다. 일반적인 수업 실연 채점 항목과 기준을 살펴보면 〈표 2-10〉과 같다(방경곤 외, 2013).

표 2-10 수업 실연의 채점 항목과 채점 기준

채점 항목	채점 기준	채점			
		매우 우수	우수	보통	미흡
동기 유발 방법의 적절성	본시 학습활동 제재와 관련된 창의적인 학습 동기 유발 정도				
학습 문제(목표) 제시 방법의 적절성	학습 문제(목표) 제시 방법 및 인지 확인 과정의 적절성				
학습 주제에 따른 창의적 수업 아이디어	· 학습 목표 도달을 위한 수업 아이디어의 참신성, 효율성 정도 · 교과 특성을 살린 사고력 신장 구체화 정도				
학습 형태, 학습 활동의 개별화	· 학습 과정에 따른 형태의 다양성과 적절성 · 개별화 학습의 적절성 · 학생 중심의 자기주도학습 전개 정도				
교수 용어 및 발문 내용	· 교수 용어 및 어조의 적절성과 명료성 · 발문 내용의 명료성과 방법의 적절성				
교수·학습자료 및 기자재 활용의 적절성	교수·학습 자료 및 기자재 활용의 적기 사용과 효율성				
판서의 적절성	판서의 위치 및 글자의 모양과 크기, 내용과 시기의 적절성				
내용 정리 및 평가의 적절성	학습 내용 정리 및 평가계획의 수립과 운영의 적절성				
교수 활동	· 교사의 위치, 태도, 표정과 제스처의 적절성 · 보상과 강화의 적시성				

자료: 방경곤 외(2013). 교수·학습안과 수업 실연. 양서원. p.91.

② **수업 실연 시 유의할 점**   방경곤 등(2013)은 수업 실연을 할 때 태도와 수업 운영 면에 대해 유의할 점을 다음과 같이 요약하였다.

태도 면

○ 복장은 차분하면서도 튀지 않게 하며, 신발 소리는 나지 않게 한다.

○ 목소리는 자신감을 가지고 크면서 높지 않은 안정된 톤으로 말한다.

○ 얼굴에는 미소를 띠고, 시선은 심사위원의 양미간 또는 코, 목 부분을 향하며, 심사위원

수업 실연에서 많이 활용하는 마이크로티칭

마이크로티칭(microteaching)은 예비교사와 현직 교사들의 수업 행동 개선을 위해 실제 수업을 여러 차원에서 압축, 축소하여 수업하는 과정을 녹화하고 재생한 다음 피드백을 통해 부족한 점을 수정하고 보완하는 기법이다(조영남, 2011). 마이크로티칭은 교수·학습에 대한 이론적 원리를 실제로 실습해 볼 수 있기 때문에 교육을 담당하고 있는 교수자의 수업 기술을 향상시키는데 매우 효과적인 방법이라고 할 수 있다.

마이크로티칭의 절차는 다음과 같다.

① 수업 계획: 어떤 능력을 개발할 것인지에 대한 목표를 설정하고, 내용, 시간과 장소, 대상, 규모, 장비의 가용 여부 등 실제 운영상의 구체적인 계획을 수립한다.

② 수업: 준비 단계에서 수립한 계획과 모델 교사의 시범 또는 수업 촬영 동영상을 통해 관찰하고 습득한 것을 토대로 실제로 수업을 실행하는 단계이다. 이때 수업은 촬영하여 피드백과 평가의 자료로 활용하는 것이 좋다.

③ 피드백과 평가: 수업이 끝나면 수업의 진행과정과 교사의 역할 수행에 대한 피드백과 평가가 이루어진다. 피드백은 결과에 대한 지식, 즉 성취에 대한 정보 전달을 의미한다. 평가 방법은 교수자 자신의 자기 평가, 사전에 준비된 체크리스트를 통한 평가, 동영상 관찰을 통한 평가, 참관자의 관찰과 평가, 조언 등에 의해 이루어진다.

④ 재수업: 피드백과 평가 결과를 활용하여 문제점을 발견하고, 수업 계획을 수정하거나 교수자의 기법을 보완하여 재수업을 한다. 피드백을 통한 정보는 교수자의 행동 개선에 활용되지 않으면 아무런 소용이 없기 때문에 수업과 재수업의 간격은 가능한 짧은 것이 좋다.

을 골고루 바라본다.

○ 교실에 입실하면 곧바로 심사위원을 향하여 목례 인사를 한다. 곧이어 관리번호를 분명하게 말한다.

○ 적절한 손짓과 몸짓을 하되, 심사위원 앞으로 다가가지 말고 당해 기관의 지정된 자리(교탁, 칠판 앞)에서 실연한다.

○ 교수 용어는 전체 학생에게는 가급적 경어를 쓰고, 개인 학생에게는 평어를 사용하도록 한다.

○ 교사의 발문은 학생들의 주의를 집중시키고, 창의적 사고력을 기를 수 있는 개방적 발문

을 많이 던져야 한다. 학생들이 교사의 발문 내용이 무엇인지, 그 핵심을 분명하게 파악할 수 있도록 간단명료하면서 자세하게 발문하는 것이 좋다.

○ 발문 후 지명할 때는 다양한 방법(의도적, 무의도적, 무작위 등)을 활용하되 자원자를 지명하는 것이 좋다. 그러나 발문 후 대다수가 거수한 경우는 지명하지 않고, 교사가 전체를 대상으로 답변하면서 수업을 진행할 수 있다.

○ 지명은 특정한 학생에게만 치우치지 않도록 균등하게 한다. 학생들이 '우리 선생님은 친구들 모두를 고르게 지명한다.'는 의식을 가질 수 있도록 한다.

○ 학생들에게 수시로 질문의 기회를 주고 질문한 사람을 칭찬·격려한다.

○ 지시봉은 비록 준비되어 있다 하더라도 필요한 경우에만 사용한다. 학생을 지명할 때는 사용하지 않도록 하며, 특히 지시봉이 학생의 몸에 닿지 않도록 조심한다.

○ 판서는 칠판의 적당한 위치에, 적당한 크기의 바른 글씨로 한다.

수업 운영 면

○ 수업 인사를 한다. 예들 들면 "지금부터 ○○ 수업을 하겠습니다. 우리 함께 즐겁고 따뜻한 수업을 만들어봅시다." 등으로 인사한다.

○ 본시 학습 주제나 단원명을 칠판에 판서한다.

○ 동기 유발 자료를 활용하여 학습 목표를 학생과 함께 만들어간다. 동기 유발 자료는 본시 학습 내용과 직결되면서 간단하고 흥미 있게 제시하며, 사고를 촉발하여 본시 학습 목표를 쉽게 도출할 수 있는 자료를 활용한다.

○ 전개단계에서는 사고와 활동 중심의 역동적인 교수·학습 과정이 요구된다. 이때 특히 유의할 점은 소집단(모둠) 활동, 풍부한 교수·학습 자료 활용, 학습 문제에 대한 다양한 해결 방법 적용, 창의적 수업 전개 등으로 학생 중심의 자기 주도적 학습활동이 전개되도록 한다.

○ 학생들의 학습활동 전에는 유의할 점을 언급한다. 활동 방법이나 안전사고 예방을 위해서 무엇을 주의해야 하는지 간략하게 언급하고 학습활동에 들어간다.

○ 학생들의 학습활동 중에 순회 지도를 통한 활동 독려 및 지원을 한다. 수업 실연 중 학생들에게 학습 기회를 제공하는 모습을 보여 주는 것은 매우 의미가 있다. 그러므로 1회 정도는 학생들에게 실제로 약간의 학습활동 시간을 주고, 교사는 교실 내를 잠시 순회

수업 실연 평가

자신의 수업을 다음 채점 기준에 따라 평가하여 발전적으로 수정해 보자.

단계	평가 준거	점수				
		1	2	3	4	5
수업 안내 및 도입	학습 동기를 효과적으로 유발하며, 학습 문제(목표)를 분명하게 제시하는가?					
수업 내용	· 주요 학습 내용 또는 활동이 학습 목표를 달성할 수 있도록 구성되었는가? · 주요 학습 내용 또는 활동을 효과적으로 구성하였는가?					
수업 방법	· 발문의 내용과 수준이 적절한가? · 수업 방법은 학생의 사고와 활동을 촉진하고, 능동적인 참여를 유도하는가?					
수업 운영 능력	· 교수·학습활동에서 언어적(발음, 성량, 어조 등), 비언어적(표정, 시선, 몸짓 등) 요소의 활용이 적절한가? · 적극적이고 자신감 있는 수업 태도인가?					
기타	(위의 내용 외에 추가할 사항을 적고 평가한다.)					

· 평가 항목별 점수는 매우 우수할 경우 5점, 우수할 경우 4점, 보통일 경우 3점, 미흡한 경우 2점, 매우 미흡한 경우 1점을 부여한다.

· 미흡한 부분에 체크가 된 항목을 중심으로 보완하여 수업을 다시 실연해 보자.

지도한다. 이때 학습 능력이나 활동이 상대적으로 부족하거나 미약한 학생부터 학습활동을 확인하고 독려·지원한다.

○ 교수·학습 자료는 학습 내용에 적합한 것으로 학생의 특성, 수준, 학습 유형, 학습과제의 특성 등을 고려하여 선정하고, 적절한 시기에, 적절한 위치와 장소에서 학생들의 사고력 신장과 탐구 활동을 조장하며, 학습 목표에 쉽게 도달할 수 있도록 효율적으로 활용한다.

○ 학습활동은 개별 학습도 중요하지만, 주로 협동학습이나 토론 학습이 많이 전개되도록 하는 것이 좋다. 교사 활동은 학생들의 활동이 활발히 전개될 수 있도록 지원 중심이 되어야 한다.

수업 실연에서의 발문 전략

발문이란 교수·학습 과정에서 의도적으로 교육적인 효과를 얻기 위하여 학생에게 던지는 질문이다. 플란더스는 "모든 수업 시간의 67%가 교사와 학생들의 언어 상호작용에 의하여 이루어지며, 수업의 질은 발문의 질에 의하여 결정된다."고 하였다. 방경곤 외(2013)가 제시한 발문의 목적, 종류, 요건, 방법을 정리하였다.

1. 발문의 목적
· 학생들의 학습 동기를 유발하기 위하여 사용한다.
· 학습 주제의 내용에 주의를 집중시키기 위하여 사용한다.
· 학생과 교사의 의사소통을 촉진시키기 위하여 사용한다.
· 학생들의 지식·이해의 정도를 평가하기 위하여 사용한다.
· 특정 유형의 사고를 자극하기 위하여 사용한다.

2. 발문의 종류
· 정보 재생 발문: '담배의 유해한 점은?' 등과 같이 인지, 기억적인 발문이다.
· 추론 발문: '학생이 담배를 피우면 건강에 해롭다. 그 이유는 무엇인가?'와 같이 어떠한 판단을 근거로 삼아 다른 판단을 이끌어 내는 발문이다.
· 적용 발문: '만일 하루 세끼 식사를 패스트푸드로만 먹는다면, 우리의 생활은 어떻게 될까?'와 같이 자신의 일상생활에 적용하여 대답할 수 있는 발문이다.

3. 발문의 요건
· 발문은 발문을 왜 하는지 분명한 목적을 갖고, 간결하고 무엇을 묻는지 명확하게, 바른 언어를 사용하여 질문해야 한다.
· 하나의 발문에는 하나의 해답을 요구해야 하고, 학생 수준을 고려하여 학생들이 도전해 보겠다는 의지를 유도할 수 있는 발문이어야 한다.

4. 발문하는 방법
· 발문 내용은 학생이 명확히 알 수 있도록 구체적이고 간결해야 한다.
· 학생들이 생각하여 답할 수 있도록 사고할 수 있는 시간을 충분히 주어야 한다.
· 학생이 잘못된 답을 한 경우에는 학생의 수준에 맞게 재 발문한다.

- 학습활동 결과 정리는 내용에 따라 다르겠지만, 학습 목표와 직결되고 학습 문제가 해결되도록 문장, 도표, 그래프, 마인드맵, 개념도, 만화 등 다양한 방법으로 요약, 정리할 수 있다.
- 학습한 내용을 실제 생활에서 적용, 실천하도록 연계하는 과정이 드러나도록 한다.
- 간단한 수행·형성평가를 통하여 학생들의 학습 목표 도달 여부를 확인하고, 그 결과를 심화·보충학습 기회로 피드백하는 것이 드러나도록 한다.
- 주변 정리 및 학생들의 의문점 해결 과정이 나타나게 한다.

 현장 우수 수업에서 보이는 수업 현상

이혁규(2009)는 각 시도교육청에서 운영하는 수업 연구대회에서 선정된 초등학교의 우수 수업은 형식주의, 요소주의, 방법주의, 활동주의, 부가주의적 특성을 가지고 있다고 보았다.

첫째, 수업의 형식주의적 특성이라 함은 현장 우수 수업들은 거의 대부분 그 수업의 구체적 내용과 관계없이 유사한 구조를 지니고 있는 것을 의미한다. 예를 들면, 수업의 도입부에서 가시적 형태의 동기 유발 활동을 반드시 실행하고, 동기 유발 활동 후에 학생에게 학습 목표를 도출하게 하며, 전개부에서 수업 내용과 별 관계없이 대부분의 수업이 활동을 중심으로 수행된다는 것이다. 이런 형식주의는 수업 내용을 담아내는 보편적인 그릇의 역할을 하는 셈이다.

둘째, 수업의 요소주의적 특성은 수업을 구성하는 각각의 요소들이 상호 분리되어 분절적으로 존재한다는 것이다. 어떤 부분이 동기 유발 부분인지, 어떤 부분이 '활동1', '활동2'에 해당하는 부분인지 명확히 구분해낼 수 있으며, 이는 수업 계획과 실천 속에서 '부분의 합이 전체'라는 사고방식이 내재되어 있는 것이라 볼 수 있다.

셋째, 수업의 방법주의적 특성은 교사의 수업 테크닉 중심의 수업 관행을 의미한다. 동기 유발을 위한 다양한 자료의 제시, 학습 목표를 도출하기 위한 전략, 학습 집단 변화 방식, 발표자를 선정하는 다양한 방식 등 수업 운영의 테크닉이 수업 내용에 대한 깊이 있는 이해에 기반을 둔 수업 실천을 압도하는 경향을 보인다.

넷째, 수업의 활동주의적 특성은 학생들이 활동을 많이 해야 좋은 수업이라는 문화적 신념을 공유하고 있는 것이다. 활동주의는 초등학교 수업을 매우 활기차고 생동적으로 보이게 하지만, 지나친 활동주의는 활동의 과잉을 초래함으로써 깊이 있는 학습은 일어나지 않는다는 비판을 야기한다.

다섯째, 수업의 부가주의적 특성은 수업 이론의 역사에 비추어 우수 수업은 초창기 학자들이 제시한 행동주의 교육학의 영향뿐 아니라 학생 중심 교육, 협동 학습, 활동 중심 교육, 프로젝트 학습 등 비교적 최근에 강조되는 수업 이론의 경향들이 혼재되어 있다.

- 과제는 학생 수준에 맞게, 그 양은 적절히 조절하여 구체적으로 제시한다.
- 차시예고는 다음 시간의 학습에 대한 기대를 갖게 하고, 학습 준비 등을 위하여 필요하다. 준비물이 필요하다면 준비물 안내를 포함하여 짧게 언급한다.
- 수업이 종료되면 "이제 수업을 마치겠습니다."라고 말하면서 공손히 인사한 다음 퇴실한다.

4│ 가정과 교직적성 심층 면접

(1) 교직적성 심층 면접의 개념과 평가 목표

① **교직적성 심층 면접의 개념**　교직적성 심층 면접은 중등교사 임용에 있어 교사로서 교과 지도 및 생활지도와 같은 교직 업무를 성공적으로 수행하는 데 필요한 문제해결력, 창의력, 의사소통 능력, 교직 소양, 성의와 열의를 측정하기 위한 시험이다. 선택형 필기시험, 논술형 필기시험, 수업 능력 평가와 구별되며, 교사가 되기에 부적합한 사람을 선별하기 위한 목적도 포함하는 시험 유형이다(이인제 외, 2008).

② **교직적성 심층 면접의 평가 목표**　한국교육과정평가원(이인제 외, 2008)은 다음과 같이 교직적성 심층 면접의 평가 목표를 제시하였다.

- 합리적인 과정을 통해 양질의 문항을 개발·출제함으로써 중등교사로서의 문제해결력, 창의력, 의사소통 능력, 교직 소양, 성의와 열의를 측정·평가한다.
- 공정하고 객관적이며 신뢰성 있는 중등교사 임용 전형자료를 제공한다.
- 이에 따른 교직적성 심층 면접의 평가 영역 및 요소를 〈표 2-11〉에 제시하였다.

(2) 교직적성 심층 면접 예시 문항

한국교육과정평가원(이인제 외, 2008)은 교과 지도 영역, 생활 지도 영역, 행정 업무 영역, 인간관계 및 자기 계발 영역의 4대 영역으로 심층 면접 예시 문항을 제시하였다. 각 영역의 심층 면접 예시 문항 카드를 살펴보면 〈표 2-12~14〉와 같다.

표 2-11 교직적성 심층 면접의 평가 영역 및 요소

평가 영역	평가 영역의 정의	평가 요소
문제해결력	교직과 관련된 문제를 제대로 이해하고, 분석하며, 종합적으로 판단하여 현명하게 해결할 수 있는 능력	· 교직과 관련된 문제나 상황에 대한 이해력 · 교직과 관련된 문제나 상황에 대한 분석력 · 교직과 관련된 문제나 상황에 대한 판단력
창의력	주어진 과제에 대하여 여러 가지 새로운 방법을 스스로 모색하고, 그 방법이 자신과 타인들에게 적절한지 판단하여 이전과는 다른 방법으로 문제를 해결할 수 있는 능력	· 사고의 융통성 · 사고의 독창성 · 사고의 적합성
의사소통 능력	자신의 생각이나 의견을 조리 있게 표현하고 정확하게 전달할 수 있는 능력	· 답변 내용과 표현의 적절성 · 답변 내용 구성의 논리성 · 답변 내용 사례의 다양성
교직 소양	교직을 성공적으로 수행하는 데 필요한 기본적인 지식이나 기능	· 교직과 교육의 가치에 대한 이해 · 인간 성장에 대한 교육의 기여 이해 · 학생의 인권을 존중하고 배려하는 태도
성의와 열의	성의와 열의를 갖고 교직에 임하고자 하는 품성이나 태도	· 교직에 대한 관심과 사명감 · 정서적 안정성과 도덕성 · 인간에 대한 긍정적 가치관

자료: 이인제 외(2008). 교직적성 심층면접 출제 매뉴얼. 한국교육과정평가원 연구자료. pp.1-2.

표 2-12 교과 지도 영역 심층 면접 예시 문항 카드

문항 카드

출제 위원:　　　　(인)

문항 번호	( )번	주제 영역	교과 지도
심층 면접 질문	고등학교 1학년 수학 시간에 교사의 설명을 제대로 이해하고 무엇인가를 새롭게 배우고 있다고 느끼는 학생의 수가 30% 미만이라고 한다. 대다수 학생들은 멍하니 공상에 빠져 있거나 심지어 잠을 자기도 한다. 학생들의 귀중한 시간이 무의미하게 낭비되고 있는 것이다. 이러한 낭비는 학생 개인뿐만 아니라 가정과 사회, 그리고 국가에도 불행한 일이다. 이러한 문제를 해결하기 위해서는 어떠한 교수 방법을 도입하는 것이 바람직하며, 그 이유는 무엇인지 질문해 본다.		
예상 답변	개별 학생의 수준에 맞는 개별화된 수업 혹은 수준별 수업을 실시해야 한다. 왜냐하면 학생들이 교육 내용을 이해하고 교사가 그들의 학습 흥미 및 동기를 유발하기 위해서는 개별화된 교육 내용과 방법이 제공되어야 하기 때문이다.		

(계속)

문항 카드

			출제 위원: (인)

추가 질문	앞으로 담당하게 될 교과목과 관련하여, 개별화된 수업 및 수준별 수업을 시행할 때 예상되는 문제점 및 해결 방안을 설명해 본다.
추가 질문 예상 답변	학급당 학생 수 과다, 여유 교실 수 부족, 학생 간 위화감 조성 등의 문제를 지적하고 그에 대한 해결책을 구체적으로 제시한다.
출제 의도	학업 성취도 재고, 학습 흥미 및 동기 유발 등을 위한 개별화된 수업 혹은 수준별 수업에 대해 제대로 이해하고 있는지 여부를 파악하기 위함이다.
출제 근거	○○○(20○○). ○○○○○. ○○출판사. pp.○○-○○.

자료: 이인제 외(2008). 교직적성 심층면접 출제 매뉴얼. 한국교육과정평가원 연구자료. p.18.

표 2-13 생활 지도 영역 심층 면접 예시 문항 카드

문항 카드

			출제 위원: (인)
문항 번호	( )번	주제 영역	생활 지도

심층 면접 질문	학교에서의 체벌과 관련하여 크게 두 가지 입장이 있을 수 있다. 하나는 교육적인 체벌에 한해서는 인정될 필요가 있다는 것이고, 다른 하나는 아무리 교육적인 체벌이라도 무조건 금지되어야 한다는 것이다. 이 두 가지 입장 중에서 자신은 어느 입장에 더 가까우며, 그 이유는 무엇인지 질문해 본다.
예상 답변	· 교육적 체벌 인정 입장: 서양 속담에 '매를 아끼면 자식을 망친다'는 말이 있듯이 전인교육 등을 위해서는 체벌이 필요하다. · 교육적 체벌 반대 입장: 체벌에 의한 교정 효과는 일시적일 뿐이며, 장기적으로는 전혀 효과가 없기 때문에 체벌은 불필요하다.
추가 질문	· 교육적 체벌 인정 입장: 체벌이 학생들의 인권을 침해한다는 주장이 있는데, 이러한 주장에 대해 어떻게 반박할 수 있는지 질문해 본다. · 교육적 체벌 반대 입장: 체벌을 하지 않을 경우 학생 생활지도를 위한 대안은 무엇인지 생각해 본다.
추가 질문 예상 답변	· 교육적 체벌 인정 입장: 사랑의 매와 학생의 인권 문제를 연계시키는 것은 다소 지나치다. · 교육적 체벌 반대 입장: 교사와 학생 간의 긴밀한 대화 등을 통해 상호 신뢰와 믿음을 회복하는 것이 더 중요하다.
출제 의도	교육적 체벌에 대해 분명한 입장을 갖고 있는지의 여부를 파악하기 위함이다.
출제 근거	○○○(20○○). ○○○○○. ○○출판사. pp.○○-○○.

자료: 이인제 외(2008). 교직적성 심층면접 출제 매뉴얼. 한국교육과정평가원 연구자료. p.19.

표 2-14 행정 업무 영역 심층 면접 예시 문항 카드

문항 카드

출제 위원:　　　　　(인)

문항 번호	( )번	주제 영역	행정 업무
심층 면접 질문	'주 5일제 수업'과 관련하여 맞벌이 부부나 소외계층 자녀에 대한 학습 및 생활지도의 어려움, 사교육비 증가 등과 같은 문제점이 지적되고 있다. 주 5일제 수업을 정착시키기 위해서 어떠한 방안을 마련해야 한다고 생각하는지 질문해 본다.		
예상 답변	맞벌이 부부나 소외계층 자녀를 위한 학교 내의 다양한 교육 프로그램이나, 지역 사회의 시설을 이용한 각종 체험 학습 프로그램의 내실 있는 운영, 직장의 주 5일제 근무와 학교의 주 5일제 수업 간의 연계 강화 등을 제시한다.		
추가 질문	교사의 입장에서 주 5일제 수업의 긍정적인 측면과 부정적인 측면에 대해 간단히 설명해 본다.		
추가 질문 예상 답변	· 긍정적 측면: 교원 능력 개발에 기여 등 · 부정적 측면: 주중의 수업 및 행정업무 증가 우려 등		
출제 의도	주 5일제 수업과 같은 교육정책의 수립 및 시행방안에 대해 제대로 이해하고 있는지의 여부를 파악하기 위함이다.		
출제 근거	○○○(20○○). ○○○○○. ○○출판사. pp.○○-○○.		

자료: 이인제 외(2008). 교직적성 심층면접 출제 매뉴얼. 한국교육과정평가원 연구자료. p.20.

표 2-15 인간관계 및 자기 계발 영역 심층 면접 예시 문항 카드

문항 카드

출제 위원:　　　　　(인)

문항 번호	( )번	주제 영역	인간관계 및 자기 계발
심층 면접 질문	옥을 쪼지 않으면 그릇이 되지 못하고, 사람은 배우지 않으면 도를 모른다. … (중략) … 사람은 배운 연후에 부족함을 알고, 가르친 연후에야 막힘을 알게 된다. 부족함을 안 연후에 스스로 반성할 수 있고, 막힘을 안 연후에 스스로 힘쓸 수 있으니, 그러므로 말하기를 "남을 가르치는 일과 스승에게 배우는 일이 서로 도와서 자기의 학업을 증진시킨다(教學相長)."고 한다(자료: 예기(禮記)). 위의 글을 참고로 하여 '가르치는 것이 곧 배우는 것이다.'라는 주장 자신이 다른 사람을 가르쳐 본 경험에 비추어 정당화해 본다.		
예상 답변	학생지도 경험(교생실습, 멘토링, 사회봉사 등)에 근거하여, 타인을 가르치면서 배운 점에 대해 구체적으로 답변한다.		
추가 질문	이러한 경험이 학교 교실 수업에서 활성화되도록 하기 위해서는 어떠한 수업 방식이 필요하다고 생각해 본다.		

(계속)

추가 질문 예상 답변	자유로운 분위기 속에서 이루어지는 토론식 수업, 개인 수준에 적합한 맞춤형 수업 등을 제시한다.
출제 의도	학생들을 가르치는 일이 곧 가지계발의 중요한 방편이 된다는 것을 체험을 통해 제대로 이해하고 있는지의 여부를 파악하기 위함이다.
출제 근거	○○○(20○○). ○○○○○. ○○출판사. pp.○○-○○.

자료: 이인제·이양락, 상경아, 홍선주(2008). 교직적성 심층면접 출제 매뉴얼. 한국교육과정평가원 연구자료. p.21.

(3) 교직적성 심층 면접의 준비

① 심층 면접 전 준비사항   심층 면접 전에는 교사로서의 자신의 교직관과 철학을 생각해 보고, 최근 교육 현장의 문제와 교육 시사에 관심을 가져야 하며, 모의 면접을 많이 해 보는 것이 좋다. 무엇보다도 교직적성 심층 면접은 교사로서 교과지도 및 생활지도와 같은 교직 업무를 성공적으로 수행하는 데 필요한 문제해결력, 창의력, 의사소통 능력, 교직 소양, 성의와 열의를 측정하기 위한 시험임에 근거하여 교사로서의 인성과 품성을 기르는데 노력해야 할 것이다.

② 교직적성 심층 면접 시 고려할 사항   교직적성 심층 면접에서 답변은 자신의 생각을 간결하고 진솔하게 담아 명료하게 답해야 한다. 심층 면접 시 고려할 사항을 구체적으로 정리하였다.

○ 면접에서 가장 중요한 것은 자신감이다. 자신감을 가지고, 또박또박 명료하게, 면접관을 한 번씩 쳐다보면서 미소를 지으면서 답변한다.
○ 답변은 두괄식으로 자신의 주장부터 제시한 후, 그에 대한 근거를 제시하는 것이 좋다.
○ 심층 면접 문제에서 몇 가지를 대답하라고 한 경우, 답변 가짓수를 충족시켜 답변해야 한다.
○ 면접 시간을 준수하여 시간 안배를 하여 답변한다. 4문항인 경우 4문항을 모두 답할 수

있도록 시간 안배를 하여야 한다. 따라서 부연 설명은 한두 문장이 적당하고, 시간이 부족한 경우에는 부연 설명을 생략하고 문항 수와 문항에서 요구하는 답변 수를 중심으로 답변할 수 있다.

○ 짧은 문장으로 끊어서 이야기하는 것이 좋다. 문장이 길어지면 듣는 사람이 핵심을 파악하기 어렵다. 장시간 여러 사람의 답변을 들어야 하는 면접관의 입장을 고려해 본다면 짧은 문장으로 명료하게 답변하는 것이 바람직하다.

○ 실수를 했을 경우, 당황하지 말고 "죄송합니다."라고 말한 후 이어서 답변한다.

5 | 가사·실업계 교사 실기 시험

(1) 가사·실업계 기준 학과의 편제 및 교육 목적

2009년 개정 교육과정 총론(2013. 12.)에서는 가사·실업계 기준 학과를 조리과, 의상과, 실내디자인과, 보육과, 관광과, 간호과, 복지서비스과, 미용과의 8개 학과로 제시하고 있다. 조리과, 의상과 등의 가사·실업계 전문교과 교사는 임용 시 해당 과목의 실기 시험을 통해 선발된다. 가사·실업계 기준 학과의 편제는 〈표 2–16〉과 같으며, 각 교과의 교육 목적은 바로 다음과 같다.

표 2-16 가사·실업 계열 기준 학과의 편제 내용

제7차 교육과정	2007 개정 교육과정	2009 개정 교육과정	비고
조리과	조리과	조리과	
의상과	의상과	의상과	
자수과			*의상과에 통합
실내디자인과	실내디자인과	실내디자인과	
유아교육과	유아교육과	보육과	*자격 연계 명칭 변경
관광과	관광과	관광과	
노인복지·간호과	간호과	간호과	
	복지서비스과	복지서비스과	
미용과	미용과	미용과	

자료: 장명희 외(2011). 2011 특성화고 및 마이스터고의 가사·실업계열 전문교과교육과정 개정을 위한 시안 개발. 한국직업능력개발원.

① **조리과**　조리과는 식품과 영양에 대한 전반적인 이해를 기본으로 조리 과정에서 일어나는 변화와 각 나라의 음식 문화를 이해함으로써 조리 관련 실무를 창의적이고 능동적으로 수행하여 조리 관련 실무 전문가로서의 자질을 기르는 데 목적이 있다.

② **의상과**　의상과 교육은 지속적으로 변화되어 가는 패션 산업 사회에 적응할 수 있도록 새로운 지식과 기술을 습득하여 학생들의 창의적 사고와 현장 실습 중심의 문제해결력을 배양하는 데 목적이 있다.

③ **실내디자인과**　실내디자인은 인간이 생활하는 공간을 기능적이고 쾌적하며, 아름답고 개성 있는 공간으로 만드는 종합적인 작업이다. 실내 디자인 과목을 통하여 실내 디자인의 의미와 변천 과정, 실내 공간의 구성 요소와 원리, 재료 등에 관한 기초 지식을 익히고 실내 공간을 시간적으로 표현하는 기능을 숙련시켜 산업 현장에서 적용할 수 있는 실무 능력을 기른다.

④ **보육과**　보육과 교육은 바람직한 보육관과 아동관을 확립하여 올바른 보육 지원 활동을 실행할 수 있도록 돕고 관련 분야로의 진로를 선택할 수 있도록 하는 데 그 목적이 있다.

⑤ **관광과**　관광과 교육에서는 관광의 사회적 현상과 다양한 관광산업에 대한 이론과 실무를 이해하고 미래 관광산업 분야에 대한 직업의식을 함양하여 관광 실무를 창의적으로 수행하여서 관련 분야로의 진로를 선택할 수 있도록 하는 데 목적이 있다.

⑥ **간호과**　간호과에서는 간호 조무에 관한 기초 지식과 기술을 습득하여, 기초 간호·대상별 간호 지원 등에 관한 능력과 태도를 습득할 수 있도록 도와주며 의료 현장 및 지역 사회에서, 능동적으로 대처할 수 있도록 하고 관련 분야로의 진로를 선택할 수 있도록 하는 데 목적이 있다.

⑦ **복지서비스과**　복지서비스과 교육은 급속한 사회 변화로 인한 복지의 필요성과 중요성을 이해하고, 사회 복지 분야에서 기본적으로 알아야 할 기초 전문 지식과 기술을 습득하

여 기초적인 복지·일반·대상별 복지 지원 등에 관한 능력과 태도를 가지고 관련 분야로의 진로를 선택할 수 있도록 하는 데 목적이 있다.

⑧ 미용과　　미용과 교육은 국제 경쟁력을 갖춘 인재를 양성하기 위하여 미용 분야에 대한 일반적인 이해와 기초 실무 능력을 토대로 창의성을 발휘할 수 있도록 하며 현장 실무 능력을 함양하도록 하는 데 목적이 있다.

(2) 가사·실업계 기준학과 임용고사 실기 시험

가사·실업계 중에서 조리과의 임용고사 실기 시험 영역 및 배점은 〈표 2−17〉과 같다.

표 2−17 조리과 임용고사 2차 시험과목 및 평가 내용

구분	시험과목	과제명	배점	평가요소	소요시간	비고
1	실기평가	한식조리	10	· 위생 · 조리과정 및 정리정돈 · 조리기술(숙련도) · 완성	9:20~10:40 (80분)	실기평가품목은 당일 제시함
		양식조리	10	· 위생 · 조리과정 및 정리정돈 · 조리기술(숙련도) · 완성	11:00~11:40 (40분)	
		중식조리	10	· 위생 · 조리과정 및 정리정돈 · 조리기술(숙련도) · 완성	12:00~12:40 (40분)	
2	교수·학습 지도안 작성		10	교수·학습 지도안 작성	9:00~10:00 (60분)	
	수업 실연		20	수업 실연	· 20분 구상 · 20분 실연	
3	교직적성 심층 면접		40	심층 면접	· 10분 구상 · 10분 면접	
계			100			

자료: 서울특별시교육청 공고 제2015−151호.

1 다음은 권 교사의 수업 구상 내용과 그에 따른 수업 계획서의 일부이다. 수업 구상 내용에 따라 학습 목표 (가)를 기술하고, 기술된 학습 목표를 밑줄 친 ㉠의 각 요건으로 구분하여 설명하시오. **2015 기출**

【수업 구상】

· 학습 주제는 복식 디자인에 필요한 선, 색, 무늬, 재질의 이해이다. 이 수업을 통하여 학생들의 코디네이션에 도움이 되도록 한다. 또한, 이 요소들 중에서 두 가지 이상을 활용할 수 있도록 지도한다.

· 학습 목표는 메이거의 목표 진술 방식에 따라 ㉠ 수업 목표 진술 요건을 모두 포함하여 진술한다.

· 형성 평가로는 학생들에게 다양한 체형의 그림 카드를 제시하여 디자인에 필요한 선, 색, 무늬, 재질을 이해하였는지 확인한다.

【수업 계획서】

· 단원
  2. 청소년의 생활
  1) 옷차림과 자기표현

· 학습 목표 : _____ (가) _____

…하략…

---

2 다음은 ○○건강가정지원센터에서 실시하고 있는 부모교육 프로그램이다. 이 프로그램의 목표를 유추하여 (   ) 안의 ㉠에 들어갈 내용을 쓰시오. **2014 기출**

목적		부모-자녀 관계 향상
목표		(㉠) 할 수 있다.
대상		초 5~6학년, 중 1~2학년 자녀를 둔 부모
수행 방법		총 6회(주 1회, 2시간)
프로그램의 실제	1회기	사전 검사 오리엔테이션 부모됨 인식하기 강의
	2회기	자녀와의 상호작용 분석하기 강의
	3회기	청소년 문화 이해하기 강의 자녀 입장 되어 보기 역할 놀이
	4회기	바람직한 말하기·듣기 강의
	5회기	자녀 중심의 말하기·듣기 반복 연습
	6회기	마무리 사후 검사 및 교육 참여 만족도 설문 조사

1 메이거의 수업 목표 속에 포함되어야 할 세 가지 요소를 쓰고, 2009년 개정 기술·가정(실과) 교육과정의 '청소년의 생활' 단원에서 활용할 수 있는 수업 목표를 메이거의 방식에 따라 한 가지 진술하시오.

2 자신이 중등학교 임용고사에서 교직적성 심층 면접을 출제하는 출제 위원이 되었다고 가정하고, 다음의 문항 카드를 작성하여 실연하시오.

문항 카드

출제 위원:　　　　　(인)

문항 번호	( )번	주제 영역	
심층 면접 질문			
예상 답변			
추가 질문			
추가 질문 예상 답변			
출제 의도			
출제 근거			

가정과 수업
모형

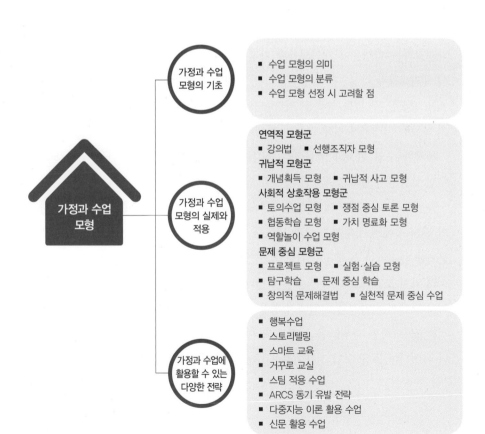

가정과 수업 모형

가정과 수업 모형의 기초
- 수업 모형의 의미
- 수업 모형의 분류
- 수업 모형 선정 시 고려할 점

가정과 수업 모형의 실제와 적용

연역적 모형군
- 강의법
- 선행조직자 모형

귀납적 모형군
- 개념획득 모형
- 귀납적 사고 모형

사회적 상호작용 모형군
- 토의수업 모형
- 쟁점 중심 토론 모형
- 협동학습 모형
- 가치 명료화 모형
- 역할놀이 수업 모형

문제 중심 모형군
- 프로젝트 모형
- 실험·실습 모형
- 탐구학습
- 문제 중심 학습
- 창의적 문제해결법
- 실천적 문제 중심 수업

가정과 수업에 활용할 수 있는 다양한 전략
- 행복수업
- 스토리텔링
- 스마트 교육
- 거꾸로 교실
- 스팀 적용 수업
- ARCS 동기 유발 전략
- 다중지능 이론 활용 수업
- 신문 활용 수업

가정과 수업
모형

수업 모형, 연역적 모형, 귀납적 모형, 사회적 상호작용 모형, 문제 중심 모형, 강의법, 선행조직자 유의
미학습, 개념획득 모형, 토의수업 모형, 쟁점 중심 토론 모형, 협동학습 모형, 가치 명료화 모형, 역할
놀이 수업 모형, 프로젝트 모형, 실험·실습 모형, 탐구학습, 문제 중심 학습, 창의적 문제해결법, 실천적
문제 중심 수업, 창의적 사고 기법, 행복수업, 스토리텔링, 스마트 교육, 거꾸로 교실, 하부르타, 스팀
적용 수업, ARCS 동기 유발 전략, 다중지능 이론 활용 수업, 신문 활용 수업(NIE)

가정교과는 학생들이 개인생활과 가정생활에 관련된 지식, 기능 및 태도를 학습하여 그들
이 개인생활과 가정생활에서 당면하는 다양한 문제에 대해 스스로 사고하고 능동적으로 문
제를 해결할 수 있는 능력을 기르는 것을 목표로 한다. 가정과 수업은 이러한 가정과 교육
의 목표를 달성하기 위해 교사와 학생이 상호작용하는 교육적 활동이다.

복잡한 수업 현상의 핵심적인 특성을 단순화시킨 구조적 형식을 수업 모형이라고 하며,
수업 모형은 수업의 체계적인 절차와 방법을 제공하는 역할을 한다.

학생들은 수업을 통해 새로운 지식을 배우고, 기존의 사고틀을 확장시켜 나가며, 타인과
의 관계 속에서 사회적 능력과 태도를 학습한다. 가정과 교사는 학생들이 다양한 방식으로
문제를 해결하는 능력을 키워나갈 수 있도록 학생의 수준, 교육내용 및 목표, 수업 상황 등
여러 가지 조건을 고려하여 수업의 형태와 방향을 결정해야 한다.

이 장에서는 가정과 수업에서 활용되는 다양한 수업 모형을 중심으로 수업 절차 및 구체
적인 교수·학습 과정안을 살펴본다. 이와 더불어 가정과 수업에서 활용할 수 있는 이론이
나 아이디어 등을 수업 전략이라는 주제로 묶어 제시하였다.

1. 가정과 수업 모형의 기초

1│ 수업 모형의 의미

모형(model)이란 본래 '모양이 같은 물건을 만들기 위한 틀 혹은 완성된 작품을 줄여서 만든 본보기'를 의미하는 것으로(네이버 어학사전, 2015, 참고), 사물의 형태를 본떠 그 핵심적인 구조와 특성을 드러낼 수 있도록 고안된 것이다. 따라서 수업 모형은 가르치고 배우는 과정의 핵심적인 특성을 담아놓은 수업에 대한 구조적인 형식 혹은 계획으로 볼 수 있다. 수업 모형은 학생들이 학습 목표를 달성할 수 있도록 수업에 대한 구체적이고 처방적인 지침을 제공해 준다.

교사의 수업 의도에 적합한 수업 모형을 선택하고 활용하는 것은 수업을 효과적으로 실행하는데 도움을 준다. 반면, 교사가 특정 수업 모형을 활용할 때 오로지 수업 모형이 제시하는 고정된 단계나 지침에만 의존할 경우 그 수업은 형식에 구속된 기계적인 절차에 그칠수도 있다. 다양한 수업 모형을 분류하고 연구한 에근과 카우책(Eggen & Kauchak, 2006)은 모든 상황에 효과가 있는 보편적인 수업 모형이란 존재할 수 없으며, 수업 모형은 수업을 위한 일반적인 안내이지, 숙련된 교사의 기능과 전문적인 판단력을 대체하는 것이 아니라고 하였다. 즉 교사에게는 수업 목표와 학생에게 적합한 수업 모형을 선택하여 본래의 취지에 맞게 활용하는 능력과 더불어 수업 운영에 융통성을 발휘할 수 있는 전문적인 판단력도 함께 요구된다.

2│ 수업 모형의 분류

수업 모형은 수업 목적과 내용, 의사소통 유형, 수업의 주체 등 다양한 기준으로 분류할 수 있다. 여기서는 대표적인 수업 모형 분류인 조이스, 웨일과 캘훈(Joice, Weil & Calhoun, 2005)의 분류와 에근과 카우책(2006)의 분류, 그리고 교수·학습 상황과 관련된 여러 가지 변인을 기준으로 분류한 국내 학자들의 수업 모형 분류를 살펴봄으로써 다양한 수업 모형을 개관해 본다.

(1) 조이스, 웨일과 캘훈의 분류

조이스, 웨일과 캘훈(2005)은 학생들이 효과적으로 학습할 수 있도록 하기 위해서는 교사가 적절한 수업 모형을 활용하여 교수 전략과 학습 자료를 개발할 수 있어야 한다고 하였다. 이들은 오랜 기간 교수와 학습이 일어나는 광범위한 분야에 대해 연구하면서 여러 수업 모형 중 학교교육에 적합한 모형들을 선정하여 《교수모형(Models of Teaching)》에서 소개해 왔다. 이 저서는 수업에 활용되는 다양한 모형들이 실제 수업 상황에서 어떻게 적용되는지 그 구체적인 수업 사례를 제시함으로써 교사들이 수업 모형을 선정하고 활용하는데 도움을 준다.

　이들은 학생들이 배워야 할 것은 무엇이며 학생들이 어떤 방식으로 학습하는지를 기준으로 수업 모형을 〈그림 3-1〉과 같이 정보처리 모형, 사회적 모형, 개인적 모형, 행동주의 모형

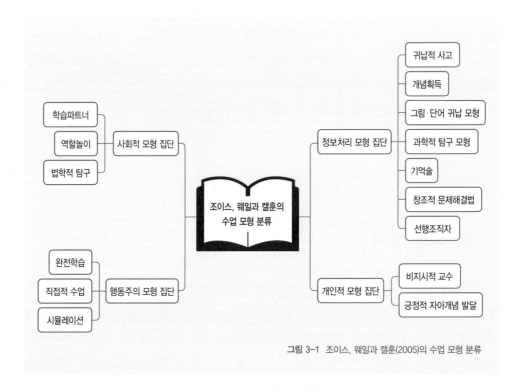

그림 3-1 조이스, 웨일과 캘훈(2005)의 수업 모형 분류

표 3-1 대표적인 정보처리 모형들의 특징 및 효과

대표 모형	특징	효과
귀납적 사고	학생들이 정보를 찾고 조직하는 법, 자료 간 관계성을 기술하는 가설을 세우고 검증하는 방법 등을 다룸	· 정보, 개념, 기술, 가설 형성 · 탐구정신 · 지식의 본질에 대한 인식 · 논리적 사고
개념획득	학생들이 보다 효과적으로 개념을 학습할 수 있도록 폭넓은 범위의 주제들에 대한 조직화된 정보를 제공하는 효과적인 방법을 안내함	· 개념 형성 전략 개선 · 귀납적 추론 · 개념적 융통성
그림·단어 귀납 모형	단어, 문장, 문단을 공부할 때 필요한 귀납적 사고와 개념획득 모형을 통합하여 학생들의 읽기, 쓰기 등의 활동에 도움을 줌	· 언어에 대한 탐구 기술 · 읽기 기술 · 쓰기를 통한 자아 표현 · 협력적 기술 학습
과학적 탐구 모형	자료를 수집·분석하고 가설과 이론을 점검하며 지식 구성의 본질에 대해 성찰하도록 도움을 줌	· 정보처리 능력 · 언어적 표현력 · 애매모호함을 참는 능력, 끈기 · 논리적 사고
탐구훈련	질문하기, 개념과 가설 세우기, 검증하기 등에 유창해지도록 도움을 줌	· 모든 지식이 잠정적이라는 태도 · 창의성 · 학습에서의 독립성
기억술	학생들이 쉽게 정보를 흡수하고 정보와 개념들을 숙달하는 것에 도움을 줌	· 자기 존중감 · 지적 유능감 · 사실과 아이디어의 숙달 · 자기 의존 및 독립심
창조적 문제해결법	문제해결 과정을 단계별로 나누고, 필요한 활동을 기획하며, 다양한 분야의 주제 영역에서 새로운 관점을 획득하는 등 창조적 문제해결에 도움을 줌	· 문제해결 능력 · 모험심 · 자아존중감 · 교과 내용의 성취
선행조직자	제시된 학습 자료를 이해하는데 도움을 주는 인지 구조를 제공하는 데 도움을 줌	· 탐구의 흥미 · 정확한 사고습관 · 개념적 구조의 학습

의 네 집단으로 분류하였다.

① **정보처리 모형 집단** 정보처리 모형은 인간이 어떻게 정보를 획득하고 처리하는지, 정보를 효과적으로 처리하고 학습할 수 있는 방법은 무엇인지에 관심을 갖는다. 즉 이 모형들

표 3-2 대표적인 사회적 모형들의 특징 및 효과

대표 모형	특징	효과
학습파트너	학생들이 함께 작업할 수 있도록 하는 효과적인 수단을 제공하며 학생들의 자긍심, 사회적 기술, 연대 의식 등을 고무시킴	· 정보, 개념, 기술, 가설 형성 · 협력적 탐구의 훈련 · 모든 존엄성 존중 · 삶의 방식으로서의 사회적 탐구 · 대인 간 온정과 친밀성
역할놀이	학생들이 사회적 문제에 대한 정보를 수집하고 조직화하며 타인에 대한 공감을 개발하고, 사회적 상호작용 속에서 사회적 기술을 개선하는데 도움을 줌	· 개인 간 문제해결전략 · 타인에 대한 공감력 · 감정의 자유로운 표현
법학적 탐구	공적인 정책이 필요한 영역에서의 사회적 문제를 포함한 사례를 연구함으로써 사회적 문제해결을 위한 선택사항들과 이러한 선택사항의 이면에 깔려 있는 가치를 탐구하도록 함	· 사회적 참여능력과 사회적 행동의 욕구 · 사회적 문제의 분석 · 사회적 문제에 대한 사실 학습

은 학생들이 외부 환경으로부터 받아들이는 정보를 보다 잘 인식하고 처리할 수 있도록 돕는데 초점을 둔다. 이를 위해 학생이 상징체계를 사용하여 인지구조를 체계화하도록 돕거나 개념형성 및 가설 검증을 통해 문제를 해결하도록 하는 전략들을 사용한다.

② **사회적 모형 집단** 사회적 모형은 개인이 타인 및 사회와 어떻게 긍정적 상호작용을 유지할 것인가에 초점을 둔 모형으로, 학습 환경을 관계 형성 과정의 측면에서 설계하는 것이 특징이다. 현실 세계가 사회적 측면에서 서로 밀접한 관계를 맺고 있다는 사실을 강조하며 학생이 학습공동체를 구축하여 함께 학습할 때 상승효과가 생기도록 구성되어 있다.

③ **개인적 모형 집단** 개인적 모형은 교육을 통하여 학생이 자기 자신을 보다 잘 이해하여 개인의 발달을 촉진하는 데 그 목적을 둔다. 현재 자신의 개발 상태를 넘어서 보다 강하고 민감하며 창조적인 인간성을 계발하고, 자신이 유능한 사람임을 자각함으로써 보다 바람직한 인간관계를 형성하고 높은 삶의 질을 추구하도록 하고 있다.

④ **행동주의 모형 집단** 행동주의 모형은 행동주의 이론에 기초한다. 행동주의는 인간을 과

표 3-3 대표적인 개인적 모형 및 행동주의 모형의 특징 및 효과

대표 모형		특징	효과
개인적 모형	비지시적 교수	칼 로저스(Rogers)의 상담이론에서 개발된 모형으로, 교사가 학생들과 필요한 협력관계를 능동적으로 구축하고, 학생들이 자신의 학습에 주도적인 역할을 하도록 돕는 데 초점을 둠	· 정보, 개념, 기술, 가설 형성 · 자기 이해와 반성 · 통합적 의사소통 · 학습 능력과 성취 · 자부심
	긍정적 자아개념 발달	자신이 유능한 사람임을 자각하도록 하여 자아개념을 발달시키고 인간으로서의 성장을 도움	바람직한 인간관계 형성
행동주의 모형	완전학습	과제를 단순한 것에서 복잡한 것으로 구성하여 개별적으로 학습한 후 시험을 치르고 학생들이 과제를 숙달할 때까지 반복 학습이나 동등한 수준의 내용을 학습하도록 함	· 정보, 개념, 기술, 가설 형성 · 계열화된 학습 내용 습득 · 자기 효능감
	직접적 수업	목표에 대한 직접적 진술, 목표와 분명하게 관련된 일련의 학습활동, 학생의 성취에 대한 주의 깊은 관찰 및 피드백, 효과적인 성취를 위한 책략 등을 제공함	· 학문적 내용과 기능의 숙달 · 자기 속도 조절 능력 · 자존감 강화
	시뮬레이션	실제 삶의 상황과 유사하게 연출된 환경에서 목표가 성취될 때까지 실제적인 요인들을 학습함	· 자기주도성 · 원인–결과 관계에 대한 민감성 · 협동과 경쟁 · 의사결정력

제가 얼마나 성공적으로 진행되었는지에 따라 자신의 행동을 수정하는 자기 교정적 의사소통 능력이 있는 존재라고 가정한다. 따라서 이 모형은 분명하게 명시된 과제를 통해 학생이 관찰 가능한 행동의 변화를 일으키는 것을 강조하며 학생이 자기 교정적 능력을 통해 행동을 수정하고 학습을 촉진하는 데 초점을 둔다.

(2) 에근과 카우책의 분류

에근과 카우책(2006)은 교사 효율성 및 교사와 학생의 상호작용 결과에 관련된 다수의 연구들을 바탕으로 교사들이 효과적인 수업을 이끌어갈 수 있도록 하는 다양한 수업 모형들을 제시하였다. 이들은 학습에 대해 행동주의적 관점과는 대별되는 인지주의적 관점을 취

하고 있다. 수업 모형의 구체적인 내용도 인간이 어떻게 학습하는가와 관련된 인지심리학에 초점을 두어 설명한다.

행동주의와 인지주의는 학습과 학생을 바라보는 관점, 그리고 교사의 역할에서 큰 차이가 나타난다. 행동주의에서는 학습을 경험의 결과로 발생하는 관찰가능한 행동의 변화로 보고 학생을 강화와 처벌 등 환경으로부터의 자극에 수동적인 수용자들로 간주한다. 따라서 교사는 학생에게 지속적으로 강화와 처벌 등의 자극을 주어 원하는 행동 변화가 일어나도록 유도하는 역할을 한다.

반면, 인지주의에서는 학습을 학생이 공부하는 것을 이해하기 위해 노력하는 능동적인 과정이라고 보며 학생은 환경에 수동적으로 반응하는 존재가 아니라 환경으로부터 받은 정보를 능동적으로 처리하는 지식의 구성자라고 본다. 따라서 교사는 학생들이 스스로 정보를 처리할 수 있게 안내하는 역할을 한다.

이들은 학생이 학습한 내용을 깊이 있게 이해하고, 인지적 기능들을 발달시키는 데 도움을 주는 수업 모형들을 〈그림 3-2〉와 같이 제시하였다. 각 모형에 대한 설명은 에근과 카우책(2006)의 서술을 참고하였다.

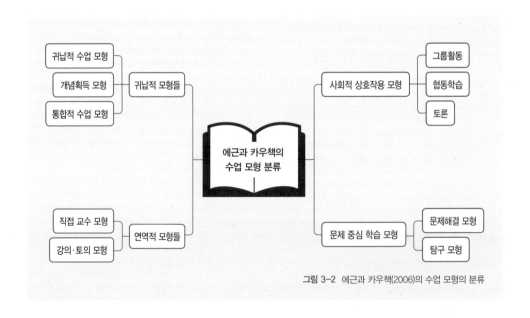

그림 3-2 에근과 카우책(2006)의 수업 모형의 분류

① **사회적 상호작용 모형**　　사회적 상호작용 모형은 학생들이 사회적 상호작용을 통해 공동의 목적을 달성하기 위해 협력하기 위한 모형으로 그룹활동, 협동학습, 토론 등이 있다.

그룹활동은 학생들이 단원의 내용을 함께 생각하고 토론하고 학습하도록 하는 전략으로 다른 수업 모형과 함께 사용될 수 있다. 그룹활동을 할 때에는 학생들이 과제와 상관없는 행동을 하거나 그룹 내에서 효과적인 학습이 일어나지 않는 현상을 방지하기 위해서 교사는 과제를 작게 잘라서 명확하게 제시하고 구체적인 학습 결과물을 요구하며 학생들의 학습 상황을 지속적으로 점검할 필요가 있다.

그룹활동이 소규모의 사회적 상호작용에 초점을 둔다면, 협동학습에서는 학생들의 역할이 좀 더 구조화된다. 협동학습은 학생들이 학습과제에 대해 공통의 목적을 가지는 동시에 개인적 책무성도 갖게 된다. 수업은 그룹 내의 모든 학생들이 동등한 기회를 통해 학습 내용을 완전히 이해할 수 있도록 계획되어야 한다. 하지만 모든 학생이 똑같은 점수를 받는 것이 아니라 개인의 노력이나 집단의 협동성에 따라 각자 다른 점수를 받을 수 있다.

토론은 학생들이 서로의 생각을 공유하고 더 높은 수준의 사고를 돕는 수업 전략으로 다른 사회적 상호작용 모형에 비해 특정 주제에 대해 깊이 생각하도록 고안되었다는 점에서 그 목적이 뚜렷하다. 일반적으로 토론의 단계는 주제를 안내하는 단계, 주제를 탐색하는 단계, 주요 요점을 확인하고 토론 과정을 요약하는 종결단계로 이루어지며 토론 과정에서 교사와 학생이 모두 자신의 의견을 자유롭게 낼 수 있도록 분위기를 조성하는 것이 중요하다.

사회적 상호작용 모형들은 다른 수업 모형과 함께 폭넓게 사용될 수 있으며 함께 학습하는 과정을 통해 문제를 더 잘 해결하고 다양한 사회적 기술을 익히는 데 도움을 준다. 가정과 수업에서는 협동학습을 통해 삶에서 당면하는 실천적 문제들에 대한 다양한 해결방안을 찾아볼 수 있다. 이를 통해 학생들은 사회적 관계를 익힐 뿐만 아니라 상대방의 의견을 통해 자신의 생각을 객관적인 시각에서 평가하여 좀 더 발전적으로 사고할 수 있다.

② **귀납적 모형들**　　귀납적 모형은 잘 정의되어 있는 내용을 가르치기 위해 구체적인 사례들을 제시하고 학생들이 이들 간의 관련성을 찾도록 함으로써 스스로 특정 주제에 대한 이해력을 구성해 나가는 데 초점을 두는 모형들로, 귀납적 수업 모형, 개념획득 모형, 통합적 수업 모형이 있다.

귀납적 수업 모형은 학생이 특별한 주제에 대해 깊이 있게 이해하도록 하는 데 목적이 있으며 교사는 구체적인 실례를 제시하고 학생들이 관련 개념과 개념들 간의 관계를 능동적으로 탐색하도록 한다. 더 나아가 학생들은 이렇게 배운 개념을 정의하거나 일반화하고 새로운 규칙을 발견하여 다른 사례에 적용할 수 있다.

개념획득 모형은 적합한 실례와 적합하지 않은 실례를 함께 제시하여 학생들이 가설을 검증하고 복잡한 개념들을 익히며 비판적 사고전략을 개발하도록 고안된 수업 모형이다. 교사는 개념을 직접 설명해 주기보다는 개념에 해당되는 예와 해당되지 않는 예를 근거로 학생이 능동적으로 지식에 다가가도록 한다. 귀납적 수업 모형이 개념과 원칙, 일반화 등을 가르치는 데 비해 개념획득 모형은 개념에 좀 더 중점을 두며 귀납적 수업 모형에 비해 출발점에서 보다 많은 배경지식을 필요로 한다.

통합적 수업 모형은 비판적 사고 기능을 발전시키고 자신들이 구성한 지식체계에 대한 이해를 발전할 수 있도록 개발된 모형으로 학생들이 조사한 지식을 표, 그래프, 지도 등 조직화된 지식체계를 볼 수 있는 형태로 구성하여 각 항목을 비교 분석한다. 귀납적 수업 모형이 특정 개념, 일반화, 원리 등을 가르치기 위해 고안된 것이라면 통합적 수업 모형은 조직화된 지식체계의 형태로 그것들을 조합하는 것을 가르치는 데 목적을 둔다.

가정과 수업에서는 구체적인 사례를 통해 일반적인 사실이나 개념 지식 원리 등을 가르치고자 할 때 귀납적 모형을 사용할 수 있다. 예를 들어 자아존중감, 가치관 등의 개념에 대해 개념획득 모형을 적용하여 각 개념에 대한 옳은 예와 그렇지 않은 예를 제시함으로써 추상적 개념을 구체적이고 깊이 있게 이해하도록 할 수 있다. 또는 가정생활 문화에 대해 통합적 모형을 사용하여 우리나라 의식주 생활 문화의 시대별 변화에 대한 지식을 수집하고 이를 표, 차트 등으로 정리하여 그 일반화된 경향을 분석해 보도록 함으로써 학생들이 지식을 재구성하고 일반적 원리를 이해하도록 도울 수 있다.

③ **연역적 모형들**　　연역적 모형은 일반적인 개념이나 지식을 가르치기 위한 교사 중심적인 수업 방법으로 직접 교수 모형과 강의·토의 모형이 있다. 직접 교수 모형은 개념과 기술을 가르치기 위한 수업 방법으로 교사의 설명과 시범에 이어 학생에게 연습과 피드백의 기회가 주어진다. 이 모형은 수업 목표를 제시하는 도입단계, 새로운 개념을 설명하거나 기능을 시범보이는 제시단계, 학생이 기능을 연습하는 안내된 연습단계, 학생이 기능이나 개념을 스스로 연습하는 독자적 연습 단계로 이루어진다.

강의·토의 모형은 조직화된 지식체계의 관계를 학습하도록 하기 위해 고안된 수업 방법으로 강의법이 학생들을 수동적인 위치에 머물게 하는 단점을 극복하기 위해 교사가 질문을 통해 학생들이 수업에 능동적으로 참여하도록 이끈다. 수업의 목표를 명확히 하고 선행조직자와 같은 수업의 조직이나 개요를 제공하는 도입단계, 주요 생각을 정의하고 설명하는 제시단계, 학생들의 학습과정을 점검하는 이해점검단계, 지식들 사이의 관계를 확인하고 기존의 학습 내용과 연결시키는 통합단계, 수업을 요약하는 정리 및 결말단계로 진행된다.

가정과 수업에서는 학생이 모르고 있는 새로운 개념이나 지식을 가르치고자 할 때 연역적 모형을 활용할 수 있다. 예를 들어 가족 간 의사소통 능력을 개발하기 위해 직접 교수 모형을 활용하여 교사가 가족 간 올바른 의사소통의 예시를 시범으로 보이고 학생들이 이를 구체적인 상황 속에서 다양하게 연습하여 실제 생활에서 활용하도록 할 수 있다. 또 섬유의 종류나 영양소의 종류 등 분류 및 조직화가 필요한 수업 내용의 경우, 강의·토의 모형을 적용할 수 있다. 관련된 선행조직자를 먼저 제시하고 학생들이 각 개념을 분류하고 조직화하도록 함으로써 단순한 교사 위주의 강의 수업의 단점을 보완하고 능동적인 학습이 일어나도록 할 수 있다.

④ 문제 중심 학습 모형　　　문제 중심 학습 모형은 문제해결 기능과 내용을 가르치고 자기 주도적인 학습을 발달시키기 위해 만들어진 모형으로 문제해결 모형, 탐구 모형, 프로젝트 중심 교수법, 사례중심 수업, 정착수업(앵커드 교수)* 등을 모두 포함하는 폭넓은 교수 전략이다. 이 모형들은 일반적으로 하나의 문제나 질문으로 시작하여 이에 대해 학생들이 직접 조사 및 탐구활동을 수행하며 교사는 촉진자의 역할을 맡게 된다.

문제해결 모형은 학생들이 체험적인 학습 경험을 통해 문제를 해결하도록 돕는 문제 중심 학습 전략이다. 우선 문제를 확인하고 명확하게 정의한 후 문제해결을 위한 전략을 선택하고 이를 실제로 수행한다. 그 후 결과를 평가하고 문제해결의 전체적 과정을 분석하는 단계

---

* 앵커드 교수(anchored instruction)는 학교에서 배운 지식이 실제 생활에서 유용하게 사용되지 않는 문제점을 극복하기 위한 대안으로 출발한 교수법의 일종으로, 앵커(anchor)는 지식 구성의 의미망 역할을 하는 심리적인 닻이자 문제해결을 가능하게 하는 연결고리이다. 교재, 사진, 오디오, 비디오 등 다양한 매체가 이에 해당할 수 있다. 학생으로 하여금 그 앵커 속에 있는 문제 상황의 중요한 요소를 찾으면서 문제를 해결하도록 하기 때문에 실제생활에 의미 있고 유용한 지식을 학습하는 데 도움이 된다(자료: 국립특수교육원(2009). 특수교육학 용어사전).

까지 포함한다.

　탐구 모형은 학생들이 조직적으로 사실들을 수집하여 이에 대한 질문을 연구하는 방법을 습득하도록 만들어진 교수 전략으로 해결해야 할 문제에 대해 가설을 통해 고차적 사고 기능을 발달시키고 자기 주도적 학생으로 발전시킬 수 있다. 수업은 질문을 확인하는 것으로 시작하며 이에 대한 가설을 세워 자료수집을 통해 가설을 평가한 후에 이를 일반화한다. 마지막으로 전체 탐구 과정을 분석하는 단계를 거친다. 가정과 수업에서는 다양한 고등 사고 능력을 활용하여 문제를 해결하기 위해 이 모형들을 활용할 수 있다. 예를 들어 소비자 문제와 관련하여 문제해결 모형을 적용하여 학생들이 다양한 소비자 문제에 대한 해결 전략을 세워 실제로 행해본 후 그 과정을 분석하도록 할 수 있다. 또는 식품 조리 과학, 섬유

표 3-4 조규락과 김선연(2006)의 수업 모형 분류

분류기준	종류
교수·학습 환경	면대면 교수·학습 환경: 대부분의 교수 방법
	원격 교수·학습 환경: 전화, 우편, TV, 라디오, 녹음기, 컴퓨터 네트워크 등을 이용한 교수방법
교수·학습 철학	발견학습: 문제해결법, 역할극, 시뮬레이션, 게임, 브레인스토밍, 버즈 훈련 학습방법, 구안법, 서류함기법, 스스로 학습법
	수용학습: 강의법, 시범, 프로그램 학습, 인턴십
교수·학습 과정의 주도권	교사 주도: 강의법, 시범, 팀티칭
	학생 주도: 협동학습, 토의법, 문제해결법, 시뮬레이션, 게임, 스스로 학습법
추구하는 학습 성과의 수준에 따른 분류	지식습득: 강의법, 시범, 문답법, 프로그램 학습
	문제해결: 토의법, 역할극, 게임, 협동학습
교수·학습 집단의 크기	· 대집단(n>40): 강의법, 시범 · 중집단(n=20~40): 전형적인 교실수업 · 소집단(n<2~20): 토의법, 역할극, 집단게임, 소집단 협동학습, 실험, 현장실습, 현장견학 · 개인(n=1): 개별지도
커뮤니케이션 규모 (교수자 vs 학생)에 따른 분류	· 0:1 커뮤니케이션: 독학, 스스로 학습법 · 1:1 커뮤니케이션: 프로그램 학습, OJT, 인턴십, 도제제도 · 1:小 커뮤니케이션: 토의법, 구안법, 협력학습, 역할극, 현장실습 · 1:多 커뮤니케이션: 강의법, 문답법, 시범, 모델식, 현장견학 · 小:多 커뮤니케이션: 팀티칭

자료: 조규락·김선연(2006). 교육방법 및 교육공학: 교육공학의 3차원적 이해. 학지사. pp.252-253.

감별 시험 등 과학적 사고 및 실험이 요구되는 수업 주제에 대해 탐구 모형을 활용하여 학생들이 직접 자신이 세운 가설을 실험을 통해 확인하고 이를 일반화하며 전체 탐구 과정을 분석하도록 함으로써 자기 주도적 학습을 이끌어낼 수 있다.

(3) 이 외의 수업 모형 분류

앞에서 제시된 수업 모형 분류 외에도 여러 학자들이 수업의 다양한 측면을 기준으로 수업 모형들을 분류하고 있다. 조규락과 김선연(2006)은 교수·학습 환경, 교수·학습의 철학, 교수·학습 과정의 주도권 등을 기준으로 수업 모형을 분류하였다(표 3-4). 여기서 각 분류 기준은 서로 배타성을 가지는 것이 아니며 같은 수업 모형이 여러 분류 기준에 해당될 수 있다. 예를 들어 강의법은 교수·학습 철학 면에서는 수용학습에 해당되고 교수·학습 과정의 주도권은 교사에게 있으며 교수·학습 집단의 크기면에서는 대집단에 적당한 것으로 분류된다. 이화여자대학교 교육공학과(2007)는 비교적 널리 알려진 교육 방법들을 선정하여 다음 〈그림 3-3〉과 같이 학습대상이 개인인지 집단인지, 교수·학습에 대한 철학이 수용학습인지, 발견학습인지를 구분하는 두 차원을 기준으로 각 수업 모형을 위치시켜 제시하였다.

(4) 가정과 수업에서 활용할 수 있는 수업 모형

앞에서 제시한 수업 모형 분류들은 수업 모형의 특징에 따라 학자들이 각자의 기준에서 분류한 것이므로 절대적인 구분이 될 수는 없다. 하지만 여러 수업 모형들이 갖는 특징과 유사성을 큰 맥락에서 이해하는 데 도움을 준다. 이 중 에근과 카우책(2006)의 수업 모형 분류는 가정과 수업에서 널리 활용되고 있는 수업 모형들을 폭넓게 포함하고 있다. 따라서 이 책에서는 에근과 카우책(2006)의 수업 모형 분류를 토대로 가정과 수업에서 활용할 수 있는 수업 모형들을 〈표 3-5〉와 같이 연역적 모형군, 귀납적 모형군, 사회적 상호작용 모형군, 문제 중심 모형군으로 유목화하여 제시하고자 한다.

여기서 사회적 상호작용 모형군과 문제 중심 모형군에 속해 있는 모형들은 대부분 개별 학습보다는 협동과정이 중시되며 지식이나 개념보다는 실제적인 문제 상황에서부터 수업이 시작된다는 공통점이 있다. 따라서 주된 수업 목표나 수업 형태에 따라 학생 간의 상호작용이 좀 더 강조되는 모형은 사회적 상호작용 모형으로, 특정 문제해결이 좀 더 강조되는 모형은 문제 중심 모형으로 분류하였다.

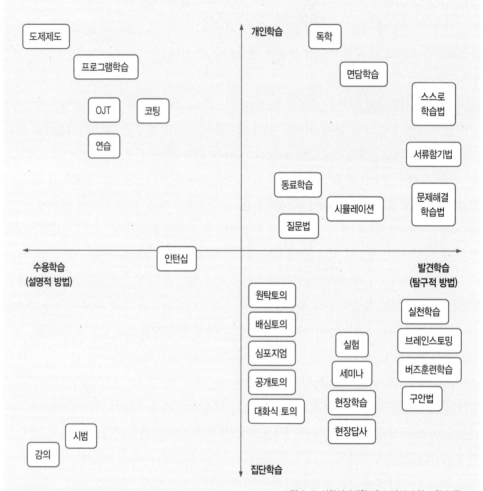

표 3-5 가정과 수업에서 활용할 수 있는 수업 모형의 분류

연역적 모형군	귀납적 모형군	사회적 상호작용 모형군	문제 중심 모형군
· 강의법 · 선행조직자 모형	· 개념획득 모형 · 귀납적 사고 모형	· 토의수업 모형 · 쟁점 중심 토론 모형 · 협동학습 모형 · 가치 명료화 모형 · 역할놀이 수업 모형	· 프로젝트 모형 · 실험·실습 모형 · 탐구학습 · 문제 중심 학습 · 창의적 문제해결법 · 실천적 문제 중심 수업

3│ 수업 모형 선정 시 고려할 점

모든 학생을 동시에 만족시키는 수업 모형은 존재하지 않는다. 에근과 카우책(2006)에 따르면 잘 가르치는 방법에 대한 수많은 연구의 결론이 아이러니하게도 "제일 잘 가르치기 위한 유일한 방법은 없다."였다고 하였다. 즉 어떤 상황에서 적합했던 수업 방식이 다른 상황에서는 최선의 학습을 이끌어내지 못할 수도 있다는 것이다. 그러므로 교사가 수업에서 특정 수업 모형을 사용하고자 할 때에는 교수·학습 상황과 관련된 다양한 변인들을 고려하여 신중하게 판단해야 한다.

레이(Reay, 1994)는 교사가 구체적으로 어떤 수업 모형을 활용할지 선택하기 위해서는 기본적으로 수업 내용, 학생 특성, 수업 자원, 조직(학교)의 기대라는 네 가지 사항을 고려해야 한다고 하였다(이화여자대학교 교육공학과, 2007, 재인용).

(1) 수업 내용

수업 내용의 성격이 지식(인지적 영역), 기능(신체적 영역), 태도(정서적 영역)중 어디에 해당하는지 고려한다. 수업 내용이 정확한 답을 요구하는 것인지, 논쟁의 여지가 있는지, 또는 교육의 목적이 기준을 명확히 잡는 것인지, 아니면 보다 나은 해결책을 찾는 것인지 고려한다. 마지막으로 수업 내용이 일반적 수준의 학습으로 가능한 것인지, 아니면 자세히 학습해야 하는지 고려한다.

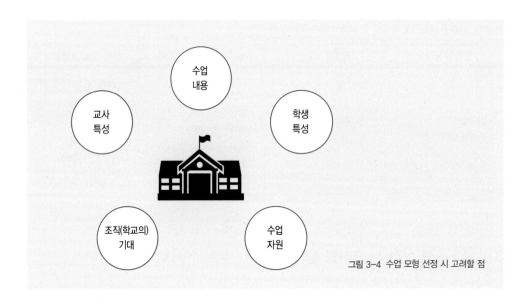

그림 3-4 수업 모형 선정 시 고려할 점

(2) 학생의 특성

학생의 학습 스타일이 적극적인지, 성찰적인지, 논리적인지, 실용적인지 등을 고려한다. 수업 내용에 대한 학생의 학습 경험이나 학습 수준이 어느 정도인지 파악하고 학생의 수, 학생의 위치를 고려한다. 다음으로 교육이 계속 필요한지 정도와 학생이 학습으로부터 얻고자 하는 기대의 정도를 생각한다.

(3) 수업 자원

수업 기술과 경험을 갖춘 사람을 수업 실행자나 보조원으로 요청할 수 있는지 고려한다. 다양한 교수 매체가 사용 가능한지 혹은 얼마나 쉽게 새로운 교육자원들을 개발할 수 있는지를 고려한다. 수업을 실시할 장소 및 시설, 수용 인원 등의 환경적 요인을 고려하고 수업을 실행하는데 시간적 여유나 시간 제약 사항이 있는지 확인한다.

(4) 조직(학교)의 기대

조직이 어떤 학습 방법을 선호하는지를 고려한다. 조직이 원하는 구체적인 수업 목표가 있는지 고려하고 조직이 요구하는 특정한 평가나 측정의 방법이 무엇인지 확인한다.

수업 모형 선정 시 이론적 배타성의 위험

하나의 이론이 하나의 교수적 처방으로 해석될 때, 배타성은 성공의 가장 나쁜 적이 된다. 교육적 실천들은 극단적이고 만병통치약의 실천적 처방들을 과도하게 선호하는 경향이 있다. 구성주의, 사회적 상호작용주의, 그리고 상황주의 접근들이 혼합되어 유행하면서 자주 '강의식 수업(teaching by telling)'을 모두 버려야 하며, 모두에게 '협동학습'이 의무가 되고, '문제 기반'이 아니거나 실제적 삶의 맥락에 터하지 않은 교수법들은 완전히 부정되어야 하는 것으로 자주 해석된다.

그러나 이것은 너무 많은 좋은 것을 하나의 그릇에 담는 것을 의미한다. 단 두 명의 학생도 요구가 같지 않으며, 단 두 명의 교사도 똑같은 방법으로 최고의 실천에 도달할 수 없기 때문에, 이론적 배타성과 교수법적 외고집은 심지어 최고의 교육적 아이디어들도 실패시킬 수 있다.

자료: Sfard, A.(1998, March). On two metaphors for learning and the dangers of choosing just one. *Educational researcher, 27*; 이혁규, 2013, 재인용.

 다양한 수업 변인에 따른 수업 모형의 선택

이화여자대학교 교육공학과(2007)는 레이(Reay, 1994)의 수업 모형 선정의 기준을 바탕으로 수업 상황에 적합한 수업 모형을 다음 표와 같이 예시로 나타냈다.

교수·학습 상황과 교수방법 선정(예시)

교수·학습 상황	수업 모형
· 학습집단이 50명 이상 · 교실(학습공간)이 전통적임 · 교육내용이 개념과 원리 학습 · 새로운 지식 습득에 초점	설명적 접근, 강의법, 팀티칭
· 학습집단이 30~40명 · 학습공간이 융통성 있음 · 교육내용이 운동기능, 신체적 영역 · 새로운 지식 습득 및 숙달에 초점	시범, 실습, 동료교수(학습)
· 학습집단이 30~40명, 소집단 구성 가능 · 학습공간이 융통성 있음 · 교육내용이 인지적 영역 · 새로운 지식의 창출, 탐구, 문제해결	소집단학습, 협동학습, 문제 중심 학습, 사례연구, 프로젝트기반학습

(계속)

교수·학습 상황	수업 모형
· 학습집단이 20명 이하 · 학습공간이 전통적임 · 교육내용이 태도, 정의적 영역 · 기존 지식의 이해·적용 강화	모의실험(시뮬레이션), 게임, 역할극, 토론
· 학습집단이 20명 이하 · 학습공간이 융통성 있음 · 교육내용이 개념 및 원리 학습 · 새로운 지식의 습득, 문제해결	발견적 접근, 탐구학습
· 개별화학습이 가능 · 학습공간이 융통성 있음 · 교육내용이 개념, 원리, 절차 학습 · 새로운 지식습득에 초점	개인교수, 컴퓨터보조수업, 웹기반 수업

자료: 이화여자대학교 교육공학과(2007). 21세기 교육방법 및 교육공학. 교육과학사. p.63.

라이거루스(2005)는 커뮤니케이션 유형에 따른 적절한 수업 방식을 다음과 같이 제시하였다.

커뮤니케이션 유형에 따른 교수의 선택적 방법

방법	커뮤니케이션 유형	장점
강의·설명	(효과적인 말)	· 효과성 · 획일화, 조직화
실연·모델링	(실제적인 전시)	· 용이성 · 실용성
개념지도		· 개인맞춤형 · 학생에 대한 책임감
훈련과 연습		· 자동화 · 정통성(전문화)
자기주도적·학생 통제		유연성, 성취감
토론, 세미나		학생에게 맞는 의미 있고 현실적인 공유

(계속)

방법	커뮤니케이션 유형	장점
협동·집단학습	T ↔ (LA LA LA LA) ↔ P a) 인위적 조건 b) 실제-사회(OJT)	· 지도력 · 집단형성
게임(모의규칙)	인위적 규칙 LA ← (LA) / (LA) ← (LA)	고도의 전이성 높은 동기 유발
모의실험	실제적 규칙 상황 (LA ↔ (LA))	
발견학습(개인)	T ---- (LA) ← (Rr)	
발견학습(집단)	T ---- (LA LA LA LA) → (Rr)	
문제해결·실습실	T ---- (LA LA LA LA) → P	고차원 사고력, 도식화 문제(논리적 문제)

T 교사(직접 또는 매체 활용)	L 학생	Ri 방법(교수)	-------- 간접적인 관련
P 문제	LA 학습활동	Rr 방법(가공하지 않은)	⟶ 직접적인 통제

자료: Reigeluth, C. M.(2005). 교수설계 이론과 모형. 아카데미프레스. p.20.

 교육 방법 선호도 체크

모든 학생에게 타당하고 적절한 교수·학습 모형이란 존재할 수 없다. 우리들은 교수자, 학생, 수업 환경, 그리고 학습 매체 등의 특성을 잘 조화시켜 바람직한 수업이 전개될 수 있도록 해야 한다. 다음 질문에 대해 자신의 의견을 표시하여 어떤 교수·학습 모형을 더 좋아하는지 체크해 보자.

교수·학습 상황과 교수방법 선정(예시)

아니다(1점), 가끔(2점), 자주(3점), 항상(4점)	
1. 교사는 학생의 자아개념을 고양시키는 데 관심을 가져야 한다.	① ② ③ ④
2. 학생은 무엇을 배울 것이며, 그것이 왜 중요한지를 알아야 한다.	① ② ③ ④
3. 학생의 지적이며 정서적인 재능을 개발하는 것이 중요하다.	① ② ③ ④

(계속)

아니다(1점), 가끔(2점), 자주(3점), 항상(4점)	
4. 수업을 통해 행동적 지식과 태도, 기능을 강화해야 한다.	① ② ③ ④
5. 학생들은 서로 학습을 도우며, 학습 방법을 스스로 선택해야 한다.	① ② ③ ④
6. 교사는 학생의 느낌과 생각을 존중하고, 그에 적절한 반응을 한다.	① ② ③ ④
7. 학생들은 작고, 연속적인 단계의 학습활동을 통해 성장한다.	① ② ③ ④
8. 소규모 집단 활동을 통해 학생들은 중요한 사회적 기술을 배운다.	① ② ③ ④
9. 학생은 학습 성패를 평가하는 기준을 스스로 정하고 적용해야 한다.	① ② ③ ④
10. 학생의 사고, 가치, 태도, 흥미 등이 수업에 반영되어야 한다.	① ② ③ ④
11. 교사는 학생들의 공부 외에 지적 호기심을 충족시켜 주어야 한다.	① ② ③ ④
12. 학생은 자신의 인지구조, 사전지식, 경험을 활성화시켜야 한다.	① ② ③ ④
13. 수업혁신을 위해 교육공학 기자재의 도입이 활성화되어야 한다.	① ② ③ ④
14. 교사의 주요 역할은 학습을 위한 환경을 조성하는 것이다.	① ② ③ ④
15. 수업의 질은 다양하고 풍부한 학습자료를 통해 향상될 수 있다.	① ② ③ ④
16. 교육의 질은 학습의 개별화를 통해 이루어져야 한다.	① ② ③ ④

질문 1: 가장 중요하다고 생각하는 질문을 1~16번 중에서 3가지만 고른다(1~4번은 목표를, 5~8
번은 절차를, 9~12번은 내용을, 13~16번은 매체를 중시하는 방법이다).

질문 2: 응답란 중에서 아니다(1점), 가끔(2점), 자주(3점), 항상(4점)으로 환산한다. 자신의 점수가
32점 이하이면 교수자 중심의 교육방법을 선호하고, 48점 이상이면 학생 중심의 교수방법
을 선호하는 것이다. 그리고 33~47점 사이에 있으면 중립적인 입장으로 볼 수 있다.

자료: 조승제(2006). 교과교육과 교수·학습방법론. 양서원. p.149.

(5) 교수자 특성

이성흠과 이준(2009)은 앞의 네 가지 기준 외에 교사가 수업 모형이나 전략 등을 충분히 활
용할 수 있는지, 교육철학이나 교수·학습의 관점은 어떠한지, 선호하는 교수 매체는 무엇인
지 등 교사의 특성도 고려해야 한다고 하였다.

2. 가정과 수업 모형의 실제와 적용

학생들에게 의도한 학습이 일어나도록 하는 과정을 수업이라고 보았을 때, 학습이라는 현상을 어떻게 볼 것인가 혹은 어떤 교수·학습 이론에 토대를 두고 있는가에 따라 수업의 형태와 양상이 달라진다. 역사적으로 교수·학습 이론은 시대별로 흐름을 가지고 변화해왔으며, 크게 행동주의, 인지주의, 구성주의 세 가지로 요약된다(박숙희·염명숙, 2013).

　행동주의는 동물 실험을 통해 나타난 행동 결과를 통해 학습을 자극과 반응의 연결에 따라 일어나는 행동으로 보았다. 행동주의는 초창기 학습의 원리를 설명하는데 많은 기여를 하였으나 인간을 단순한 자극에 반응하는 수동적 존재로 인식한 점, 그리고 사람의 사고과정을 간과하였다는 점 등에서 한계점을 가지고 있다.

　이후 등장한 인지주의는 학습을 학생의 인지구조의 변화, 즉 학생이 외부에서 주어지는 정보를 내적인 정보처리 과정을 통해 인지구조를 변화시키는 것으로 보았다. 따라서 인간

표 3-6 세 가지 교수·학습 이론의 비교

	행동주의	인지주의	구성주의
학습	일어나는 행동의 확률을 높여 행동 변화	· 인지구조의 변화 · 정보처리를 통해 저장된 지식 활용	경험, 협동을 통해 각자에게 필요한 지식을 구성
학습 과정에서 교사의 역할	· 학습을 촉진하는 특별한 외적 유관성(contingency) 조성 · 교수목표 진술 · 단서 제공 · 강화 배열	· 인지적 과정을 지원하기 위한 인위적인 노력 · 새로운 정보의 조직 · 새로운 정보를 기존의 정보에 연계 · 다양한 주의집중, 부호화, 인출 단서 사용 · 다양한 기억 전략, 이해 전략 사용	· 현실적이고 유의미한 문제를 해결할 수 있도록 제공 · 다른 사람들과의 상호작용을 통해 학습 · 공동의 문제해결 맥락에서 지식을 다양한 정보를 활용하여 스스로 탐색, 지식 구성
학생의 주요 임무	단서에 대한 반응	정보를 능동적으로 통합	협동작업

자료: 박숙희·염명숙(2013). 교수-학습과 교육공학. 학지사. p.72.

의 기억, 지각, 언어, 추리, 개념형성, 문제해결 등 인간의 활발한 두뇌 활동에 관심을 가지고, 두뇌가 정보를 처리하는 방식을 탐구함으로써 학습활동을 이해하려고 하였다(고재희, 2008).

마지막으로 구성주의는 옳고 그름에 대한 판단이나 절대적 지식이 존재한다는 객관주의적 인식론의 문제점을 극복하려는 시도에서 출발한다. 지식은 절대적이고 객관적으로 존재하는 것이 아니라 행위 주체가 경험하고 해석하여 재구성하는 것이며, 학습 역시 학생 자신이 경험한 현실을 해석하고 의미를 부여하는 바에 따라 지식의 유용성이 달라진다. 따라서 구성주의에서는 학습을 학생 외부에 있는 객관적인 지식을 습득하는 것이 아니라, 개인이 구체적인 경험에 참여함으로써 자신의 인지적 활동을 통해 능동적이고 자율적으로 지식을 구성하는 과정으로 본다.

앞으로 살펴볼 수업 모형 중 연역적 모형군과 귀납적 모형군에 속하는 수업 모형들은 이미 존재하는 객관적인 지식을 학생이 어떠한 인지처리 과정을 통해서 학습하는지에 초점을 두고 있으므로 인지주의 교수·학습 이론에 기반한 모형으로 볼 수 있다. 사회적 상호작용 모형군과 문제 중심 모형군에 속하는 수업 모형들은 수업 과정에서 학생의 능동적인 인지 과정과 고차적 사고를 강조한다는 점에서 인지주의 교수·학습 이론과 관련이 있다. 동시에, 객관적으로 주어지는 지식보다 학생이 수업 과정에서 새롭게 구성해낸 지식의 유용성을 강조한다는 점에서 구성주의 교수·학습 이론과도 관련된다.

연역적 모형군

연역이라는 용어는 보편적 법칙 또는 일반적 주장에서부터 특수적 법칙 또는 주장을 끌어낸다는 뜻으로 연역적 방법은 전제로부터 결론을 논리적으로 도출하는 추론 방법을 말한다. 따라서 연역적 모형은 보다 일반화되고 추상성이 높은 개념, 이론 등에서 출발하여 학생이 이에 해당하는 구체적인 예시 및 적용을 할 수 있도록 설계된 모형들을 의미한다. 연역적 모형은 교사가 언어적 설명을 중심으로 일반화된 지식을 제시하거나 전체적인 학습의 큰 틀을 먼저 보여준 후 부분적이고 구체적인 내용을 안내하는 특징을 지닌다. 강의법, 선행 조직자 등이 연역적 모형군에 해당한다.

1 | 강의법

강의법이란 교사가 교육과정에서 선정된 교과내용에 대하여 일방적으로 설명하고 해설하면서 수업을 진행하는 교수·학습방법으로서, 일반적으로 가장 전통적인 교사 중심으로 수행되는 수업 방법이다(김혜숙·이상현·김준규, 2002). 즉 강의법은 한 사람의 교사가 동시에 많은 학생을 대상으로 언어적 매체를 이용하여 가르치는 교사 중심 교수·학습방법이다.

(1) 강의법의 등장 배경

강의법은 교수방법 중에 가장 오래 전에 발전한 보편화된 방법이다. 고대 희랍시대 민주주의 과정에서 의사소통의 기본이었던 웅변이 이후 프로타고라스(Protagoras)의 모순반박(antilogy)의 방법으로 발전하였다. 모순반박은 어떠한 그릇된 주장에 대해 반박하는 것을 웅변의 출발점으로 삼아 이를 분석하여 모순임을 밝히고 비난하면서 자신의 옳은 주장을 제시하는 것을 말한다. 이것이 강의법에 활용되기 시작하였다(최원경, 1990).

이런 수사학 교수법의 교화적이고 무의미한 학습에 비판적인 대안으로 등장한 것이 소크라테스식 교수법(Socratic dialetic)이다. 소크라테스식 교수법은 학생으로 하여금 성취해야만 하는 중요성에 관심을 갖도록 권고하는 권유법, 변증법적 자기 검증으로 개념에 대한 예리한 정의를 통해서만 개제된 문제를 분명히 하는 대화법으로 말할 수 있다. 중세기로 접어들면서 스콜라철학(Scholasticism)이 대두됨에 따라 스콜라주의가 곧 교수방법으로 인식되었다. 스콜라주의 교수법은 화해법으로 철학자 아벨라르(Abelard)는 화해란 이성을 중시하는 신학 간의 화해를 나타내는 것이라 하였다. 화해의 보다 구체적인 방법은 강의와 논쟁이었다. 강의는 교과서를 읽어가면서 주해를 붙이는 것이고, 논쟁은 상호 대립되는 견해를 두고, 비교하면서 의견을 나누는 것을 의미한다. 이러한 방법과 같은 전통이 파리(Paris)대학과 같은 구라파 대학에 영향을 주었다(최원경, 1990).

즉 강의법은 가장 오래된 교수·학습방법으로 고대 희랍시대부터 시작되어 특히 중세대학에서 주로 사용되었다. 그 이후 강의법은 독일의 철학자이며 심리학자이고 교육학자인 헤르바르트(Herbart)에 의하여 체계화되었다.

(2) 강의법의 특징

강의법은 학교에서 가장 많이 사용되어지며, 수업할 내용을 주로 언어를 사용해서 설명하고 해설하여 학생을 이해시키는 특징이 있기에 설명식 교수법이라고도 한다. 강의법은 모든 상황에서 많은 학생에게 다량의 정보를 짧은 시간 동안에 가르칠 수 있는 장점이 있으며 시청각 매체나 공학 매체를 활용하면 상당한 효과를 가져올 수 있다. 하지만 이 수업 방법은 학생들이 교사의 수업 내용을 수동적으로 받아들여서 고등정신 사고를 하기에 미흡하고, 개인차를 고려한 학습이 곤란하며, 학습 능력이 떨어지는 학생에게 적합하지 않다.

표 3-7 강의법의 장단점

장점	단점
· 단시간에 다양한 지식과 내용을 학습할 수 있다. · 논쟁의 여지가 없는 사실적 정보·개념들을 논리적·객관적으로 분명하게 효과적으로 전달할 수 있다. · 교과내용의 보충·가감·삭제가 용이하다. · 전체 내용 개괄 요약 시, 수업자의 언어 표현능력에 따라 학생의 감정자극 동기화가 용이하다. · 수업자의 의사대로 학습 환경 변경이 용이하다. · 수업시간, 학습량 등을 수업자의 의지대로 조절이 용이하며 경제적이다. · 대집단 수업이 용이하다.	· 교과서 읽기에 치우칠 우려가 크다. · 학생의 개성과 능력이 무시되기 쉽다. · 추상적인 개념 전달로 학습능력이 낮은 학생은 요점 파악이 곤란하다. · 학생의 동기가 지속되기 어렵다. · 학생의 동기 유발이 힘들고 주의력이 떨어진다. · 고차적 인지학습 목표, 정의적 학습 목표 달성에는 어려움이 따른다. · 사전의 충분한 수업 계획의 설명력이 부족한 경우, 학생에게 부정적 영향을 미칠 수 있다. · 학생의 개별화·사회화가 어렵다. · 학생이 수동적이 되기 쉽다.

자료: 고재희(2008). 통합적 접근의 교육방법 및 교육공학. 교육과학사. p166.

(3) 강의법의 단계

18~19세기에 접어들면서 강의법은 헤르바르트에 의하여 체계화되었다. 헤르바르트는 교사가 학생에게 강의를 할 때 강의를 통해 개념들이 신경체제를 통해 의식세계에 들어가면서 통각체제 또는 정신 상태를 구성하게 되는 심리학적 과정을 깊이 연구하였다. 그는 어떤 새로운 개념이 의식세계의 중심으로 들어가면 원래 있었던 다른 개념들과 결합하여 관계를 형성하는 데 이 과정이 곧 통각과정이라 하였다. 이러한 통각과정의 원리에 기초하여 헤르바르트는 명료(화), 연합, 계통(체계), 방법의 네 단계 교수법을 주장하였다. 명료(화)는 세부

내용에 집중하여 학습할 주제를 명료하게 제시하는 과정이다. 연합은 낡은 표상과 새로운 표상을 연합하는 단계로 이전에 배운 것들과 관련하여 새로운 주제를 해석하고 이해하는 과정이다. 계통(체계)은 헷갈리는 내용의 재정리를 위한 단계로, 새로이 배운 내용을 기존의 지식 체계 내에 적절히 자리 잡도록 조직하는 과정이다. 방법은 새로 얻은 지식을 새로운 문제에 활용하고 적용하는 능력을 기르기 위해 연습하는 과정을 말한다(김창환, 2002). 이후 칠러는 분석, 종합, 연합, 계통, 방법의 다섯 단계로 나누었고, 그 후학인 레인은 다섯 단계 교수법, 즉 예비(준비), 제시(명료), 비교(연합), 총괄(체계), 응용을 제시하였다(최원경, 1990). 예비단계는 새로운 학습주제에 학생들의 흥미를 유발시키기 위해 새로운 교육 자료를 이전의 관념과 기억에 연관시키는 과정이다. 제시단계는 구체적인 대상 또는 실제 경험을 통해서 새로운 교육자료를 제시하는 과정이다. 비교단계는 새로운 관념을 심어주기 위해 이전의 관념과 비교하여 유사점과 차이점을 밝혀 새로운 관념을 완전히 동화시키는 것이다. 총괄단계는 특히 청소년 교육에서 중요한 단계로 구체적인 것과 인식 수준을 넘어서 정신능력을 계발시키는 과정이다. 응용단계는 학습한 지식을 실용적인 방법으로 사용하는 것이 아니라 정신능력의 일부분으로 만들어 인생에 대해 명확하고 근본적인 해석을 할 수 있도록 하는 단계로서 학생이 자신의 것으로 만든 새로운 지식을 즉각 적용하려고 할 때 가능하게 된다(이홍우·박재문, 2008). 이 교수 단계는 이후 신헤르바르트 학파나 헤르바르트의 다섯 단계로 불리며, 강의법의 다섯 단계로 인식되어 전형적인 모델로 활용되었다. 현대의 도입, 전개, 종결의 세 단계는 헤르바르트의 다섯 단계에 기초를 둔 것으로 게이지와 버라이너(Gage & Berliner, 1975)가 구분한 단계는 다음과 같다(최원경, 1990).

- **준비단계**: 이 단계에서는 강의에 사용할 매체를 선정하고, 학생의 강의에 대한 동기가 유발되어야 하며, 교육과정 및 이를 제공하는 문제에 대한 인지적 준비가 갖추어져 있어야 한다.
- **도입단계**: 이 단계에서는 먼저 교사–학생 간의 관계를 설정하고 동기 유발의 단서를 마련해 학생들의 주의를 집중시키고 수업의 목표를 제시한다.
- **전개단계**: 전개단계는 강의의 본론에 해당하는 단계로서 먼저 학생들이 학습할 내용을 모두 포괄해야 한다. 명확한 순서 또는 계열이 있어야 한다. 그리고 관념을 조직해야 하는데 그 조직 방법들에는 구성관계, 계열적 관계, 자료와 목적과의 관계, 이조직 또는 연

결적 관계, 비교, 결합에 따른 조직 방법이 있다(Gage & Berliner, 1975). 마지막으로 조직된 내용을 학생들에게 명료하게 전달하여야 한다. 또 학생들의 주의를 끝까지 지속시켜야 한다.

○ **정리단계:** 이 단계는 이제까지 전개된 강의 내용을 정리하여 최종적인 마무리를 짓는 단계이다. 이 단계에서의 중요사항은 교사와 학생 간의 관계를 부드러운 언어를 통해 재확립해야 한다는 것이다. 또 중요한 내용을 반복하면서 예를 들어 설명한다. 질의응답의 시간을 가진 뒤 수업 내용을 개괄적으로 정리해 준다. 그리고 본 강의와 다음 강의를 관련지어 준 후 과제 및 평가에 대해 설명한다.

(4) 강의법이 효과적인 경우

강의법은 학습과 교수의 목적에서 어떠한 태도나 가치를 고취하기 위하여 설득력 있고, 웅변적 교수가 필요할 때 효과적이다. 강의는 논쟁의 여지가 없는 사실적 정보나 개념을 논리적이고, 객관적이며, 효과적으로 전달하고자 할 때 매우 필요하다.

교수·학습의 내용 측면에서 교과서에 쓰여 있지 않은 새로운 정보, 자료, 사고를 설명할 때 내용이 지극히 복잡하고, 혼란스러워 체계 있게 정리하여 전달해 줄 필요가 있는 것일 때 효과적이다. 또는 내용이 지극히 세분화되고, 상호 복합적으로 연계된 구조로 이루어져 차근차근 설명하면서 풀어나갈 필요가 있을 때, 다른 교수 방법을 도입하기 이전의 사전 해설단계로도 좋다.

교사가 모든 것을 확실히 해 주어야만 심리적으로 편안함을 느끼는 학생들, 내성적인 학생들, 심리적으로 경직되어 있고 융통성이 없으며 근심걱정이 많은 학생들, 맹종이나 순응형의 학생들에게 있어 효과적이다(최원경, 1990).

(5) 강의법에서 교사의 표현기술

강의법에서 교사는 수업 내용을 전달하는 주요 수단이 된다. 따라서 효과적인 언어적·비언어적 표현기술은 성공적인 커뮤니케이션을 위해 필수적이다. 강의법에서 교사는 언어적, 비언어적 표현기술이 있어야 한다. 언어적으로는 발음의 정확성, 목소리의 크기, 말의 속도, 억양, 고저, 전달의 자연스러움에 주의해야 하며, 커뮤니케이션 과정에서 몸동작, 눈 맞춤, 자세 등 비언어적 표현기술이 중요하다(이지연, 2008).

다음은 언어적 표현기술의 내용이다.

- 정확하게 발음하는가?
- 목소리의 크기는 적절한가?
- 목소리의 속도는 적절한가?
- 수업 중 일시중지를 활용하는가?
- 목소리의 고저와 억양은 변화가 있는가?
- 말하는 것이 자연스럽고 매끄러운가?

비언어적 표현기술에는 다음과 같은 내용이 있다.

- 몸동작을 효과적으로 사용하는가?
- 학생과 눈 맞춤을 하는가?
- 서 있는 자리를 옮기는가?
- 자세는 바른가?

(6) 강의체제 개선 방안

강의법이 기계적이고, 주입적으로 되어 개인의 요구나 흥미 등은 무시되며, 자주성, 창의성을 저지하게 된다는 비난을 받는다. 하지만 단점만큼 짧은 시간에 여러 명을 대상으로 많은 양의 정보를 제공한다는 등의 장점이 많기에 이를 부각시킬 필요가 있다. 맥레이시(Mcleish)는 강의법의 장점을 부각시키는 방법으로 네크라소바(Nekrasova)의 여덟 가지 기본법칙을 토대로 반성적인 사고를 자극하는데 필요한 효과적인 학습지도를 위한 기술을 제시하였는데, 그 방법은 다음과 같다.

- 완전한 결론을 제시하지 말고 문제와 그 문제를 해결하는데 필요한 법칙이나 암시를 주어야 한다.
- 논쟁의 여지가 있는 주제를 제시하여 이를 검토하게 하면서 적당한 단계에 강의자의 견해를 밝힌다.

○ 학습자료는 개념발달의 심리학적 원리를 토대로 제시한다.

○ 이론과 실제 간의 관계를 보여줌으로써 학습자료에 생동성 있는 의미를 부여한다.

○ 강의자는 자기 자신이나 학생에게 중요한 문제를 제기한다.

○ 특정한 견해를 지지하기 위하여 실험적 자료를 인용한다.

○ 강의 또는 교과서에 있는 문제를 학생에게 제시하고, 해결을 위한 독자적인 사고를 요구한다.

○ 결론단계에서 문제점과 의문점을 강의자에게 제기하도록 학생들을 격려한다.

(7) 판서의 기능과 방법

판서는 학생들이 알아야 할 내용을 단순화해서 학생들이 이해할 수 있도록 칠판에 체계적으로 구조화하여 적어주는 것이다. 칠판을 이용한 판서는 먼저, 말로는 충분히 묘사나 설명이 안 될 때 그림이나 도표나 수식으로 나타낼 수 있는 '시각적' 효과가 있다. 둘째, 말하다가 요약해서 쓰거나, 쓴 글에 밑줄을 긋거나, 원을 그리면서 중요한 점을 지적하고 부각시킬 수 있는 '악센트' 효과가 있다. 셋째, 습관적으로 말을 빨리 하거나 수업 진도가 성급히 나갈 때 판서를 함으로써 속도를 줄이고 학생들에게 생각할 기회를 주는 '브레이크' 효과를 낼 수 있다(조벽, 1999).

요즘에는 다양한 수업매체가 등장하여 판서가 소홀히 다루어지는 경향이 있지만 여전히 학교 현장에서는 칠판이 수업매체로 많이 사용되고 있다. 따라서 교사는 사전에 판서에 대한 철저한 연구와 준비로 계획성 있게 판서가 이루어질 수 있도록 그 기능과 방법을 숙지할 필요가 있다.

판서를 계획할 때는 내용, 위치, 강조점, 수업 활동의 전개 상황을 감지해야 한다.

○ **판서해야 할 내용**: 판서의 양이 너무 많지 않도록 학습과제 분석 시 본시에 지도해야 할 필수(핵심)요소만을 선정한다.

○ **판서 위치**: 판서해야 할 내용이 선정되면 이것을 칠판의 어떤 곳에 판서해야 할 것인가를 계획해야 한다.

○ **강조점의 표시**: 강조해야 할 내용을 어떻게 표시해야 하는가에 대한 계획(글씨 크기 조정, 색분필 활용; 글씨 쓰기, 밑줄 긋기, 기호표시 등)을 생각해야 한다.

○ **수업 활동의 전개상황 감지**: 판서계획은 단위시간의 수업 활동(판서활동)이 어떻게 전개되어 가는가를 명료하게 알 수 있도록 작성되어야 한다.

판서는 도입, 전개, 정리단계에 따라 내용과 방법을 달리하여 제시할 필요가 있다.

○ **도입단계**: 학습의 방향설정이나 목표를 가지게 하기 위한 판서로써 수업이 시작될 때 판서해 두고 이에 따라 수업 내용을 전개해 가는 것이다. 수업 시간에 학습해야 할 내용을 제시하고 설명하며, 본시 수업 목표, 학습과제나 문제의 제시, 전시 학습과의 관련 내용 등을 간략하게 목록식으로 제시한다.

○ **전개단계**: 학생에게 유발시키거나 요점을 차례로 요약하기 위해 단계적으로 판서하여 일목요연하게 학습 내용을 제시한다. 추상적 사고 해결, 구조적 내용 설명, 문제의식 고취, 사고의 폭 확대 및 심화, 수업 내용의 의미·내용·성질·구조 등의 해설, 문자나 도형의 표시, 자료 설명 등을 다양한 판서 방법들을 이용하여 제시한다.

○ **정리단계**: 학습을 마무리지을 때의 판서로써 수업 시간의 학습 내용 전체, 또는 부분적인 요약이 있다. 본시 수업 목표 도달을 확인해 볼 수 있는 평가 내용의 제시, 차시수업의 안내나 과제 제시 등을 간략하게 요점 정리하여 판서해 준다.

판서의 위치와 사례는 다음 내용을 참고한다.

○ 쓸 양이 많을 때는 칠판을 2, 3등분하여 좌상, 우하 순으로 쓰고, 적을 때는 중앙부에 쓴다.
○ 학생의 판서가 예견될 때는 교사는 상단부에, 학생은 하단부에 쓰도록 한다.
○ ① 구역: 학습 목표 또는 학습문제 2~3줄 정도를 요약 기재한다.
○ ② 구역: 단원명, 학습주제(과제) 기재한다.
○ ③ 구역: 주요 학습 내용 구조화하여 기재(양에 따라 ③구역뿐 아니라 칠판을 2, 3등분하여 구조적으로 기재한다.
○ ④ 구역: 학습 자료를 제시한다.
○ A, B구역: 사각지대로서 판서를 지양한다.

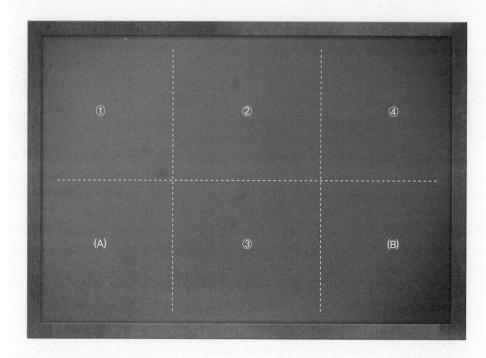

그림 3-5 판서의 위치에 대한 예

 판서의 일반적인 요령

· 학습 내용에 따른 계획적인 판서가 되어야 한다. 판서할 사항은 미리 교수·학습 과정안에 기록하
  였다가 어떤 항목을 칠판의 어느 위치에 쓸 것인가를 예정하여 둔다.

· 판서의 시기는 강의내용과 학습효과를 기준으로 강의자가 적절하게 결정하되, 강의내용을 쉽게
  이해할 수 있도록 간략하게 요약하여 제시하는 것이 좋다.

· 글자는 학생들이 알아볼 수 있도록 크고 바르게 적고, 짜임새 있는 글자로 써야 하며, 이때 색 분
  필을 적절하게 사용하면 시각적 효과를 더할 수 있을 뿐 아니라, 중요한 부분을 강조할 수 있다.

· 판서는 가급적 지우지 않고 한 칠판에 강의 내용을 다 기록할 수 있도록 하는 것이 좋다.

· 판서할 때에는 그 내용이 교사에 의해 가려지지 않도록 그 위치에 주의해야 한다.

· 판서할 사항을 학생들이 필기할 때에 필기할 시간적 여유를 따로 주는 것보다는 되도록 들으면서
  쓰는 훈련을 쌓도록 하는 것이 좋다.

2 | 선행조직자 모형

(1) 오슈벨의 선행조직자 유의미학습의 등장 배경

선행조직자 유의미학습은 오슈벨(Ausubel)의 인지적 학습이론에 바탕을 둔 설명식 수업 모형으로 설명식 수업이 왜 효과가 적은가에 대한 의문으로 탄생되었다. 오슈벨 설명식 수업이 효과가 적은 이유는 주어진 학습과제가 학생의 인지구조와 연결하지 못하고 주어졌기 때문이라는 것을 깨닫고 설명에 의해서 주어지는 학습과제가 학생의 내면화 과정을 통해 인지구조에 유의미하게 연결되는 방안을 탐색하였고, 이를 유의미학습이라고 하였다. 또한 설명식 수업이 기계적 암기식 수업이라는 관점에 대한 비판에서 시작되었으며, 브루너(Burner)의 발견식 수업에 대한 대안으로 제시되었다.

오슈벨에 앞서 브루너(1960, 1966; 김규선, 2004, 재인용)는 학생들이 학습할 내용은 교사가 주입하는 것이 아니라, 학생에 의해 발견되어 그것이 인지구조 가운데에서 의미 있게 결합되어야 한다는 발견학습(discovery learning)을 강조하였다. 그래서 브루너는 전통적 언어적 수용학습(verbal reception learning), 설명학습(expository learning)을 기계적 학습, 무의미한 학습이라고 주장하였다. 그러나 오슈벨은 언어적 수용이 반드시 기계적 수업이 되는 것은 아니며, 실제로 많은 개념이나 법칙이 발견학습에 의하지 않고도 내면화되며 유의미한 적용이 가능하다고 하여 유의미 수용학습(meaningful reception learning)의 가치를 강조하였다. 오슈벨은 유의미 수용학습이 학생의 기존 인지 구조, 개념, 지식과 새롭게 제공될 지식, 내용이 논리적 관련성(logical relevance)을 가질 때 발생한다고 하였으며, 그 바람직한 수행을 위하여 필요한 도구가 '선행 조직자'라고 하였다. 나아가 선행 조직자는 설명적 조직자(expository organizer), 비교적 조직자(comparative organizer)로 나누어지는데 이를 언어가 아니라 시각적 기호로 표현한 것을 도식자라 일컬었다(김규선, 2004).

(2) 오슈벨의 선행조직자 유의미학습의 특징

오슈벨은 유의미한 학습이 일어나기 위해서는 학습과제가 실사성과 구속성을 지니며 그것이 논리적이어서 학생의 인지구조에 의미 있게 관련지을 수 있어야 한다고 하였다. 다시 말해서, 유의미한 과제는 실사성(substantiveness)과 구속성(nonarbitrariness)이 있어야 한다. 실사성은 한 과제를 어떻게 표현해도 그 과제의 의미가 변하지 않은 특성을 말하며, 구속성은 어떤 대상의 성질과 인지구조와의 관계가 확고하여 임의적으로 변경될 수 없는 성질을 말한다. 실사성과 구속성을 지녀야 한다는 말은 학습과제가 학습자가 지닌 인지구조에 연결될 수 있는 명확한 근거를 지녀야 한다는 것을 의미한다. 오슈벨에 의하면 학생은 학습과제를 인지 구조에 구속성을 띤 것을 실사성을 띤 것과 관련시키고자 하는 성향이 있기에 이 성향을 헤아려서 학습과제를 조직하여 제시한다면 유의미한 학습이 이루어진다고 본다.

이와 같이 유의미학습은 새로운 지식이 학생이 기존에 가지고 있는 정착 지식과 연결되거나 포섭되는 과정을 통해서 일어난다. 이때 기존의 정착 지식 혹은 인지 구조를 자극할 수 있는 내용이 있어야 하는데 이것이 바로 선행조직자이다. 선행조직자란 책의 각 장 앞에 있는 개요와 같은 것으로 본격적인 학습 전에 주어지는 추상적, 일반적, 포괄적인 선수 자료로서, 인지 구조 내에 있는 관련 정착지식(relevant anchoring idea)과 관련을 맺도록 제공되는 것이다. 선행조직자는 인지구조에 있는 기존의 지식과 새롭게 배울 학습을 연결시켜주는 학습 자료로서 지식과 지식을 연결시켜주는 징검다리 역할을 한다(김재춘 외 4인, 2005). 그러한 역할을 통해서 선행조직자는 본 학습과제를 제시하기 전에 제시되어 새로운 학습 내용이 보다 쉽게 기존의 인지 구조 속에 통합할 수 있도록 돕는다. 다시 말하자면, 선행조직자는 학습과제의 안내 자료로서 학생에게 개념적인 '예고'를 제공하여 학생이 내용을 나중에 사용할 수 있도록 자신의 기억 안으로 저장하고, 분류하며, 쌓아 두는데 도움을 주는 것이라 볼 수 있다.

선행조직자는 기능에 따라 설명 조직자, 비교 조직자로 나누고, 제시 형태에 따라 설명식 조직자, 이야기 형태의 조직자, 그래픽 조직자로 나눌 수 있다. 설명 조직자는 가장 높은 추상성을 지닌 기본 개념들로 구성되며 학생들에게 생소한 학습과제를 제시할 때 그 과제에 대한 개념적 근거를 제공해 준다. 비교 조직자는 상대적으로 친숙한 학습과제를 학습할 때,

기존 개념과의 유사점과 차이점을 밝히기 위해 제시할 수 있다.

제시 형태에 따라 설명식 조직자, 이야기 형태의 조직자, 그래픽 조직자로 구분할 때 설명식 조직자는 새로운 학습 내용에 관하여 구술이나 문자를 이용한 직접적인 기술을 말하며, 이야기 형태의 조직자는 새로운 학습 내용에 관련된 다양한 형태의 이야기를 제공하는 것이고, 그래픽 조직자는 학습 내용을 시각적으로 표상하기 위해 이용되는데 도식자라고도 한다(권낙원·김동엽, 2006).

도식자는 선행조직자의 한 형태로서 지식의 내용을 그림으로 나타낸 것으로 학생이 교과서의 내용을 학습할 수 있도록 돕는 시각적 학습도구이다(정명기, 2008). 이러한 도식자는 주요 어휘 항목들 사이의 조직적인 관계를 나타내고자 정보를 선, 화살표, 공간 배열 등을 활용하여 도표의 형태로 만든다. 지면의 한 가운데에다 중심낱말(key word)을 배치하고, 그 중심낱말로부터 연상되는 어휘 및 구절들을 방사형으로 배치하여 하나의 아이디어 다발로 관련지은 모습으로 나타낸다.

도식자는 텍스트 구조나 정보를 확연히 드러나게 함으로써 텍스트 조직의 인식 혹은 지식 구조의 인식을 촉진시킨다. 또한 도식자는 학생들이 정보의 중심 개념을 논리적 형태로 조직하는 일을 돕는 골격으로 제공되기도 하며 학생들이 범주화, 비교, 대조, 원인과 결과, 사건의 연계, 평가, 결정하는 일 등과 같은 다양한 관계를 살필 수 있도록 한다. 이들 지식 구조가 사고 기술(thinking skill)이기 때문에 도식자는 일반적으로 범교과적으로 활용된다. 도식자는 말(word)과 시각적 이미지 둘다를 사용하여 학생에게 다가가기 때문에 모든 수준의 학생들 곧, 유치원으로부터 대학원 학생에 이르기까지 그 범위를 확장할 수 있다. 초등학생을 대상으로 독해 능력 향상에 관해 많은 연구를 해온 파운타스(Fountas)와 핀넬(Pinnell, 2001)은 도식자는 학생들의 생각이 어떻게 구성되는가를 보여주고 학생들이 자신의 생각을 구성하는 것을 도우며 추상적인 생각들을 이해하기 위해 구체적인 표현을 사용하도록 하고 정보를 다시 생각나게 하는 것을 더 수월하게 하기 위해 정보를 정리하도록 하며 위계적인 정보 구조를 이해하고 복잡한 생각들의 상호관계들을 이해하는 것을 돕는다고 주장한다(장주인, 2006).

(3) 오슈벨의 선행조직자 유의미학습의 일반적 절차

선행조직자 모형은 3단계로 되어 있다. 첫 단계에서는 선행조직자를 제시하며, 두 번째 단계

제1단계 선행조직자 제시	→	제2단계 수업 내용 제시	→	제3단계 인지조직 강화
· 수업 목표를 명료화한다. · 조직자를 제시한다. 　– 정의적 특성을 확인한다. 　– 예시를 제시한다. 　– 배경을 제공한다. · 학생이 자신의 지식과 경험을 자극한다.		· 조직을 분명히 한다. · 수업 내용을 계열화한다. · 학습자료를 위계적으로 배열한다. · 수업 내용을 제시한다. · 관련 자료를 제시한다.		· 통합적 조정을 유도한다. · 능동적 수용학습을 유도한다. · 교과내용에 대한 비판적 접근을 드러낸다. · 명료화한다.

그림 3-6 선행조직자가 활용되는 과정

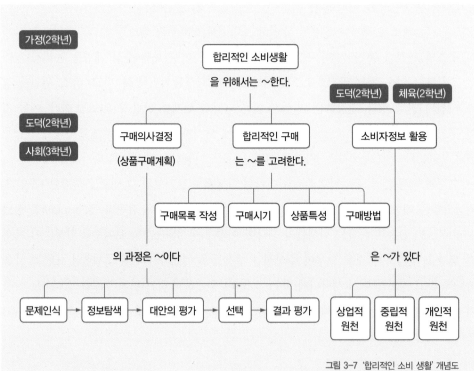

그림 3-7 '합리적인 소비 생활' 개념도

자료: 조수경·채정현(2007). 타 교과와의 중복성 분석에 기초한 중학교 가정교과의 선행조직자로서의 개념도 개발– '자원의 관리와 환경 영역을 중심으로–, 한국가정과교육학회지, 19(2), 131–152, p148.

에서는 새로운 학습과제나 학습자료가 제시되며, 세 번째 단계에서는 새로운 학습자료와 기존의 아이디어인 선행조직자와의 관계를 다양한 각도에서 검증하게 된다. 〈그림 3-6〉은 선행조직자가 활용되는 과정을 포함한 수업을 세 단계 모형(Joyce & Weil, 2004)으로 제시한 그림이다.

(4) 가정과 교수·학습에의 적용 사례

구성현과 채정현(2007)은 중학교 가정교과서 '식단과 식품 선택' 단원의 추출 내용 요소를 토대로 계절음식의 영양적 가치를 선행조직자로서 도식자를 개발하였다(표 3-8). 그리고 조수경과 채정현(2007)은 타 교과와의 중복성 분석에 기초한 중학교 가정교과의 합리적인 소비생활에 관련된 선행조직자로서의 개념도를 개발하였다(그림 3-7).

표 3-8 '식단과 식품 선택' 단원의 추출 내용 요소

1차 추출 내용 요소	1차 추출 내용 요소의 중심 내용 요소	2차 추출 내용 요소	3차 추출 내용 요소	
우리나라 전통 식사의 건강적 측면의 우수성, 영양 적·식품적 문화가치	우리나라 전통 식생활	전통 식생활 문화의 우수성	계절음식의 영양적 가치	정월보름, 입춘, 여름철, 가을철 음식
			식단 작성	혼식, 쇠고기버섯·참기름, 김과 기름, 미역국과 참기름, 돼지고기와 마늘
			식품 선택	조미료, 향신료, 고명
			조리법	나물 무침, 맛의 원리
			발효식품	김치, 장류, 젓갈
			전통도구와 그릇	옹기, 목판, 반상기, 신선로, 뚝배기
균형 잡힌 가족의 식단 작성	식단 작성	식단 작성의 필요성	영양 면, 예산 면, 시간과 노력 측면, 식량 낭비 측면	
		식품 선택	가족의 기호, 영양, 예산, 시간과 노력의 능률, 계절식품	
		식단 작성 시 알아야 할 점	영양섭취기준, 식품군별 대표식품의 1인 1회 분량, 연령에 따른 1일 권장 섭취 횟수	
		가족의 식단 작성	· 가족 구성원 각자의 식품군별 1일 섭취 횟수 파악, 식품군별 합산, 끼니별로 식품군별 1일 섭취 횟수 배분, 끼니별로 음식 선정 · 식품군별 끼니 섭취 횟수를 식품재료별로 배분, 식품 분량 산출	

(계속)

1차 추출 내용 요소	1차 추출 내용 요소의 중심 내용 요소	2차 추출 내용 요소	3차 추출 내용 요소
식단에 따른 식품의 계획적 구입	식품 선택	구입식품 목록표 작성	구입식품, 시기, 예산, 장소, 대체식품
		식품 표시정보	식품 표시, 식품품질인증 표시
식품표시정보 를 통한 식품 선택		식품위해요소	식품첨가물, 유전자재조합 식품, 식품오염물질, 인수공통 전 염병

자료: 구성현·채정현(2009). 선행조직자로서 중학교 가정교과서 '식단과 식품 선택' 단원의 도식자(Graphic Organizer) 개발. 한국가정과
교육학회지, 21(2), 61-81. p67.

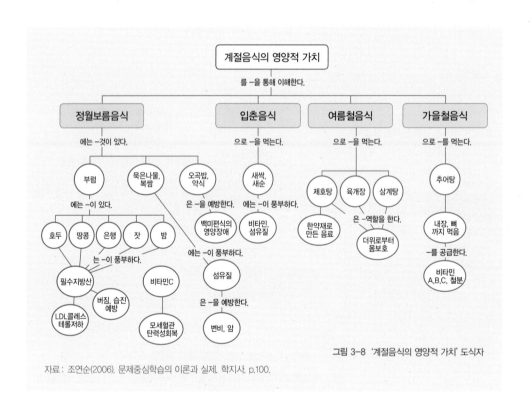

그림 3-8 '계절음식의 영양적 가치' 도식자

자료 : 조연순(2006). 문제중심학습의 이론과 실제. 학지사. p.100.

귀납적 모형군

귀납이라는 용어는 개별 사례에 대한 관찰을 토대로 그 공통된 성질에서 보편적 법칙을 찾아낸다는 뜻을 말하며 여기서 귀납적 방법은 특수 사실로부터 일반적 주장을 끌어내는 추론 방법을 말한다. 따라서 귀납적 모형은 구체적인 사례나 상황을 먼저 접한 후, 많은 사례들 중 통일된 규칙이나 이론 등을 찾아서 일반화된 내용을 밝혀나가는 방식의 수업 모형을 의미한다.

귀납적 모형은 교사가 일반화된 이론을 제시하기에 앞서 학생들에게 구체적인 예시를 들어줌으로써 학생들이 스스로 지식을 조직화하고 일반적 경향을 포착할 기회를 제공한다. 이를 통해 학생들은 고등 사고능력을 기르고, 개념이나 지식에 대한 깊은 이해를 할 수 있게 된다. 개념획득 모형, 귀납적 사고 모형 등이 귀납적 모형군에 해당된다.

1 | 개념획득 모형

교사가 일방적으로 전달하는 개념을 수동적으로 수용하는 수업에서 탈피하여 학생이 개념형성 과정에 능동적으로 참여하도록 하는 교수·학습 전략이 필요하다. 학생이 학습에서 개념을 획득한다는 것은 학습의 기본적인 토대를 마련하는 것이며, 이는 의사결정, 문제해결, 추론, 판단, 창의성 등과 같은 고등사고 과정에서 중추적인 역할을 담당하기 때문에 매우 중요하다(신현정, 2002).

개념획득 모형은 개념의 특성이 포함된 예와 포함되지 않은 예를 제시하여 비교 검토하게 함으로써 공통의 개념과 서로 다른 의미를 통해 스스로 어떤 개념에 이르도록 하는 것이다. 개념의 특성이 포함된 예는 공통적 속성을 찾기 위해 주의 집중을 해야 하는 것이며, 개념의 특성이 포함되지 않은 예는 무시해야 하는 속성을 포함한 것으로 개념의 특성이 포함된 예의 공통적 속성을 구분하는데 도움을 준다. 이러한 학습 과정은 학생들이 특정 개념을 정의하는 속성을 정확하게 배우도록 해주며, 특정 개념을 정의하는 속성과 그렇지 않은 속성으로 구분할 수 있도록 해준다(박인우 외, 2005).

개념획득 모형은 개념형성 과정에 학생이 주도적으로 참여하여 개념을 형성할 수 있도록 도울 수 있는 이점을 가지고 있다. 하지만 중·고등학교에서는 개념을 획득하는 수준의 학습보다는 보다 고차원적인 학습을 요하는 학습 내용이 많다. 따라서 개념획득 모형은 초등학교나 기본적인 개념을 습득해야 하는 과목에서 많이 이루어지며, 타바(Taba)의 귀납적 사고 모형과 같이 활용되기도 한다.

(1) 개념획득 모형의 등장 배경

인지심리학의 접근 방식은 인간의 마음을 컴퓨터의 연산 작용에 적용하여 이해하려는 정보처리 모형에 기초하고 있다. 정보처리 모형에서는 계산과 표상이 핵심적인 의미를 갖는다. 계산은 외부의 자극이 학생에 의해 내부에서 상징적으로 처리되는 것을 의미하고, 표상은 외적 자극에 대한 계산 결과가 마음에 저장된 것을 의미한다. 개념이 중요한 것은 표상의 기본단위가 바로 개념이기 때문이다. 인지심리학에서 개념을 '외재하는 범주의 심적 표상'이라고 정의한다. 외부 범주에 대한 자극들을 내적 정보처리과정을 통해 마음에 저장하는데 이렇게 저장된 범주에 대한 심적 표상이 개념이다(윤기옥 외, 2009).

　개념획득 모형은 인지심리학의 대표적인 수업 모형이다. 개념은 '관찰한 것을 어떤 기준에 따라 비슷한 것끼리 분류하고 거기에 이름을 붙인 추상적인 용어'로 정의할 수 있다. 개념학습이 인지적 수업의 대표적 모형이 되는 것은 사물을 구체적으로 이해할 때보다 많은 분량을 이해할 수 있을 뿐만 아니라 추상적 사고를 가능하게 하여 낮은 차원의 사고로 암기와 이해부터 높은 차원의 사고로 가설설정, 분류, 비판적 사고, 창조적 사고, 의사결정 등을 발달시킬 수 있기 때문이다. 인지심리학은 자극-반응의 행동주의가 팽배했던 상황에서 블랙박스로 취급하여 다루고 있지 않던 인간의 고차적인 내적 심리과정에 대해 관심을 가졌다(차조일, 1999).

(2) 개념획득 모형의 특징

개념획득 모형에는 전통적으로 속성 모형이 주를 이루었으나, 1970년대 이후 원형 모형이 큰 관심을 얻었다. 그러나 학습 모형의 논쟁이 이어지고, 원형 모형의 이론적 한계가 밝혀지면서 다양한 이론이 등장하게 된다. 최근에 가장 큰 관심을 받고 등장한 것은 상황 모형이다. 속성 모형, 원형 모형, 상황 모형 각 모형의 특징은 다음과 같다(윤기옥 외, 2009).

○ **속성 모형(attribute model)**: 이 모형은 동일 범주의 모든 사례들에 공통된 속성이 존재한다고 전제하여 개념이 속성들의 묶음으로 이루어진다고 가정한다. 개념을 가르칠 때 예나 상황보다는 개념이 가지는 속성을 중심으로 가르치는 것이다. 개념은 어떤 특징을 가지고 형성되는 것이므로 그 특징을 이해하거나 발견하는 것을 중시한다. 추상적 수준의 속성내용이나 복잡한 개념을 설명하기 어려우므로 상위개념이나 하위개념, 구체적 개념 등의 수업에 적합하다.

○ **원형 모형(protype model)**: 개념은 대상의 속성에 의해서 표현되는 것이 아니라 가장 대표적인 예에 의해서 표현된다는 것이다. 이 모형은 속성 모형의 대안으로 등장했다. 속성 모형은 개념의 속성을 제시함으로써 개념을 이해하지만, 원형 모형은 개념의 대표적인 예를 추상적으로 구성해서 제시한다는 점이 다르다. 원형 모형은 속성을 잘 찾아내기 힘든 범주를 효과적으로 표상할 수 있다는 장점이 있어 추상적 개념이나 동위개념의 학습에 적합하다.

○ **상황 모형**: 상황 모형은 어떤 문화적, 사회적 환경에서 아동이 직접 겪은 경험, 행동 등을 중심으로 개념을 가르치려는 것이다. 특히 사회과학적 개념들은 배경지식 없이 이해되는 것이 아니며, 실제로 각 사회의 문화에 따라 인지적 활동이 다르게 나타나기 때문이다. 상황 모형은 맥락 속에서 개념을 이해하는 것이 필요한 경우 유익하다.

이처럼 개념획득 모형은 개념형성 과정에 학생이 주도적으로 참여하여 개념을 형성할 수 있도록 도울 수 있는 이점을 가지고 있다. 하지만 중·고등학교에서는 개념을 획득하는 수준의 학습보다는 보다 고차원적인 학습을 요하는 학습 내용이 많아 초등학교에서 주로 적용된다.

(3) 개념획득 모형의 일반적 절차

조이스와 웨일(Joyce & Weil, 1992)이 제안한 개념획득 모형의 일반적 절차는 자료 제시 및 개념 형성, 획득된 개념의 검증, 사고 전략의 분석 단계의 순서로 제시되어 있다(표 3-9).

자료 제시 및 개념 형성 단계에서는 학생들에게 개념의 속성을 포함한 긍정적 예와 부정적 예를 제시하고 긍정적 예들이 가지고 있는 공통된 속성을 찾아 써보게 한다. 이는 가설 설정과 수정이 반복되는 과정이다. 이러한 활동은 학생들이 자신의 가설이 확실하다고 느

표 3-9 개념획득 모형의 교수·학습 단계와 내용

교수·학습 단계	교수·학습 내용
자료 제시 및 개념 형성	· 긍정적 예와 부정적 예들을 제시 · 긍정적 예의 속성을 찾아 가설로 설정하고 검증 · 개념의 속성을 확정
획득된 개념의 검증	· 제시되는 예들을 개념의 속성을 포함한 예와 그렇지 않은 예로 구분하는 활동을 통해 확정된 개념의 속성을 검정 · 개념의 속성을 포함하는 예와 그렇지 않은 예를 만듦
사고 전략의 분석	· 학생들은 자신의 사고과정을 설명 · 가설과 속성의 역할에 대하여 토의

자료: Joyce, B. & Weil, M.(1992). Models Of Teaching. Needham Heights, Massachusetts: Allyn & Bacon.

낄 때까지 계속한다. 학생이 자신의 가설이 확실하다고 생각하는 것은 개념이 형성되었음을 의미하기 때문이다.

다음으로 획득된 개념을 검증하는 단계를 거친다. 이 단계에서는 긍정적 예와 부정적 예를 구분하지 않고 제시된 예들에 학생들이 긍정적인 것과 부정적인 것으로 구분하는 활동과 학생들이 직접 긍정적인 예와 부정적인 예를 만들어 보는 활동을 한다. 이러한 과정을 통해 학생들은 획득된 개념을 검증하게 된다.

마지막 단계에서 학생들이 개념을 획득하는 과정에서 사용한 사고 전략을 분석한다. 이 단계에서 학생들은 자신의 사고과정을 설명하고 가설과 속성의 역할에 대하여 토의하는 등 개별적 사고 과정을 공유함으로써 학생들은 효율적인 사고 전략을 학습할 수 있게 된다.

(4) 가정과 교수·학습에의 적용 사례

류상희(2010)는 초등 실과 '나와 가족' 단원의 수업에서 가족의 개념을 명료화하도록 돕기 위해서 〈표 3-10〉처럼 개념획득법을 사용하였다.

표 3–10 '가족' 개념을 위한 교수·학습 과정안

소단원	나와 가족		교수·학습 모형	개념획득
학습 목표	가족의 개념을 이해한다. (가족: 결혼, 혈연, 입양 등으로 이루어진 사람들)			

교수·학습 단계		교수·학습활동		자료 및 유의점
도입		활동 방법에 대해 설명한다.		
활동	자료 제시 및 개념 형성	· '예'에 제시된 사례에서 두 사람이 서로 어떻게 맺어진 관계인지 생각해 보고, 가설을 세운다. · 계속되는 예들을 보면서 가설을 검정하거나 수정하는 활동을 개별적으로 진행한다.	**예** / **아니오** 아버지와 아들 / 나와 친구 어머니와 딸 / 선생님과 학생 형과 동생 / 나와 연예인 남편과 아내 / 남자친구와 여자친구 할아버지와 할머니 / 회사 사장님과 직원 아버지와 양아들 / 어머니와 선생님	· 개별학습 활동지 · 긍정적 예와 부정적 예를 한 쌍씩 천천히 제시
	획득된 개념의 검증	· 교사는 '예'와 '아니오'가 붙지 않은 예들을 제시하고, 학생은 자신의 가설에 따라 예들을 '예'와 '아니오'로 분류한다(예: 이모와 이모부, 언니와 여동생/아니오: 나와 경찰관). · 학생은 '예'와 '아니오'에 해당하는 예를 직접 만든다. · 학생들의 가설로부터 가족의 속성을 정의하고, 가족이라는 명칭을 제시한다.		· 학생 활동에 대한 피드백 제시 · 최종 가설 발표

	사고
	전략의
	분석
		· 개념을 획득하는 과정에 사용한 전략을 분석한다.
		· 여러 가지 다른 사고 전략을 비교한다.
		  – 폭넓게 시작하여 범위를 좁혀가는 전략, 처음부터 구체적인 것에서 시작하는 전략
		  – 부분적 전략, 전체적 전략
				사고 전략의 효율성 고려

정리		· 가족의 속성을 정리한다. · 조손 가족, 독신 가족 등과 같이 현대적 의미의 가족을 설명한다.		

자료: 류상희(2010). 개념 획득 모형을 적용한 실과 교수학습과정안 개발. 한국실과교육학회지, 23(4), 323–345. p.342.

2 | 귀납적 사고 모형

귀납적 사고 모형은 학생들이 새로운 지식을 수용할 때, 작용하는 사고과정을 정신적 발달 수준을 고려하여 체계화한 것으로 개념과 일반화를 가르치는데 효과적이다. 교사는 수업 목표와 그 목표 달성을 위한 책략을 세우고 그에 따른 구체적인 이유를 서술하도록 고안되었으며, 학습과정, 즉 교사와 학생 간의 상호작용을 중시한다. 교사는 학생들에게 자료를 제시하고 학생들은 자료를 관찰, 비교, 일반화를 통하여 귀납적 사고를 길러주는 데 목적이 있다.

이 수업 모형은 조작될 필요가 있는 많은 양의 일차적 자료를 가진 어떤 교과 영역에서도 사용될 수 있다. 기본적인 적용 영역은 사고력을 개발하는 것이나 사고력 개발과정에서 이 전략은 분명히 많은 양의 정보를 섭취하고 처리할 필요를 학생들에게 요구한다.

(1) 귀납적 사고 모형의 등장 배경

귀납적 사고 모형은 힐다 타바(Hilda Taba)에 의해 제시된 모형이다. 귀납적 사고란 개별적이고 구체적인 사실들을 관찰하고 관찰된 개별적 사실들을 총괄하여 일반적 주장을 성립시키는 사고의 방법, 즉 특수사례를 근거로 하여 일반화의 진리를 도출하는 방법이다(네이버 교육학용어사전 참고). 이 모형은 특히 개념 형성이나 학생의 능동적 학습활동을 유도하는 데 적당하다. 타바는 사고란 개인의 자료에 대한 능동적인 인지적 조작으로 학습 가능하기에 교사는 학생의 내면화 및 사고 과정을 도울 수 있다고 믿었다. 하지만 현대의 교육은 날로 변화하는 복잡한 사회에서 학생들이 새롭고 광범위한 지식을 내면화하거나 사고할 수 있는 과정을 충분히 다루지 못하기에 이에 대한 문제의식을 갖고 이 모형을 제시하였다.

(2) 귀납적 사고 모형의 특징

귀납적 사고 모형의 특징은 주로 사고력을 신장하는 것에 초점을 맞추고 있다는 점이다. 사고력을 향상시키기 위한 이론적인 전제는 사고력의 세 가지 영역(개념형성, 자료의 해석과 추론을 통한 귀납적 일반화, 원리의 적용)은 배울 수 있다는 것이다. 사고력은 단순하고 구체적인 사실의 수준에서 보다 추상적이고 복잡한 수준으로 나아가는 순서적 계열에 의해 발생한다. 사고력의 학습은 개체와 환경과의 능동적인 상호작용을 통해 내면화되는 인지작용으로 조화(fitting)와 변용(alerting)이라는 과정을 통해 획득된다.

지도 원리를 말하자면, 먼저 타바의 교수 모형을 구성하고 있는 기본요소는 교수목표, 내용, 학습경험, 교수책략 및 평가방안이다. 교수목표는 기본지식, 사고력, 태도·감정·감수성, 학문적·사회적 기술 등을 포함한다. 교수목표에 포함된 기본지식의 학습은 기본개념, 중심사상, 구체적인 사실 등이며 사고력을 기르는 일은 학생이 학습할 수 있으며, 이 사고력은 어떤 구체적으로 기술할 수 있는 과정들로 구성되어 있다고 본다. 사고의 역할은 개념형성(추상적인 개념들을 발전시키기 위해서 여러 정보를 연관시키고 조직화하는 방법), 어떤 사실을 귀납적인 방법으로 일반화시키는 일, 원칙의 응용(이를 기초로 예언 및 가설을 세울 수 있음) 등이다. 장단점을 말하자면, 특히 개념형성 전략은 아동들의 교육에 적용이 가능하다. 개념형성은 개념획득처럼 어떤 개념의 성격을 학생들에게 주지시키는데 유용한 도구

표 3-11 귀납적 사고 모형의 고려사항

구분	내용		
	표면적 활동	내면적인 지적 조작	유도 질문
개념 형성	목록과 열거하기	변별(분리된 아이템 확인)하기	너는 무엇을 보았니?, 들었니?
	집단화하기	· 공통 성질을 확인하기 · 추상화하기	· 어떤 것을 함께 묶을 수 있니? · 어떤 준거에서 묶을 수 있니?
	명명, 범주화하기	· 아이템의 상, 하위 위계 순서를 결정하기	· 이 집단을 무엇이라고 부르겠니? · 무엇이 무엇에 속할까?
자료의 해석	결정적 관계를 확인하기	변별(분리된 아이템 확인하기	너는 무엇을 주목했니?, 보았니?, 알았니?
	관계를 탐색하기	· 범주를 서로 관련짓기 · 인과 관계를 결정하기	왜 이것이 일어났을까?
	추론하기	· 주어진 것을 넘어서기 · 결과를 찾기 · 외삽하기	· 이것은 무엇을 의미하니? · 그로 인해 어떤 심상이 떠오르니? · 어떤 결론을 내리겠느냐?
원리의 적용	결과의 예측 익숙하지 않은 현상을 설명, 가설 설정하기	· 문제의 상황의 본질을 분석하기 · 관련된 지식을 상기하기	만약 … 이라면 무슨 일이 일어날까?
	예측과 가설을 설명하고 지지하기	예측이나 가설에 이르는 인과적 고리를 결정하기	이런 일이 왜 일어난다고 생각하니?
	예측을 입증하기	논리적 원리나 사실을 이용하여 필요충분조건을 결정하기	왜 이것이 일반적으로는(또는 개연적으로) 참이 될까?

자료: 윤기옥·송용의·김재복(1995). 수업모형. 형설출판사. p.144-145.

가 될 수 있다. 이것은 활동적 학습과 자료처리를 필요로 하는 수업에 가장 적절하다. 이 모형은 개념화와 일반화를 가르치는데 효과적이며, 학생들의 동기 유발에 효과적이고 많은 학생들의 수업 참여를 극대화할 수 있다. 주된 활동은 관찰로서 학생들의 자각적 관찰 기술과 추론 기술을 길러주는데 효과적이다(윤기옥 외, 1992).

(3) 귀납적 사고 모형의 일반적 절차

타바의 수업 모형(귀납적 사고 모형)은 학생들에게 귀납적 사고 과정을 발달시키는 데 도움을 주기 위하여 개발한 것이다. 타바의 개념형성, 자료의 해석, 원리의 적용이라는 세 가지 귀납적 교수 전략은 교육과정과 목표, 강조하는 내용에 따라 달라지며 학습 모형의 선정을 위해서 학생의 동기, 학습의 원리와 시설, 교구, 자원, 행정사항도 고려해야 한다.

이 전략은 그대로 수업의 단계로 사용할 수 있는데 이를 〈표 3–12〉를 통해 살펴볼 수 있다. 하지만 개념 형성, 자료의 해석, 원리의 적용이라는 세 가지 단계를 한 시간에 모두 적용할 수 있는 것은 아니다. 그러나 수업 목표에 따라 어느 한 과제 또는 두 과제를 결합하여 진행하는 것은 가능하다. 따라서 적절하게 이를 변형할 필요도 있다. 다양한 귀납적 추론의 학

표 3–12 귀납적 추론 교수 학습 지도 단계 및 단계별 주요 활동

교수·학습 지도 단계	귀납 추론 주요 활동
문제인식	· 학생에게 문제 제시하기 · 아동의 문제해결 의욕 불러일으키기
자료 수집 및 관찰	· 문제의 조건 정보 파악하기 · 실험을 통하여 문제의 조건에 맞는 자료 수집하기 · 수집된 자료를 관찰하기
추측	· 자료의 관찰을 통해 공통 규칙, 성질 발견하기 · 추측한 공통 규칙, 성질을 수학적(식 또는 간결한 용어 표현)으로 표현하기
추측 검증	· 특수한 예로 추측을 확인 및 검토하기 · 추측의 반례를 찾았을 경우, 자료 수집 및 관찰단계로 돌아가기 · 추측을 일반화로 확실히 받아들이기
정리 및 발전	· 일반화된 사실을 확대 적용해 보기 · 새로운 추측을 해 보기 · 다른 해결 전략 알아보기, 추측을 연역적으로 증명하기

안승학(1999). 아동의 귀납적 추론능력을 향상시키기 위한 지도방법에 관한 연구. 인천교육대학원 석사 논문. p.22.

습지도 흐름을 분석한 결과에 기초하여 안승학(1999)은 귀납적 추론 능력을 향상시키기 위한 교수학습 지도단계별 주요활동을 토대로 하는 수업 모형을 제안하였다(윤기옥 외, 2009).

(4) 가정과 교수·학습에의 적용 사례

이미자(1998)는 의생활 관리 영역 중 의복의 기능과 옷차림 관련 단원을 주제로 하여 의복 착용 이유를 찾아서 유목화하고 의복의 기능을 추론하고, 의복의 역할을 이해하여 효과적이고 바른 옷차림의 생활화를 위해 귀납적 수업 모형을 적용하였다(표 3-13).

표 3-13 귀납적 사고 교수·학습 과정안

단원명	의복의 기능과 옷차림		차시	1차시
학습 목표	· 의복의 기능을 이해할 수 있다. · 속옷을 바르게 착용할 수 있다.			
수업 준비	· 교사: 적절한 매체 투입 · 학생: 활동			

학습 단계	교수·학습활동		자료 및 유의점
	교사	학생	
도입 **(5분)**	· 단원 개요 설명 · 본시 학습 유도 · 학습 목표 제시	· 의생활 단원 개요 설명 · 본시 학습 유도 · 학습 목표 제시	· 의생활 영역 개요 이해 · 동기 유발 · 학습 목표 인지	자료 제시
	· 개념 형성 단계: 열거 및 목록화	의복을 왜 착용하는가(발표 내용 기록)?	조별 2명 이상 발표(제시된 자료 보고 발표)	
	집단화	발표 내용 중 공통적인 특성이나 비슷한 것끼리 찾아 2가지로 묶음(항목별로 자른 후 모으기)	발표된 내용 중 특성이 비슷한 것의 항목 번호 발표	그림 제시
	명명화	특성을 파악하여 명명하도록 질문 유도	적당한 용어를 생각	
	자료의 해석: 요점 확인(결정적 관계 확인)	의복의 기능을 착용 목적에 따라 어떻게 분류했는지 확인	요점 정리	
		보건 위생적, 사회 심리적 기능에 대하여 세부적으로 설명하고 그 기능들이 요구되는 의복의 종류를 말하도록 유도 질문	보건 위생적, 사회 심리적 기능에 대하여 세부적인 설명을 듣고 그 기능들이 요구되는 의복의 종류 생각	유도 질문

(계속)

학습 단계		교수·학습활동		자료 및 유의점
		교사	학생	
전개 (40분)	확인된 항목 설명 (관계 탐색하기)	보건 위생적 기능과 사회 심리적 기능에 대한 설명과 의복의 종류를 정리	보건 위생적 기능과 사회 심리적 기능에 대한 설명과 의복의 종류를 정리	그림 제시
	추론	· 교복을 입고 체육시간에 운동을 했을 때 어떨까요? · 환자가 병상에서 최신 유행의 외출복을 입고 있다면 어떨까요? · 하루 24시간 내내 같은 옷을 입고 생활한다면 어떨까?	· 능률적이기 못하다. · 불편하다 등등. · 휴식을 취하기가 불편하다. · 환자에 대한 생각이 이상해진다. · 아마도 의복의 기능과 역할이 잘 맞지 않아서 만족감을 얻지 못할 것이다.	
	원리의 적용: 결과 예언	현주가 친구 집에 가려고 해요, 어떤 옷차림이 좋을까요?	제시된 화보를 보고 의견 발표	
	가설의 설명과 지지	외출복은 어떤 요소를 고려해야 할까?	학생의 신분에 맞고 청소년기 의 발랄함을 표현하고 유행의 흐름도 가미한 것, 등	
	예언의 증명	외출복에 대하여 정리	외출복에 대하여 정리	
	가설의 설명과 지지	그림과 같이 겉옷을 입었을 때 속옷은 어떻게 입어야 할까?	바른 옷차림에 초점을 맞추어 발표(겉옷에 맞게)	유도 질문
	예언의 증명	· 속옷의 종류를 세 가지로 분류하도록 유도 질문 · 언더웨어를 착용하는 목적과 착용하지 않았을 때의 장단점을 발표하도록 유도 · 파운데이션을 착용하는 목적과 올바른 선택과 착용법을 발표하도록 유도 · 란제리의 착용목적과 선택방법을 발표하도록 유도 · 속옷의 종류와 기능을 요약 · 그림과 같은 겉옷을 착용할 때 함께 갖추어야 하는 속옷에 대해 질문	· 언더웨어, 파운데이션, 란제리 · 피복 위생 측면 고려 · 의복압 고려	
정리 (5분)	· 정리 · 평가	· 공부한 내용 정리 · 평가	· 착용목적에 따라 의복의 기능을 나누고 적용되는 의복의 종류에 대하여 공부함 · 속옷의 올바른 착용법 · 의복의 기능	의복 소지 수 조사 양식 배부

(계속)

학습 단계	교수·학습활동		자료 및 유의점
	교사	학생	
· 차시예고	· 의복계획	· 속옷의 종류와 기능 · 과제: '의복 소지 수' 조사해 오기	

자료: 이미자(1998). Taba의 귀납적 사고 모형을 적용한 의생활 영역 교수·학습의 실제. 한국가정과교육학회 학술대회, 10(-), 45–56.
p52–55.
이숙희·윤인경(1994). 가정과 소비자 교육의 개념학습 모형 적용 연구. 한국가정과교육학회지, 6(2), 161–174.

사회적 상호작용 모형군

사회적 상호작용 모형은 지식이란 고정된 것이 아니라 학생들이 상호작용하는 과정 속에서 새롭게 구성된다는 구성주의 학습 이론에 토대를 두고 있다. 이 모형들은 단순한 지식의 습득을 넘어 학생들이 상호작용을 통해 사회적 기술을 기르는 것을 목표로 한다. 학생들이 수업을 통해 협동심과 타인을 배려하는 태도를 배울 수 있고, 함께 학습하는 과정을 통해서 혼자서는 익힐 수 없는 다양한 사회적 경험을 할 수 있다. 토의수업 모형, 쟁점 중심 토론 모형, 협동학습 모형, 가치 명료화 모형, 역할놀이 수업 모형 등이 사회적 상호작용 모형에 해당한다.

1 | 토의수업 모형

토론이 찬반으로 대립하여 자신의 의견을 논리적으로 전개해 상대방을 설득하는 데 목적이 있다면, 토의는 어떤 문제에 대해 서로 협력하고 생각의 폭을 넓히면서 문제를 해결해나가는 것에 목적을 둔다. 따라서 토의수업이란 여러 사람이 공통으로 관심을 가지고 있는 문제에 대하여 자기의 의견을 발표함과 동시에 타인의 의견을 경청하고 존중하면서 의사소통을 통하여 문제해결을 모색하는 수업의 형태를 의미한다.

(1) 토의수업 모형의 등장 배경

토의수업 모형은 대화의 방법을 활용하여 수업을 진행하는 것으로 소크라테스 이래 널리 활용되어 소크라테스적 방법이라 불리기도 한다. 소크라테스적 방법이란 아기가 출산하는 것을 도와주는 산파의 역할을 한다고 하여 산파술이라는 별명을 가지고 있다. 그러므로 소크라테스적 방법이란 주입식으로 무엇을 가르치는 것이 아니라 피교육자가 스스로 알아내고 깨닫도록 도와주는 방법을 말한다(박범수, 2002).

(2) 토의수업 모형의 특징

사회적 상호작용을 통해 학습 목표를 달성할 수 있는 대표적인 수업 모형의 하나가 바로 토의수업이다. 토의수업은 토의 집단 내의 언어적, 비언어적 의사소통을 통해 논리적 사고력을 신장시킬 수 있으며 다양한 아이디어를 제시하는 창의성, 이를 수용할 수 있는 개방성과 여러 인성 요소들을 습득할 수 있다.

토의법은 문제해결능력이나 기초학습기능 및 의사소통능력, 집단 기술, 태도, 가치관, 도덕적 추리력을 기르는데 효과적이다(홍소영, 2009; 변홍규, 1997). 토의수업 유형에 따라 학생 중심 토의수업은 학습 능력 수준이 높은 집단에 효과적이고, 교사 중심 토의수업은 학습 능력 수준이 낮은 집단에 더 효과적(이향원, 2000)이다. 개념 활용 과제는 교사 중심 토의수업이 효과적이고, 원리활용과제는 학생 중심 토의수업이 더 효과적이라는 보고가 있다(유진희, 2012).

표 3-14 토의 운영 방식에 따른 토의수업 모형

유형	특징
원탁토의 (round table discussion) 	· 토의의 가장 기본적인 형태로 보통 10명 내외의 인원이 서로 대등한 관계 속에서 정해진 주제에 대해 자유로운 형식을 통해 서로의 의견을 교환하는 방식이며 충분한 경험을 지닌 사회자가 중요함 · **장점**: 자유롭게 의견을 나타낼 수 있으므로 발언이 활발하게 이루어지며 민주적임 · **단점**: 참여자들이 지적수준이나 경험이 비슷하지 않은 경우에 토의가 산만해지기 쉬우며, 발언이 특정인에게 편중되기 쉬움

(계속)

유형	특징
배심(패널)토의 (panel discussion) 사회자 ○ 패널　　패널 ○　　　○ ○　　　○ ○　　　○ 단상 청중석	· 특정 주제에 대해 의견이 대립되거나 다양한 견해가 있을 때 이를 대표하는 4~6명의 전문가(배심원, panel)들이 서로의 입장에서 토의하는 형태로 학생 대표를 뽑아 패널로 활용할 수 있음 · **장점**: 청중과 발표자 간에 자유로운 질의응답이 가능하며 토의문제에 대해 참여자의 사고를 향상시킬 수 있음 · **단점**: 패널의 발표시간을 통제와 토의의 초점을 맞추기 어려움 토의진행이 비공식적 대화 형태로 이루어져 논리적이고 체계적인 정보 제시가 어려울 수 있음
심포지엄 (symposium) 연사　사회자　연사 ○○　　○　　○○ 발표대 단상 청중석	· 일반적으로 토의 주제에 대해 권위 있는 전문가 2~3명이 각기 다른 의견을 10~15분 정도 강연한 후, 일반 참가자가 질문을 하거나 의견을 진술하여 종합적으로 의견을 집약하는 방법으로 배심토의에 비해 좀 더 형식적이며 학술적임 · **장점**: 많은 청중들이 전문가의 다양한 지식과 경험을 접할 수 있으며 같은 주제에 대한 여러 발표자들의 다양한 의견 제시를 통해 흥미로운 토의진행이 가능함 · **단점**: 한 가지 주제에 대해서만 토의가 진행될 수 있으며, 발표자의 사전 준비가 미비할 경우 의견 제시 수준에만 머무를 수 있음
포럼 (forum discussion) 자원인사 사회자 자원인사 ○　　　○　　　○ 단상 청중석	· 고대 로마의 포럼(forum)처럼 시장과 같이 많은 군중이 모인 곳에서 이루어지던 방식으로 참가자에게 주제에 대한 관심과 열의를 북돋아 문제를 명백히 밝히고 참가자의 사고를 활발히 하는 방법. 1~3인 정도의 전문가가 10~20분간 공개연설을 한 후, 이 내용을 중심으로 참가자들과 질의응답하는 방식 · **장점**: 청중의 직접적인 참여를 중요하게 여겨 직접적이고 합리적이며 시사적인 문제를 주로 다룸 · **단점**: 공개토의의 형식만으로는 지식 주입식이 되기 쉬우므로 버즈토의 등을 함께 사용하면 유용함
세미나 (seminar) ○○○○○○ ○　테이블　○ ○○○○○○	· 참가자 모두가 주제에 대해 권위 있는 전문가들로 구성된 소수집단 형태로 주제에 대한 강연이나 강의 후 질의응답을 통해 전문적인 연수나 훈련의 기회를 제공하는 공개토의의 형태 · **장점**: 높은 전문성과 다양한 토의를 통해 참석자들의 관심집중 및 흥미유발과 전문성을 높일 수 있음 · **단점**: 특정분야의 전문적 지식을 요구하기 때문에 주제에 대한 정보가 없는 사람들은 이해하기 어려움

(계속)

유형	특징
버즈 토의 (buzz discussion) 	· 대규모 토의집단을 6명 정도씩 소집단으로 구성하여 6~10분 정도 소집단 토의를 진행하고, 최종적으로는 전체 집단이 토의결과를 모아 결론을 맺는 방법 · **장점**: 소집단 토의와 자유로운 발언 기회를 통해 보다 많은 사람을 토의에 참여시킬 수 있고 적극적인 토의를 유도할 수 있음 · **단점**: 어려운 주제를 심도 있게 다루기에는 부적합함

자료: 채정현 외(2011). 가정과교육론. 교문사. pp.178-179. 재구성.

(3) 토의수업 모형의 유형

토의수업은 토의 운영 방식에 따라 〈표 3-14〉와 같이 원탁토의, 배심토의, 심포지엄, 포럼, 세미나, 버즈 토의 등으로 분류할 수 있다.

이외에도 토의수업은 탐구집단토의, 워크숍, 월드 카페 등 다양한 형태로 운영할 수 있다. 탐구집단토의는 탐구집단을 6~10명으로 구성하며 문제해결이나 발견수업*을 지향하고자 할 때 적합하다. 교사가 지도자 역할을 할 수도 있지만 발문 기술이 뛰어나고 논의 중인 개념을 잘 이해하고 있는 학생이 지도자가 되는 것이 좋다. 한편 워크숍은 학생들을 몇 개의 그룹으로 나누어 자주적으로 특정한 작업과 토론을 전개하는 방식이다. 이때 구성원 각자의 역할 수행과 상호 협력하는 자세가 중요하다.

월드 카페(world cafe)는 어떤 질문이나 과제에 대해 함께 아이디어를 도출, 공유하는 토의 방법이다. 4~5명 단위로 팀을 구성하여 토의를 시작하고 구성원들이 서로 테이블을 옮겨 다니면서 토의를 하여 아이디어를 창출하는 방법이다(장경원, 2012).

토의수업 모형을 학자에 따라 분류하면 힐(Hill)의 토의수업 모형, 에근과 카우책의 강의-

---

* 발견수업은 학생들에게 제시하는 학습재료 또는 학습과제를 최종적인 형태로 제시하지 않고, 그 최종적인 형태를 학생 자신이 찾도록 하는 형태이다. 발견수업은 그 수준에 따라 세 가지로 구분된다. 가장 낮은 수준으로서 학습문제 또는 목표와 수단(또는 단서)을 제시하면서 해결안을 학생이 찾도록 하는 방법, 문제와 목표는 교사가 제시하면서 해결을 위한 수단과 해결안 두 가지를 학생이 찾도록 하는 방법, 문제의 설정까지 학생이 발견하여 설정하도록 하는 수업방법이 있다(자료: 서울대학교 교육연구소, 1995).

토의 모형, 글래저(Glasser)의 학급회의 모형, 리피트와 텔렌(Lippitt & Thelen)의 집단 탐구 모형, 한국교육개발원과 권낙원의 토의수업 모형이 있다.

○ **힐의 토의수업 모형:** 힐의 토의수업 모형은 LTD(learning through discussion)라고 부른다. 초기에 이 수업 모형은 대학생을 가르치기 위한 모형으로 개발하였으나, 초·중등학생에게도 활용될 수 있고, 다양한 교과에 적용할 수 있도록 발전하였다. 힐의 토의학습(LTD)은 〈그림 3-8〉과 같이 여덟 가지 단계의 과정으로 이루어진다.

　　1단계는 사전 준비로 친밀감을 조성하기 위한 자기소개와 토의 절차 안내가 이루어지며, 2단계에서는 토의 자료에 대한 용어와 개념의 명확한 의미를 이해하고, 3단계에서는 토의 자료의 중심 내용에 대한 토론을 통하여 그 내용을 파악하게 된다. 4단계에서는 교과 내용을 정확히 이해하고, 주요 주제와 하위 주제의 내용을 결정하여 토의를 시작하며, 5단계에서는 토의에서 거론된 내용과 다른 개념과의 관련성, 응용에 관한 진술과 질문, 보완, 보상을 통하여 토의 내용을 통합하고, 구성원들의 진술 내용 요약이 이루어진다. 6단계에서는 토의 내용의 응용과 유용 가능성이 진술되고, 7단계에서는 토의 내용에 대한 비판과 토의 내용 평가에 도움이 되는 질문을 통하여 마지막 8단계인 집단 및 개인의 성취 정도를 평가하게 된다(유진희, 2012).

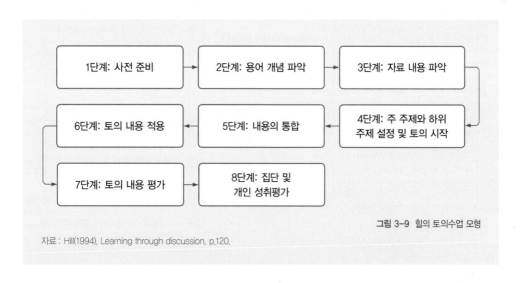

그림 3-9 힐의 토의수업 모형

자료 : Hill(1994). Learning through discussion. p.120.

○ **에근과 카우책의 강의·토의 모형**: 에근과 카우책은 강의·토의 모형을 제시했다. 강의·토의 모형은 강의의 장점을 토대로 토의의 장점을 덧붙인 것으로 도입 → 제시 → 이해·점검 → 통합 → 정리와 결말의 다섯 단계로 운영한다. 도입에서는 학생들의 주의를 끌어 학생들을 수업으로 이끈 후 수업 목표를 확인하고, 주요 개념이 어떻게 상호 관련되는지 보여준다. 제시에서는 지식과 정보를 제시하고, 이해·점검에서는 교사가 질문을 통해 학생들의 이해를 비형식적으로 평가하는 단계이다. 수업에서 이해를 점검하는 방법은 질문 외에도 쓰기, 예시, 짝과 생각하고 공유하기, 투표, 전체 응답 등이 있다. 통합은 새로운 정보를 선행학습에 연결하고 새로운 학습의 다른 부분들을 서로 연결하는 과정이며, 정리와 결말은 주제를 요약하고, 구조화하며, 중요한 점을 강조하고, 주제를 완성하여 새로운 학습에 대한 연결을 제공하는 단계이다(Eggen & Kauchak, 2000).

○ **글래저의 학급회의 모형**: 글래저(1986)는 현실치료법의 기본 원리를 학급회의를 통한 교실 상황에 적용하여 개인의 문제 영역을 집단 토론을 통하여 해결하려 하였다(권낙원 외, 2010, 재인용). 현실치료법의 목표는 행동 변화에 대한 신념을 갖게 하고, 그렇게 함으로써 자기 존중감, 사랑, 정체감에 대한 자신의 정서적 욕구를 충족시킬 수 있는 능력에 두고

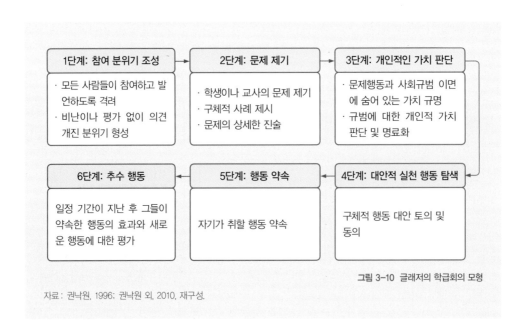

그림 3-10 글래저의 학급회의 모형

자료: 권낙원, 1996; 권낙원 외, 2010, 재구성.

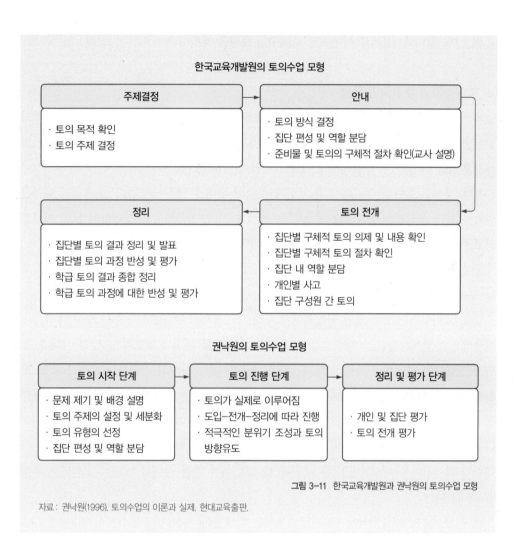

한국교육개발원의 토의수업 모형

주제결정	안내
· 토의 목적 확인 · 토의 주제 결정	· 토의 방식 결정 · 집단 편성 및 역할 분담 · 준비물 및 토의의 구체적 절차 확인(교사 설명)

정리	토의 전개
· 집단별 토의 결과 정리 및 발표 · 집단별 토의 과정 반성 및 평가 · 학급 토의 결과 종합 정리 · 학급 토의 과정에 대한 반성 및 평가	· 집단별 구체적 토의 의제 및 내용 확인 · 집단별 구체적 토의 절차 확인 · 집단 내 역할 분담 · 개인별 사고 · 집단 구성원 간 토의

권낙원의 토의수업 모형

토의 시작 단계	토의 진행 단계	정리 및 평가 단계
· 문제 제기 및 배경 설명 · 토의 주제의 설정 및 세분화 · 토의 유형의 선정 · 집단 편성 및 역할 분담	· 토의가 실제로 이루어짐 · 도입–전개–정리에 따라 진행 · 적극적인 분위기 조성과 토의 방향유도	· 개인 및 집단 평가 · 토의 전개 평가

그림 3-11 한국교육개발원과 권낙원의 토의수업 모형

자료: 권낙원(1996). 토의수업의 이론과 실제. 현대교육출판.

있다. 따라서 현실치료법의 원리를 적용한 학급회의 모형은 상호 간에 관심을 가져주는 사회집단과 자기 훈육 및 행동 약속을 개발하기 위한 방법으로 지적 활동보다는 정의적 활동과 사회적인 문제해결에 초점을 둔다. 글래저는 학급회의 모형을 참여 분위기 조성 → 문제 제기 → 개인적인 가치 판단 → 대안적 실천 행동 탐색 → 행동 약속 → 추수 행동의 6단계로 제시하였다.

○ **한국교육개발원과 권낙원의 모형:** 한국교육개발원에서는 1990년대에 주제결정, 안내, 토

의 전개, 정리의 4단계로 이루어진 토의수업 모형을 제시했다.

(4) 토의수업의 효과적인 운영

토의를 저해하는 활동으로는 침묵, 과도한 참여와 발언, 방관적 태도, 장황하거나 주제에서 벗어난 발언, 이의만을 제기하는 발언 등이 있다. 힐은 효과적인 토의수업 운영을 위한 몇 가지 원칙을 다음과 같이 제시하고 있다(권낙원 외, 2010).

첫째, 가능한 집단 구성원은 전원 참석하여 토의 준비를 갖추어야 한다. 효과적인 토의를 위해서 집단 구성원은 단지 자리만 채우는 것이 아니라, 적극적으로 참여하여 토의 자료를 읽고 이해한 내용에 대하여 서로 의견을 교환해야 한다.

둘째, 집단 토의는 협동적인 학습 경험을 요구한다. 토의학습은 집단 간의 노력을 통한 교과 목표의 달성을 강조한다. 따라서 경쟁보다는 집단 구성원 간의 협동이 요구된다.

셋째, 토의수업은 모든 집단 구성원이 적극적으로 참여하여 상호작용하는 것이 핵심이다. 적극적으로 참여한다는 의미는 모든 개인이 토의 자료를 사전에 검토해 올 뿐만 아니라, 토의가 진행되는 과정에서 자료 검토 후, 자료 내용에 대한 자신의 의견을 제시하는 것을 포함한 집단 구성원 간의 인간관계 개선에도 노력함을 뜻한다. 만일에 자료 검토가 불충분할 경우에는 타 구성원의 의견을 경청할 뿐만 아니라, 타인의 아이디어나 의견에 대하여 질의나 설명을 요구할 수 있다. 한편 상호작용이란 의견이나 아이디어가 교환되는 과정으로 상대방의 의견이나 아이디어에 대한 반응을 보이고, 이에 대한 상대의 반응이 교환되는 과정을 의미한다.

넷째, 토의수업은 즐거워야 한다. 토의에서는 학생들이 자신의 의견이나 아이디어에 대해 발표하기를 꺼려한다. 그러므로 상대의 아이디어에 대하여 비판한다거나 조롱하게 되면 토의수업은 제대로 이루어질 수 없게 된다. 따라서 토의수업에서 무엇보다 중요한 것은 민주적이고 화목한 분위기를 형성하여 수용적인 분위기를 조성해야 한다.

다섯째, 토의자료는 충분히 다루어져야 한다. 자료를 효과적으로 다루기 위해서는 개인의 준비상태, 구성원 간의 협동적인 상호작용, 인지 기능, 토의에 필요한 절차 등이 잘 갖추어져야 한다.

여섯째, 토의 평가는 개인 평가와 집단 평가를 필요로 한다. 토의에서는 개인의 성장뿐만 아니라 집단의 과정이나 성취를 강조하는데, 이는 집단 간의 과정이나 성취를 통해서 개인

표 3-15 교사 중심 토의수업

단원명	1. 미래의 가족생활 · 부모됨의 의미와 역할		차시	4/8 차시
학습 목표	부모됨의 의미와 역할을 알고 바람직한 부모가 되기 위한 준비를 할 수 있다.			

단계	학습의 흐름	교수·학습활동		자료 및 유의점
		교사 활동	학생 활동	
도입 (5분)	토의 주제 설정	· 전시 학습을 학생들에게 문답의 형태로 확인 · 본시 학습 목표를 제시 · 학습 목표를 달성하기 위한 토의 주제를 제시	· 학생들 질문에 대답 · 학습 목표를 확인 · 토의 주제 확인	
전개 (40분)	토의 계획 수립 (7분)	토의 주제 · 저출산 문제의 해결방안 · 가족에서 부모 역할의 문제점과 해결방안 · 가족생활주기에 따른 특징 및 발달과업 - 위의 3개 주제에 대해 읽기 자료 제시	· 토의 절차 빛 방법 확인 · 읽기자료와 교과서를 통해 정보를 제공 받고 자료를 읽고 분석	각종 그래프 및 신문 자료 제시
	토의 활동 전개 (20분)	교사가 사회자가 되어 진행 · '줄줄이 말해요' - 앉아 있는 순서대로 각자 해결 방안을 이야기한 후 나온 의견을 토대로 현실가능성을 타진하며 토의 전개 · 각 단계별 특징과 발달과업을 이야기함	· 개인적으로 생각할 시간을 가진 뒤 교사의 지시에 따라 대답 · '줄줄이 말해요'가 끝나면 다른 친구들의 해결방안에 대해 토의 · 마지막 주제 토의는 순서 없이 브레인스토밍 방법으로 진행	자유롭게 의견을 제시할 수 있는 분위기 조성
	토의 결과 정리 발표 (13분)	· 토의 결과를 칠판에 요약하여 정리 - 해결방안 및 가족생활주기별 발달과업 정리	· 교사가 설명하는 토의 결과를 경청 · 질의·응답 시간	
정리 (5분)	토의 활동 평가	· 본시 토의학습을 평가 · 차시예고	· 토의 활동을 평가 · 학습 목표 달성 여부 점검	

자료: 유진희(2012). 학습과제에 따라 교사 중심 토의수업과 학생 중심 토의수업이 학업성취도에 미치는 영향–고등학교 가정과를 중심으로–. 한국교원대학교 교육대학원 석사학위논문. p.88.

표 3-16 학생 중심 토의수업

단원명	1. 미래의 가족생활 · 부모됨의 의미와 역할		차시	4/8 차시
학습 목표	부모됨의 의미와 역할을 알고 바람직한 부모가 되기 위한 준비를 할 수 있다.			

단계	학습의 흐름	교수·학습활동		자료 및 유의점
		교사 활동	학생 활동	
도입 (6분)	토의 주제 설정	· 전시 학습을 문답 형태로 확인 · 본시 학습 목표 설정 · 교과서를 읽고 학습 목표를 달성하기 위한 토의 주제 설정하도록 도움	· 학생들 질문에 대답 · 학습 목표 설정 · 토의 주제 설정	
전개 (37분)	토의 계획 수립 (7분)	토의 주제 · 저 출산 문제의 해결방안 · 맞벌이 가족에서 부모 역할의 문제점과 해결방안 · 가족생활주기에 따른 특징 및 발달과업 　－ 모둠별 하위주제 설정	· 토의 절차 빛 방법 결정 후 자료 수집 및 집단 구성원 역할 결정 · 하위주제 결정: 가족생활주기를 단계별로 나누어 모둠별로 한 단계에 대해서 토의	각종 그래프 및 신문 자료 제시
	토의 활동 전개 (15분)	소집단별 토의 주제 판서 · ①: 1, 2, 3조, ②: 4, 5, 6조 · ③: 가족생활주기 중 한 단계 · 교실을 순회하며 질문을 받거나 필요한 정보 제공	· 사회자의 진행에 따라 각 모둠별로 토의 시작 · 필요시 애매한 용어나 의문점은 교사에게 질문하며 토의 · 기록자는 토의 내용 기록	충분한 시간과 자유로운 분위기 조성
	토의 결과 정리 및 발표 (15분)	· 토의 결과를 모둠별 발표자가 발표하게 함 　－ 경청하는 자세에 대해 다시 안내	· 발표자가 재검토한 후 정리하여 발표 · 다른 모둠의 토의 결과 경청 · 질의·응답 시간	경청할 수 있도록 지도
정리 (7분)	토의 활동 평가	· 본시 토의학습의 과정 및 성과를 평가 · 차시예고	· 모둠별 토의 활동 평가 · 학습 목표 달성 여부 점검	다음 수업에 반영

자료: 유진희(2012). 학습과제에 따라 교사 중심 토의수업과 학생 중심 토의수업이 학업성취도에 미치는 영향–고등학교 가정과를 중심으로–. 한국교원대학교 교육대학원 석사학위논문. p.89.

의 학업 성취도가 향상되기 때문이다.

그러나 훈련되지 않은 많은 학생들과 함께 토의수업을 효과적으로 운영하기는 쉽지 않다. 토의식 수업의 제한점과 해결방안을 몇 가지 제시하면 먼저, 집단의 크기가 크면 원활한 토의가 이루어지기 어렵다. 수업에 참여하는 학생 수와 주제에 따라 적합한 토의수업 유형을 선택하는 것이 중요하다. 또 학생들이 토의에 적극적으로 참여하지 않을 수 있다. 이것은 토의 시작 전에 아이스브레이킹을 해서 허용적인 분위기를 만들고, '한 번 이상 발언하기', '비난하지 않기' 등의 토의 규칙을 정하고 시작하는 것이 좋다. 이 밖에도 몇 명의 학생에 의해 토의가 주도될 우려가 있다. 이러한 문제는 '한 사람이 1분 이상 말하지 않기' 등의 토의 규칙을 정하고, 토의 시 학생들의 역할을 명확히 하며, 참여가 저조한 학생이 발언할 수 있도록 교사가 적절하게 시스템을 운영하는 방법으로 해결할 수 있다. 마지막으로 토의 리더가 미숙하거나 학생들이 토의 주제에 대한 지식이 부족하면 효과적인 토의가 이루어질 수 없다. 이러한 문제는 교사가 먼저 리더의 역할을 시범보이거나, 리더 역할에 대한 오리엔테이션을 실시하고, 학생들에게 토의를 통해 도달할 목표가 무엇인지 분명히 제시하는 방법을 활용할 수 있다(장경원, 2012).

(5) 가정과 교수·학습에의 적용 사례*

유진희(2012)는 리피트와 텔렌의 모형**을 바탕으로 권낙원(1996)의 토의수업 모형을 적용하여 '부모됨의 의미와 역할'을 주제로 교사 중심 토의수업과 학생 중심 토의수업을 구안하여 적용하였다.

---

* 참고할 수 있는 논문: 유진희(2012). 학습과제에 따라 교사 중심 토의수업과 학생 중심 토의수업이 학업성취도에 미치는 영향–고등학교 가정과를 중심으로–. 한국교원대학교 교육대학원 석사학위논문.
　원은숙(2008). 고등학교 가정과 웹기반 수업에서 토론학습이 성지식 및 성 태도에 미치는 영향. 이화여자대학교 석사학위논문.

** 리피트와 텔렌의 집단 탐구 모형: 사고 능력과 사회적 기능을 향상시키는데 적합한 모형으로 1. 탐구 문제 설정 → 2. 탐구 계획 수립 → 3. 탐구 활동 전개 → 4. 탐구 결과의 정리 및 발표 → 5. 탐구 활동에 대한 평가로 구성된다.

2 | 쟁점 중심 토론 모형

(1) 쟁점 중심 토론 모형의 등장 배경

전통적으로 학교는 사회적 고민이나 논쟁적인 것으로부터 보호되어야 하는 성역으로 간주되어 왔다. 그러나 학교에서 사회적 쟁점을 가르쳐야 하는 이유는 사회의 변화와 더불어 증가하고 있는 청소년의 약물 중독, 원하지 않는 임신, 낙태, 학교 내외의 폭력, 집단 따돌림 등의 문제가 증가하면서 사회적 문제를 학교가 더 이상 방치할 수 없는 상황에 이르게 되었기 때문이다(박강용, 2000).

쟁점이란 사회적으로 찬반으로 의견이 나누어져 있고, 그 결정이 개인에게 영향을 주는 것에 그치지 않고 사회의 다수에 관련되어 있으며, 여러 개의 선택 대안 중에서 어느 하나를 결정해야 하는 문제를 의미한다. 쟁점 중심 수업은 한 사회에서 논의되고 다루어져야 하는 문제에 대한 질문을 중심으로 구성하는 수업으로, 우리의 실제적 삶을 교육내용으로 하며, 사회 구성원들이 직면해 있는 문제나 관심사를 다루어 좀 더 나은 삶의 추구를 강조한다. 이는 쟁점 중심 수업이 사회적 쟁점을 그 내용으로 하여 학생들의 실생활과 학교에서 배우는 교과를 관련시킴과 동시에 반성적인 사고를 통해 문제를 합리적으로 해결하는 방안을 찾는 과정임을 뜻한다.

(2) 쟁점 중심 토론 모형의 특징

쟁점 중심 수업은 사회적 쟁점을 교육내용으로 구성하여 이에 대한 반성적 탐구가 이루어지도록 하는 수업 형태이다. 따라서 수업의 핵심은 즉각적으로 이것이 옳다, 저것이 옳다고 말할 수 없이 팽팽하게 갈등관계에 있어 탐색을 유도하는 반성적 질문, 즉 쟁점을 선정하는 것이다.

이러한 쟁점 선정 기준은 학자마다 다른데 이들의 주장을 바탕으로 쟁점 기준을 선정한다면 학생, 사회적, 교육적 측면으로 구분할 수 있다. 학생 측면으로는 학생이 흥미를 가지고 탐색할 수 있는 주제여야 한다. 아무리 사회적으로 중요하다고 하더라도 학생의 발달단계보다 높거나 동기 유발이 불가능한 주제라면 수업의 제재로 선정할 수 없는 것이다. 사회적 측면으로는 사회적으로 의견이 갈려진 대립된 사회문제여야 한다. 이것이 쟁점 중심 수업의 가장 큰 특징이라고 할 수 있다. 쟁점이라는 것은 개인만의 문제가 아니라 동시대를 살

표 3-17 학자별 쟁점 선정기준

학자	쟁점 선정기준
올리버와 쉐버 (Oliver & Shaver, 1966)	1. 교사는 동시대에 가장 비판적으로 보이는 주제를 선정 2. 학생들이 최대한의 지리적 육체적 형태의 이해가 되는 주제 3. 교사 자신이 유능하게 다룰 수 있는 주제 4. 처음에는 덜 복잡한 주제
헌트와 메트캐프 (Hunt & Metcalf, 1968)	1. 사회에 광범위하고 높은 수준의 문화에 대한 논쟁적 문제(the closed areas) 2. 학생들의 태도, 지식, 가치 3. 사회과학으로부터 관련된 자료
울리버와 스콧 (Woolever & Scott, 1988)	1. 이 논쟁문제가 학생들에게 관심이 있는지 확인 2. 이 논쟁문제는 학생들의 성숙도와 관련하여 충분히 탐구할 수 있는 수준인지 확인 3. 이 논쟁문제에 수많은 대안이 존재하여 학생들의 이해수준에 적절하고 충분한 학습자료가 있는지 확인 4. 이 논쟁문제가 사회적으로 의미 있는지 확인
마시알라스 (Massialas, 1996)	1. 적절성의 원칙: 어떻게 교육과정이 학생들과 그들이 스스로 발견하는 사회적 맥락을 관련짓는지 확인 2. 반성의 기준: 내용이 사고를 유발하는지 확인 3. 행동의 기준: 어떤 행동 계획을 초래하는지 확인 4. 실용성의 기준: 실제 수업에서 다루어질 수 있는지 확인 5. 이해의 깊이: 인류의 영속적, 지속적인 문제인지 확인
오노아스코와 스웬슨 (Onoasko & Swenson, 1996)	1. 논쟁적인지 확인 2. 사회적으로 중요한지 확인 3. 학생들에게 흥미 있는지 확인 4. 효과적으로 탐구될 수 있는지 확인
스킬 (Skeel, 1996)	1. 정말 중요한 이슈인지 확인 2. 지속적으로 반복되어 왔거나 그럴 것 같은지 확인 3. 쟁점 중심교육의 목표 달성에 도움을 주는지, 학습결과로 사려 깊은 시민, 더 많이 아는 학생이 되는지 확인 4. 판단과 비판적 사고를 요구하는 이슈인지 확인 5. 학생들이 그 쟁점을 다룰 만큼 충분히 성숙되고 경험을 하였는지 확인 6. 학생들의 발달수준에 적합한지 확인
스위니와 파슨스 (Sweeney & Parsons, 1996)	1. 학생들의 흥미 2. 시대적 문제 상황 3. 학생생활과의 관련 또는 지역사회, 사회와의 관련이 있는지 확인

자료: 손병철(2002). 쟁점 중심 초등 사회과의 수업과정 분석. p.8.

고 있는 사회 구성원들의 문제이기에 그 해결이 다수의 그들에게 영향을 주는 사회적 문제이기 때문이다. 교육적 측면에서는 교육 목표의 하나인 고차원적인 사고를 일으킬 수 있는 문제여야 한다(이영옥, 2004).

학자들의 쟁점 선정기준을 정리하면 〈표 3-17〉과 같다. 이러한 쟁점 선정기준을 종합한다면 가정과 쟁점 중심 수업은 교사 자신이 유능하게 다룰 수 있고 사회적으로 의미가 있는 주제이면서, 학생의 입장에서 탐구 수준에 적합하고, 흥미를 가질 수 있으며, 충분한 학습 자료가 있는 쟁점을 선정하여야 한다. 학자들이 제시한 쟁점 중에서 가정과 수업에서 건강, 성차별, 죽음, 환경오염, 복지, 유전과 환경, 물질의 남용, 편견, 성역할의 발달과 고정 관념, 자존감, 아동 학대, 민족과 문화의 다양성, 10대 자살, 개인과 개인 간의 관계, 인권, 인종 문제 등이다.

학교에서 쟁점 중심 수업을 실천해야 하는 필요성을 정리하면 다음과 같다(김경순, 2000). 먼저 학생들의 필요와 문제를 직접 다룰 수 있기 때문에 합리적인 문제해결력을 기를 수 있다. 과거에는 교과서에 있는 기초 지식만 배우면 실생활에서 직면하는 문제를 잘 처리할 수 있을 것이라는 가정 하에서 수업을 실행했다. 그러나 쟁점 중심 수업에서는 오히려 반대로 먼저 당면한 문제를 찾아내고 그 문제에 대하여 다방면으로 분석하고 해결하기 위한 정보와 지식을 수집하는데 이 과정에서 획득한 지식은 학생들에게 의미 있는 지식이 된다는 것이다.

다음으로 지식을 통합하는데 효과적이다. 문제해결에 필요한 다양한 지식들이 '문제해결'이라는 하나의 종합적이고 지적인 과정 속에서 통합된다. 또 생활 속에서의 필요와 문제에 직결된 학습이기에 학습 흥미와 동기를 유발하기 쉽고 그 과정에서 얻은 지식은 쉽게 다른 문제해결에 적용할 수 있다. 민주적 원리에 부합되는 학습활동을 할 수 있다. 무엇보다도 공통적인 관심사나 문제를 중심으로 한 집단 사고를 통하여 민주적 문제해결과 협동의 산 경험을 할 수 있다. 즉 흥미, 능력, 사회적 배경, 가정의 경제적 빈부의 차이가 큰 여러 층의 학생들이 함께 모여 그들 각자의 특수성을 살리면서 공동의 문제를 협동적으로 해결하는 생활훈련을 할 수 있다는 것이다.

이러한 쟁점 중심 수업은 학생들의 문제해결력, 비판적 사고력, 창의적 사고력, 도덕적 판단력, 의사결정력, 협동심, 사회성의 함양에 효과적인 것으로 알려져 있다.

(3) 쟁점 중심 토론 모형의 일반적 절차

쟁점 중심 수업은 다루어야 할 논쟁 외에도 토론 등의 논쟁적 방법, 자유로운 의사교환을 위한 개방적 분위기가 있어야 한다. 이러한 쟁점 중심 수업은 학자에 따라 다양한 수업 모형을 제시하고 있다. 예를 들면 올리버와 쉐버의 법리 모형, 스위니와 파슨스의 쟁점 중심 토론 모형, 뱅크스(Banks)의 의사결정 모형, 차경수의 논쟁문제 교수 모형 등을 들 수 있다.

① 차경수의 논쟁문제 교수 모형　　차경수(1994)의 논쟁문제 교수 모형은 가치논쟁에 익숙하지 않은 우리나라 실정을 고려하여 교수과정의 핵심적인 부분을 정리하는 데 중점을 두고 다음의 여덟 가지 단계로 제시하였다(이영옥, 2004).

○ 문제 제기: 논의하고자 하는 문제의 내용, 그 문제가 제기되는 중요 메시지, 문제가 제기된 배경, 문제와 관련된 이론과 주장 등을 생각해 보는 단계이다. 똑같은 문제처럼 보이는 경우라도 제기되는 시기와 상황이 다르면 그 논의의 방향도 달라져서 다른 문제의 성격을 가지게 되므로 주의하지 않으면 안 된다. 여기서 문제를 잘 제기해야 학생들이 흥미를 가지고 학습에 참여하게 되고, 또 학습해야 할 항목들을 올바르게 이해할 수 있다.

○ 가치문제 확인: 논쟁문제에서는 관련 사실 검토, 관련 가치의 검토, 가치갈등 문제의 확인, 가치의 원천 서술 등과 같은 문제를 분명하게 하는 것이 중요하다. 왜냐하면 사실과 가치에 관한 문제를 해결하는 방법이 서로 다르기 때문에 이들을 혼동하면 논쟁은 계속되기만 하지 좀처럼 해결의 실마리가 열리지 않기 때문이다. 그리고 이때는 가치의 원천을 도덕, 헌법, 종교, 학문, 인간의 이성, 토론과 합의 등에서 적절하게 제시되어야 한다.

○ 정의와 개념의 명확화: 논쟁점을 분명하게 정리하기 위해서는 논쟁에서 사용되고 있는 정의, 개념, 용어 등을 명확하게 해야 한다. 때로는 용어의 개념을 약속에 의해서 규정을 새롭게 만들고 이 규정에 따라서 사용하는 경우도 있다. 이와 함께 개념과 용어를 설명할 때 구체적인 예를 들어서 제시하는 것은 혼란을 피하는 하나의 방법이 된다.

○ 사실 확인과 경험적 확인: 논쟁문제의 쟁점을 분명히 할 때는 주장하는 내용을 경험적 증거를 이용하여 증명함으로써 해결하는 것이 큰 도움이 된다. 사실을 경험적으로 증명할 때는 몇 가지 요인이 관련된다. 증명하려는 자료가 객관적이고 정통성이 있어야 하며, 학문적으로 가치가 있어야 한다. 또 남자니까 그렇다, 도시인은 교활하다 등 원인을 과학

적으로 찾지 않고 사람을 표적으로 공격하는 것을 '애드 호미넘(ah ominem)' 오류라고 하는데 이것은 사실의 증명을 위한 방법으로서는 피해야 할 것이다.

- 가치 갈등 해결: 서로 다른 가치 중에서 어느 하나를 선택해야 할 때는 개념이나 용어를 명확하게 하거나 또는 경험적 자료를 가지고 증명할 때 해결될 수 있다. 때로는 교사가 학생의 가치 선택을 그대로 내버려 둘 것인가 아니면 바람직한 방향으로 어느 정도 지도할 수 있을 것인가 하는 문제가 제기된다. 이런 경우 중립적이거나 교화적인 입장보다는 다양한 의견을 존중하되 바람직한 방향으로 학생이 가치관을 내면화하도록 지도하는 교사의 역할이 교육적으로 가장 적절하다.

- 비교 분석: 가치갈등의 문제가 어느 정도 해결되면 문제를 심도 있게 이해하기 위하여 비슷한 다른 경우와 비교한다. 이때 비교하는 기준과 차원이 같아야 하는데 만약 이러한 원칙이 지켜지지 않을 경우에는 그 해석에 많은 제한이 따른다는 것에 유의해야 한다.

- 대안 모색과 결과 예측: 사실 확인과 경험적 확인, 가치 갈등 해결, 비교 분석 등 가치 분석을 하는 과정에서 자연스럽게 대안을 모색하게 된다. 결과를 예측하는 경우에는 가능한 여러 가지 대안을 모두 모색하여 그러한 경우 옹호하는 가치와 그 결과 발생하리라고 예측되는 결과, 결과에서 나타나는 장단점도 예상해 보아야 한다.

- 선택 및 결론: 가설적으로 제시된 여러 개의 대안과 그 결과 중에서 원하는 가치와 대안을 선택하고 정당화하는 것이 마지막 단계이다. 이때 중요한 것은 처음부터 마지막 단계에 이르기까지 일관성이 있어야 하고, 학생은 자신이 선택한 입장을 명백하게 하면서 왜 그러한 입장을 선택했는지 그 정당성을 밝힐 수 있어야 한다. 이와 동시에 자기가 선택한 가치의 원천, 그 결과 앞으로의 행동 등을 예측하고 선택한 판단과 앞으로의 행동 사이에 반복적으로 일관성을 갖도록 해야 한다. 이렇게 될 때 우리는 가치관이 확립되었다고 말할 수도 있고, 또 가치관이 인격 속에 내면화되어 가치관과 행동에 일관성이 있다고도 할 수 있을 것이다.

② **찬반 논쟁협동학습**　　존슨과 존슨(Johnson & Johnson)의 찬반 논쟁협동학습(PRO-CON: pro-con cooperative group model)은 쟁점에 대해 찬반의 다른 입장을 선택해서 자신의 주장과 근거를 제시한 후 이를 중심으로 토론을 벌인 후 서로의 입장을 바꾸어 상대방을 위하여 상대가 주장하지 못했던 근거를 제시하는 과정을 포함한다. 이는 자신만의

표 3–18 찬반 논쟁협동학습(PRO–CON) 과정

단계	내용
1단계	수업준비단계, 소집단 구성: 4명의 소집단 구성, 동일한 논쟁 중심 문제 제시
2단계	소집단 내 작은 소집단 구성, 자신의 주장 정당화: 4명의 소집단 내에서 주어진 학생들의 논쟁에 대해 상반되는 입장을 선택하여 2인씩 구성되는 작은 소집단을 구성하고 제시된 자료를 토대로 자신의 주장을 정당화
3단계	작은 소집단 내 발표: 각각 자신의 주장과 근거를 소집단 내에서 발표
4단계	작은 소집단별 토의 단계: 작은 소집단별로 토의를 하는 단계로 서로의 주장을 듣고 비판하고 분석하며 서로의 대안을 제시
5단계	작은 소집단의 입장을 바꾸어 토의: 작은 소집단은 입장을 바꾸어 상대가 생각하지 못했던 근거를 제시
6단계	소집단 의견 종합 및 발표: 소집단의 의견을 종합하여 학급 구성원 전체에게 발표

자료: 전숙자(2007). 고등사고력 함양을 위한 사회과 교육의 새로운 이해(제4판). pp.294-295.

입장만 주장하며 갈등 상황을 고조시키는 것이 아니라 상반된 입장이 되어 보면서 협동학습을 통해 서로에 대한 경험과 이해가 가능하다는 것이 다른 토론 학습과 가장 큰 차이점이라 볼 수 있다(정문성, 2006).

수업 과정은 〈표 3–18〉과 같이 6단계로 수업준비단계, 소집단 구성 → 소집단 내 작은 소집단 구성, 자신의 주장 정당화 → 작은 소집단 내 발표 → 작은 소집단별 토의 단계 → 작은 소집단의 입장을 바꾸어 토의 → 소집단 의견 종합 및 발표이다.

(4) 가정과 교수·학습에의 적용 사례*

이영옥(2004)은 제7차 교육과정에서 가정과의 쟁점 토론 주제를 도출했다. 〈표 3–19〉는 가정과의 쟁점 중심 수업을 할 때 참고할 수 있도록 쟁점 토론 주제를 재구성한 것이다.

이영옥(2004)은 쟁점 중심 토론 모형 중 뱅크스(Banks)의 의사결정 모형, 올리버와 쉐버

---

* 참고할 수 있는 논문: 이영옥(2004). 쟁점중심 가정과 토론 수업이 비판적 사고력에 미치는 효과. 한국교원대학교 대학원 석사학위논문.
박희정(2009). 환경친화적 주생활 교육을 위한 쟁점중심 교수·학습 과정안 개발 및 적용. 한국교원대학교 대학원 석사학위논문.

표 3-19 가정과 쟁점 중심 토론 수업을 위한 주제

영역	쟁점 요소	쟁점 토론 주제
청소년의 발달	성형 수술	예쁜 것이 최고인가(성형 수술)
	키 키우는 주사	키를 억지로라도 키우는 것이 좋은가
성과 이성 교제	청소년 보호법	원조교제한 청소년, 처벌해야 하나
	낙태	낙태, 어떻게 생각하나
	혼전 동거	혼전동거, 바람직한가
가족 관계	아동학대	내 자식을 내 맘대로 못하나
	황혼 이혼	끝까지 참아야 하나(황혼 이혼)
	출산	아이, 안 낳아도 되나
	원정 출산	원정 출산, 누구의 책임인가
	기러기 아빠	기러기 아빠, 불가피한 선택인가
청소년의 영양과 식사	다이어트	다이어트 열풍, 어떻게 생각하나
	영유아 영양	모유와 인공 영양 중 어떤 게 좋은가
의복 마련과 관리	개성의 표현	유행, 개성 어떻게 판단할 수 있나
	과다노출	신체 과다노출 단속, 정당한가
	옷감의 선택	동물 보호 대 모피 코트, 무엇이 우선인가
소비 생활	환경 보전	국토개발과 환경보전 중 어느 것이 먼저인가
	1회용품 사용	편리함이 우선인가(1회용품 사용)
	재테크	광고-부자아빠 되세요, 어떻게 생각하나
식단 작성과 식품 선택	패스트푸드	영양이 먼저인가, 편리함이 먼저인가
	식품 선택	지은 밥과 레토르트 밥 중 좋은 것은 무엇인가
	유전자 변형 식품	GMO, 무엇이 문제인가
	주문형 음식 산업	주문형 음식 산업, 어떻게 생각하나
	가축의 인공적 생육 환경	맛있는 것이 최고인가
	식사 예절	식당에서 지켜야 할 예절은 무엇인가
주거생활	자가 주택과 임대 주택	집, 반드시 소유해야 되나
	주거환경-님비	우리 마을에 쓰레기 소각장을 설치한다면 어떤가
	아파트 난립	주택난 해결을 위한 대규모 아파트 개발과 자연 환경 보존 중 어떤 것이 중요한가

자료: 이영옥(2004). 쟁점 중심 가정과 토론 수업이 비판적 사고력에 미치는 효과. 한국교원대학교 대학원 석사학위논문. pp.29-30.

표 3-20 쟁점 중심 토론 모형의 교수·학습 과정안

단원명	식단 작성과 식품 선택	주제	유전자 변형 식품, 무엇이 문제인가?
학습 목표	유전자 변형 식품의 특징을 근거로 유전자 변형 식품에 대한 자신의 의견을 발표할 수 있다.		
수업 준비	· 교사: 뉴스 동영상, 컴퓨터, 빔 프로젝트, 읽기자료, 정리학습지 · 학생: 교과서, 필기도구, GMO조사 자료		

학습 단계	교수·학습활동		자료 및 유의점
	교사	학생	
문제 제기	· 동기 유발: 유전자 변형식품에 대해 들어본 적이 있습니까? · 유전자 변형식품에 대한 뉴스 시청 유도함	· 예/아니오 · 뉴스 시청	뉴스 동영상 자료
가치문제 확인	· 본시 학습 주제 및 가치문제 제시함 · GMO에 대한 찬성 및 반대 입장의 신문기사 소개함 · 사회적으로 GMO 논란이 일어나는 이유에 대해 생각 유도함	· GMO에 대한 찬·반 입장 정리(찬성: 식량난 해결, 반대: 인체에 유해) · 식량문제해결, 인체에 대한 안정성 보장 문제 등	· 신문 자료, 빔 프로젝트 · 수용적인 분위기에서 자유롭게 이야기함
용어의 정의	GMO의 정확한 의미를 설명: 생산성 향상과 상품의 질 강화를 위해 본래의 유전자를 변형시켜 생산된 농산물	GMO의 의미를 파악함	
잠정적 대안 선택	읽기자료를 읽고, GMO에 대해 잠정적으로 찬성·반대 입장을 선택하게 함	읽기자료 및 이전에 알았던 사실을 바탕으로 찬성/반대의 잠정적 입장을 선택함	· 읽기자료 · 개인이 선택한 대안의 가치를 인정함
자료 수집	· 같은 입장을 가진 학생 5~7명 정도로 소집단을 편성함 · 모둠원끼리 읽기자료를 바탕으로 근거를 제시하며 의견을 교환하게 함	소집단 활동: 모둠원 모두 자신이 해당 입장을 선택하게 된 이유를 설명하고 친구들의 의견을 듣는 과정에서 본인의 생각과 잠정적 입장을 정리함	찬성·반대의 인원이 비슷하게 되도록 유도함
	· 인터넷, 신문, 책 등을 활용하여 GMO에 대한 자료를 정리하게 함 · 모둠의 입장에 따라 〈GMO〉, 〈No, GMO〉 신문을 준비하게 함	· 모둠의 입장을 대변할 수 있도록 관련 자료를 수집, 분석, 정리함 · 조사된 자료를 바탕으로 〈GMO〉, 〈No, GMO〉 신문을 만들기 위한 역할 분담을 함	자신이 정한 입장의 논리적 타당성을 검토함
	차시예고–패널식 토론학습: 패널리스트를 선정하게 하고, 토의 시 유의사항을 설명함	각 모둠을 대표할 수 있는 패널리스트를 정하고, 선정된 패널리스트는 정리한 자료의 중심 내용을 바탕으로 발표 준비를 함	패널리스트가 모둠의 의견을 피력할 수 있도록 자료를 충분히 준비함

(계속)

학습 단계	교수·학습활동		자료 및 유의점
	교사	학생	
쟁점토론 및 비판적 접근	패널식 쟁점토론: 찬성측 대표, 반대측 대표가 대표 발언 하도록 유도함	주어진 2분 안에 대표 발언 실시함	대표는 다양한 근거를 제시하여 주장의 타당성을 제시함
	〈GMO〉, 〈No, GMO〉 내용을 발표하도록 유도함	〈GMO〉, 〈No, GMO〉 자료 발표함	
	찬성과 반대 입장의 패널리스트들이 준비한 의견을 주고받게 함	패널리스트들은 자신의 의견을 논리적으로 설득력 있게 발표(찬성: GMO는 제초제 사용을 절감시키기 때문에 환경오염을 줄일 수 있다. 제3세계 빈민들의 영양상태를 개선할 수 있다. 반대: 몇 년 지나면 내성이 증대되어 그 효과를 상실한다. 한 가지 성분을 강화한 GMO를 과다 복용하면 건강이 나빠진다.)함	토론에 적극 참여할 수 있는 개방적인 분위기를 조성함
	패널리스트와 청중 학생의 질의응답을 진행함	청중 학생의 질의에 패널리스트가 답변함	상대방 주장의 문제점을 도출함
	토론을 마무리함	· 찬성 측 및 반대 측 대표가 결론을 요약 발표함 · 토론 내용을 정리함	
선택과 결론	GMO에 대한 긍정적 평가와 부정적 평가를 바탕으로 잠정적으로 선택한 대안을 평가해 보도록 함	자료조사 및 패널토론 과정에서 새롭게 알게 된 사실을 바탕으로 전시에 잠정적으로 선택한 대안을 비교, 평가함	
	각자 자율적으로 최종적인 입장을 선택하게 하고 학습지에 그 이유를 논리정연하게 정리하도록 함	GMO 반 쟁점에 대해 자신의 최종적인 선택을 하고 학습지를 완성하여 제출함	정리학습지: 최선안을 선택하고 입장을 분명히 정리함
	· 종합적 정리 · 토론 과정을 평가 · 차시예고	토론준비, 자세, 논증과정, 비판적 접근이 이루어졌는지에 대하여 평가함	토론과정에 대한 객관적인 평가를 실시하여 수업의 질을 높이기 위해 노력함

자료: 이영옥(2004). 쟁점 중심 가정과 토론 수업이 비판적 사고력에 미치는 효과. 한국교원대학교 대학원 석사학위논문. pp.45~48.

(Oliver & Shaver)의 법리 모형, 앵글과 오초아(Engle & Ochoa)의 의사결정 모형, 차경수의 논쟁문제 교수 모형을 참고로 하여 쟁점 중심 가정과 토론수업을 실현하기 위한 수업 모형을 문제 제기 → 가치문제 확인 → 용어의 정의 → 잠정적 대안 선택 → 자료 수집 → 쟁점 토론 및 비판적 접근 → 선택과 결론의 단계로 구안하였다(표 3-18).

3 | 협동학습 모형

협동이란 둘 이상의 사람 또는 단체가 서로 마음과 힘을 합치는 것을 말한다. 협동학습이란 성, 인종, 능력, 빈부 등이 다른 이질적인 학생들로 구성된 소집단에서 공동의 목표를 설정하고 그 목표를 달성하기 위한 공동과제를 서로 돕고 책임을 공유하며, 과제 해결 결과에 대해 공동으로 보상을 받게 되는 수업방법이다(Johnson & Johnson, 1990).

(1) 협동학습 모형의 등장 배경

협동학습은 그동안 경쟁심을 유발하는 전통적인 수업방법이나 모둠별 수업 또는 수준별 수업의 문제점을 인식한데서 비롯되었고, 또 학교 교실에 대한 재개념화 작업이 시작되면서 1970년대 초반부터 미국을 비롯한 여러 나라들에서 협동학습에 대한 연구가 활발하게 이루어진 데서 출발하였다(전숙자, 2002). 우리나라에서는 1980년대 후반에 시작된 열린교육과 더불어 협동학습이 소개되었다.

협동학습은 경쟁심을 유발하는 전통적인 수업방법에서 학생들이 느끼는 소외감이나 적대감을 해소하고 학생들이 공동의 목표를 향하여 함께 상호작용하고 협력하도록 구조화하는 수업방법이다. 협동학습은 전통적인 모둠별 수업에서 볼 수 있는 무임 승차자 및 일벌레 학생 등의 문제점을 해소하고자 학생 간의 긍정적인 상호의존성을 높이고 개인적인 책임을 분명히 하여 모든 학생들이 동시다발적으로 참여하게 하는 시스템을 구축한 대안적인 수업방법으로 큰 관심을 끌고 있다.

(2) 협동학습 모형의 특징

협동학습은 학습 능력이 다른 학생들에게 동일한 학습 목표를 부여해서 그 목표를 달성하

협동학습과 협력학습의 비교

협동학습(cooperative learning)은 레빈, 도이치 등의 사회 심리학적 연구 성과를 교실에 적용한 것을 바탕으로 미국의 존슨, 슬래빈, 케이건 등이 발전시킨 교수·학습방법론이다. 이에 비해 협력학습(collaborative learning)은 비고츠키, 피아제, 로티 등의 구성주의자들의 교육철학적 고민을 교실에서 실천하면서 사용한 개념이다.

구분	협동학습	협력학습
개념	구조화된 또래 가르치기	탈 구조화된 또래 가르치기
접근	사회심리학적 접근	구성주의적 접근
특징	교수·학습 모형 중심	교육철학적 담론 중심
공통점	학습 공동체 지향	

협동학습이 전통적인 모둠학습의 무임 승차자 및 일벌레 학생 등의 문제점을 구조화된 접근으로 보완하기 위해 긍정적인 행동에 대해 보상하는 다양한 시스템을 구축함으로써 학생 간의 긍정적인 상호의존성을 높이고 개인적인 책임을 분명히 하여 모든 학생들이 동시다발적으로 참여하도록 한다. 그러나 협동학습은 상을 주어 외적동기를 유발하는 행동주의적 접근 방식을 사용한다는 점에서 많은 비판을 받게 된다. 이러한 비판을 극복하기 위해 등장한 대안적인 방법이 협력학습이다. 협력학습은 외적 동기 유발 대신 과제에 대한 호기심이나 흥미와 같은 내적 동기를 통해 학생들이 자기 주도적으로 협력하여 과제를 완성할 수 있도록 노력해야 한다는 점을 강조한다. 하지만, 학생들의 학습 의지가 없다면 협력학습이 자칫 전통적인 모둠학습으로 변질되기 쉽다.

기 위해 상호작용을 높이기 위한 방법이다. 협동학습을 통해 학생들은 구성원을 격려하고 도와줌으로써 학습 부진을 개선할 수 있기 때문에 학습능력이 저조한 학생에게도 긍정적인 효과를 기대할 수 있다(류지헌 외, 2013).

협동학습의 특징은 적극적인 상호의존, 학생들 사이의 직접적 상호작용, 개인의 책임, 그리고 대인관계의 기능을 학생에게 가르친다는 것이다. 적극적 상호의존은 분업이나 각 집단 구성원에게 구체적 과제 분담 등을 통해 길러질 수 있으며 구성원들이 서로 격려하고 도와줌으로써 학습 부진을 개선할 수 있기 때문에 학습능력이 저조한 학생에게도 긍정적인 효과를 기대할 수 있다. 그러므로, 협동학습은 인지적 목표의 달성뿐만 아니라 정의적, 행동적 목표 달성에 있어서 효과적이다(류지헌 외, 2013; 전숙자, 2002).

(3) 협동학습의 필수 요소

존슨과 존슨(1987)은 협동학습을 성공적으로 수행하기 위해 갖추어야 할 다섯 가지 필수 요소로 긍정적인 상호 의존성, 개인적 책무성, 대면적 상호작용, 사회적 기술, 집단의 과정화 등을 제시하였다. 각 필수 요소의 의미와 그것들의 적용을 상세히 설명하면 다음과 같다.

- **긍정적 상호 의존성:** 긍정적 상호 의존성은 동일한 목표를 향해 나아가기 위해 학생들이 자신들의 수행이 다른 학생들에게 도움이 되고, 다른 학생들의 수행이 자신들의 학습에 도움이 된다는 것을 인식하는 것을 말한다.

  긍정적 상호 의존성을 실행하는 구체적인 방안으로는 학생들에게 학습자료지를 1부씩 만 배부하여 자료를 공유하도록 하고, 모둠 활동 결과 보고서에는 만장일치가 된 내용들 만 기록하고 기록을 끝낸 후에는 모든 모둠원이 동의하는 서명을 하도록 하는 것들이 있 다(이재복, 1999).

- **개인적 책무성:** 개인적 책무성이란 집단 구성원 각자의 수행이 집단 전체의 수행 결과에 영향을 주며, 또 집단 전체의 수행이 구성원 각자의 수행에 다시 영향을 준다는 것이다. 이를 실행하는 구체적인 방안으로는 집단 점수와 개별 점수를 병행하여 개별 학생들이 받은 점수를 집단 점수에 반영하고, "내가 잘해야 모두 잘하며, 내가 못할 경우 모두가 실패하게 되므로 자기 역할에 책임을 다하고 도움을 필요로 하는 친구를 도와야 한다." 는 것을 인식하게 하는 것이다.

- **대면적 상호작용:** 대면적 상호작용이란 집단 구성원이 서로 얼굴을 마주 대하며 관심을 가지고 서로 개방적이고 허용적인 태도를 보여주어 심리적으로 일체감을 가지는 것을 말 한다. 이를 실행하는 구체적인 방안으로는 과제를 완성하고 목표 도달을 위하여 서로 노 력을 북돋우고 칭찬하고 격려하게 하거나, 정보나 자료를 교환하며 현명한 결론을 내리 기 위하여 서로의 의견을 제시하고 검토하게 하는 것이다.

- **사회적 기술:** 집단 구성원들이 협동해서 동일한 목표를 달성하려면 원만한 인간관계를 위한 의사소통 기술뿐 아니라 서로 신뢰하고 의지하는 사회적 기술이 필수적이다. 이를 실행하기 위해 집단 구성원들에게 의사소통을 정확하고 분명히 하게 하며, 의견이 다를

경우 갈등을 건설적으로 해결하도록 한다.

○ **집단의 과정화**: 집단 구성원 모두가 적극적으로 학습활동에 참여하는 과정을 통해 협동학습에서 요구되는 원칙과 기술을 익혀야 하며 모든 구성원에게 진행되고 있는 활동에 대한 피드백을 제공해야 한다.

(4) 협동학습 방법의 유형

○ **성취과제 분담학습**: 성취과제 분담학습(STAD: student teams achievement divisions)은 존스 홉킨스 대학교의 슬라빈(Slavin)이 개발한 모형으로, 기초 기능이나 사실적 지식의 습득에 효과적이다. 교사는 학생들을 학업 능력이나 성별이 다른 이질적인 4~5명으로 구성된 소집단으로 구성한다. 한 단원에 대한 교사의 수업이 이루어진 후 학생들은 자신의 집단에서 주로 학습지를 바탕으로 공부하게 되는데, 집단 구성원 모두가 단원 내용을 통달하는 데 목적을 둔다. 이 과정이 끝나면 모든 학생들이 개별적으로 퀴즈를 본다. 퀴즈를 맞히면 개개 학생의 지난 퀴즈 결과 평균에 비추어 일련의 '향상 점수'가 산출되고, 팀 성적은 구성원들의 향상 점수에 의해 계산된다. 그리고 미리 설정된 기준에 도달한 집단들은 집단 단위로 보상을 받는다. 따라서 구성원 각자가 가지고 있는 기본적인 학업성적에 관계없이 누구나 노력에 의한 성적 향상을 통해 팀의 성공에 기여할 수 있다(전숙자, 2002).

STAD는 협동학습 모형 중 가장 단순한 것으로 협동학습을 처음 시도할 때 많이 사용될 수 있다. 집단 구성원의 역할이 분담되지 않는 공동학습 구조이면서 동시에 개인의 성취에 대해 개별적으로 보상되는 개별 보상 구조를 가지고 있다(박숙희·염명숙, 2007).

○ **직소학습(I, II, III, IV)**: 직소학습은 미국 텍사스 대학의 아론슨(Aronson)과 그의 동료에 의해 개발된 것으로 다민족으로 구성된 미국 학교에서 민족 간의 갈등과 경쟁적인 학교교육의 문제를 해결하기 위한 방안으로 고안되었다(박숙희·염명숙, 2007).

직소학습이란 협동학습의 한 형태로서 경쟁이 없는 상태에서 개인이 상호 정보원, 학습 주체가 되어 서로 가르치고 배우는 상호 의존적인 학습 형태이다. 구체적으로 그 과정은 다음과 같다. 학습의 집단을 여러 그룹으로 나누고(한 그룹에 4~6명) 교사는 각 그룹의 구성원에 고유 번호를 부여한다. 집단에게 동일한 주제를 주는데, 주제 내용을 집단 구성원의 수대로 나누어 한 부분씩 할당하도록 한다. 각 집단에서 같은 부분을 담당한 학

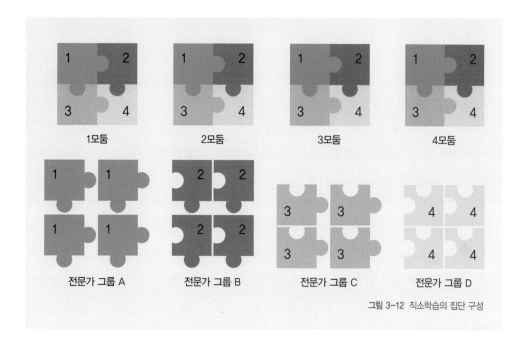

그림 3-12 직소학습의 집단 구성

생들은 따로 모여 하나의 전문가 집단을 구성한다. 이 전문가 집단에서는 동일한 내용의 주제에 대해 각 가정에서 또는 학교에서 자료 수집과 조사 과정을 거쳐 충분한 과제 해결과 학습 준비를 갖춘 후 각 집단으로 돌아가 학습한 내용을 집단 구성원에게 가르친다. 소집단의 집단 점수나 향상 점수 등은 사용하지 않고 학생들은 단지 개별 점수만으로 평가받는다. 이것은 직소 I 모형으로, 개인의 과제 해결에 도움을 주는 성취과제 분담학습의 효과는 있지만, 집단으로서 보상을 받지 못하므로 구성원 간의 보상 의존성은 없다.

이후 슬래빈은 직소 I 모형을 수정하여 직소 II 모형을 제시하였다. 직소 II 모형은 각 학생의 개인 점수뿐 아니라 향상 점수와 집단 점수가 산출된다. 직소 III 모형은 전문가 집단에서 학습을 한 후 돌아와 각 집단의 구성원을 가르치며 협동학습을 하고 그 결과를 평가하기 전에 일정 기간 평가 유예기를 두어 학습한 것을 정리할 기회를 주는 과정을 추가하였다. 직소 IV 모형은 홀리데이(Holliday)에 의해 개발되었는데, 이는 전체 수업에 대한 교사의 안내, 학생들이 수집한 정보의 정확성에 대한 점검을 위해 퀴즈 실시, 평가 후 부족한 부분이라고 생각되는 학습 내용에 대한 재교육 등을 추가하였다(박명희·

염명숙, 2007).

학생들은 각 집단에서 과제를 부여받고, 전문가 집단에서 부여된 과제들을 해결하고 나서, 다시 처음의 자기 집단으로 돌아와 전달 협의를 하여 발표안을 만든 다음 학급 전체에게 발표를 마치면 학생 상호 간에 평가와 반성을 한다. 교사는 종합하여 정리해 주는 과정을 통하여 자신에게 맡겨진 과제에 대해서 보다 책임감 있고 충실하게 조사하고 기록하게 된다. 누구나 가르치는 입장에 서게 되면서 발표에 자신이 없는 학생들도 차츰 발표의 기회를 가지게 됨과 동시에 자신감을 심어 주게 된다(전숙자, 2002).

- 함께 학습하기(LT: learning together): 미국 미네소타대학교의 존슨과 존슨에 의해 개발된 모형으로 5~6명의 이질적인 구성원이 모여 주어진 과제를 협동적으로 수행한다. 과제는 집단별로 부여하고, 보상과 평가도 집단별로 받는다. 시험은 개별적으로 시행하지만, 성적은 소속된 집단의 평균점수를 받게 되므로 자기 집단 내의 다른 학생의 점수가 개인의 성적에 영향을 준다. 집단의 평균점수가 수준 이상에 도달하였을 때 보너스 점수를 주기도 한다(박숙희·염명숙, 2007).

- 집단조사학습(GI: group investigation): 이스라엘 텔아비브대학교에서 샤란(Sharan)이 개발한 것으로, 이질적인 2~6명으로 구성된 소집단을 만들고 학급 내 모든 학생들이 학습해야 할 과제를 소집단 수로 나누어 집단별로 다른 과제를 부여한다. 각 집단은 단원의 집단 보고를 위하여 개인적인 작업이나 토의를 실시하며 다양한 정보를 수집한다. 집단별 조사학습 이후 전체 학급을 대상으로 보고하는데, 교사와 학생은 각 집단의 전체 학습에 대한 기여도를 평가하여 개별적인 평가와 집단 평가를 실시한다.

이 방법은 이미 결정된 사실이나 기술을 학생에게 습득시킬 목적으로 개발된 성취과제 분담학습이나 직소 모형과는 달리, 학생들에게 학습 주제에 대해 다양한 학습 경험을 주고 응용·종합·분석력과 같이 높은 수준의 인지적 기능을 요구한다(박숙희·염명숙, 2007).

- 팀 보조 개별학습(TAI: team assisted individualization): 미국 존스홉킨스대학교의 연구팀에 의해 개발되었으며, 개별학습과 협동학습이 결합된 형태로, 이질적인 4~6명으로 구성된 소집단을 만든다. 학생들은 진단검사를 통해 결정된 각자의 수준에 맞는 단원을 스스로 개별화된 프로그램으로 학습한다. 개별학습을 마치면 단원의 학습 정도를 평가받고 나서, 평가받은 답지를 집단 구성원끼리 서로 짝을 지어 점검하고 서로 도와 문제

를 교정하여 교사에게 제출한다. 여기서 80% 이상의 점수를 받은 학생은 그 단원의 최종적인 개별 시험을 본다. 이 개별 시험 점수를 모두 합해서 평균을 내어 팀의 점수로 정한다(박숙희·염명숙, 2007).

(5) 협동학습의 일반적 절차

존슨과 존슨의 협동학습의 일반적 절차는 다음과 같다(권낙원·최화숙, 2010).

- 학급을 5~6명 정도의 몇 개의 이질집단으로 구성한다.
- 좌석은 학생들이 마주 보도록 책상을 배열하여 상호작용이 용이하도록 한다.
- 학습과제는 사전에 제시되어 구성원 모두에게 공유되며, 공동의 목표로 해결하도록 한다.
- 학습과제는 사전에 제시되어 집단 구성원들의 협의 하에 하위 주제를 분담하여 충분히 학습해 온다.
- 협동학습 시간에 집단 내 구성원끼리 협의와 동료 간의 개인 지도를 통해 각자 보고서를 작성한다.
- 집단별로 하나의 완성된 과제를 제출하도록 하고, 집단적으로 보상을 준다.
- 교사는 집단 구성원들의 상호협동이 잘 이루어지도록 인간관계 개선에 노력한다.
- 단원학습이 끝나면 평가를 실시하고 집단의 평균점수로 평점한다.
- 협동학습이 끝난 후, 토론을 통하여 집단 활동 과정을 평가하고 개인의 책임의식을 촉구한다.

(6) 가정과 교수·학습에의 적용 사례

김자영(2011)은 '섬유와 옷감의 이해'를 주제로 직소 II 모형과 집단조사학습(GI)을 적용한 수업을 〈표 3–21〉과 같이 구안하였다.

〈표 3–21〉에서는 각 모둠에게 '천연섬유와 인조섬유의 종류와 특성'이라는 동일한 주제를 주는데, 5개의 소주제를 5명의 모둠원들에게 하나씩 할당하여 직소 II모형을 적용하였다. 집단조사학습을 적용한 〈표 3–22〉에서는 집단조사학습을 위해 주제를 7개로 정하여 7개의 모둠에게 각 주제를 부여하였다.

표 3-21 직소 II 모형을 적용한 수업

대단원	1. 의복 마련과 관리	중단원	1) 섬유와 옷감의 이해	차시	1/3
본시 주제	(1) 섬유의 종류와 특성			학습 형태	직소 II
학습 목표	1. 천연섬유와 인조섬유의 종류와 특성을 설명할 수 있다. 2. 용도에 맞는 옷감을 선택할 수 있다.				

학습 목표	학습의 흐름	교수·학습활동	자료 및 유의점
도입: 문제 파악 (5분)	모둠별 자리배치	· 학습 분위기 조성 및 전시 학습 확인: 주변에서 많이 사용하는 섬유를 발표 · 전문가 학습지 예습 상태 점검 · 모집단 자리배치(5명 1모둠, 7조)	질서 있는 수업이 되도록 주의를 줌
전개 (30분)	전문가 소집단 구성 및 토의 모집단 재소집	· 전문가 집단 학습: 모둠별 같은 주제에 해당하는 전문가들이 모여서 주제에 대해 서로 준비한 자료들을 발표하고 토의, 전문가 집단 학습이 끝나고 자신이 속한 모집단으로 이동 · 모둠별 협동학습: 전문가가 자기가 조사해 온 각종 자료를 제시하며, 자신이 맡은 섬유에 대해 설명, 준비된 전문가 학습지를 이용하여 섬유의 원료, 성질, 용도 등 섬유에 대한 문제를 풀어나감. 이때 다른 조원들은 궁금한 것을 질문하고, 전문가가 해결해 주지 못한 내용은 교사에게 질문 · 모둠 중에서 정리가 잘된 모둠이 학습 결과를 발표: 다른 학생들은 학습지나 메모지에 정리	· 토의를 함에 있어서 소란스럽지 않게 주의시킴 · 교사는 모둠의 질문 신호에 적극적인 도움 제공 · 발표자가 발표를 잘할 수 있는 분위기 조성 · 다른 모둠의 발표를 경청하고 자신의 학습지를 보완
평가 (5분)	토의내용 정리 및 결과반성	· 모둠 발표 내용을 토대로 학습의 요점을 정리 · 모둠별 자기 평가와 교사 평가	학습하며 느낀 점을 공유
평가 (5분)	형성평가 팀 점수 산출 과제 및 차시예고	· 형성평가: 각자 종합 학습지를 작성 · 모둠점수를 공개하고 보상 · 과제 및 차시예고: 실생활에 이용되고 있는 섬유 조사	오늘 배운 내용을 다시 한 번 상기시켜줌

자료: 김자영(2011). 중등 기술·가정 수업에서 협동학습이 학업성취도 및 흥미도에 미치는 영향–Jigsaw II와 GI 중심으로–. 공주대학교 석사학위논문. pp.51-52.

표 3-22 집단조사학습을 적용한 수업안

대단원	1. 의복 마련과 관리	중단원	1) 섬유와 옷감의 이해	차시	2/3
본시 주제	(1) 섬유의 종류와 특성			학습 형태	GI 협동학습
학습 목표	1. 실생활에 활용되는 섬유에 대해서 설명할 수 있다. 2. 계절별, 용도별로 섬유를 선택할 수 있다.				

학습 목표	학습의 흐름	교수·학습활동	자료 및 유의점
도입: 문제 파악 (5분)	일제학습	· 학습 분위기 조성 및 전시 학습 확인 　– 천연섬유와 합성섬유의 차이점을 말해봄 · 학습 목표 확인 · 문제제기 및 동기 유발 　– 계절별, 용도별로 바른 옷차림은 어떤 것이며 그 옷차림에 이용되는 섬유는 무엇일까?	문제에 대한 답을 생각해 봄
전개 (30분)	상황제시 질문 제기	· 상황제시 　– 계절별로 옷차림은 어떻게 하며, 어떤 섬유들이 이용될까? 　– 용도별로 옷차림은 어떻게 하며, 어떤 섬유들이 이용될까?	· 문제 상황 파악 · 학생은 주제에 대한 구체적인 질문을 함
	하위 주제 선정	· 주제 선정 　– 주제1: 봄 옷차림은 어떻게 하며, 어떤 섬유들이 이용될까? 　– 주제2: 여름 옷차림은 어떻게 하며, 어떤 섬유들이 이용될까? 　– 주제3: 가을 옷차림은 어떻게 하며, 어떤 섬유들이 이용될까? 　– 주제4: 겨울 옷차림은 어떻게 하며, 어떤 섬유들이 이용될까? 　– 주제5: 운동복 옷차림은 어떻게 하며, 어떤 섬유들이 이용될까? 　– 주제6: 예식에 입는 정장 옷차림은 어떻게 하며, 어떤 섬유들이 이용될까? 　– 주제7: 잠옷 옷차림은 어떻게 하며 어떤 섬유들이 이용될까?	· 교사는 학생들의 질문 사항에 성의껏 답변해 줌 · 교사는 학생들의 관심 주제별 모둠이 잘 형성될 수 있도록 도움
	소집단 구성 탐구계획 수립 및 역할분담	· 과제제시 　– 각 주제에 해당하는 바른 옷차림을 해서 패션쇼를 준비하고 그 옷차림에 이용되는 섬유를 조사해서 PPT 제작해 오기 · 학습과제에 맞게 학생들이 하고 싶은 주제별로 모여 모둠 구성(5명 1모둠, 7조) · 모둠별로 선택한 학습주제에 대해 보다 구체적으로 무엇을 어떻게 연구하고 누가 어떤 역할을 맡을지 결정	· 학생들은 질서 있게 자신이 결정한 주제에 해당하는 모둠을 구성하여 함께 앉음

(계속)

학습 목표	학습의 흐름	교수·학습활동	자료 및 유의점
	모둠 토의 및 탐구	· 패션쇼모델: 주제별 옷차림을 하고 워킹 · 의상준비자: 주제별 바른 옷차림 준비 · PPT 자료 수집자: 모델이 입은 옷에 들어가는 섬유 자료 수집 · PPT 자료 제작자: 수집된 자료를 가지고 PPT 제작 – 발표자: 준비된 PPT를 가지고 발표 · 모둠 탐구하기 – 각 모둠별로 맡은 주제에 대해 어떻게 해결해 나갈 것인지 토의	· 모든 모둠원들이 적극 참여할 수 있도록 격려
평가 (5분)		· 발표주제 정리 – 모둠별 발표에 대한 전체적인 방법을 설명	각 모둠별로 발표 과정 이해
	과제 및 차시예고	과제 및 차시예고	발표 준비

자료: 김자영(2011). 중등 기술·가정 수업에서 협동학습이 학업성취도 및 흥미도에 미치는 영향–Jigsaw II와 GI 중심으로–. 공주대학교 석사학위논문. pp.61–62.

4 | 가치 명료화 모형

가치란 삶의 방향을 제시해 주고, 선택의 기준으로 작용하면서, 자신의 행동을 정당화시키기 위하여 사용하는 태도와 신념이라고 할 수 있다. 가치는 개인이 출생하면서부터 사회화의 과정을 통해 집단 및 그 사회의 요구를 받아들이고 어떤 면은 수정해가면서 형성하게 된다. 그러므로 가치는 개인들의 사회적·경제적 조건이나 그 사회가 지니는 문화적 특색에 따라 다르게 나타난다(전숙자, 2002).

가치교육은 개인의 삶을 위한 영역과 사회적 삶을 위한 영역으로 나누어 생각해 볼 수 있다. 전자는 개인 생활에 관계되는 것으로 직업, 배우자, 종교선택 등과 같이 자신의 삶의 목적을 설정하거나 자아실현을 할 수 있도록 도와줄 수 있는 것에 관심을 가지는 것이며, 후자는 사회적으로 공유되고 있는 가치나 공공선(public good)에 관심을 가지고 사회 구성원으로서의 역할을 할 수 있도록 교육하는 것을 말한다. 가치 명료화는 개인적인 가치를 검토하는 과정으로, 자신은 왜 타인이 가지고 있는 특정한 가치와는 다른 가치를 보다 소중히 여기는가에 대하여 생각해 봄으로써 자신이 원하는 가치가 무엇인지를 분명하게 하는 과정이다(전숙자, 2002).

따라서, 가치 명료화 모형은 어떤 개인이 자신이 원하는 가치를 드러내고, 그 가치를 내면화함으로써, 궁극적으로는 그 가치를 일상생활 속에서 실천을 통해 생활화·습관화하는 것을 목표로 삼는다(최용규 외, 2014).

(1) 가치 명료화 모형의 등장 배경

가치 명료화 모형은 1960년대 중반 라스(Raths) 등에 의하여 등장하였다. 1960년대의 미국 생활은 다방면에 걸친 변화로 인해 선택 상황은 다양해졌지만, 동시에 젊은이들에게 가치의 혼동과 혼란을 야기시켰다. 그러므로 어릴 때부터 스스로의 힘으로 선택을 하고 자신의 가치관을 정립하는 연습과 훈련을 시켜줄 필요가 생겼다. 이러한 요구에 따라 등장한 가치교육의 한 방법론이 가치 명료화 모형이다. 즉 가치 명료화 모형은 다양한 가치가 갈등을 빚고 있는 현대사회에서 청소년들이 자신의 불분명한 가치를 스스로 명료화하고 그에 따라 살아갈 수 있도록 도와주는데 목적을 두고 등장하게 되었다(최용규 외, 2005).

(2) 가치 명료화 모형의 특징

가치 명료화는 내용 자체보다는 과정·절차·형식을 강조하는 수업모델로서, 이를 두 가지 측면에서 말할 수 있는데, 하나는 도덕적 원리나 덕목보다는 가치화의 '과정'을 중시한다는 것이고, 다른 하나는 수업 과정에 있어서, '내용'적 측면보다는 '방법'적 측면을 중시한다는 것이다. 가치 명료화 모형에서 말하는 '가치'의 속성은 개개인의 '경험'과 '상대성'을 바탕으로 하고 있으며, 그것의 '보편성'이나 '절대성'을 부정하고 있기 때문에 '원리'보다는 '가치'를, '가치'보다는 '가치화'를 더 강조하고 있다.

가치 명료화의 장점은 다음과 같이 정리될 수 있다. 현대 다원주의 사회를 살아가는 학생들에게 자신의 정체성과 가치관을 스스로 확립할 수 있도록 한다는 점, 여타의 가치교육 접근이 도덕적인 측면에 중점을 두고 있는데 비해서 탈 도덕적 측면의 문제까지도 포괄적으로 다룰 수 있다는 점, 가치의 문제를 학생들 개인의 문제로 바라봄으로써 자신의 선택이나 행동에 대한 자신의 책무성을 강화할 수 있다는 점, 그리고 지적·정의적·행동적 측면의 통합과 발달을 통해 조화로운 인간 형성을 도모할 수 있다는 점 등이다.

이러한 관점에서 보면, 가치 명료화 접근은 자신을 바르게 인식하고 자아발달과 주체성을 확립하고 가치관 형성을 돕는다는 측면에서, 사회과에서 추구하는 바람직한 시민으로서의

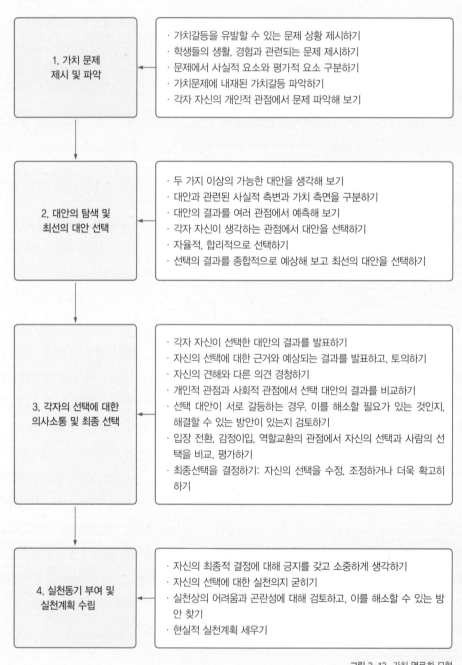

1. 가치 문제 제시 및 파악	· 가치갈등을 유발할 수 있는 문제 상황 제시하기 · 학생들의 생활, 경험과 관련되는 문제 제시하기 · 문제에서 사실적 요소와 평가적 요소 구분하기 · 가치문제에 내재된 가치갈등 파악하기 · 각자 자신의 개인적 관점에서 문제 파악해 보기
2. 대안의 탐색 및 최선의 대안 선택	· 두 가지 이상의 가능한 대안을 생각해 보기 · 대안과 관련된 사실적 측변과 가치 측면을 구분하기 · 대안의 결과를 여러 관점에서 예측해 보기 · 각자 자신이 생각하는 관점에서 대안을 선택하기 · 자율적, 합리적으로 선택하기 · 선택의 결과를 종합적으로 예상해 보고 최선의 대안을 선택하기
3. 각자의 선택에 대한 의사소통 및 최종 선택	· 각자 자신이 선택한 대안의 결과를 발표하기 · 자신의 선택에 대한 근거와 예상되는 결과를 발표하고, 토의하기 · 자신의 견해와 다른 의견 경청하기 · 개인적 관점과 사회적 관점에서 선택 대안의 결과를 비교하기 · 선택 대안이 서로 갈등하는 경우, 이를 해소할 필요가 있는 것인지, 해결할 수 있는 방안이 있는지 검토하기 · 입장 전환, 감정이입, 역할교환의 관점에서 자신의 선택과 사람의 선택을 비교, 평가하기 · 최종선택을 결정하기: 자신의 선택을 수정, 조정하거나 더욱 확고히 하기
4. 실천동기 부여 및 실천계획 수립	· 자신의 최종적 결정에 대해 긍지를 갖고 소중하게 생각하기 · 자신의 선택에 대한 실천의지 굳히기 · 실천상의 어려움과 곤란성에 대해 검토하고, 이를 해소할 수 있는 방안 찾기 · 현실적 실천계획 세우기

그림 3-13 가치 명료화 모형

기본적인 자질을 발달시키는데 공헌할 수 있는 것이다.

(3) 가치 명료화 모형의 일반적 절차

가치 명료화 모형에서는, 어떤 한 사람의 경험의 결과로서 나온 특정한 가치에는 별로 관심을 갖지 않고, 그러한 가치를 갖게 되기까지의 과정에 관심을 기울인다. 이를 가리켜 가치화의 과정(process of valuing)이라고 부른다. 가치화의 단계는, 하나의 가치가 개인에 의해서 개발되고 획득되어 내면화되는 과정·절차를 나타내는 것이다. 가치 명료화 모형을 살펴보면 〈그림 3-12〉와 같다(정호범, 1997; 최용규 외, 2014, 재인용).

이러한 각 단계는 다음의 물음에 따라 진행되는 절차로 볼 수 있다. 예를 들어 ① 무엇이 문제인가? → ② 이를 어떻게 해결(선택·결정)할 것인가? → ③ 이 해결(선택·결정)은 타당화될 수 있는가? → ④ 선택·결정한 것을 어떻게 실천할 것인가? 등이다.

이러한 물음에서, ①과 ②는 기본적으로 가치를 선택·평가하는 주체의 개인적 관점에서 그 대답이 찾아지도록 하고 있다. 그리고 ③은 각 개인들의 선택에 대한 근거와 추론을 바탕으로 의사소통이 이루어진 다음, 자신의 선택을 최종적으로 수정·변경하거나 처음의 선택을 더욱 확고하게 유지하는 것이다. 마지막으로, ④는 최종적인 자신의 선택을 일상생활 속에서 구현하는 문제이다.

(4) 가치 명료화 모형의 다양한 수업 전략

가치를 명료화하기 위한 전략들은 실질적인 가치 명료화 과정에 도움을 줄 수 있다. 가치 명료화 연구자들은 대화 전략, 쓰기 전략, 토론 전략, 결과 인식 확대 전략 등 네 가지 전략을 제시하였다.

○ **대화 전략-반응의 명료화**: 반응의 명료화(clarifying response)는 생활 속에서 선택하고, 존중하고, 실행하는 일의 종류에 대해서 깊이 생각해서 말이나 행동으로 이것을 나타내는 반응양식이다. 반응을 명료화하는 기본적인 의도는 학생들이 그들의 행동과 아이디어를 더 면밀히 살펴보도록 하기 위함이다. 그럼으로써 그들 스스로 자신이 원하는 가치가 무엇인지 '명료화'할 수 있게 된다. 하지만 교화(moralizing)는 신중히 생각하고 지양해야 한다(Fraenkel, 1996).

반응의 명료화는 대화전략으로 이용되는데, 보통 한 번에 한 학생을 대상으로 실시되지만, 전체 학급 토론 또는 학생이 제출한 과제에 간단한 말을 적어주는 방식으로 시도할 수도 있다. 반응의 명료화의 실례를 제시하면 다음과 같다(최용규 외, 2014). 예를 들어 어떤 학생이 "내가 일자리를 가질 수 있는 나이가 되면 학교를 중퇴할 거예요."라고 말한다면 교사는 다음과 같은 반응을 보일 수 있다.

"그런 계획을 하게 된 것에 대해서 어떤 느낌이 드니?", "왜 학교를 그만 둘 생각을 갖게 되었는지 그 이유를 생각해 보았니?", "학교를 계속 다니는 것과 중퇴하는 것에 대한 찬성과 반대에 관한 목록을 작성해 보자.", "네가 원하는 것을 얻는 데 내가 무엇을 도와줄수 없겠니?", "중퇴는 하나의 대안이다. 이것 말고도 여러 대안이 있다. 전학, 아르바이트, 학교생활에 충실히 하는 것 등을 고려해 보았니? 다른 대안들이 더 없을까?", "너는 졸업장을 언젠가 갖기를 원할 것이라고 생각하니?" 등이다.

- **쓰기 전략-가치지**: 쓰기 전략은 주로 '가치지(value sheet)'의 활용을 통해서 이루어진다. 가치지는 학생들이 성찰하고 쓰거나 이야기하도록 하는 가치 시사가 담긴 사고를 자극하는 이야기, 진술, 또는 질문을 담을 종이이다. 가장 단순한 형태의 가치지는 자극을 주는 지문과 일련의 질문으로 구성되어 있다. 이것을 복사해서 학생들에게 배부하여 활용할 수 있다. 그러나 학급 전체 학생들이 똑같은 이야기나 내용을 읽을 때는 지문을 제시할 필요가 없다. 이럴 때는 가치지의 맨 위에 그것을 단지 언급만 한 다음, 질문들을 제시하면 된다. 가치지의 실례를 제시하면, 다음과 같다(최용규 외, 2005).

예를 들어 개를 기르고 있는 사람들이 지난해에 개 먹이로 5천억 원을 소비했다고 하자. 그 액수는 북한의 유아들이 3개월 동안 식품비로 사용할 수 있는 액수라고 한다. 개를 기르는 데는 식품비 이외에도 장식품, 개집, 가축병원비 등 많은 돈이 필요하다. 이 내용을 실제라고 가정해 보고 다음 질문에 대하여 잘 생각해 보고 답을 써 보도록 한다.

'만약, 네가 개를 기르고 있다면, 위 글을 읽고 기분 나쁘다고 생각합니까? 왜 기분이 나쁩니까? 또는 왜 기분이 나쁘지 않습니까?', '만약, 당신이 개를 기르고 있지 않다면, 터무니없이 들릴 수도 있는 그런데다 돈을 쓰겠습니까? 설명해 보시오.', '개를 기르고 있는 사람에게 조롱했던 사람이 고급 외제차를 타고 가는 것을 보았습니다. 어떻게 생각합니까?', '다른 사람이 먹을 수 있도록 하기 위하여 제가 거의 굶어야 합니까? 논의해 보시오.', '이 문제에 대해서 당신은 어느 입장입니까? 당신이 돈을 소비하고 있는 것에 대해,

표 3-23 가치 명료화 모형의 교수·학습 과정안

주제	내 집이 한 채 있어도 또 다른 집을 소유할 것인가?				
대상	고등학교 1학년	차시	1/4	교수·학습 매체	동영상, PPT, 학습활동지
주거 가치	집은 거주지로서의 의미보다 경제적 자산으로서의 가치가 크다.				
학습 목표	1. 집의 의미를 생각한다. 2. 삶의 공간으로서의 집과 경제적 재산으로서의 집에 대한 두 의미 중에서 나는 어디에 더 큰 의미를 두는지 생각해 본다.				

학습 단계		교수·학습활동	자료 및 유의점
도입: (7분)	동기 유발	· 인사 · 수업소개 　– 주생활 문화의 근간을 이루는 주거(집)에 대한 우리들의 생각, 즉 가치관을 진지하게 생각해 보는 수업임을 설명한다. · 동영상 '달팽이집' 감상 후 질의응답 　– 달팽이는 어떤 생물이라고 하나요? 　– 왜 달팽이를 행운의 생물이라고 했나요? 　– 그렇다면 집이란 무엇일까요? · 동영상 '달팽이집' 감상 후 정리 　– 여러분이 답했듯이 사람들에게 집은 많은 의미를 가집니다. 그 중에서 오늘날 많은 사람들은 '주거공간으로서의 집'과 '재산증식의 수단으로서의 집'의 의미 사이에서 갈등하고 있습니다. 과연 나는 집에 대해 어떻게 생각하는지 이 시간을 통해 확인해 봅시다. · 주제 판서 및 PPT 제시 　– 내 집이 한 채 있어도 또 다른 집을 소유할 것인가?	· 동영상: 지식채널e '달팽이 집' · PPT
	학습 목표 제시	· 집의 의미를 생각한다. · 삶의 공간으로서의 집과 경제적 재산으로서의 집에 대한 두 의미 중에서 나는 어디에 더 큰 의미를 두는지 생각해 본다.	PPT(부록5)
	상황 제시	· 읽기자료를 읽고 학습활동지 작성 　– 학생을 지명하여 읽기자료1을 큰 소리로 읽게 한다. 　– 학습활동지1의 1, 2번 문항을 작성하고 다 같이 소리 내어 말해 본다. · '부동산 시한폭탄 카운트다운은 시작됐다' 동영상 감상 후 질의응답 　– 동영상 속에 나온 사람들은 집을 무엇으로 생각하는가? 　– 동영상을 감상한 느낌을 말해 본다.	· 학습활동지1(부록3) · 읽기자료1-1(부록4) · 동영상: 뉴스추적
		· 토론 　– 주제: 집은 재산증식의 수단이 될 수 있다. VS 집은 재산증식의 수단이 되어서는 안 된다.	· 토론전략 · PPT(부록5)

(계속)

학습 단계		교수·학습활동	자료 및 유의점
전개 (40분)	선택	– 조 구성: 찬성 3개조, 반대 3개조로 총 6개조로 구성한다. – 역할배정: 전체 사회자 선정, 조별 찬·반토론 대표 발표자 및 보고서 작성자를 선정한다. – 진행과정(포럼토론): ① 조별통의, ② 대표 발표자 토론(찬성측 주장(2분) → 반대측 주장 및 질의(2분) → 찬성측 주장 및 질의(2분) → 반대측 주장 및 질의(2분) → 찬성측 주장 및 질의(2분) → 반대측 주장 및 질의(2분)), ③ 청중들이 지지하거나 반대하는 근거 제시 혹은 질문, ④ 사회자가 찬성입장, 반대입장에 대해 간단히 구두 정리, ⑤ 보고서 작성자는 진행과정 중에 보고서를 작성 · 가치지 작성(학습활동지 1의 3번 문항) – 토론을 통해 다른 사람들의 의견을 들어보았습니다. 평소에 자신이 가지고 있었던 생각과 읽기 자료, 동영상 친구들의 이야기를 통해 느낀 점들을 자신의 생각으로 정리해 보도록 합시다.	· 참고자료: 읽기 자료1-1∼1-4(부록4) · 보고서: 학습활동지2 · 쓰기전략 · 학습활동지1
	존중	· 가치 파트너 – 둘씩 짝지어 한 사람이 먼저 자신의 가치를 이야기하고 다른 사람은 그것을 들은 후 자신의 가치를 이야기한다. – 예시: '나는 가족이 거주할 내 집이 있을 때 다른 집을 더 소유할거야(소유하지 않을 거야). 왜냐하면 그렇게 했을 때 ○○ ○○ 때문이야. 나는 이런 내 생각이 아주 만족스러워.' – 자신이 선택한 가치일지라도 스스로 그 가치를 소중히 여기고 존중할 수 없다면 그것은 가치로 자리 잡기 힘듦을 설명한다.	가치 파트너 전략
정리 (3분)	내용 정리	· 문장 완성 – 지금까지 집이 사람들에게 필수적인 주거공간이지만, 재산증식의 수단으로 여겨지기도 하는 것을 보면서, 집에 대한 여러분의 생각을 정리해 보았습니다. 다음의 문장을 완성해 보세요. – '나는 이 수업을 통해 ○○○○ 생각을 하게 되었다.'	PPT
	차시예고	경제적 능력이 부족한 사람들이 열악한 주거환경에서 사는 것은 어쩔 수 없는 일인지 생각	

자료: 김교연(2010), 가치명료화 이론을 적용한 주생활 문화 교수·학습 과정안 개발 및 평가–주생활 문화에 내재된 사회, 경제적 주거가치를 중심으로–. 한국교원대학교 석사학위논문. pp.52–53.

당신이 소중히 여기는 것이라고 모든 사람에게 이야기할 수 있습니까?' 등이다.

○ **토론 전략–가치토론 전략**: 가치토론 전략(discussion strategy)의 목적은 가치토론을 통해 개인적인 가치 개발을 질적 수준을 높이고 서로의 가치에 대한 상이성과 다양성에 대한 이해를 넓히려는 것이다. 즉 토론 전략은 소집단이든지, 전체집단이든지 간에 집단의

형식을 취하지만, 그 일차적인 목적은 집단의 논의를 통해서 개개인의 가치형성을 돕는데 두고 있는 것이다. 어떤 갈등이나 논쟁 문제의 궁극적인 해결을 바라는 것이 아니다. 토론 전략에서는, 가치가 이미 형성되어 있는 사람이나 아직 가치가 형성되지 않은 사람 모두에게 효과를 가져다준다. 자신의 가치가 이미 형성된 학생들은, 가치토론의 과정을 통해서 자신의 가치를 다시 한 번 신중하게 검토하는 기회를 제공받을 수 있다. 결과를 고려하는 면에 있어서 충분치 못했거나 보다 나은 대안을 발견할 경우, 자신의 가치를 변경할 수도 있는 것이다. 가치가 아직 형성되지 않은 경우에는, 미처 생각하지 못한 대안들과 결과들에 대한 정보를 얻어 좀 더 신중하게 가치화의 과정을 수행하게 된다. 또한, 가치토론은 자신이 존중한 가치를 공언하는 과정이기도 하다. 그리고 이를 통해 개개인의 다양한 가치를 확인하고 이해할 수 있을 것이다.

학급 토론을 할 때는 신중하게 계획을 세우는 것이 매우 중요하다. 라스 등은 반성적 사고에 의한 풍부한 토론을 하기 위한 네 단계를 다음과 같이 제시하고 있다. 주제 선택하기 → 말하기 전에 생각하도록 자극하기 → 조직적으로 토론에 참여시키기 → 배운 것을 이끌어 내기, 그리고 할은 토론전략을 위한 일반적인 수업 단계를 다음과 같이 제시하고 있다(Robert T. Hall, 1979). 사례 제시하기 → 사례에 대해 생각하고 자신의 의견을 공식화할 시간을 제공하기 → 소집단으로 구분하여 토론하기 → 학급 전체로 모여 주제에 대해 다시 논의하기 → 토론의 결론짓기이다. 양자의 토론 단계는 대동소이하다. 라스 등이 제시하는 세 번째 단계는 홀이 제시하고 있는 세 번째와 네 번째 내용을 그대로 포함하고 있다.

○ **결과 인식 확대 전략**: 결과 인식 확대 전략은 가치 명료화 과정의 세 번째 단계인 '각 대안의 결과를 심사숙고한 후에 선택하기'로부터 나온 것이라 볼 수 있다. 학생들에게 그들의 행동이 어떤 결과를 가져올 것인가를 보다 넓게, 멀리, 신중하게 생각하게 한 후 가치를 선택하도록 하려는 것으로, 미래를 예측하면 할수록 보다 더 현명한 결정과 행동을 유도할 것이라는 가정에 근거한다.

이 전략에서 중요한 것은 어떻게 하면 교사가 학생들이 결과에 대한 예측을 더 잘 하게끔 도와 줄 수 있는가 하는 방법론적인 문제이다. 다양한 방법이 존재하겠지만 학교 현장에서 적용할 수 있는 것은 다음과 같이 제시해 볼 수 있다(김교연, 2010).

학생들에게 가능성이 있는 결과의 목록을 작성하게 한다. → '만약 우리가 이것을 한다면 어떤 일이 생길까? 만약 하지 않는다면 어떤 일이 생길까?'라는 질문을 던진다. → 학생들에게 결과를 정확하게 예측했거나 또는 예측하지 못했던 경험을 이야기하게 한다. → 학생들에게 문제 상황에서 세 가지 대안을 적게 한 다음 각각의 대안에 대하여 예측할 수 있는 결과를 적게 한다.

(5) 가정과 교수·학습에의 적용 사례*

김교연(2010)은 주생활 문화에 내재된 사회·경제적 주거가치를 중심으로 가치 명료화 모형을 적용한 주생활 문화 교수·학습 과정안을 개발하였다. 교수·학습 주제는 '내 집이 한 채 있어도 다른 집을 더 소유할 것인가?'로 '집은 거주지로서의 의미보다 경제적 자산으로서의 가치가 크다.'를 중심 주거가치로 다룬다. 가치 명료화 전략들은 현대사회의 주생활 문화의 문제에 내재한 사회·경제적 주거가치를 중심으로 다루는 교수·학습 과정에서 학생들이 보다 다양하고 깊이 생각하도록 도와주는 학습활동으로 활용할 수 있다. 학생들이 가지는 주거가치는 부모나 매체의 영향을 받아 사회 전반의 가치를 깊이 생각하는 과정을 통해 거르지 않고 그대로 반영하고 있을 가능성이 크다. 따라서 공개인터뷰를 하거나 발표하는 학생들에게 교사가 대화 전략인 반응의 명료화를 하게 함으로써 좀 더 생각하도록 자극할 수 있으며, 쓰기 전략인 가치지를 통해 보다 심사숙고하게 하고, 토론을 통해 다른 친구들의 생각을 듣게 할 수 있으며, 결과 인식 확대 전략을 통해 보다 신중하게 생각하도록 유도할 수 있다.

5 │ 역할놀이 수업 모형

역할놀이 수업 모형은 교육의 개인적·사회적 측면에 뿌리를 두고 있으며, 학생들에게 하나의 상황에서 다양한 체험을 해보도록 함으로써 개인으로 하여금 그들의 사회적 세계 안에

---

* 참고할 수 있는 논문: 김자영(2011). 중등 기술·가정 수업에서 협동학습이 학업성취도 및 흥미도에 미치는 영향—Jigsaw II와 GI 중심으로−. 공주대학교 석사학위논문.
　김교연(2010). 가치명료화 이론을 적용한 주생활 문화 교수·학습 과정안 개발 및 평가—주생활 문화에 내재된 사회, 경제적 주거가치를 중심으로. 한국교원대학교 석사학위논문.

서 개인적 의미를 발견하게 하고, 개인적 딜레마들을 사회집단의 도움을 받아 해결하는데 도움을 준다(Joyce & Weil, 1972).

역할놀이 수업 모형은 학생들에게 구체적인 상황을 실제로 경험해 보게 하고, 그 상황에 대하여 토론하게 하고, 상황 속의 인물이 어떤 행동을 할 것인가를 제의하거나 연기를 해 보며, 이 같은 행동과정과 결과에 대하여 평가하고, 주어진 문제상황에 대한 해결책을 제시하도록 한다. 이러한 과정을 통하여 학생들은 자신의 가치와 의견을 보다 분명히 깨닫게 될 뿐 아니라 실생활에서 자기가 선택한 것의 결과를 이해하게 되고, 또한 그 결과는 자신의 행동 결과만이 아니라 자신이 통제 할 수 없는 타인의 의견이나 행동에 영향을 받게 됨을 알게 된다. 즉 사람들이 어떻게 타인의 행동에 영향을 미치는가를 보다 잘 이해할 수 있도록 해준다(Bank, Henderson & Eu, 1981).

(1) 역할놀이 수업 모형의 등장 배경

이 모형은 샤프텔 부부(Shaftel, F. & Shaftel, G)에 의해 처음으로 개발되었다. 이들은 20년 동안 학생들에게 인간의 존엄성, 정의감, 애정 등의 민주적 관념들을 일상생활에서 어떻게 실천할 수 있는가를 가르치는데 이 모델을 개발하여 적용하였다. 샤프텔은 역할놀이를 문제해결, 비평적 사고 및 거래적 경험(transactional experience)과정이라고 했으며, 교육과정에서 내용영역을 탐색하는 하나의 도구라 했다(최성기, 1994).

(2) 역할놀이 수업 모형의 특징

역할놀이를 이론적으로 체계화시킨 샤프텔은 역할놀이의 성격을 다음과 같이 설명하고 있다(이용복, 1994).

첫째, 역할놀이는 문제해결과정으로서 문제해결을 위한 사고를 촉진시킨다. 역할놀이에 사용되는 문제 상황은 갈등을 포함하여 역할놀이 수행 과정을 하여 학생들은 직접·간접으로 그것을 해결하려는 노력을 하게 된다.

둘째, 역할놀이는 교사의 강요나 강제에 의해서가 아니라 학생들이 자발적으로 참여하는 것이다. 직접 역할을 담당할 연기자 선정이나 토론 참여자도 지명보다는 자의에 의한 것이다.

셋째, 역할놀이는 상호 간의 의사소통과정이다. 학생들은 역할을 연기하거나 다른 사람의 연기를 관람하거나 토의 과정에서 서로 의견을 교환함으로써 상호 간의 의견을 보다 잘 이해하게 되어 효과적인 의사소통이 이루어질 수 있다.

넷째, 역할놀이는 자신을 다른 사람의 입장에 놓고 다른 사람의 견해를 경험하고 다른 사람의 견해를 통해서 어떤 사물이나 상황을 보게 함으로써 자기중심주의를 극복할 수 있게 도와준다.

다섯째, 역할놀이는 자신을 다른 사람의 입장에 놓음으로써 다른 사람의 위치에 있는 듯한 느낌을 가지는 감정이입적인 과정이다.

여섯째, 개개인은 많은 역할을 직접 간접으로 수행함으로써 실제 생활에서 경험할 새로운 역할을 잘 수행할 수 있는 기능을 습득할 수 있다. 여러 사람이 문제 상황에 대해 다각도로 대처해 나가는 것을 보면서 그러한 문제에 부딪쳤을 때보다 효율적으로 해결하는 것이 어떤 것인지 판단할 수 있는 힘이 생긴다.

일곱째, 역할놀이는 개인의 비현실적인 역할지각을 바로 잡는 경험을 제공한다. 실제로 개인이 자신이나 혹은 다른 사람의 지위나 역할을 얼마나 정확히 지각하느냐에 따라 그의 역할 시행이 올바를 수도 있고 또는 비현실적일 수 있으며 다른 사람과의 원활한 관계 여부도 나타나게 된다. 역할놀이 시행 과정에서 이러한 비현실적인 역할지각이 연기나 토의과정에서 표면에 드러나게 된다. 겉으로 드러나지는 않아도 내부에 그러한 역할지각을 지닌 학생도 있다. 몇 차례의 시행이나 토의 과정에 이르게 되는 과정을 거치면서 학생들은 자신의 생각을 바로잡는 경험을 가지게 되는 것이다.

(3) 역할놀이 수업 모형의 장단점

역할놀이 수업의 장점은 학생의 사회성 발달, 긍정적인 학습태도, 말하기·듣기·쓰기 등 언어기능 발달, 긴장 완화, 자아개념 향상 등이 있다(김민환·추광재, 2012).

역할놀이 수업은 사회성을 발달시킨다. 역할놀이를 통해 일정한 상황을 직접 체험해 봄으로써 학생들은 기본적으로 그 상황에 대한 판단과 정보를 얻게 된다. 그리고 역할놀이를 할 때 학생들은 일정한 역할을 맡아 그 역할 속의 사람이 되어 그 사람의 느낌과 생각을 전달하기 위해 노력하게 된다. 이 과정에서 학생은 다른 사람의 입장이 되어 보고, 다른 사람이 느끼는 감정을 실제로 느껴보는 기회를 갖는 것이다. 그 결과 학생들은 타인의 다른 생각을 이해하고 자신과는 다른 감정을 타인도 가질 수 있다는 것을 깨닫게 되며 이해하려고 노력하게 된다. 또한 역할놀이를 하는 과정에서 다른 사람과 함께 하는 방법을 터득하게 된다.

역할놀이 수업은 학습태도와 학습풍토를 변화시킨다. 역할놀이는 학생의 흥미유발에 적합하므로 학습에 대한 자율적인 참여 의욕과 긍정적인 학습태도를 습득하게 된다. 역할놀이수업은 학급풍토의 하위요인인 응집성과 만족성에 긍정적인 영향을 끼친다. 또 역할놀이수업은 말하기, 듣기, 쓰기 능력 등 언어 기능을 발달시킨다. 역할놀이 과정에서 말하기와 듣기를 통해 의사소통을 하고, 역할내용을 대본으로 각색해 봄으로써 쓰기 능력을 신장하게 된다. 학생들의 불만족을 해소한다. 현재 사회 여건하에서 표현하기 어려운 행동들을 역할놀이를 통하여 행동으로 옮김으로써 긴장과 감정을 완화시킬 수 있다. 그리고 자아개념을 향상한다. 사회화 과정에서 학생들은 자신의 정체성이 무엇이며, 무엇을 배워야 하는가 등에 대한 자아개념을 발달시켜야 하는데, 이런 의미에서 역할놀이는 적절한 방법이다.

한편, 역할놀이의 단점이 몇 가지 있는데, 이를 최소한으로 하기 위한 수업안 개발과 시행을 해야 한다. 먼저 역할놀이의 준비 과정이 길어질 가능성과 수업과정에서 학생들이 산만해질 가능성으로 인하여 학습의 효과를 떨어뜨리고 수업 시간의 낭비를 가져올 수 있다. 그리고 다양한 역할을 모둠별로 하기 때문에 교사가 실시 요령을 설명해도 일부 학생의 경우 잘 이해하지 못하는 경우가 종종 있다. 마지막으로 활동만 하고 배운 것이 없게 되는 우려를 피할 수 없으므로, 무엇을 가르치고 배울 것인가를 분명히 하는 일이 필요하다(김민환·추광재, 2012).

(4) 역할놀이 수업 모형의 교수·학습단계

샤프텔 부부는 역할놀이 활동의 단계를 집단 분위기 조성하기, 참여자를 선정하기, 무대 설치하기, 관찰자들을 준비시키기, 실연하기, 토론과 평가하기, 다시 실연하기, 토론과 평가하기, 경험한 것들을 서로 의견교환하고 일반화하기 등 9단계로 구성하였으며, 〈표 3-24〉와 같다(Joyce & Weil, 1972). 샤프텔 부부의 9단계를 살펴보면, 일회적인 역할놀이 활동이나 학습으로 끝나는 것이 아니라, 다시 실연하고 앞선 활동들에 대한 평가활동을 통하여 성찰 과정을 강조하는 특징이 있다(김현철, 2014). 그러나 교실에서 교사가 역할놀이 수업을 적용할 때 반드시 이 순서를 지킬 필요가 없으며, 어떤 단계는 학생들과 반복하거나 복습해야 할 필요가 있을 수도 있다. 각 단계에 필요한 시간의 양은 학생들의 능력이나 흥미에 따라 달라진다(Bank et al., 1981). 한편, 한국교육개발원(1985)에서는 역할놀이 수업을 역할놀이 상황의 선정, 역할놀이 준비, 역할놀이 참가자 선정, 청중의 준비, 역할놀이 시행, 역할놀이

표 3-24 역할놀이 활동 단계

	단계	내용
1	1단계 집단의 분위기 조성하기	· 문제를 규명하거나 안내하기 · 문제 이야기를 해석하고 문제점을 탐색하기 · 역할놀이를 설명하기
2	2단계 참여자 선정하기	· 역할들을 분석하기 · 역할 연기자 선정하기
3	3단계 무대 설치하기	· 행동라인 설정하기 · 역할들을 다시 설명해 주기 · 문제상황의 속사정 파악하기
4	4단계 관찰자들을 준비시키기	· 무엇을 바라볼 것인가를 설정하기 · 관찰과제를 분담시키기
5	5단계 실연하기	· 역할놀이 시작하기 · 역할놀이 유지하기 · 역할놀이 중지시키기
6	6단계 토론과 평가하기	· 역할놀이 행동을 검토하기(사건, 입장, 현실성 등) · 중요한 초점에 대한 토론하기 · 다음 실연 개발하기
7	7단계 재실연하기	· 수정된 역할놀이하기 · 다음 단계 또는 행동 대안을 제안하기
8	8단계 토론과 평가하기	· 역할놀이 행동을 검토하기(사건, 입장, 현실성 등) · 중요한 초점에 대한 토론하기 · 다음 실연 개발하기
9	9단계 경험내용 교환 및 일반화하기	· 문제생활을 실제 경험과 현존문제에 관련시키기 · 행동의 일반 원칙 탐색하기

토론과 평가 등 6단계로 구분하여 제시하였다.

(5) 역할놀이 수업 모형의 적용조건

역할놀이 수업이 교육적 효과를 잘 낼 수 있으려면, 교사가 역할놀이 수업을 계획하고 학생들을 준비시킬 때 다음과 같이 면밀하게 준비해야 한다(Bank et al., 1981).

○ **자료**: 역할놀이 수업 모형을 적용할 때 교사가 해야 할 일은 교실에서 역할놀이에 적합

한 문제나 상황을 선정하는 것이다. 자료의 준비나 상황 설정은 다양한 자원을 통해서 수집하는데, 예를 들면, 학생들의 생활을 관찰하거나 영화, 드라마, 문학작품 등을 통해서 '개인 간의 갈등', '집단 간의 갈등', '개인 내 갈등', '역사적 또는 현대적 문제' 등의 아이디어를 얻을 수 있다.

○ **학급구성**: 교사는 역할놀이 수업을 적용하는 데 있어서 거쳐야 할 단계를 알고 있어야 한다. 그러나 활동이 다르면 학급을 조직하는 방법도 달라야 한다. 예를 들면, 학생 모두를 동시에 참여시키지 않고 소집단을 구성하여 번갈아 활동하게 할 수 있다. 이 경우 각 집단은 역할놀이 활동에 필요한 정보를 수집하고 문제를 토론하여 해결 방법을 모색해야 할 것이다. 그리고 차례차례 학생들 앞에서 실시하는 것이다.

○ **역할놀이 집단조직**: 역할놀이는 대개 한 사람의 교사에 의해서 활동이 진행된다. 그러나 만일 교사가 소집단으로 나누거나 언제나 방해가 되는 학생들이 몇몇 있을 경우에는 교사 보조원이나 고학년 학생의 도움으로 소집단을 맡아서 활동하고 역할놀이에 참여하지 않는 학생들을 감독하게 할 수 있다. 여기서 주의해야 할 사항은 보조원들이나 학생들과 친숙한 태도를 보여야 한다는 것이다. 다시 말해서 보조원은 교사가 조성해 놓은 좋은 분위기를 유지하고 역할놀이의 목적을 이해할 수 있어야 한다.

○ **시간계획**: 역할놀이 활동은 매우 융통성 있게 계획될 수 있다. 예를 들어, 학생들의 감성을 더 개발할 필요가 있거나 아이디어를 더 탐구해야 할 필요가 있을 경우, 여러 가지 대안과 방법을 탐구해야 할 경우에는 토론과 재연을 위하여 수업시간을 더 연장할 수도 있다.

(6) 역할놀이 수업 모형의 지도방법

역할놀이는 역할자들이 서로 자연스럽게 반응할 때 가장 효과적이므로 실질적인 대화를 준비해서는 안 된다.

문제상황은 지나치게 개인적이거나 학급의 한 개인과 관련된 이야기는 피한다. 또, 여러 가지로 해석되고 결말이 나고 해결될 수 있으며, 학생들과 친숙한 것이어야 한다. 역할연기자 선정 시 지나치게 성인 지향적이거나 모범답안식의 해결을 내리리라고 추측되는 학생은 피하는 것이 좋다. 왜냐하면 처음부터 모범답안식의 해결이 나면 학생들이 그와 유사한 상황에서 할 수 있는 생각·느낌에 방해가 되기 때문이다. 무대 설치할 때 지나치게 소품이나 무대에 신경을 쓰지 않도록 한다. 가장 간단한 소품이 가장 효과적이다. 역할놀이에서 연기

표 3-25 '부모자녀 관계' 수업에서의 역할놀이 수업 모형

주제	부모자녀 관계
학습 목표	· 부모·자녀 간에 일어나는 여러 가지 평범한 문제를 정의하고, 직면하여 대처할 수 있다. · 자신의 행동과 부모(타인)의 행동에 영향을 미치게 될 가치, 충동, 두려움, 외적인 영향력 등을 깨달을 수 있다. · 역할놀이 상황에서 얻은 통찰력을 실생활에 적용할 수 있다. · 역할놀이 활동을 통하여 자신의 이상, 의견, 행동 등을 평가할 수 있다. · 가상적으로 역할을 해 봄으로써 부모·자녀 간의 문제나 상황을 깊이 이해할 수 있다.

차시	단계	학습활동	비고
1	1. 집단분위기 조성하기	· 부모–자녀관계에 문제를 규명하거나 안내 · 부모–자녀관계에 관한 문제 이야기를 해석하고 문제점을 탐색 · 역할놀이 설명	문제상황 읽기자료 또는 동영상자료
	2. 참여자 선정하기	· 역할들(부모, 자녀, 친구들)을 분석 · 역할(부모, 자녀, 친구들)연기자 선정	
	3. 무대설치하기	· 행동라인 설정 · 역할들을 다시 설명 · 문제 상황의 속사정 파악 · 무대설치	

	4. 관찰자들 준비시키기	· 무엇을 관찰할 것인가를 설정
		  – 역할놀이하는 사람들이 감정을 어떻게 표현하는지 관찰
		  – 역할 수행자들이 아이디어를 어떻게 묘사하는지 관찰
		  – 실제로 일어 날 수 있는 일인지 생각해 보게 함
		· 역할놀이가 끝나고 생각을 말할 수 있도록 유도
		· 관찰 과제 분담
			관찰내용을 메모하면서 보도록 유도(메모지 준비)

	5. 실연하기	부모–자녀관계에 관한 역할놀이 시작, 유지, 중지	
	6. 토론과 평가하기	· 역할놀이 행동을 검토(사건, 입장, 현실성 등), 중요한 초점에 대해 토론시킴(역할 수행자가 한 행동에 대해 토론하게 함) · 방청객인 학생들의 참여를 유도 · 교사는 중립적인 입장을 유지 · 관찰자는 제시된 해결방법의 결과나 대안에 대한 판단을 내림 · 교사는 이번 해결방법이 바람직한지에 대해서 어떻게 생각하는지 질문	· 연기력이나 극적 효과에 대해서 평가를 하지 않도록 지도 · 토의 과정을 통하여 문제해결과정은 더욱더 다듬어지고 학습됨
2	7. 재 실연하기	수정된 역할놀이(행동 대안을 제안)	
	8. 토론과 평가하기	· 수정된 역할놀이 행동을 검토(사건, 입장, 현실성 등) · 중요한 초점에 대한 토론	
	9. 경험내용 교환 및 일반화	· 부모–자녀관계의 갈등상황을 실제 경험과 현존문제에 관련시켜봄 · 행동의 일반 원칙 탐색(건강한 부모–자녀관계를 위한 자녀로서의 결심을 작성하게 하되 결심은 가능한 구체적이고 실천할 수 있는 것으로 정하도록 유도)	· 좋은 부모상, 좋은 자녀상에 대한 모둠별 토론 · 발표

자료: 이시경(1996). 가족관계 영역을 중심으로 한 역할놀이 수업 모형의 개발 및 적용. 이화여자대학교 석사학위논문. pp.45–53. 재구성.

력보다는 아이디어가 중요함을 강조한다. 역할 수행의 구체적인 상황에서 혼란이 있거나 등장인물이 역할에 모호성이 있다고 생각되면, 수행자에게 다시 재연해 보도록 한다. 교사의 노력에도 불구하고 역할놀이가 적합하지 못하게 수행되면 역할을 맡은 학생들에게 수고했다고 말하고 다른 아이디어를 모색해 본다.

(7) 가정과 교수·학습에의 적용 사례*

이시경(1996)은 고등학생을 대상으로 '부모자녀 관계'를 주제로 한 수업에 역할놀이 수업 모형을 〈표 3-25〉와 같이 적용하였다.

문제 중심 모형군

문제 중심 모형군에서는 실제로 학생들이 당면하거나 해결해야 하는 문제를 중심으로 학습이 이루어지는 모형들을 포괄적으로 다룬다. 우리는 살아가면서 수많은 다양한 문제들에 직면하게 된다. 교육이란 궁극적으로 학생들이 삶에서 당면하는 문제를 해결할 수 있는 능력을 길러주는 것이라고 볼 수 있다.

조너슨(Jonassen, 2009)에 의하면 '문제'라는 말은 우리가 생각하는 것보다 훨씬 폭넓고 다양한 분야에서 사용된다. 예를 들면 수학 문제를 푸는 것도, 삶에서 당면하는 실제적 문제에 대해 최선의 방안을 찾는 과정도 모두 문제해결이다. 따라서 다양한 차원의 문제들을 문제의 구조화 정도에 따라서 구조화된 문제와 비 구조화된 문제로 구분해 볼 필요가 있다.

구조화된 문제는 문제가 분명하게 진술되어 있고, 문제해결을 위한 표준화된 절차나 방법이 알려져 있거나 주어지며, 해결방법을 검증하기 위한 효율적인 방법이 있는 문제들이다. 따라서 대부분 자신이 알고 있는 지식이나 정보를 적용하거나 이미 기억하고 있는 절차를 그대로 적용하면 해결된다. 반면, 비 구조화된 문제는 문제가 암시적으로 드러나 있고 문제해결을 위한 구체적인 정보나 절차가 주어져 있지 않거나 문제가 구조화되어 있더라도 학습

---

* 참고할 수 있는 논문: 이시경(1996). 가족관계 영역을 중심으로 한 역할놀이 수업 모형의 개발 및 적용. 이화여자대학교 석사 학위논문.

자가 새로운 아이디어를 통해 해결해야 하는 문제들이다. 비 구조화된 문제는 무엇이 문제이며 어떤 조건이 충족되어야 하는지, 어떤 원리와 규칙이 적용되어야 하는지, 어떤 수단과 방법으로 문제를 해결할 수 있는지가 정해져 있지 않기 때문에 다양한 방식의 해결책을 요한다(조연순 외, 2013).

'문제'를 무엇으로 설정하느냐에 따라 그 성격이 달라지지만, 일반적으로 이 책에 제시된 문제 중심 모형군 중 실험·실습 모형, 탐구학습 모형은 비교적 구조화된 문제를 다루는데 적합하고, 프로젝트 모형, 문제 중심 학습, 창의적 문제해결법, 실천적 문제 중심 수업은 비 구조화된 문제를 다루는 데 적합하다.

1 | 프로젝트 모형

(1) 프로젝트 모형의 특징

'project'의 사전적 의미는 '앞으로 던지다'라는 뜻에서 출발하여, '생각하다', '연구하다', '구상하다', '탐색하다', '묘사하다'라는 의미로 확장되며, 무엇인가 마음속에서 생각하고 있는 것을 구체화하고 실현하는 활동을 학생 스스로 계획하여 수행하는 활동이라는 의미를 가진다(박순경, 1999).

프로젝트 학습법은 듀이가 1886년에 설립한 실험학교에서 사회생활과 같은 조건을 재현하고 교사에 의한 피동적인 교육이 아닌 실제적인 활동을 통한 교육을 실현하고자 한 노력을 시점으로 보기도 한다(이상수, 2005). 그러나 실제 프로젝트 학습법이라는 용어를 처음 사용하게 된 것은 1990년 콜롬비아대학교의 공작과 교수인 리처드(Richards)에 의해서이다. 그는 공작학습에서 학생들이 계획하고 학습하면 자발적으로 학습 의욕이 높아지게 된다는 점을 착안하여 그와 같은 학습을 프로젝트라 하였다. 그 후 1908년 스티븐슨(Stevenson)이 매사추세츠의 농업학교에서 농업교육에 '홈 프로젝트'라는 용어를 사용하면서 프로젝트라는 용어가 일반화되었다(김경식 외, 1993).

킬패트릭(Kilpatrick)은 1919년 콜롬비아대학교 논문집에 〈프로젝트법(The project method: The use of the purposeful act in the educative process)〉이라는 제목으로 프로젝트에 의한 학습활동들을 구체적으로 체계화하여 이론으로 정립하였다(최경수, 2012).

킬패트릭이 프로젝트법을 발표한 후 이를 실제에 적용하고 효과를 검증한 많은 연구들이 수행되었다. 그러나 1950년대 학문 중심 교육과정이 대두되고 소련의 스푸트닉 인공위성 발사 성공 이후 프로젝트법이 지나치게 아동의 흥미 중심으로 운영된다는 문제점이 지적되면서 프로젝트법에 대한 관심이 줄어들었다가 1960년대 이후 학문 중심 교육과정에 대한 비판과 인간 중심 교육 운동으로 다시 강조되고 있다.

특히 가정과에서는 프로젝트법이 제6차 교육과정에서 '구안법'으로 소개되었고, 최근의 2007·2009 개정 교육과정과 2015 개정 교육과정에서도 가정과에 적합한 교수·학습 방법으로 권장하고 있다.

프로젝트 학습은 복잡하고 잘 정의되지 않는 실제 상황의 문제에서 정답이 정해지지 않는 해결책을 찾아가는 과정을 통해 통찰력, 확산적 사고 능력, 수렴적 사고 능력, 분석적 능력, 맥락 이해 능력 등을 기를 수 있다(김대현 외, 1999). 특히 가정교과의 프로젝트 수업은 학생의 흥미와 요구를 수용하고 과제 수행 능력의 향상과 창의성 및 창의적인 구상 능력, 문제 해결 능력을 신장시키는 데 효과적이다. 또한 프로젝트 학습은 기능 습득의 향상과 문제 해결 과정에서 자신감 형성 및 자기표현 능력의 신장, 협동심, 공동체 의식, 자기 존중감, 성취동기 등의 인성 영역에도 효과적이다(최경수, 2012).

(2) 프로젝트 모형의 일반적 절차

프로젝트 학습의 과정은 크게 시작, 전개, 마무리의 단계로 구분할 수 있으며 이들 과정은 내용에 따라 일부가 생략되거나 하나의 단계가 2~3개로 세분화되기도 한다.

한국교육과정평가원에서 개발한 《기술·가정과 교수·학습 자료집》(2003)에 제시된 프로젝트 학습 진행 과정은 프로젝트 준비하기–프로젝트 선정하기–정보 탐색하기–설계하기–만들기–평가하기의 6단계이다. 프로젝트 진행 절차는 다음과 같다(이춘식·이수정, 2003).

- 프로젝트 준비하기 단계에서는 학습 목표를 제시하고 선행 학습 내용을 확인함으로써 프로젝트를 시작하기 전에 관련 지식을 정리한다. 또한 학생들에게 프로젝트 수행에 필요한 제반사항을 알려준다.
- 프로젝트 선정하기 단계에서는 수업에서 수행하고자 하는 활동 주제를 정한다. 여기에서는 대영역 학습 내용을 구체적인 활동으로 내용과 폭을 구체화하며, 학생들이 주체적으

표 3-26 프로젝트 모형의 교수·학습 과정안

수업주제	가족의 특성을 고려한 주거공간 디자인
총괄목표	다양한 가족의 니즈(needs)를 발굴하고, 이들을 배려하는 맞춤형 주거공간 디자인으로 엮어내는 창의적인 아이디어를 창출한다.
세부목표	1. 주거공간의 의미를 이해하고 디자인을 할 수 있다. 2. 아이디어 발상을 통해 창의성을 기를 수 있다. 3. 가족에 대한 배려심과 동료들과의 협동심을 기를 수 있다.

프로젝트 단계	차시	학습 주제	주요 학습 내용	학습 목표
준비하기	1	주거공간의 규모, 조닝	· 프로젝트 수업 안내하기 · 수행평가 안내하기 · 모둠 편성하기 · 조닝의 의미 알기 · 우리 집 조닝 그려보기	· 가족에 맞는 주거공간의 규모를 선택할 수 있다. · 조닝의 뜻을 알고 우리 집의 조닝을 그림으로 표현할 수 있다.
	2	생활내용에 따른 주거공간	· 생활 내용에 따른 주거공간 분류하기 · 주거공간을 계획할 때는 다양한 가족의 요구와 특성을 고려하기	· 생활 내용 따른 주거공간을 분류할 수 있다. · 가족의 요구와 특성에 따른 주거공간의 중요성을 설명할 수 있다.
	3	가족실 구상	· 동영상 시청하기(KBS 무한지대 큐–가족을 위한 가족실 재탄생) · 나만의 가족실 아이디어 토의활동하기	· 가족을 위한 공간인 가족실을 설명할 수 있다. · 나만의 가족실 아이디어를 생각하여 발표할 수 있다.
	4	공간의 효율적 활용	· 공간의 효율적 활용하기 · 부엌 작업대 배치하기 · 부엌 작업대의 종류 및 장단점 말하기	· 효율적인 공간 활용의 방법을 알고 실천할 수 있다. · 부엌의 기능이 원활하게 이루어지는 작업대 배치에 대해 설명할 수 있다.
	5	가구와 수납	· 가구 선택하기 · 가구 배치하기 · 물품 정리와 수납 방법 알기	· 가구의 종류와 선택방법을 알고 올바르게 배치할 수 있다. · 물품의 정리와 수납 방법을 알고 실천할 수 있다.
	6	가족의 요구에 맞는 주거	· 동영상 시청하기(KBS VJ 특공대–굿바이 아파트 개성파 집에서 산다) · 독특한 주거공간 아이디어 토의 학습하기	· 가족의 요구를 반영한 개성 있는 주거에 대하여 이해한다. · 나만의 주거 아이디어를 생각하여 발표할 수 있다.

(계속)

프로젝트 단계	차시	학습 주제	주요 학습 내용	학습 목표

프로젝트
선정하기
	7	가족 유형
		선택
			· 가족의 유형 선택하기
			· 선택한 가족의 뜻과 특징 찾기
			· 주거공간에서 선택한 가족에게
			  필요한 것 토의하기
				· 가족의 다양한 유형을 알고, 특징
				  을 설명할 수 있다.
				· 모둠별 토의활동을 통해 주거공간
				  을 계획할 가족을 선택할 수 있다.

정보
탐색하기
	8~9	정보 탐색 및
		계획
			· 주거공간 디자인 구상하기
			· 가족실 아이디어 구상하기
			· 주거공간 조닝하기
			· 가상으로 가구 배치하기
			· 디자인의 이름 짓기
				· 맞춤형 주거공간을 계획하기 위
				  한 정보를 탐색할 수 있다.
				· 주거공간 계획을 위한 조닝 및 가
				  구 배치를 할 수 있다.

설계하기	10	도면 기호
		활용
			· 가구 및 설비 기호 활용하기
			· 문과 창의 기호 활용하기
				· 주택 평면도에서 사용하는 도면
				  기호에 대하여 설명할 수 있다.
				· 도면기호를 평면도 그리기에 활용
				  할 수 있다.

만들기	11~14	주거공간
		디자인
			· 주거공간 디자인하기
			· 채색하기
				· 가족의 특성 및 요구에 맞는 맞춤
				  형 주거공간을 디자인할 수 있다.
				· 주거공간 디자인을 위한 도면기
				  호를 사용할 수 있다.

평가하기	15	작품 발표
		및 평가
			· 모둠별 최종 결과물 제작하기
			· 작품 발표 및 평가하기
				· 우리 모둠의 작품에 대하여 자신
				  있게 소개하며 발표할 수 있다.
				· 다른 모둠의 작품에 대하여 비평
				  할 수 있다.

로 관심과 흥미에 따라서 활동 주제를 선택하도록 한다. 학생들은 기존에 이미 수행해왔
던 활동 목록을 참고할 수도 있고 전혀 새로운 활동을 선택할 수도 있다. 주제 결정 이전
에 교사는 해당 프로젝트의 형태, 즉 개별 또는 조별 프로젝트를 미리 정하게 하고, 프로
젝트명·준비물·수행시간 등의 구체적인 사항을 선택하게 한다.

○ 정보 탐색하기 단계에서는 정보 수집에 대한 안내를 하고 인터넷이나 문서 자료를 찾는
방법을 알려준다. 학생들은 선정된 주제에 따른 각종 정보를 찾고 정리하는 단계이다. 이
때 학생들은 여러 가지 자료의 수집 과정과 결과물을 정리하며 이는 평가에 활용된다.

○ 설계하기 단계는 수집한 각종 정보를 토대로 하여 구체적인 프로젝트의 설계를 하는 단
계이다. 제품 만들기라면 제품 스케치 및 구상하기가 이 단계에 해당된다.

○ 실행하기 단계에는 앞에서 구상한 내용을 실행하는 과정으로 일반적으로 프로젝트에서 소요 시간이 많이 필요한 부분이다. 이 과정에서 발생한 문제점, 보완 사항 등을 포트폴리오나 보고서에 기록하는 것이 좋다.

표 3-27 프로젝트 모형의 교수·학습 과정안

단원명	주거공간의 활용	차시	11~14/15
학습 목표	· 가족의 특성 및 요구에 맞는 맞춤형 주거공간을 디자인할 수 있다. · 주거공간 디자인을 위한 도면 기호를 사용할 수 있다.		
수업 준비	· 교사: 교과서, 지도안, 노트북, 빔프로젝터, 학습자료, 주택 도면집 · 학생: 교과서, 필기도구, 자, 색연필, A5그래프용지, 모둠활동지		

학습 단계	교수·학습활동		자료 및 유의점
	교사	학생	
도입 (5분)	상호인사 및 전시학습 확인함	· 상호인사하고, 출석 확인에 답함 · 전시학습 내용에 대한 질문에 답함	학습자료1
	주제 제시함	주거공간 디자인하기를 학습함을 인지함	
	학습 동기 유발시킴	예시 작품을 보고 각 모둠별 평면도 구상에 참고함	
	학습 목표를 제시함	학습 목표를 다 같이 읽음	
전개 (35분)	개인별 주거공간 디자인을 하게 함	· 모둠별로 의논하고 디자인한 계획서를 바탕으로 개인별로 주거공간을 디자인함 · 큰 틀은 변하지 않으나 공간의 분할과 통합, 가구 배치는 개인별로 다름을 인지함	모둠활동지 학습자료1 도면집
	밑그림이 완성되면 채색하여 주거공간 디자인 작품을 완성하도록 지도함	밑그림이 완성되면 채색하여 주거공간 디자인 작품을 완성함	
정리 (5분)	완성된 모둠별로 '모둠활동지'와 개인별 주거공간 디자인을 정리하여 다음 시간에 발표 자료를 준비할 수 있도록 정리 안내함	'모둠활동지'와 개인별 주거공간 디자인을 포트폴리오로 정리함	
	차시예고를 함	다음 시간에 '작품 발표 및 평가'를 할 것임을 확인함	

자료: 최경수(2012). 창의·인성 교육을 위한 가정과 프로젝트 학습의 개발 및 효과-중학교 '주거 공간 활용' 단원을 중심으로-. 한국교원대학교 교육대학원 석사학위논문. pp.94~96. 재구성.

○ 평가하기 단계에서는 포트폴리오 등을 통해 프로젝트 과정 및 결과에 대해 평가한다. 평가의 주체를 다양하게 계획하며 평가가 끝난 후 발표를 하거나 전시를 기획할 수도 있다.

2009 개정 실과(기술·가정) 교육과정에서는 프로젝트 학습을 중점적으로 활용할 것을 안내하고 그 절차를 프로젝트 목적 설정–계획–실행–평가의 4단계로 제시하고 있다.

표 3-28 수행평가기준안

평가영역	평가요소		평가기준	배점
가족의 특성을 고려한 주거 평면도 그리기 (100점)	모둠 평가 (50점)	가족의 요구와 특성을 배려한 창의적인 가족실 및 주거공간 아이디어를 구상	모둠원이 협동하여 창의적인 주거공간 디자인 및 가족실을 구상함	20
			모둠원과 의논한 내용이 일반적인 주거공간 디자인 및 가족실을 구상함	10
			모둠원끼리 협동하지 않고 프로젝트를 수행하지 않음	0
		동료평가표	동료평가표에서 '상'이(반 인원수X1.5)명 이상	20
			동료평가표에서 '상'이(반 인원수X1.5)명 미만	10
		모둠 최종결과물 제출	모둠원끼리 타협하고 협동하여 최종결과물을 완성하고 제출함	10
			최종결과를 제출하지 않음	0
	기본점수			20
	개별 평가 (50점)	주거공간 디자인 제출	모둠원과 토의한 내용을 담고 도면 기호에 맞추어 창의적으로 주거공간 디자인을 완성함	20
			모둠원과 토의한 내용이 담겨 있지 않거나 도면 기호가 빠져 미완성함	10
			제출하지 않음	0
		개별 학습지 및 모둠 활동지 제출	내용을 채워 제출기한 안에 제출함	20
			제출기한보다 늦게 제출함	10
			제출하지 않음	0
		방학과제 제출(주거공간 평면도 3개 조사)	방학과제를 제출함	10
			방학과제를 제출하지 않음	0
	기본점수			20

자료: 최경수(2012). 창의·인성 교육을 위한 가정과 프로젝트 학습의 개발 및 효과–중학교 '주거 공간 활용' 단원을 중심으로–. 한국교원대학교 교육대학원 석사학위논문. p.58.

학생 스스로 프로젝트를 선정하고 계획을 세워 이에 대한 문제를 찾고 해결함으로써 수행 후에는 문제
해결의 결과로 반드시 다양한 형태의 산출물을 생산한다고 본다. 이를 위한 과정은 구체적인 프로젝트
를 정하는 목적 설정(purposing), 수행 방법을 정하고 검토하는 계획(planning), 실제로 물건을 만드는 실
행(executing), 전체 과정과 산출물을 평가하는 평가(evaluation) 단계의 순서로 이루어진다. 그러나 프로
젝트 학습을 실제로 수행할 때에는 내용의 특성에 따라 부분적으로 변형하여 사용하기도 한다(2009 개
정 기술·가정 교육과정, 2012. 12.).

(3) 가정과 교수·학습에의 적용 사례*

최경수(2012)는 '다양한 가족의 특성을 고려한 주거공간 디자인'을 주제로 15차시의 프로젝
트 교수·학습 과정안을 개발하였다. 프로젝트 단계 중에서 만들기에 해당하는 11~14차시에
해당하는 교수·학습 지도안을 살펴보면 〈표 3-27〉과 같고 이 프로젝트 학습의 수행평가기
준안은 〈표 3-28〉과 같다.

2 | 실험·실습 모형

(1) 실험·실습 모형의 등장 배경

실험·실습은 교육이라는 의미가 발생하기 이전부터 내려온 매우 오래된 교수·학습 방법이
라고 볼 수 있다. 즉 인류가 사냥을 하거나 농사를 지을 때 이론으로 배우는 것이 아니라
직접 몸으로 익히고 체득한 것이 실험·실습의 원형이다.

이런 학습이 바로 인간 교육의 원형이라고 볼 수 있으며(한준상, 2002), 자전거를 직접 타

---

* 참고할 수 있는 논문: 최경수(2012). 창의·인성 교육을 위한 가정과 프로젝트 학습의 개발 및 효과—중학교 '주거 공간 활용'
단원을 중심으로—. 한국교원대학교 교육대학원 석사학위논문.
이민정(2012). 포트폴리오 평가를 적용한 가정과 주생활 교수 학습 과정안 개발 및 실행 주거와 거주환경 단원을 중심으로
한국교원대학교 교육대학원 석사학위논문.
이미영(2010). 실과 간단한 생활용품 만들기 단원에서 프로젝트법이 자기주도적 학습능력에 미치는 효과 한국교원대학교 교
육대학원 석사학위논문.
윤인숙(2008). 초등 실과 손바느질하기 단원의 프로젝트 학습이 학업성취도에 미치는 효과. 경인교육대학교 교육대학원 석사
학위논문.

보며 균형을 잡거나 자전거가 고장 났을 때 직접 수리할 수 있도록 체험하게 만드는 배움으로 자전거에 관한 지식 획득 학습보다 학생에게 더 도움이 될 수 있다.

가정과에서 많이 실행하는 실험·실습도 같은 맥락에서 접근할 수 있다. 섬유에 대한 지식적 설명에 그치는 것이 아니라 섬유의 특성을 실험을 통해 알아보고 의복 관리에 활용하거나, 용도에 적합한 옷감으로 생활에 필요한 소품을 만들 수 있게 하는 적극적인 학습 방법이 실험·실습 모형이다.

(2) 실험·실습 모형의 특징

실험은 시험, 경험, 체험과 유사한 말로 실제로 무엇인가 해보거나, 이론이나 현상을 관찰·측정·탐구하거나, 새로운 방법이나 형식을 사용해 보는 것을 의미한다. 실습은 이미 배운 이론을 토대로 하여 실지로 해 보고 익히는 일을 의미한다. 일반적으로 탐구의 성격이 강하면 실험, 실제로 기술을 습득하는 성격이 강하면 실습이라고 구분하기도 한다. 그러나 수업 주제나 구성에 따라 단순한 기술 습득에서부터 문제를 기반으로 한 탐구적이고, 창의적인 실험·실습까지 다양한 색깔을 지닐 수 있다. 2009 개성 기술·가정 교육과정에서는 가정과 수업에서 실습 중심 수업을 중점적으로 진행할 것을 안내하고 있다.

> 실습 활동의 목적 및 관련 지식 이해, 실습 과정의 제시, 기본 기능 시범 관찰, 실습 과제 수행 과정에서의 기본 기능 습득, 자기평가 및 교사 평가의 과정으로 진행한다. 특히 실습 중심 교수·학습활동에서는 재료를 합리적으로 선택, 구입, 활용하며 자원을 아껴 쓰는 태도를 갖게 하고, 체험 활동이나 일의 수행에 있어서 기능 습득에 중점을 두기보다는 창의성을 강조하여 노작의 즐거움과 성취감을 느낄 수 있도록 한다(2009 개정 기술·가정 교육과정, 2012. 12.).

그동안 실과나 가정과에서는 실험·실습의 중요성을 노작교육의 의미로 설명하기도 하였다. 노작교육은 인간의 여러 가지 경험을 통해 행복을 추구하려는 마음과 주지주의 교육의 보완과 대안으로 실용적인 무언가를 찾는 활동에서 시작되었으며, 육체와 정신이 결합된 종합적인 교육활동이다(김범환, 2009).

평상시의 인지적 학습과 비교하여 실험이나 실습은 몸을 함께 움직이면서 직접 체험하는 것으로 다음과 같은 가치가 있다(배슬기 외, 2005). 첫째, 실험·실습은 학생들의 실제적 경험과 연결되므로 삶에 대한 이해를 도울 수 있다. 둘째, 무엇인가를 만들면서 학생 스스로 자율적으로 새롭게 변형하고 창조함으로써 창의력 신장은 물론 심미적 경험이 성장한다. 셋째, 실험·실습을 통해 학생은 다양한 일을 경험하면서 자신의 적성과 능력을 알 수 있다. 즉 자기 자신과 일을 탐색하는 진로 교육의 역할을 한다. 넷째, 실험·실습은 인지적 발달과 운동적 측면은 물론 성실성, 근면성과 같은 인성 교육의 효과를 갖는다. 즉 지·덕·체가 조화롭게 발달한 전인을 기를 수 있다. 다섯째, 실험·실습을 통해 사람들의 삶이 상호 의존적이라는 것을 경험하고 다른 사람에 대해 인정하고 이해함으로써 사회성 발달에 도움이 된다.

(3) 실험·실습 모형의 일반적 절차

실험·실습 모형은 교육의 원형으로 학습 모형으로 구체화된 것은 찾기 어렵다. 다만 조이스와 웨일(1980)의 행동적 수업 모형을 참고할 만하다.

행동적 수업 모형은 분명하게 명시된 과제를 통해 학습자가 관찰 가능한 행동의 변화를 일으키는 것을 강조하는 것으로 조이스와 웨일은 〈표 3-29〉와 같이 목표의 명료화, 수행의 근거나 이론 설명, 정확한 수행의 시범, 연습, '실제 상황'에 적용하는 전이의 다섯 단계를 제시했다. 1단계에서 학생들에게 목표를 분명하게 설명해주는 것에서 시작한다. 예를 들어 재봉틀을 이용한 바느질 실습에서 이번 시간에는 직선 박기와 되돌아 박기를 활용하여 소품의 완성선 박기를 할 것임을 안내한다. 2단계에서는 재봉틀의 직선 박기와 되돌아 박기가

표 3-29 조이스와 웨일의 훈련 모형

구분	내용
수업단계	· 명료화: 목표를 명료하게 한다. · 이론적 설명: 수행의 근거나 이론을 설명한다. · 시범: 정확한 수행을 시범 보인다. · 모의 상황하의 연습: 모의적 상황에서 피드백을 하며 연습한다. · 전이: '실제 상황'에 적용해 본다.
사회체제	수행을 개방적으로 논의하고 칭찬해 주는 실제적이고 지원적인 분위기가 필요하다.
행동원칙	수행 상태와 진전에 대한 긍정적이고 개방적이며, 편안함을 느낄 수 있도록 격려를 해 주는 것이 필요하다.
지원체제	과제를 보조하고, 수행을 평가하며, 피드백을 제공할 적절한 수업 자료가 필요하다.

자료: 윤기옥 외 역(1987). 수업모형. 형설출판사. pp.497-509.

표 3-30 실험·실습 모형의 교수·학습 과정안

단원명	청소년의 영양과 식사
수행과제	모둠별로 균형 잡힌 영양 김밥을 만들 수 있는 논리적이고 구체적인 계획을 세워 조리 실습을 하고, 조별로 만든 김밥의 특징을 소개할 수 있는 3분 내외의 UCC를 만들어 본다.
학습 목표	· 조리 실습을 계획할 때 다섯 가지 식품군을 모두 다 포함시켜 균형 잡힌 식사를 구성할 수 있다. · 조리 실습을 계획할 때 재료를 선정한 이유를 알고, 조리 방법을 구체적으로 알 수 있다. · 식품 재료에 따른 조리 원리를 알아 조리 과정에 적용할 수 있다. · 완성된 실습 작품을 보기 좋게 담아내고 다 먹은 후에는 깔끔하게 정리할 수 있다. · 실습과정에서 조리도구를 조심스럽게 다루며 환경을 생각하고 자신이 맡은 책임을 다하고 다른 조원을 배려하고 협동하는 태도를 가질 수 있다.
유의사항	· 실습보고서는 실습하고 난 다음날까지 제출한다. · 조리에 관해서는 가정에서 어른의 조언, 요리책, 인터넷 사이트 등을 참고한다. · 마른 김, 쌀, 시금치는 학교에서 제공하고 나머지 재료는 각 모둠의 협의에 따라 특색 있는 속 재료를 준비하되 인원수에 맞는 적당한 분량의 재료를 준비하여 음식물 쓰레기를 최대한 줄여 환경오염을 예방한다. · 실습과정 중에 가스 사용과 조리기구 사용에 있어서 안전수칙을 지킨다. · UCC 동영상은 핸드폰이나 디지털 카메라로 찍을 수 있도록 하고, 필요한 소품은 선생님과 다른 조원들과 함께 대체해서 사용한다.

학습 단계	교수·학습활동	자료 및 유의점
도입 (5분)	· 학습 목표를 제시한다. · 실습 방법 및 유의사항, 채점 기준을 안내한다. · 모둠별로 어떤 영양 김밥을 만들 것인지 발표한다.	안전수칙을 안내한다.
전개 (70분)	· 모둠별로 영양 김밥을 만든다. 　- 실습과정을 사진이나 동영상으로 촬영한다. · 모둠별로 영양 김밥을 완성하여 보기 좋게 담아 제출한다.	순회하며 학생들의 활동 과정을 관찰하고, 안전사고를 예방한다.
정리 (15분)	· 자기 모둠이 만든 영양 김밥의 특징을 발표한다. · 동료 평가를 실시한다. · 설거지 및 뒷정리한다. · 실습보고서 제출 안내 및 차시예고를 한다.	

자료: 범선화(2007). 중학교 가정교과 수행평가를 위한 루브릭(rubric) 개발-실험·실습법, 연구보고서법에 적용-. 한국교원대학교 교육대학원 석사학위논문. p.119. 재구성.

필요한 이유와 원리, 방법을 설명한다. 3단계에서는 동영상이나 재봉틀을 이용하여 직선박기와 되돌아 박기를 시범 보인다. 4단계에서는 학생들이 과제의 요소인 직선 박기와 되돌아 박기를 연습하고, 5단계에서는 실제 소품의 완성선을 박는다.

표 3-31 영양 김밥 만들기 수행과제의 채점 기준

평가항목			채점 기준	척도
실습 보고서	재료 선택		선택한 김밥 재료는 5가지 식품군 모두를 다 포함하여 영양적으로 균형 잡힌 식사를 구성하기에 매우 만족한 경우	A
			선택한 김밥 재료는 5가지 식품군 중 1개를 포함하지 않아 영양적으로 균형 잡힌 식사를 구성하기에 다소 미흡한 경우	B
			선택한 김밥 재료는 5가지 식품군 중 2개 이상을 포함하지 않아 영양적으로 균형 잡힌 식사를 구성하기에 많이 미흡한 경우	C
	논리성과 구체성		청소년기 영양적 특성을 고려하여 바람직한 재료 선정의 이유를 기술하고 조리방법을 구체적으로 설명한 경우	A
			청소년기의 영양적 특성을 고려하여 바람직한 재료 선정의 이유를 기술하지 않거나 조리방법을 구체적으로 설명하지 않은 경우	B
			청소년기의 영양적 특성을 고려하여 바람직한 재료 선정의 이유를 기술하지 않고 조리방법을 구체적으로 설명하지 않은 경우	C
실습과정	조리과정	밥 짓기	밥이 타거나 설익지 않아 밥알이 으깨어지지 않으며 고슬고슬하게 지어진 경우	A
			밥이 타거나 설익지는 않았으나 밥알이 으깨어지며 물기가 많아 질척거리게 지어진 경우	B
			밥이 타거나 설익게 지어진 경우	C
		시금치 데치기	데칠 때 소금을 넣었으며 색깔이 선명하고 조직이 물러지지 않은 경우	A
			데칠 때 소금을 넣지 않았으며 색깔이 선명하지는 않으나 조직이 물러지지 않은 경우	B
			데칠 때 소금을 넣지 않았으며 색깔이 누렇게 변하고 조직이 물러진 경우	C
		완성 및 마무리	완성한 영양 김밥을 보기 좋게 썰어서 담았으며 싱크대와 조리대를 깔끔하게 정리한 경우	A
			완성한 영양 김밥을 보기 좋게 썰어서 담았거나 싱크대와 조리대를 깔끔하게 정리한 경우	B
			완성한 영양 김밥을 보기 좋게 썰어서 담지도 않았고 싱크대와 조리대를 깔끔하게 정리하지도 못한 경우	C
			다음의 7가지 항목 중 5가지 이상의 항목을 만족하는 경우	A
			다음의 7가지 항목 중 3개에서 4개만 만족하는 경우	B
			다음의 항목들 중 2개 이하만 만족하는 경우	C

(계속)

평가항목	채점 기준	척도
실습 태도	· 실습보고서를 해당 기일에 제출함 · 다른 조원의 음식소개 광고를 잘 경청함 · 가스나 다른 조리 기구를 조심해서 사용함 · 실습재료나 조리도구를 가지고 장난치지 않음 · 조리실습 준비물을 빠트리지 않고 준비를 잘해옴 · 환경을 생각하여 음식물 쓰레기를 최대한 줄이려 함 · 자신이 맡은 역할을 충실히 하며 서로 적극적으로 도우며 협동함	

최근에는 실험·실습 모형이 단순히 훈련하고 연습하는 과정으로 적용하기보다는 다른 수업 모형과 연계하여 실제로 학생들이 당면하거나 해결해야 하는 문제를 중심으로 운영되는 경우가 많다.

(4) 가정과 교수·학습에의 적용 사례*

가정과에서 실험·실습은 프로젝트 학습의 일부분이나 문제 중심 학습의 과정으로도 많이 활용된다. 실험·실습수업을 활용하여 수행평가 루브릭을 학생들과 함께 만들기도 하는데, 범선화(2007)는 '모둠별로 균형 잡힌 영양 김밥을 만들 수 있는 창의적 계획을 세워 조리 실습을 하고, 조별로 만든 김밥의 특징을 소개할 수 있는 3분 내외의 UCC를 만들어보자'라는 수행 조건을 제시하고, 학생들과의 토의를 통해 영양 김밥 만들기 수행과제의 루브릭을 개발하였다.

3 | 탐구학습

탐구의 기본 개념은 학생이 문제 상황(지적으로 혼란한 상황)에 직면했을 때 객관적 관찰과 판단을 사용하여 확실한 상황으로 해결해 가는 반성적 사고 과정(reflective thinking)을

---

* 참고할 수 있는 논문: 범선화(2007). 중학교 가정교과 수행평가를 위한 루브릭(rubric) 개발—실험·실습법, 연구보고서법에 적용—. 한국교원대학교 교육대학원 석사학위논문.
　황민성(2014). 가정과 의생활 실습수업이 고등학교 남학생의 인성에 미치는 영향. 한국교원대학교 교육대학원 석사학위논문.

말한다. 따라서 탐구란 제기된 불확실한 문제를 해결하기 위해 세운 가설을 준거에 따라 평가하고 검증해 가는 과정으로서, 학생들은 탐구 과정을 통해 일반화를 획득하게 된다. 이와 같은 절차를 탐구의 과정이라고 한다(전숙자, 2002). 이는 듀이가 "반성적 사고는 탐구를 촉진한다."고 주장하면서 탐구의 기초가 사고에 있으며 사고는 결국 탐구로 이어진다고 말한 것(변영계, 2005)과 같은 맥락에 있다.

탐구학습이란 학생들이 지식의 획득 과정에 주체적으로 참가함으로써 학생들로 하여금 자연이나 사회를 조사하는 데 필요한 탐구능력을 몸에 배게 하고, 인식의 기초가 되는 개념의 형성을 꾀하고, 새로운 것을 발견·탐구하려는 적극적인 태도를 기르려고 하는 학습활동을 말한다. 발견·탐구학습에 있어 선구적인 학자들로는 경험 중심 교육과정의 이론적 근거를 제시한 듀이, 지식의 형성 과정에 학생들을 참여시켜야 함을 강조한 브루너, 사회과 교수를 위한 사회탐구 모형을 설명한 마시알라스 등이 있다(변영계, 2005).

(1) 탐구학습의 등장 배경

이 학습 방법은 미국 교육에서 상당히 오랜 기간 동안 발전해 왔는데, 1910년 초 듀이(J. Dewey)는 《사고하는 방법(How to think)》에서 일련의 조사 도입을 위한 기본 단계를 제안했고, 그 후 경험적 자료를 사용하여 증명하거나 문제가 발생했을 때 해결하기 위한 학습 모형으로 사용되었다. 그런 뒤에 1960년대에 《교육의 과정(The process of education)》이 부르너(Bruner)에 의해 출판되면서 탐구학습은 수업 모형의 대표적인 방법으로 사용되어 왔다(전숙자, 2002). 듀이는 '사고방법'을 보다 과학적으로 체계화하여 사고나 사색이라는 정적 표현을 '탐구'라고 하는 동적 표현으로 바꾸었다. 그에 의하면 탐구의 궁극적인 목적을 진리에 도달하는 것으로 보았으며, 탐구가 비록 문제해결의 과정이지만 그 해답은 해결로서만 끝나는 것이 아니고 다시 다음 단계의 탐구과정의 수단이 된다고 하였다. 이후 듀이가 주장한 사고방법은 문제 제기-가설 형성-가설 검증-결론의 과정으로 일반화되었다(변영계, 2005).

부르너는 개념 획득 과정을 문제 인식-가설 설정-가설 검증-결론짓기의 4단계로 설명하였는데, 이 과정은 본질적으로 '연속적인 가설 검증의 과정'이라고 할 수 있다. 또한 브루너는 '지식의 구조를 이해하게 되면 학생 스스로가 사고를 진행시킬 수 있다.'라고 하였으며, 어떤 사실을 발견하기까지의 사고과정과 탐구기능을 중요시하였다(변영계, 2005).

(2) 탐구학습의 특징

학생들이 어떤 문제를 탐구적인 방법으로 해결하는 과정은 다음과 같은 과정을 되풀이하는 것이며, 이때 탐구적이라는 말에는 객관적 근거를 바탕으로 하여 논리적으로 문제를 해결한다는 의미가 내포되어 있다.

- 학생들이 가지고 있는 모든 지식을 문제해결을 위해 총동원한다.
- 그중에서 이 문제를 해결하는 데 관련된다고 판단되는 방법을 고른다.
- 선택된 방법들을 적절히 조직하여 학생 나름의 해결 방안을 고안한다.
- 이 방안을 적용하여 실제로 문제를 해결해 본다.
- 문제해결에 이 방안이 적절치 못했다면 다시 첫 번째로 되돌아가 수정된 새로운 방안을 짜서 문제를 해결해 본다.

(3) 탐구학습의 일반적 절차

'탐구학습'의 과정은 대체로 '탐구문제 파악 → 가설 설정 → 선택 → 정보수집 및 처리 → 일반화'로 이어지는 실증주의적 '검증' 과정이 주로 적용되어 왔다. 이 단계를 부연하면 다음과 같다(최용규 외, 2014).

- **문제파악**: 학생들의 기존 지식이나 신념과 일치하지 않는 문제 상황의 인식
- **가설 설정**: 문제해결책 및 해결 결과의 예측(잠정적 결론)
- **탐색**: 가설의 함축적 의미를 정교화하고 가설의 타당성을 추론함
- **정보 수집 및 처리**: 가설의 입증을 위한 증거를 제시하기 위한 관찰, 조사, 견학, 면담 등의 활동과 거기서 얻어진 데이터를 분석·평가함
- **일반화**: 문제에 대한 결론으로 법칙적·원리적 설명 형태를 취함

한편, 리피트와 텔렌의 집단 탐구모형은 사고 능력과 사회적 기능을 향상시키는 데 적합한 모형으로 다음과 같이 5단계로 이루어진다(Bank 외, 1981).

- **상황의 제시와 탐구문제의 설정**: 이 단계에서 교사의 중요한 역할은 학생들이 자신의 생

표 3-32 탐구학습의 과정

단계	교수·학습활동 내용
1. 탐구문제 파악	· 탐구상황(탐구주제) 제시하기 · 제시된 예시 자료를 통하여 탐구문제를 파악하기 – 우리가 알아내고자 하는 것은 무엇인가?
2. 가설 설정	· 제기된 문제에 대하여 잠정적인 결론(가설)을 설정하기 – 왜 이런 일이 발생했을까?

3. 탐색	· 탐구 계획 수립하기
	   – 어떻게 탐구를 수행해 나갈 것인가?
	   – 필요한 자료의 종류와 수집방법은 무엇인가?

4. 정보 수집 및 처리	· 자료 수집하기
	   – 어떤 자료가, 어디에 있는가?
	· 자료 분석 및 평가하기
	   – 견학, 관찰, 조사, 면담, 실험하기
	   – 이 자료를 통해 우리가 내릴 수 있는 추측 또는 결론은 무엇인가?

5. 일반화	· 증거를 통하여 결론 내리기
	   – 이제 ~에 대해서 무엇을 말할 수 있는가?
	   – 어떤 일반적 결론을 내릴 수 있는가?

자료: 최용규 외(2014). 사회과 교육과정에서 수업까지. 교육과학사. p.161.

각을 동료들에게 제시하고, 또한 발표된 견해가 존중되어지는 학급 분위기를 조성하는 것이다. 탐구활동을 자극시키기에 적절한 상황을 제시하는 게 중요한데, 이때 적절한 상황이란 세 가지의 특징을 안고 있다. 첫째, 학생들에게 흥미를 자아내면서도 의미 있는 생각을 할 수 있어야 하며, 둘째로는 학생들의 지적 능력수준과 부합되어야 하며, 셋째로는 학생들이 많은 질문을 제기할 수 있도록 일반적인 것이어야 한다. 탐구문제는 탐구해야 할 가치가 있는 질문이어야 한다. 즉 탐구해야 할 질문의 성격이 구체적이거나 세부적이어서 그 해답을 얻는 데 탐구를 할 필요가 없으면 안 된다.

○ **탐구의 계획 수립**: 탐구활동을 효율적으로 전개하기 위하여 다음과 같은 사항을 계획해야 한다.

첫째, 탐구집단을 위한 모둠을 충분한 대화를 하고 역할분담을 잘 하도록 조직하기

둘째, 탐구할 질문에 대한 하위의 토의 주제를 나열하기

셋째, 정보수집에 필요한 자원 및 자료의 출처 계획하기

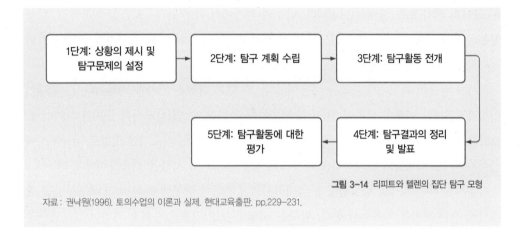

자료 : 권낙원(1996). 토의수업의 이론과 실제. 현대교육출판. pp.229-231.

그림 3-14 리피트와 텔렌의 집단 탐구 모형

넷째, 탐구결과를 발표하는 방법을 결정하기

다섯째, 개인이 책임질 과제를 배당하기

- **탐구활동의 전개**: 실질적인 탐구는 학생들 스스로 수행해 나가는 것이지만 교사는 학생들이 과제를 어떻게 수행해 나가고 있는지를 주시하면서 학생들이 탐구과정에서 어려운 문제에 직면하게 되면 즉시 도움을 주어야 한다. 학생들이 공동으로 과업을 수행해 나가도록 도와주어야 한다.

- **탐구결과의 정리 및 발표**: 학생들은 동료나 교사, 부모 등에게 탐구결과를 발표한다. 이러한 발표를 통하여 학생들은 정보를 요약·해석하는 기능, 결론을 유도하고 그에 대한 근거를 제시하는 기능 등을 함양할 수 있다.

- **탐구활동에 대한 평가**: 이전 단계까지는 '실행에 의한 학습(learning by doing)'이었다고 하면, 이 단계는 '반성적 사고에 의한 학습(learning by reflecting on)'단계로서, 탐구활동의 전체과정 및 절차에 대해서 평가적인 토의를 한다.

(4) 탐구학습의 지도방법

탐구학습을 활용하는 데 있어서 교사가 보다 세심한 주의를 기울여야 할 사항은 다음과 같다(오만록, 2012).

먼저 탐구학습과정에서 교사의 역할은 일종의 중재자이다. 탐구학습과정에서 중요한 것은 교사의 개입 또는 중재의 시점이다. 탐구의 과정에서 학생의 자유로움을 허용하고, 탐구활동이 효율적으로 전개될 수 있도록 돕기 위해서 교사는 지원자와 조장자의 역할을 보다적극적으로 수행하여야 한다.

교사가 탐구의 과정에서 주의를 기울여야 할 또 다른 활동은 관찰과 기록이다. 즉 학생의인지과정전개가 어떻게 이루어지는지를 면밀하게 관찰할 수 있는 교사의 준비와 노력이 필요하다. 교사는 학생들과 똑같은 위치에 서서 일종의 공동학습자로서의 역할로 탐구과정에참여하면서도 학생들의 인지과정을 관찰하며, 필요하다면 그 사항을 기록하여야 한다.

더불어 교사는 학생의 탐구활동을 극대화시키기 위하여 탐구에 따른 여러 위험부담을 감소시켜 주는 노력을 기울여야 한다. 탐구는 어떻게 보면 일종의 사회적 과정이므로 탐구과정을 통하여 사회적 기능을 배우게 된다. 이러한 사회적 기능습득에 있어 여러 이유로 그동안 불이익을 경험한 학생들이 있다면 교사는 그들을 도와주는 데 많은 신경을 써야만 할것이다.

마지막으로 탐구활동은 여러 지적인 능력을 키우는 데 목표가 있으면서도, 한편으로 그것은 여러 지적인 능력을 기초로 하고 있다는 것을 명심해야 한다. 언어능력이나 조작기능또는 반응을 구사하고 통제하는 능력에 따라 탐구과정에서 학생이 발휘하는 지적인 활동과태도는 크게 달라진다. 언어능력이 다소 모자라고 조작기능이 다소 미숙하며 반응을 구사하는 능력이 부족하다고 해서 그들이 탐구과정에서 결코 소외되어서는 안 된다.

(5) 가정과 교수·학습에의 적용 사례

탐구학습의 과정 중에서 '탐구문제 파악 → 가설 설정 → 선택 → 정보수집 및 처리 → 일반화' 과정을 적용한 사례에는 유정옥(1998)이 개발한 섬유의 연소 시험법을 주제로 한 교수·학습 과정안이 있다. 이 수업은 〈표 3-33〉과 같이 실생활의 사례를 문제로 제시한 후, 학생들이 문제해결을 위한 가설을 세우고 실험을 통해 이를 검증하여 일반화하는 일련의단계로 구성되어 있다.

한편, 리피트와 텔렌의 집단탐구학습을 적용한 사례에는 남현주(1995)가 개발한 '인간발달과 가족관계' 영역을 중심으로 한 교수·학습 과정안이 있다. 이 교수·학습 과정안은 '상황의 제시와 탐구문제 설정 → 탐구의 계획 수립 → 탐구활동의 전개 → 탐구결과의 정리및 발표 → 탐구활동에 대한 평가'의 단계로 구성되어 있다.

표 3-33 문제해결법 교수·학습 지도안

대단원	1. 의생활 관리		소단원	2) 의복재료
탐구문제	섬유는 주성분에 따라 연소의 형태가 다르므로 구별이 가능하다.			
학습 목표	· 섬유는 주성분에 따라 연소의 형태가 다름을 알 수 있다. · 제시된 섬유의 연소의 특징을 3가지 이상 말할 수 있다. · 탐구 내용을 생활 속에서 실천하고 적용하는 태도를 갖는다.			

학습 과정	교수·학습활동	자료 및 유의점
문제제기 (5분)	문제: 부담스럽던 중간고사가 끝나는 날 나와 친구는 홀가분한 마음에 옷장을 정리하기로 했다. 작은 옷은 동생에게 주고, 속옷과 낡은 옷은 소각장에서 조금만 태워보기로 했다. 팬티는 냄새와 연기가 적었는데 낡은 보조가방을 태울 때는 냄새가 연기와 심하여 겁이 났다. 왜 이런 차이가 날까? · 우리 교복이 탈 때는 어떤 현상이 일어날지 생각해 보자. · 우리가 입고 있는 교복의 조성 섬유는 무엇인지 알아보자. · 정확하게 알아볼 수 있는 방법에는 무엇이 있을지 생각해 보자. · 여러분이 제시한 방법 중 가장 간편하게, 주성분이 따른 섬유만 구별이 가능한 연소시험법을 탐구해 보자. · 문제해결 단계를 확인해 보자(가설 설정 – 실험 설계 – 자료수집과 정리 – 자료 해석 및 분석 – 결과의 종합). · 각 조별로 가설을 설정하여 검증될 수 있도록 탐구해 보자.	자유롭게 발표하도록 유도함
가설설정 실험설계 자료수집과 정리 (30분)	· 각 조는 창의적인 탐구가 이루어질 수 있도록 서로 의견을 모아 가설과 방법을 다양하게 수행 　– 가설1: 식물성섬유는 종이의 연소 결과와 비슷하다. 　– 가설2: 동물성섬유는 머리카락의 연소 결과와 비슷하다. 　– 가설3: 합성섬유는 비닐의 연소결과와 비슷하다. · 학생은 탐구실험보고서의 실험방법을 참고하여 실험을 실시하고 보고서를 작성	탐구실험보고서
자료해석 및 분석 (5분)	· 어떤 결과가 나왔는지 확인 · 작성한 탐구실험보고서의 결과를 식물성섬유와 동물성섬유와 합성섬유별로 분리하여 비교 · 학생들이 새로운 가설은 지지되었는지 확인 · 지지 또는 기각 이유를 타당한 근거를 들어 제시	생각을 열어서 발표하도록 유도
결과의 종합 (10분)	· 이제까지 수집된 결론을 볼 때 각 섬유의 연소의 특징 확인 　– 식물성섬유는 종이, 동물성섬유는 머리카락, 합성섬유는 비닐의 연소 결과와 비슷하다. · 제시된 직물과 사료 중 연소 결과가 비슷한 것끼리 구분할 수 있는지 확인 　– 제시된 직물과 시료를 연소 결과가 비슷한 것끼리 구분한다. · 연소시험법으로 구분이 불가능한 경우는 어떻게 할 수 있을까? · 생활 속의 발견–연소시험결과 생활 속에서 실천 적용이 가능한 예 확인 　– 합성섬유 옷을 입었을 때 난로에 주의한다. 　– 화재 시 합성섬유는 유독가스에 질식할 수 있음으로 주의한다.	· 알고 있는 개념을 종합함 · 직물과 시료 (종이, 머리카락, 비닐)

자료: 유정옥(1998). 여자고등학교 가정과 수업에서의 탐구학습모형 적용에 관한 연구–피복 재료 단원을 중심으로–. 공주대학교 교육대학원 석사학위청구논문. pp.26–27.

표 3-34 탐구학습 모형의 교수·학습 과정안

주제	가족에 대한 이해		
단계	탐구과정	교수·학습활동	자료 및 유의점
상황제시 및 탐구문제 설정	상황제시 탐구문제의 설정	· '가족에 대한 이해'라는 주제를 중심으로 문제상황을 안내 · 탐구주제를 알게 하고 답을 구해보고자 하는 동기를 유발 · 주제의 개관을 통하여 탐구문제를 찾음 　－ 학생들이 자신의 생각을 자유롭게 이야기하고 발표된 견해가 존중되는 학습분위기를 조성한다.	· 탐구문제는 정보 또는 가치를 암시하는 문제여야 함 · 문제의식이 생기도록 발문
탐구의 계획	탐구집단의 편성 탐구방법 지도 탐구계획 수립지도	· 문제의 상황을 분류한 후 학생들의 희망, 능력, 특성 등을 고려하여 이질적인 집단으로 구성 유도 · 집단탐구의 중요성과 협동의 필요성을 강조 · 탐구방법에 대해 설명 · 모둠별로 구체적인 탐구계획 수립 유도 　－ 탐구문제의 분석 　－ 탐구방법의 토의 　－ 탐구결과의 발표방식 토의 　－ 개인과제 분담 · 모둠별로 탐구계획을 발표 유도	
탐구 실시	탐구활동 전개 탐구결과 발표 확인	· 학생들이 탐구과정에 직접 참여하여 탐구하고 있는지 점검 지도 · 모둠을 순회하며 조언 · 탐구결과 발표준비 상태를 점검 　－ 탐구장소, 인터뷰 결과－탐구일정－결과발표방법 등	
탐구결과 발표	탐구결과 발표 탐구결과 토의	· 모둠별 발표(모둠별 과제, 탐구방법, 탐구한 사람 및 탐구결과, 탐구기간 및 어려웠던 점, 탐구내용 및 결론) · 발표내용에 대해 의문이 나는 것을 질문하고 답변 유도	
탐구 평가	종합토의 탐구과정의 반성 탐구과정의 평가 형성평가	· 주제에 대한 탐구결과에 애해 종합 토의 유도 · 학습결과에 대하여 종합적으로 설명(학습 내용 정착) · 탐구활동 중에 있었던 일을 발표 유도 　－ 재미있었던 일 　－ 어려웠던 일 　－ 실제 경험을 통해 배운 점 · 탐구과정 평가 유도 　－ 탐구를 유도하는 질문들은 중요하고 흥미가 있는 것이었나? 　－ 경험을 통해 배운 점은 무엇이고 다음에 다시 한다면 어떻게 할 것인가? · 미비점, 부족한 점은 무엇이고 수정보완할 점은 무엇인지 지적	

자료: 남현주(1996). 집단탐구 수업모형을 적용한 중학교 가정과 교수·학습 방법의 개발. 이화여자대학교 석사학위논문. pp.49-55. 재구성.

4 | 문제 중심 학습

(1) 문제 중심 학습의 등장 배경

문제 중심 학습(PBL: problem based learning)은 실제 세계의 맥락과 관련된 문제를 중심으로 학생이 자기 주도적 문제해결력을 키울 수 있도록 고안된 수업 모형으로, 캐나다 의과대학 교수인 배로우스(Barrows)에 의해 최초로 실시되었다. 배로우스는 의과대학의 학생들이 오랫동안 힘든 교육을 받았음에도 불구하고, 실제로 병원에서 환자들을 진단하는데 많은 어려움을 겪는다는 점을 발견하고 단순히 교과 지식과 기술을 전달할 것이 아니라 학생이 스스로 문제해결 방안을 강구하는 과정을 통해 학습이 이루어지도록 해야 한다고 보았다.

배로우스는 문제 중심 학습을 '학생에게 실제적인 문제를 제시하고, 그 제시된 문제를 해결하기 위해 학생 상호 간에 공동으로 문제해결방안을 강구하고, 개별학습과 협동학습을 통해 공통의 해결안을 마련하는 일련의 과정에서 학습이 이루어지는 학습방법'이라고 정의하였다(Barrows, 1985; 정주영·홍광표·이정아, 2012, p.13, 재인용). 조연순(2006)은 학자들마다 문제 중심 학습을 다양한 관점에서 설명하고 있으나 실세계의 비 구조화된 문제를 다루며 학생의 자발성과 협동을 중시한다는 점에서 핵심적인 공통점이 있다고 하였다.

따라서 문제 중심 학습은 고정된 지식을 학생에게 전달하는 교사 중심의 강의식 수업을 지양하며 학생들이 상호 협동을 통해 스스로 문제를 해결하는 자기 주도적 학습을 강조한다. 또한 이렇게 하여 얻은 문제해결 방안이나 지식은 학생과 무관하게 존재하는 객관적 지식이 아니라 학생의 적극적인 인지적 활동의 결과라는 점에서 구성주의 이론에 바탕을 두고 있다.

(2) 문제 중심 학습의 특징

문제 중심 학습의 공통된 특징은 다음과 같이 '문제', '학생', '교사'의 측면으로 정리할 수 있다(조연순, 2006).

○ 문제: 문제 중심 학습은 문제로부터 시작하며, 이때 문제는 너무 쉽게 해결되거나 일정한 틀에 매여 하나의 정확한 답을 구할 수 있는 것이 아니라, 문제해결력, 협동적 학습이 일어날 수 있는 비 구조화되고 복잡한 문제여야 한다.

PBL 문제 분석 기준표

최정임(2004)은 문제 중심 학습에서 다루는 문제의 특성을 토대로 다음 표와 같이 문제 분석 기준표를 만들었다. 개발된 문제가 각 질문에 대해서 긍정적인 반응('예')을 많이 얻을수록 이상적인 문제인 것으로 판단한다.

문제 분석 기준표

기준		응답	
문제의 역할			
문제로부터 학습이 시작되는가?		예	아니오
학습에 필요한 지시와 기능을 충분히 포함할 정도로 포괄적인가?		예	아니오
문제에 지식이 사용되는 맥락이나 상황이 제시되어 있는가?		예	아니오
학생의 역할이 제시되어 있는가?		예	아니오
학생 중심의 학습활동을 유도하는가?		예	아니오
비구조성			
문제해결에 필요한 일부의 정보만이 포함되어 있는가?		예	아니오
문제해결을 위해 문제를 분석하고, 정보를 찾으며, 계획하는 과정이 필요한가?		예	아니오
문제에 대한 다양한 해결책이 존재하는가?		예	아니오
문제해결을 위한 접근 방법이 다양한가?		예	아니오
논쟁이나 토론의 여지가 있는가?		예	아니오
실제성			
일반적 실제성	실제 사례인가?	예	아니오
	일상생활에서 발견될 수 있는 문제인가?	예	아니오
물리적 실제성	현실적인 사물이나 자료를 사용하는가?	예	아니오
	문제해결에 활용되는 사물이나 자료가 다양한가?	예	아니오
인지적 실제성	일상적이고 자연스러운 사고과정을 반영하는가?	예	아니오
	문제해결에 요구되는 사고과정이 그 분야의 전문가나 직업인에 의해 사용되는 것인가?	예	아니오
관련성	학생의 수준에 적절한가?	예	아니오
	학생의 경험과 관련이 있는 문제인가?	예	아니오
복잡성	현실과 같이 복잡한 문제인가?	예	아니오
	둘 이상의 문제해결 단계가 필요한가?	예	아니오

자료: 최정임(2004). 사례분석을 통한 PBL의 문제 설계 원리에 대한 연구. 교육공학연구. p.49.

○ **학생**: 문제 중심 학습은 학생 중심의 수업이다. 학생은 문제해결자로 학습에 참여하여 좋은 해결책을 위해 필요한 많은 정보와 지식들을 직접 다루면서 의미와 이해를 추구하고 학습에 대한 상당한 책임을 맡게 된다.

○ **교사**: 문제 중심 학습에서 교사의 역할은 지식 전달자가 아닌 학습 진행자이다. 구체적으로 교사는 교육과정 설계자로서 문제를 설계하고, 학습계획을 세우며, 학생 집단을 조직하고, 평가를 준비한다. 또한 촉진자로서 학생들에게 적당한 긴장감을 제공하고, 안내자로서 학생들에게 일반적인 관점을 제공하기도 하며, 평가자로서 형성평가를 통해 피드백을 제공한다. 그리고 전문가로서 지식의 중요성을 밝혀 학생들이 균형을 유지할 수 있도록 하고, 명제적 지식과 과정적 지식, 그리고 개인적 지식 간에 상호 연관성을 갖도록 지원한다.

문제 중심 학습은 실생활에서의 문제를 다룸으로써 흥미를 유발할 수 있고 학습된 정보가 오랫동안 지속되며 잘 전이될 수 있다. 또한 학생들에게 기계적 암기과제보다 많은 사고와 노력을 요구함으로써 창의적 사고력과 문제해결능력을 신장시키고 교과 지식의 각 요소들을 균형 있게 반영할 수 있다는 장점이 있다(조연순, 2006). 반면, 전통적인 수업에 비해 많은 시간을 요구하므로 한정된 수업 시간이나 교육과정 내에서 충분한 학습 내용을 다루기 어렵고, 학생이나 교사 모두에게 업무를 증가시키기 때문에 큰 부담을 주기도 한다(최정임·장경원, 2010).

(3) 문제 중심 학습의 일반적인 절차

배로우스와 마이어스(Barrows & Myers, 1993)가 제시한 문제 중심 학습의 절차는 〈그림 3-14〉와 같다. 새로운 수업을 시작하게 되면 교사는 PBL 수업에 대해 안내하고 수업 분위기를 조성한다. 본격적인 수업은 문제를 제시하면서 시작되는데, 학생에게 관련된 현실상황의 비 구조화된 문제를 시나리오 형태로 제시하여 학생들이 이 문제를 자신에게 관련이 있는 문제로 인식하여 내면화하도록 한다. 이 문제에 대해 학생들이 구체적으로 어떤 활동과 해결책을 고안해야 할지, 또 이에 대한 개별적인 역할 분담은 어떻게 해야 할지 협의하여 결정한다. 이때 학생들은 새로운 아이디어와 사실, 학습해야 할 과제, 실천 계획에 대해 역할을 나누어 계획하고 문제해결을 위해 추론과 같은 깊이 있는 탐구를 수행한다. 탐구결과 처

새로운 수업 시작	
1. 도입: 수업소개	2. 수업 분위기 조성(교사 역할에 대한 소개 포함)

새로운 문제 시작	
1. 문제 제시	2. 문제를 내면화함
3. 요구되는 산출물이나 수행에 대한 설명	4. 과제에 대한 역할 분담

아이디어(가설)	사실	학습과제	실천 계획
문제에 대한 학생의 추측: 원인과 결과, 효과, 가능한 해결안 등	탐구를 통해 가설을 뒷받침 할만한 정보를 종합	주어진 과제를 해결하기 위 해 학생 자신이 더 알거나 이해해야 할 사항	주어진 과제를 해결하기 위해 해야 할 일

5. 문제를 통한 추론
·다음 사항에 관하여 나는 무엇을 할 것인가?

아이디어(가설)	사실	학습과제	실천 계획
확대·집중	종합·재종합	규명과 정당화	계획의 공식화

6. 가능성 있는 해결책에 대한 몰입(많은 학습을 필요로 할 수 있음)
7. 학습과제 설정·분담   8. 학습자료 확인
9. 다음 차시 활동 계획

문제의 후속 단계

1. 활용된 학습 자료와 학생들의 의견교환
2. 문제에 대한 재접근
·다음 사항에 관하여 나는 무엇을 할 것인가?

아이디어(가설)	사실	학습과제	실천 계획
수정	새로운 지식 적용과 재종합	(필요할 경우) 새로운 과제 확인	결론에 대한 재설계

수행 결과 발표

결론 도출 이후 단계

1. 지식의 정리 및 요약(정의, 도표, 목록, 개념, 일반화, 원리 등을 개발)
2. 자기 평가(이후 모둠으로부터의 평가 포함)
·문제해결과정에서의 추론   ·적합한 학습자료를 사용한 정보 탐색
·맡은 과제를 통한 모둠에 대한 기여도   ·지식의 획득 및 정련

그림 3-15 배로우스와 마이어스(1993)의 문제 중심 학습 절차

자료 : Barrows, H. S. & Myers, A. C.(1993). Problem-based learning in secondary schools, unpublished monograph. Springfield, IL: Problem-Based Learning Institute, Lanphier Highschool, and Southern Illinois University Medical School.

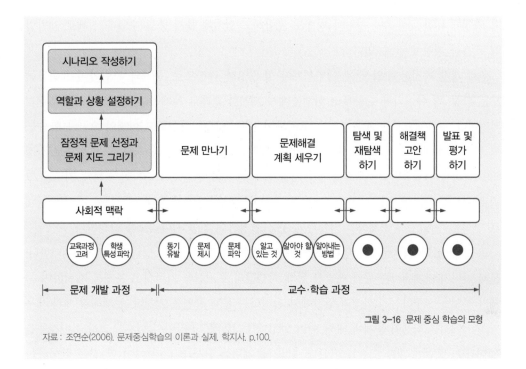

그림 3-16 문제 중심 학습의 모형

자료 : 조연순(2006). 문제중심학습의 이론과 실제. 학지사. p.100.

음 세웠던 가설이나 알고 있는 사실, 학습과제와 실천 계획 등을 수정하거나 재정의하고 전체 학급에 모둠별로 수행 과정 및 결과를 발표하여 지식과 정보를 공유한다. 마지막으로, 도출된 문제해결 방안을 정의하거나 도표화하는 등 다양한 방법으로 정리, 요약하고 자기 평가와 동료 평가를 통해 자신의 전체적인 문제해결 과정을 돌아본다.

딜라일(Delisle, 1997)과 포개티(Forgatty, 1997) 등의 학자들이 배로우스와 마이어스 (1993)의 문제 중심 학습의 절차를 기초로 다양하게 문제 중심 학습 절차를 제시(한국교육 과정평가원, 2003)해 왔다. 이 절차들은 세부적인 차이점은 있으나 교사가 문제를 안내하면서 시작하여 학생들이 문제를 해결하기 위해 모둠별로 구체적인 계획과 해결책을 마련하고 이를 학급에 발표하여 결과를 공유한 후 교사나 동료 학생이 평가하는 일련의 흐름을 유지한다.

조연순(2006)은 문제 중심 학습의 단계를 〈그림 3-16〉과 같이 문제 개발 과정과 교수·학습 과정으로 구성된 모형으로 제시하였다. 이 모형은 교수·학습 과정뿐만 아니라 문제 개발 과정에 대한 구체적인 절차와 방법도 포함하고 있기에 문제 중심 수업을 실제로 개발할 때 유용한 지침이 될 수 있다.

　문제 개발 과정은 수업 전에 이루어져야 할 중요한 과정으로, 문제와 관련하여 계획하는 모든 활동, 즉 아이디어 도출부터 학생들에게 제시할 형태로 문제를 작성하기까지의 일련의 과정이다. 구체적으로는 교육과정을 고려하여 교육 목표를 확인하고 학생의 요구나 학습능력 등을 파악하여 교육과정과 관련이 있고 학생들이 흥미 있어 하는 내용을 중심으로 잠정적인 문제를 선정한다. 이를 교육과정 내용 및 활동들과 연관 지을 수 있게 문제 지도를 그려보아 문제의 타당성을 검토한다. 그 후 잠정적으로 만들어진 문제를 학생이 자신의 문제로 인식할 수 있도록 구체적인 역할과 상황을 설정하여 최종 시나리오를 작성한다.

　교수·학습 과정은 문제를 만나고 문제를 해결한 후 평가까지의 일련의 과정을 의미한다. 문제 만나기 단계에서는 동기 유발을 통해 학생들의 호기심을 자극하고 문제를 제시하며 문제가 무엇을 요구하는지 학생의 입장에서 확인하는 문제 확인을 거친다. 문제해결 계획 세우기 단계에서는 학생이 문제에 대해 '이미 알고 있는 것'과 '더 알아야 할 것', 그리고 이것들을 '알아내는 방법'에 대한 도표를 만든다. 탐색 및 재탐색 단계는 '더 알아야 할 것'을 탐구하는 과정으로 학교 교육과정에서 의도하고 있는 지식과 정보를 학생들이 찾고 배워가는 단계이다. 문제해결 계획표에 따라 탐색과정을 마친 후에는 더 탐색할 것이 없는지 재탐색한다. 해결책 고안 단계에서는 이전 단계에서 찾고 배운 지식을 활용하여 문제해결책을 만들고 마지막 발표 단계에서는 학생들이 고안한 해결책을 학생들의 수준과 기호에 맞는 다양한 방법으로 발표하고 이에 대해 자기 평가 및 상호평가를 한다.

(4) 가정과 교수·학습에의 적용 사례*

전미연·오경화(2014)는 조연순(2006)의 문제해결 학습단계를 적용하여 총 7차시의 의류소비교육 프로그램을 개발하고 수업에 적용한 결과 학생들의 문제해결능력과 자기주도학습

---

*　참고할 수 있는 논문: 김상미·이혜자(2012). 책 만들기를 활용한 문제중심학습 중학교 가정과 교수·학습과정안 개발 및 평가. 한국가정과교육학회지, 24(3), pp.101–122.

　　이형실·금은주(2004). 고등학교 가정과 수업에서 문제중심학습이 자아효능감에 미치는 과정–가족관계 영역을 중심으로–. 한국가정과교육학회지, 16(2).

　　정혜영·신상옥(2001). 문제중심학습(PBL)이 청소년 소비자 의식과 기능에 미치는 효과–중학교 가정과 소비 생활 단원을 중심으로–. 한국가정과교육학회지, 13(3), pp.147–160.

능력에 효과가 있음을 확인하였다. 〈표 3-35〉는 인권과 동물을 위한 윤리적 의류소비 생활을 주제로 개발한 2차시 분량의 수업 내용이다.

표 3-35 문제·중심 학습의 교수·학습 과정안

단원명	1. 가정생활 문화		차시	5~6/7
학습 주제	인권과 동물을 위한 윤리적 의류소비 생활			
학습 목표	· 의류생산 과정에서 인권과 동물 학대의 심각성을 이해한다. · 인권과 동물을 위한 의류소비 행동에 관심을 가질 수 있다. · 인권과 동물 복지를 위한 윤리적 의류소비를 실천할 수 있는 방안을 탐색하여 실생활에서 적용할 수 있다.			
수업 준비	· 교사: 동영상 자료, 읽기 자료, 모둠 활동지, 개별활동지 · 학생: 정보탐색을 위한 다양한 자료			

학습 단계		교수·학습활동	자료 및 유의점
도입		· 서로 다정하게 웃으며 인사함 · 가죽 공장의 인부들이 열악한 환경 속에서 고된 노동을 하는 모습을 다룬 동영상 자료를 시청함 · 노동자들의 작업환경에 관해 이야기하며 학습 목표를 확인함	동영상자료(원초적 노동의 현장 속으로)
전개	문제 만나기	· 모둠원들은 다른 모둠에게 방해가 되지 않도록 주의하며 '읽기자료 1'과 '읽기자료2'를 읽음 · 의류 생산 과정에서 노동자들과 동물들이 보호받지 못하고 심하게 학대당하는 현실을 '모둠활동지1'을 작성하면서 생각함. 우리가 노동자와 동물 보호를 위해 무엇을 해야 하는 지 토론함	· 읽기자료1('방글라데시 노동자 월 40달러 착취당해-英유명업체 두 얼굴) · 읽기자료2(동물농장 '피의 불편한 진실' 고발) · 모둠활동지1(무엇이 문제일까요?)
	문제해결 계획 세우기	모둠별로 찾은 학습 문제를 해결하기 위해 이미 알고 있는 사실을 생각해보고 더 알아야 할 사실이 무엇인지 이야기를 나눈 후 어떻게 더 많은 사실을 알아낼지 토론하여 '모둠활동지2'에 작성함	모둠 활동지2(어떻게 문제를 해결할까요?)
	탐색 및 재탐색하기	모둠원들은 더 알아야 할 정보의 내용을 서로 조금씩 나눠서 분담하고 각자 맡은 내용을 다양한 자료를 이용하여 찾아봄	다양한 정보 탐색을 위하여 신문, 서적, 잡지, 스크랩 등을 준비

(계속)

학습 단계		교수·학습활동	자료 및 유의점
	해결책 고안하기	모둠원들 각자 정보탐색 과정에서 수집한 내용을 토론을 통하여 공유하고 모둠원들의 생각을 최종 정리하여 적절한 해결 방법을 '모둠활동지3'에 작성함	모둠활동지3(문제! 이렇게 해결해 볼까요?)
	발표 및 평가하기	· 모둠의 발표자는 자신의 모둠에서 고안한 해결방법을 발표하고 다른 모둠의 모둠원들은 본인의 해결방법과 비교하면서 들음 · 이번 수업 시간에 '개별활동지1'을 통해 본인 스스로가 수업에 잘 참여하였는지에 대해 평가함 · 각자가 속해 있는 모둠의 모둠원들의 활동 모습을 생각하여 '개별활동지2'를 통해 평가함 · 본 수업에서 능동적이고 적극적으로 활발한 모둠, 학습 내용에 알맞게 활동한 모둠 등을 생각하여 '개별활동지3'을 통해 다른 모둠을 평가함 · 평가를 통해서 스스로를 반성하고 다른 모둠에게 배울 점을 찾는 시간을 가짐	· 개별활동지1(나 스스로를 평가해 볼까요?) · 개별활동지2(우리 모둠들을 평가해 볼까요?) · 개별활동지3(다른 모둠을 평가해 볼까요?)
정리		이 주제에 대한 간단한 질문과 대답으로 학습 내용을 재확인하고, 학습 자료를 정리함	

자료: 전미연·오경화(2014). PBL을 적용한 윤리적 의류소비교육 프로그램 개발과 적용. 한국가정과교육학회지, 26(2), pp.69-87. 재구성.

 구성주의적 학습 원칙

· 이전의 교사에게 부여되었던 권력(학습 환경의 주도권)을 학생들에게 이양함
· 학생들이 평가에 참여하여 공동의 프로젝트로 발전시킬 수 있음
· 옳고 그름의 이분법적 구분에 의한 평가가 아니라 과정 중심적이고 다양성을 받아들일 수 있는 평가가 되어야 함
· 학생들의 목소리, 관심, 경험과 지식에 참된 가치와 관심을 부여하고 그들에 대한 진실한 신뢰와 믿음이 전제되어야 함
· 학생들이 배우는 과제가 학교 교육 내에서만 통용될 수 있는 고립된 지식을 배우기 위한 것이 아니라 학생들의 현실과 밀접한 관계가 있는 지식과 기술이 될 수 있도록 해야 함(간학문적 과제, 도전적이고 복잡하고 비구조적인 과제 필요)
· 주어지는 과제는 학생들의 깊이 있는 사고와 탐색을 반드시 요구하는 것이어야 하며 그러한 사고와 탐색을 반영할 수 있는 다양한 결과물을 생성할 수 있어야 함

자료: 강인애 외(2007). PBL의 실천적 이해. 문음사. p.24.

5 | 창의적 문제해결법

(1) 창의적 문제해결법의 등장 배경

창의적 문제해결법은 학생이 문제를 해결함에 있어서 고정된 방식이 아닌 새로운 방식으로 유용한 해결책을 만들도록 하는 수업 방법을 의미한다. 창의적 문제해결에서의 핵심은 창의 성이다. 창의성은 학자마다 다양하게 정의하고 있으나 크게 새로움(독창적, 독특한, 새로운, 신선한, 예기치 못한)과 적절성(유용한, 구체화된, 가치 있는, 의미 있는, 과제 조건을 충족시 키는)을 공통된 요소로 꼽는다(조연순 외, 2013).

창의성 교육은 왜 필요한 것일까? 그 이유에 대해 이동원(2009)은 새로운 지식관이 대두 된 점을 꼽았다. 객관주의 인식론에서 구성주의 인식론으로 지식관이 변화함에 따라 21세 기는 창의적인 지식, 직접 생산한 지식, 그리고 주관적 지식이 중요해지는 창의적 지식기반 사회가 된 것이다. 또한 창의성 교육을 통해 호기심, 자신감, 민감성, 열정감과 같은 심리 특 성과 독자성, 협동심, 정직성 등의 인성, 마지막으로 창의성 그 자체인 사고기술을 길러 줄 수 있다. 학습의 측면 외에도, 칙센트 미하이(Csikszentmihalyi, 2006)는 그의 저서 《창의성 의 즐거움(Creativity)》에서 개인 수준의 창의성은 매일의 삶을 더 활기차고 보람 있는 발전 의 과정으로 인도해 주며, 문화 수준의 창의성은 간접적으로 우리 모두의 생활 수준을 향상 시킬 수 있다고 하였다.

수업 상황에서 창의성을 바탕으로 문제를 해결하도록 고안된 대표적인 수업 모형으로 창 의적 문제해결법(CPS: creative problem solving)과 미래문제해결법(FPSP: future problem solving program)을 들 수 있다.

창의적 문제해결법은 오스본(Osborn, 1953)에 의해 처음 제시된 이래, 파네스(Parnes, 1967), 아이삭센과 트레핑거(Isaksne & Treffinger, 1985) 등의 학자들에 의해 계속해서 수 정·발전되어 왔다. 이 모형들은 새롭고 유용한 아이디어를 생산하고 결정하기 위해 수렴적 사고과정과 발산적 사고과정을 균형 있게 취하도록 구성되어 있다.

미래문제해결법은 토렌스(Torrance, 1974)가 영재들의 미래 지향적 문제해결능력을 길러 줄 목적에서 창의적 문제해결법(CPS)을 기초로 하여 현실 문제보다는 미래사회에서 중요한 이슈가 될 수 있는 학제적이고 복잡한 주제에 적용할 수 있도록 개발한 모형이다.

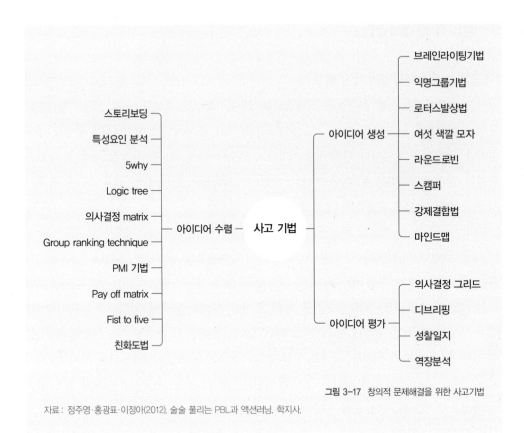

그림 3-17 창의적 문제해결을 위한 사고기법

자료 : 정주영·홍광표·이정아(2012). 술술 풀리는 PBL과 액션러닝. 학지사.

(2) 창의적 문제해결을 위한 사고 기법

창의적 문제해결을 위해서는 다양한 아이디어를 생산하는 능력 외에 다양하게 제시된 아이디어를 적절히 정리하고 아이디어의 질을 평가하는 능력도 필요하다. 정주영 외(2012)는 창의적 문제해결을 위한 사고 기법을 아이디어 생성 및 조직 도구, 수렴적 도구, 평가적 도구로 분류하여 제시하였다(그림 3-17). 이 중 대표적인 사고기법을 한 가지씩 살펴보면 다음과 같다.

① **아이디어 생성 도구-마인드맵**　　마인드맵은 인간의 두뇌가 직선상의 노트보다 방사형 이미지를 사용했을 때 더욱 효과적으로 사고하고 기억할 수 있다는 점에 착안하여 토니 부잔(Buzan)이 고안해낸 창의적 사고 기법이다. 마인드맵은 관련된 아이디어를 좀 더 유기적으

로 연결되게 해줄 뿐만 아니라 더 잘 기억하도록 해준다. 직선 노트 필기와 비교했을 때 사고력, 창의력, 기억력 등을 향상시킬 수 있다. 또한 업무 능력 향상에도 효과가 있는 것으로 알려져 기업 교육에서도 창의적 사고 도구로 널리 사용된다.

마인드맵은 직선적 노트 필기와 비교했을 때, 다음과 같은 장점을 갖는다(한국부잔센터, 1994).

○ 필요한 단어만을 읽고 기록함으로써 학습과 복습에 소요되는 시간이 절약된다.
○ 핵심어를 명료하고 적절하게 연결시킴으로써 주요 개념에 집중하여 학습할 수 있다.
○ 두뇌는 단조롭고 지루한 직선적 노트보다는 여러 가지 색상과 다차원적인 입체로 시각적인 자극을 주는 마인드맵을 더 쉽게 받아들이고 기억하므로 학습 효율이 높다.
○ 마인드맵을 행하는 동안에 끊임없이 새로운 것을 발견하고 깨닫게 되기 때문에 연속적이고 무한한 잠재력을 지닌 사고의 흐름을 유발시키며 창의력에 도움을 준다.

가정과 수업에서는 학생들이 학습하게 될 내용을 미리 마인드맵 형식의 선행조직자로 제시하여 개념들 간의 관계와 전체적인 학습 내용을 파악하는데 도움을 줄 수 있다. 또한 학생들이 문제를 해결하기 위해 창의적 사고를 촉진하는 도구로 사용할 수 있고 배운 내용을 한눈에 파악할 수 있도록 학습 내용을 정리하는 용도로도 활용 가능하다.

마인드맵을 그릴 때에는 우선 중심 가지를 그리고 자유롭게 연상되는 내용을 세부가지에 적는다. 마인드맵은 항상 중심에서 바깥쪽의 순서로 그리며, 중심 쪽 가지는 더 두껍게 그린다. 적절한 이미지를 활용할 경우 시각적으로 더욱 효과적인 마인드맵을 만들 수 있다. 컴퓨터로 마인드맵을 제작할 수 있는 다양한 프로그램*을 활용할 수도 있다.

---

* 마인드멉(Mindmup): www.mindmup.com
  싱크와이즈(Thinkwise): www.thinkwise.co.kr
  알마인드(Almind): www.software.naver.com/software/summary.nhn?softwareId=MFS_100048
  엑스-마인드(X-mind): www.xmindkorea.net
  오케이마인드맵(okmindmap): www.okmindmap.com
  콘셉트리더(conceptleader): www.conceptleader.com
  프리마인드(Freemind): www.freemind.sourceforge.net/wiki/index.php/Main_Page

WHY? .... 원인

   ↳ WHY? .... 원인

      ↳ WHY? .... 원인

         ↳ WHY? .... 원인

            ↳ WHY? .... 원인

문제 고3이 되었는데도 진로에 대해 결정을 못하고 있다.

  ↳ **WHY?** 아직 내가 무엇을 하고 싶은지 잘 모른다.

    ↳ **WHY?** 내가 어떤 일을 잘 할 수 있을지 모르고, 직업군의 종류와 업무에 대해 잘 모른다.

      ↳ **WHY?** 나 자신에 대한 정확한 이해를 하지 못하고 있으며, 직업 세계에 대한 직·간접적 경험이 부족하다.

        ↳ **WHY?** 나의 강점과 약점에 대한 체계적인 분석을 해본 적이 없으며, 진로와 직업에 대한 관심이 부족했다.

해결안 여름방학을 활용해서 진로체험센터에서 하는 다양한 진로 프로그램에 등록하여 나의 강점을 파악하고 직업 세계를 이해할 수 있는 경험을 해 본다.

그림 3-18 5why 활용 예시

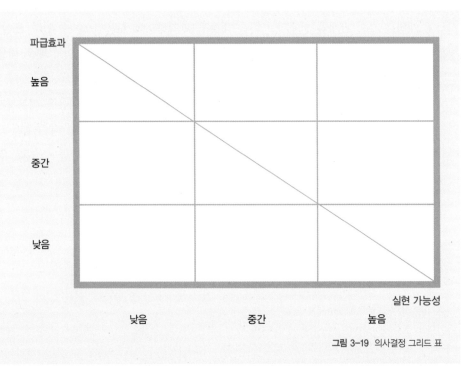

그림 3-19 의사결정 그리드 표

실천적 문제: 쓰레기 배출을 줄이기 위해 나는 무엇을 해야 하는가?

긍정적 파급효과	낮음	중간	높음
높음	쓰레기 배출량이 많은 물건을 생산하는 기업이나 지역사회에 벌점제 도입 촉구	불필요한 쓰레기가 우리에게 미치는 영향과 쓰레기 감량을 촉구하는 포스터를 제작하여 학교, 지역사회에 게시	· 지역의 벼룩시장에 필요 없는 물건을 내다 팔거나 필요한 사람에게 줌 · 정기적으로 학생들이 물건을 교환해서 쓸 수 있는 장터를 열 것을 제안
중간		음식물 쓰레기를 줄이기 위해 우리 가족원의 식생활 패턴을 고려한 식단 작성법을 배우고 실천	식료품은 몰아서 대형 마트에서 사지 않고 필요할 때 가까운 마트를 활용해서 그때그때 구입
낮음		필요 없는 물건을 사지 않기 위해서 보유하고 있는 물건과 필요한 물건의 목록표를 작성하고 빈칸에 해당하는 물품만 구입	필요 없는 물건은 사지도 받지도 않음. 과대 포장된 물건의 구입을 자제

실현 가능성

그림 3-20 실천 의사결정 그리드 예시

② 아이디어 수렴 도구–5Why　　5Why는 가장 정확한 문제 정의에 도달하기 위하여 문제를 세밀히 조사하는 기법으로, 주어진 문제에 대해 계속해서 원인을 물어 가장 근본적인 원인을 찾는다. 이 방법은 문제해결 활동을 시작할 때, 정확한 문제의 본질을 파악하고자 할 때, 문제 진술문이 문제를 정확하게 표현하고 있는지 확인할 때 사용할 수 있다. 5why의 절차는 다음과 같다(정주영 외, 2012).

- 문제 진술문을 기술: 문제 진술문의 '현재 상태'를 구체적인 용어로 기술한다.
- '왜'라고 이유, 원인 질문: "왜 그것이 문제인가요", "왜 그런 문제가 발생하였나요?"라고 질문한다. 대답으로 나온 원인에 대해 "그 원인은 어떤 이유에서 발생하였나요?"와 같이 질문을 반복하여 근본 원인을 찾는다.
- '왜'를 적어도 4번 이상하되, 더 이상 반응이 없을 때까지 질문한다. 문제의 원인을 끝까지 추적함으로써 해결안을 얻을 수 있다.

③ **아이디어 평가도구-의사결정 그리드**　　의사결정 그리드는 선택해야 할 여러 대안 중 원하는 목적에 적합한 최상의 대안을 찾기 위해 이에 대한 정보를 그리드(행과 열의 조합)에 표시하여 객관적이고 논리적으로 정보를 파악하는 방식을 말한다(정주영 외, 2012). 가정과 수업에서는 실천적 문제에 대한 최선의 해결책을 찾을 때 의사결정 그리드를 사용하여 실현 가능성 및 타인과 사회에 미칠 긍정적 파급 효과 등을 객관적으로 파악할 수 있다.

(3) 창의적 문제해결법(CPS)의 절차

창의적 문제해결법은 〈표 3-36〉과 같이 6단계로 구성되어 있다. 1단계는 문제해결의 출발점을 찾기 위해 중요하게 생각되는 목표와 관심 영역을 발견하는 혼란 찾기 단계이며, 2단계는 문제를 파악하기 위해 정보를 수집하고 분석하는 자료 찾기, 3단계는 문제를 정의하는 문제 찾기 단계이다. 4단계는 최종적으로 진술된 문제를 해결할 아이디어를 생각해 내는 아이디어 찾기 단계이며 5단계는 생각해낸 아이디어를 평가하고 그중 최선의 아이디어를 선정하는 해결책 찾기 단계, 마지막 6단계는 선정한 해결책을 실천에 옮기기 위하여 실천계획을 수립하는 수용안 찾기 단계이다.

이 모형의 특징은 각 단계에서 확산적 사고를 통해 다양한 아이디어를 생성한 후 수렴적 사고를 통해 가장 가능성이 높은 아이디어를 선택하는 과정을 거치기 때문에 다양한 사고 과정을 경험할 수 있다는 점이다.

표 3-36 창의적 문제해결법(CPS)의 절차

학습 단계	학습 성취 요소	교수·학습활동
1단계 혼란 찾기	· 전시 학습 확인 · 흥미 유발 · 포괄적인 학습 목표 유도	· 전시 학습에 대한 내용을 확인한다. · 본시 학습과 관련하여 포괄적이면서 흥미 있는 주제를 유도한다. · 주제에 따라 혼란 진술문을 작성한다. · 적절한 혼란 진술문을 선정한다.
2단계 자료 찾기	· 다양한 자료 수집 · 자료 선정	· 혼란 진술에 관련된 상황이 수많은 상이한 관점으로 부터 검토된다. · 정보, 인상, 느낌, 감정, 관찰 등 다양한 자료가 수집된다. · 가장 중요한 자료를 확인하고 분석한다.
3단계 문제 찾기	· 학습 문제 확인 · 문제의 상세화	· 수많은 가능한 문제 진술과 하위 문제가 생성된다. · 다양한 문제를 분석하고 평가한다. · 중심 문제를 선정한다.
4단계 아이디어 찾기	· 아이디어 산출 · 가장 적절한 아이디어 선정	· 아이디어를 산출할 방법 및 기법을 의논한다. · 다양한 아이디어를 산출한다. · 가장 전망 있고 흥미 있어 보이는 아이디어를 선정한다(개방적이고 허용적인 분위기를 조성한다).
5단계 해결책 찾기	· 아이디어 평가 · 준거 선정 · 임시 해결책 선정	· 유망한 아이디어에 대한 평가 준거를 제시한다. · 평가 준거에 따라 아이디어들을 검토한다. · 선정된 아이디어를 수정·강화하여 최상의 아이디어로 구체화한다.
6단계 수용안 찾기	· 해결책 검토 · 수행 단계 계획	· 최종적인 해결책을 확정한다. · 해결책을 수행하기 위해 구체적 계획들이 만들어진다.

자료: 김영채(2007). 창의력의 이론과 개발. 교육과학사. pp.306-307.

(4) 미래문제해결법(FPSP)의 절차

미래문제해결법은 〈표 3-37〉과 같이 창의적 사고기법을 익히는 예비단계를 거쳐 문제를 이해하고 아이디어를 생성하며 행위를 위한 구체적인 계획을 세우는 총 7단계의 과정으로 구성되어 있다.

예비단계에서는 수업 과정에 필요한 기본적인 사고기능을 익히도록 하기 위해 다양한 사고기법을 익히도록 한다. 전 단계인 토픽의 이해에서는 모둠원이 함께 문제가 무엇인지를 연구하고 1단계에서는 미래 장면에 관련된 도전, 즉 문제, 이슈, 해결할 고민들을 찾아내서 이 중 가장 중요한 것 16개를 선정하고 각각을 완전한 하나의 문장으로 진술한다. 2단계는

표 3-37 미래문제해결법의 절차

과정요소	과정단계	활동내용
예비단계 (CPS모형에 는 없음)	**예비단계** 창의력의 기본 기능과 도구	유창성, 융통성, 독창성, 정교성을 길러주는 활동 및 발산적, 수렴적 사고기법을 익힘
문제의 이해	**전 단계** 토픽의 이해	문제해결을 위해 가장 먼저 문제가 무엇인지를 연구하는 단계로, 토픽(단원명)에 대하여 발산적, 수렴적 사고를 하여 얻은 내용을 정리하여 의사소통하면서 중요한 문제에 우선순위를 정한 후, 자료 수집 및 분석하여 발표함
	1단계 도전적인 문제들을 확인	교과장면이나 그를 기초로 만들어진 퍼지장면 속에서 도전적인 과제나 이슈 또는 문제를 발산적, 수렴적 사고를 거쳐 도전을 선택하고 상세하게 정교화함(CPS에서는 현실 문제를 주로 다루나, FPSP에서는 미래의 퍼지장면을 두고, 문제가 무엇인지를 찾아내고 구체화시킴)
	2단계 핵심문제의 선정	도전(문제)들 가운데 하나의 핵심적인 도전을 선택하고, 문제해결을 창의적으로 하기 위해 FPSP의 표준형식에 따른 의문문 형태로 핵심문제를 진술함(문제를 진술하는 형식이 제시되어 있음)
아이디어 생성	**3단계** 해결 아이디어의 생성	핵심문제에 대한 해결 아이디어를 발산적, 수렴적 사고 과정을 통하여 생성해 내고, 16개의 가장 유망해 보이는 해결 아이디어를 선택한 후, '누가, 무엇을, 어떻게, 왜가 포함된 완전한 문장으로 진술함
행위를 위한 계획	**4단계** 판단준거의 선정	발산적, 수렴적 사고를 사용하여 해결책을 판단하는데 적합한 5개의 준거를 선택함. 미래 장면 또는 핵심문제를 나타내는 단어를 사용하여 최선의 아이디어를 선정할 수 있는 준거를 진술함
	5단계 판단준거의 적용	생성해 낸 16개의 유망해 보이는 해결 아이디어 중 더 유망한 아이디어 8개를 선택한 다음 평가 행렬법을 사용하여 4단계에서 선정한 5개의 준거를 적용하여 최선의 해결 아이디어를 선정함
	6단계 행위 계획의 개발	선택한 최선의 해결 아이디어를 설명하고 이것이 핵심문제에 적절하고 중요함을 보여줌. '누구, 무엇, 언제, 어디서, 어떻게, 왜'의 형태로 아이디어를 실천하기 위한 행위 계획을 진술함

자료: 김영채(2007). 창의력의 이론과 개발. 교육과학사. pp.364-366.

핵심 문제를 선정하는 단계로 이전 단계에서 찾아낸 문제들을 몇 가지 범주로 묶거나 분류하여 가장 핵심적 문제를 하나 선정하고 이를 핵심적인 문제로 진술한다. 3단계는 2단계에서 선정된 문제를 해결할 수 있도록 다양한 발산적 사고 기법을 활용하여 아이디어를 고안하고 이 중 16개를 골라 완전한 문장으로 진술한다. 4단계는 생성된 아이디어를 판단할 수

표 3-38 미래문제해결법 교수·학습 과정안(4차시)

관련 교과단원	소단원	2) 의생활 문화	차시	4/13
상위 학습주제	바람직한 미래의 의생활		하위 학습주제	환경을 생각하는 의생활 – 의생활과 환경
학습 목표	· 환경에 영향(환경보존 또는 환경오염)을 미치는 의생활을 찾을 수 있다. · 의생활로 인한 환경오염의 문제를 알 수 있다.			

수업단계		교수·학습활동	자료 및 유의점
도입 (7분)		· 생각 열기 실시(동영상2를 통해 학생들은 환경오염으로 나타날 수 있는 심각한 피해상황을 인식하도록 한다.) · 동영상에서 일어나는 일들의 원인이 무엇인지 발표(학습 목표를 제시한다.)	동영상2(영화 'tomorrow'의 교사 편집 동영상 '우리의 내일은')
전개 (40분)	토픽의 연구 (관련 정보의 수집과 분석)	· 토픽 제시–의생활과 환경: 토픽(의생활과 환경)의 연구를 위해 활동지를 제시하고, 반드시 발산적, 수렴적 사고의 가이드라인을 지키도록 함 · 토픽에 대하여 이미 알고 있는 것들을 생각해 보도록 함 · '브레인라이팅게시법'으로 토픽에 대하여 이미 알고 있는 것들을 찾아보고(발산적 사고), '핫스팟'으로 분류하여 정리(수렴적 사고) · 다음으로 토픽에 대하여 더 알아볼 필요가 있는 것이 무엇인지를 생각해 보게 함 　– '브레인라이팅게시법'으로 더 알아 볼 필요가 있는 것을 찾아보고(발산적 사고), '히트기법'으로 선택한 후 우선순위를 매김(수렴적 사고), 팀원당 1~2개 조사할 것을 정함 · 팀별(2~3개 팀)로 정리한 내용을 발표해 보도록 함 · 필요하다고 판단한 정보나 기타 토픽에 관련 있는 것들을 수집하게 함 · 개별활동지1을 나누어주고 각자에게 주어진 주제에 대해 정보를 수집하도록 함(과제) · 학생들에게 필요한 적절한 정보를 PPT 자료로 제공 　– PPT 자료3(의생활과 환경오염): 섬유의 생산과정, 의복의 구매와 사용 과정에서 발생할 수 있는 환경오염과 그 영향에 대해 생각해 볼 수 있도록 함	· 팀활동지3 · 개별활동지1 · PPT 자료3(의생 　활과 환경오염)
정리 (3분)		· 정리: 알고 있었던 정보와 알게 된 교사의 정보를 통해 환경을 오염시키는 의생활의 원인을 정리해 봄 · 과제: 개별활동지2, 교사의 정보 외에 더 필요하다고 판단한 정보나 기타 토픽에 관련 있는 것들을 수집하게 함 · 차시예고: 준비 및 탐색, 1~2단계	개별활동지2

자료: 이승해·이혜자(2012). 미래문제해결프로그램(FPSP)을 적용한 친환경 의생활 수업이 창의·인성 함양에 미치는 영향. 한국가정과교육학회지, 24(3), p.158. 재구성.

표 3-39 미래문제해결법 교수·학습 과정안(11차시)

관련 교과단원	소단원	2) 의생활 문화	차시	11/13
상위 학습주제	바람직한 미래의 의생활		하위 학습주제	환경을 생각하는 의생활 – 의복의 세탁(합성세제의 사용)
학습 목표	합성세제로 인한 다양한 문제를 찾을 수 있다.			

수업단계		교수·학습활동	자료 및 유의점
도입 (5분)		· 동기 유발(동영상을 보고 물의 소중함을 알고 우리 주변의 물 환경을 생각해 본다. '물'에 대한 나의 태도를 반성해 보도록 한다.) · 학습 목표 제시	동영상(MBC 최윤영의 W 특별기획 '세상을 바꾸는 작은 힘 – 희망을 퍼 올리는 우물 편집본)
전개 (40분)	문제 상황 제시	·'문제 상황: 합성세제의 사용'을 읽고 분석 　– 미래 장면의 문제 상황(합성세제의 사용)을 제시하고 자세하게 읽은 후 어떤 상황인지 발표하도록 하여 문제 상황을 잘 이해했는지 확인	합성세제를 사용하는 사례를 시나리오 형식으로 제시
	1단계: 도전 (문제) 의 확인	· 합성세제의 사용으로 나타나는 미래의 문제 상황에서 도전(문제)이 무엇인지를 찾아보도록 하며, 문제 장면이 미래이므로 좀 더 창의적인 문제를 찾을 수 있도록 함 ·'브레인라이팅게시법'으로 문제 상황속의 가능한 도전(문제)을 발견하여 나열하도록 함 · 발견한 도전(문제)들 가운데 중요한 도전을 히트기법으로 8개를 선정하도록 함 · 선정된 중요한 도전 과제를 정교한 문장으로 기술하도록 함 · 창의적인 사고를 위해 각 사고과정에서 지켜야 하는 가이드라인을 반드시 지키도록 함	팀활동지(도전(문제) 확인하기)
	2단계: 핵심 문제의 확인	· 문제방울 활동지를 활용하여 문제를 분석 　– 8개의 중요한 문제들을 주제에 맞게 분류, 3개의 주제로 새롭게 문제를 정의 또는 히트기법으로 더 중요한 3개의 문제를 선정하도록 함 　– 문제방울 안에 선정한 3개의 문제를 간단하게 적고, 그 문제가 해결되지 못할 경우 일어날 수 있는 또 다른 걱정거리를 적도록 함 　– 문제방울에서 가장 많은 하위 걱정거리를 가진 것을 핵심문제로 선택하도록 함 · 핵심문제를 선택하고 정교화 　– 핵심문제를 FPSP핵심문제 진술을 위한 표준 양식에 맞춰 한 개의 의문문으로 진술함	팀활동지2(문제방울, 핵심문제의 선정)
정리 (5분)		· 정리: 팀별로 핵심문제를 발표 · 차시예고: 3, 4, 5단계	

자료: 이승해·이혜자(2012). 미래문제해결프로그램(FPSP)을 적용한 친환경 의생활 수업이 창의·인성 함양에 미치는 영향. 한국가정과교육학회지, 24(3), p.159. 재구성.

표 3-40 미래문제해결법 교수·학습 과정안(12차시)

관련 교과단원	소단원	2) 의생활 문화	차시	12/13
상위 학습주제	바람직한 미래의 의생활		**하위 학습주제**	환경을 생각하는 의생활 – 의복의 세탁(합성세제의 사용)
학습 목표	합성세제로 인한 다양한 문제를 찾을 수 있다.			

수업단계		교수·학습활동	자료 및 유의점
도입 (5분)		· 각 팀별로 이번 차시에 해결해야 할 핵심문제를 확인 · 학습 목표 제시	
전개 (40분)	단계3: 해결 아이디어의 생성	· 핵심 문제를 해결하기 위한 아이디어 생성 · 발산적 사고 – '브레인라이팅게시법'을 사용하여 핵심문제를 해결할 수 있는(극복할 수 있는) 많고 다양하며 독특한 해결 아이디어를 생성하도록 함 – 전 단계의 연구에서 수집하고 이해한 자료를 사용할 수 있도록 함 – 포스트잇에는 간략한 요점의 형태로 기록하도록 함 – FPSP 범주 리스트를 활용 시 다양한 범주의 아이디어 생성 가능 · 수렴적 사고 – 히트 기법을 사용하여 생성한 해결 아이디어들 중 핵심문제를 해결하는데 가장 유망해 보이는 해결 아이디어 8개를 선정하도록 함 · 해결 아이디어의 진술 – 6하 원칙에 맞춰 자세히, 정교하게 진술하도록 함	팀활동지3(해결 아이디어 생성) 활동 시 반드시 가이드라인을 지키도록 함
	단계4: 판단 준거의 생성	· 최선의 해결 아이디어를 선정할 수 있는 준거를 개발함 · 발산적 사고로 준거의 생성('브레인라이팅게시법'을 사용하여 다양한 판단 준거를 생성해 내도록 함) · 수렴적 사고로 준거의 선정(해결 아이디어 선택에 적절한 5개의 준거 히트기법으로 골라내도록 함) · 준거의 진술 – 골라 낸 준거를 정교화하는데, 각 준거는 한 가지 관심사만을 다룸 – 준거를 정교화하는데 완전 문장의 의문문의 최상급을 사용함	팀활동지4(준거의 생성)
	단계5: 판단 준거의 적용	· 평가행렬법을 사용하여 가장 최선의 해결 아이디어를 선정함 · 해결 아이디어의 순위를 매기기 위하여 평가행렬표를 이용해 4단계에서 생성해 낸 5개의 준거를 적용함 – 평가행렬법표에 세로로 아이디어를 적고, 가로로 준거를 적음 – 각각의 준거에 8개의 해결 아이디어의 점수를 매김. 준거에 가장 적합한 아이디어가 8점, 가장 적합하지 않은 아이디어는 1점을 적용함 – 같은 점수를 매기지 않도록 주의하도록 하며, 부득이 같은 배점을 할 시에는 다음 점수를 건너뜀 · 점수 집계에 계산 착오를 확인하고, 동점이 생기는 경우는 준거에 가중치를 주거나 여섯 번째의 준거를 적용하여 반드시 최선의 대안을 선정함	
정리 (5분)		· 정리: 팀별로 최선의 아이디어를 발표 · 차시예고: 6단계–행위계획의 개발	

자료: 이승해·이혜자(2012). 미래문제해결프로그램(FPSP)을 적용한 친환경 의생활 수업이 창의·인성 함양에 미치는 영향. 한국가정과교육학회지. 24(3). p.160. 재구성.

표 3-41 미래문제해결법 교수·학습 과정안(13차시)

관련 교과단원	소단원	2) 의생활 문화	차시	13/13
상위 학습주제	바람직한 미래의 의생활		**하위 학습주제**	환경을 생각하는 의생활 – 의복의 세탁(합성세제의 사용)
학습 목표	· 합성세제로 인한 환경오염의 문제를 해결하기 위한 방법을 창의적으로 표현할 수 있다. · 합성세제의 사용을 줄일 수 있다.			

수업단계		교수·학습활동	자료 및 유의점
도입 (5분)		· 최선의 해결 아이디어 확인(전시학습에서 선정한 최선의 해결 아이디어를 확인) · 학습 목표 제시	
전개 (40분)	단계6: 행위 계획의 개발	· 최선의 해결 아이디어를 실천할 계획 작성함 · 실천계획을 만들 때 다음과 같은 측면에서 생각해 보도록 함 – 누가 이 계획을 실천할 것인가?, 문제를 해결하기 위해 무엇을 할 것인가?, 결과는 언제부터 나타나기 시작하거나 계속될 것인가?, 이 계획을 어디서 실천할 것인가?, 왜 문제 상황에 긍정적 영향을 미칠까? 이 계획을 어떻게 실천할 것인가? · 행위계획을 개발할 때 가능한 조력자와 저항자를 모두 고려하여 이러한 것들을 어떻게 극복할 수 있는지를 기술하도록 함 – 발산적 사고 과정을 거쳐 제시된 질문에 대해 사람 외에 도움이 되고 유리한 조력자, 방해가 되는 저항자를 다양한 측면에서 생각함 – 발산적 사고를 통해 생성된 다양한 내용들은 수렴적 사고 과정을 거쳐 최선의 방법을 선택하고 조합하여 해야 할 일들의 우선순위를 정함 · 행위계획을 적어도 3개의 완전한 문장 단락을 만들어 보도록 함 – 최선의 해결 아이디어를 실천하기 위해서 선정된 것들을 다른 사람들이 쉽게 이해할 수 있도록 문장으로 완성하여 3개의 단락으로 완성함 – 핵심문제를 적어 무엇을 해결하기 위한 행위계획인지를 확인함 – 첫 번째 단락은 '핵심문제가 무엇이며, 핵심문제를 해결하기 위해서 어떤 방법을 사용할 것이며, 그 방법은 핵심문제에 어떤 영향을 미칠 것인지에 대한' 행위계획의 개관을 적음 – 두 번째 단락은 행위계획이 왜, 어떻게 해서 핵심문제를 해결할 수 있는지에 대해 자세하게 설명하도록 함. 이때 조력자와 저항자에 대한 행위계획을 포함함 – 세 번째 단락은 행위계획인 왜, 어떻게 '합성세제의 사용'과 관련한 장면에 긍정적인 영향을 미칠 것인지를 설명함 · 팀별로 발표함 – 행위계획에 대한 각본을 만들어 팀별로 3분 동안 역할극을 시도함	팀활동지5(행위계획의 개발)
정리 (5분)		현재 활용되고 있는 방법들 중에서 세제를 사용하지 않고 세탁을 할 수 있는 방법 제시, 의생활의 많은 부분이 환경을 오염시키고 있음을 적극적으로 인식하여 지속가능한 지구를 만들기 위한 친환경 의생활을 실천하도록 함. 앞으로 우리가 만들어야 할 가장 중요한 의생활 문화임을 인식하도록 유도	PPT 자료, 실물(세탁볼, 세탁링 등)

자료: 이승해·이혜자(2012). 미래문제해결프로그램(FPSP)을 적용한 친환경 의생활 수업이 창의·인성 함양에 미치는 영향. 한국가정과교육학회지. 24(3). p.161. 재구성.

있는 준거를 마련하는 단계로 예를 들면 '실천하기 쉬운가?', '비용이 효율적인가?', '효과가 좋은가?', '윤리적인가?' 등 문제의 특성에 적합한 질문을 통해 판단준거를 설정하고 5개 이내로 압축한다. 5단계에서는 이전에 선정된 16개의 아이디어를 4단계에서 설정한 판단준거에 의해 8개로 압축하고 마지막 단계인 6단계에서는 5단계에서 최고점을 받은 최선의 해결책에 대한 구체적인 행위 계획을 수립한다.

(5) 가정과 교수·학습에의 적용 사례*

이승해와 이혜자(2012)는 친환경 의생활을 주제로 미래문제해결법(FPSP)을 적용하여 13차시의 교수·학습 과정안을 개발하고 이를 고등학교 1학년 가정과 수업에 적용한 결과 학생들의 창의성과 인성에서 유의한 긍정적인 변화를 이끌어냈다. 이 수업은 전체 13차시 중 1~3차시는 예비 단계로 학생들이 창의적 사고 기법을 익힐 수 있도록 하였으며, 4차시는 주제를 연구하도록 구성되었다. 5차시부터 13차시까지는 섬유의 생산, 의복의 생산, 의복의 폐기와 재활용, 의복의 세탁이라는 네 가지 주제로 2~3차시 분량의 교수·학습 과정안을 구성하였다. 〈표 3–38~41〉은 이승해와 이혜자(2012)가 개발한 교수·학습 과정안의 일부를 재구성한 것이다.

6 | 실천적 문제 중심 수업

(1) 실천적 문제 중심 수업의 등장 배경

실천적 문제 중심 수업은 학생들이 삶에서 경험하는 다양한 실천적 문제들에 대해 실천적 추론이라는 비판적 사고과정을 통해 최선의 해결책을 찾고 이를 직접 실천하는 수업 방식이다.

지금까지의 가정과 교육과정은 가정학의 세분화된 학문영역(개념)으로 구성되어 있었고 실증적 지식을 산출하는 기술적 행동에만 관심을 두어왔기에 인간이 어떠한 판단과 행동으로 살아가는 것이 바람직한가와 같은 문제를 해결하는 데 필요한 총체적 사고능력을 개발

---

* 참고할 수 있는 논문: 박미정(2012), 가정과교육에서의 창의·인성 수업 모델 개발-'옷차림과 자기 표현' 단원을 중심으로-. 한국가정과교육학회지, 24(3), pp.35-56.

시켜 주는 데 한계를 가지고 있었다. 이런 가정학의 한계를 극복하기 위해 가정학자 브라운 (1978)이 미국 위스콘신 주 교육성의 의뢰를 받아 개인과 가족의 항구적 본질을 갖는 실천적 문제를 중심으로 하는 개념적인 틀을 제안하면서 실천적 문제 중심 수업이 시작되었다. (채정현·유태명, 2006).

브라운은 가정과 교육이 실증과학에서 벗어나 비판과학의 관점을 취할 것을 제안하였다. 비판과학은 독일의 프랑크푸르트학파에 의해 발전된 철학적 사조인 비판이론(critical theory)에서 뿌리를 찾을 수 있다. 비판이론은 19세기 이후 인간사회에 나타난 물질만능주의, 실증주의 및 실용주의로 대표되는 경험과학에 대한 무조건적 신봉이 인간의 의식구조에 분열을 일으킨다고 보고, 이런 현상이 계속될 경우 인간사회는 심각한 사회적 기능장애에 봉착할 것이라고 경고하였다. 대표적인 비판철학자 하버마스(Habermas, 1971)는 인간이 현대 과학기술을 맹목적으로 신봉한 결과 비자주적이고 수동적인 존재가 되었다고 하였다. 그는 이를 해결하는 것은 기술과학이 아니라, 구성원 간의 자유롭고 민주적인 의사소통과 깨어 있는 비판적 행동이라고 보았다.

유태명(1992)은 우리나라 가정과 교육 역시 비판 과학의 관점으로 전환할 것을 제안하면서 실천적 문제 중심 수업을 소개하였다. 이후 이 관점에 동의한 많은 가정과 교사들에 의해 실천적 문제 중심 수업이 꾸준히 시행되어 왔다. 또한 2007년 개정 가정과 교육과정(교육과학기술부, 2008)을 시작으로, 현재 2015 개정 교육과정(교육부, 2015)에 이르기까지 가정과 교육과정 문서들은 가정과 수업에서 실천적 문제 중심 수업을 통해 실천적 문제 해결력을 기르도록 할 것을 강조하고 있다.

(2) 실천적 문제 중심 수업의 특징*

유태명과 이수희(2010)는 실천적 문제 중심 가정과 수업을 '추구하는 인간상', '성격', '목표', '교육과정 구성의 중심', '교수·학습 방법'의 다섯 가지 측면에서 구체적으로 설명하였다. 이 부분은 유태명과 이수희(2010)의 저서를 참고한 것으로, 여기서는 실천적 문제 중심 수업이 어떤 철학적 관점을 취하고 있는지, 수업 주제는 무엇이 적합한지, 수업의 궁극적인 지향점은 무엇인지, 수업의 구체적 방법은 무엇이며 어떻게 평가해야 하는지의 다섯 가지 측면에

---

* 실천적 문제 중심 수업의 특징에 대한 구체적 내용은 유태명·이수희(2010)의 《실천적 문제 중심 가정과 수업》을 참고한다.

서 살펴보고자 한다.

① 철학-비판적 관점의 철학 가정과 실천적 문제 중심은 브라운과 파올루치(Paolucci)가 제시하고 미국가정학회에서 정립한 가정학의 학문적 성격에 기초하고 있다. 브라운과 파올루치(1979)는 가정학을 인간에게 봉사하는 사명지향적인 교과로 규정하고, 가정학의 사명을 "개인과 가족의 자아형성을 성숙하게 하고 지역사회의 목표와 그것을 이루기 위한 수단을 형성하고 비판하는 일에 협동적으로 참여하도록 하는데 있다."고 하였다. 이와 같은 가정학 사명은 가정학의 학문적 성격을 비판과학(critical science)으로 규정한 것에 뿌리를 두고 있다.

브라운(1980, 1993)은 인간의 자아형성 능력과 가족의 교육적 기능, 사회의 자유로운 조건이 모두 상호 호혜적인 관계에서 작용할 때 자유로운 인간과 자유로운 사회의 구현이 가능하다고 보았다. 따라서 개인과 가정이 문제를 해결하기 위한 타당한 행동을 취하기 위해서는 하버마스의 지식과 행동이론에 근거한 적절한 기술적, 의사소통적, 해방적 행동이 필요하다(Brown & Paolucci, 1979). 유태명(1992)도 가정과 교육의 목표는 수업을 통해 한 개인을 변화시키는 뿐만이 아니라 인간, 가족, 사회를 모두 변화시킬 수 있어야 하기에, 개인이 일상생활에서의 행동에 책임감을 가진 자주적인 인간이 되도록 하버마스(1971)의 세 가지 행동체계를 적절히 수행할 수 있는 능력을 키워주어야 한다고 하였다.

유태명(2007)은 이와 같은 가정과 교육의 실천적 성격을 토대로, 가정과 교육에서 추구하는 인간을 실천적 지혜(phronesis)를 가진 사람으로 정의한 바 있는데, 이때 실천적 지혜를 가진 사람은 "개인 및 가정생활에서 일어나는 실천적 문제의 구체적 상황에서 자신뿐만 아니라 모두를 위해 최고의 선을 구체화하는 행동인 실천(praxis)을 할 수 있는 사람"을 의미한다. 채정현(2007) 역시 가족의 일원인 학생이 자유롭고 주도적인 삶을 살아가고 자신뿐만 아니라 이웃공동체를 위해 선한 행동을 실천하는 힘을 기르도록 교육하는 것이 가정과 교육이 해야 할 일이라고 하였다. 2015 개정 실과(기술·가정)/정보과 교육과정(교육부, 2015)도 '가정생활'분야에서 '실천적 문제해결능력'을 기르는 것을 목표로 제시하고 있다. 여기서 '실천적 문제해결능력'이란 학생들이 일상생활 속에서 발생될 수 있는 다양한 문제에 대하여 그 배경을 이해하고 문제 해결의 대안을 탐색한 후, 비판적 사고를 통한 추론과 가치 판단에 따른 의사 결정을 통해 실행하는 것을 의미한다.

프레이리의 의식화와 가정과 교육에서의 해방적 관점

브라질의 문해교육자 파울로 프레이리(Freire, 1973)는 학생들에게 단순히 지식만을 전달하는 은행 저축식 교육(banking education)을 강력히 비판하면서, 이를 대신하여 문제 제기식 교육(problem popsing education)을 해야 한다고 주장하였다. 그가 말하는 은행 저축식 교육은 학생들이 자신이 살고 있는 세계에 대해서 사고하지 못하도록 하고, 억압을 통해 순종적인 인간을 길들여 낸다. 순종적으로 길들여진 인간은 세계를 주어진 것, 피할 수 없는 것, 그나마 감사한 것 등으로 받아들이고 수동적으로 살아가게 된다. 특히 이들은 자신의 의식이 아닌 남의 의식을 가지게 되는데, 프레이리는 이들이 자신의 의식을 되찾음으로써 권력과 억압으로부터 자유로워지기 위한 방법으로 '의식화'가 필요하다고 하였다(Elias, 2014).

프레이리의 의식화는 인간이 스스로 자신의 삶을 규정하는 사회, 문화, 정치적 현실을 인식하고, 그 현실에 대한 날카로운 문제를 제기하고, 그를 변화시킬 수 있는 능력과 자각을 성취하는 과정과 활동 및 결과를 의미한다. 프레이리는 의식에는 다음과 같이 몇가지 종류와 단계가 있다고 보았다.

· 준변화 불가능 단계의 의식(semi-intransitive consciousmess): 가장 기초적인 요국의 충족에 사로잡혀 있으며 생물학적 측면을 벗어난 문제와 도전에 대해 실천하지 않는다. 자신들의 사회문화적 상황을 '주어진 것'으로 간주한다.

· 소박한 준변화 가능 단계의 의식(naive semi-transitive consciousmess): 소박하고 초보적인 의식 수준이지만 민중들의 삶의 상황에 대한 질문을 진지하게 시작하는 단계이다. 자신들의 삶을 어느 정도 통제하기 시작하지만 여전히 자신들을 조종하고 기만하는 세력의 위험성에 휘둘린다.

· 비판적으로 변화하는 의식(critically transitive consciousmess): 프레이리는 의식화 과정을 통해 성취된 비판적 의식을 최고의 의식 수준으로 보았다. 의식화는 억압적인 구조를 지지하는 이데올로기에 대한 열정적이고 합리적인 비판을 요구한다. 비판적 의식은 지성적 노력만이 아니라 실천(praxis), 즉 행동과 성찰의 결합을 통해 성취된다. 결국 인간은 비판적 의식을 가지게 될 때 비로소 반성과 실천을 통해 인간과 세계를 해방할 수 있다고 하였다.

이와 같은 프레이리의 교육 사상을 볼 때, '의식화'는 가정과 교육의 세 가지 행동체계에서의 해방적 행동과 맥을 같이 한다. 가정과 교사가 수업을 계획할 때 '이 수업의 이면에 놓인 나(교사)의 이데올로기나 편견, 고정관념, 특정 패러다임은 무엇인가?', '이 수업에서 나의 의견과 생각을 학생들에게 일방적으로 강요하거나, 학생들이 질문 제기하는 것에 부정적으로 반응하지는 않았나?', '이 수업을 통해 학생들이 어떻게 권위와 억압에 도전하고 자율적으로 판단할 수 있을까?' 등을 고민하는 것은 가정과 교육자로서 학생과 수업할 때 교사가 해방적 관점을 유지한다는 것과 다르지 않다. 이러한 질문에 대해 스스로 끊임없이 비판하고 성찰하는 것을 통해 교사의 비판적 의식도 성장할 것이다.

가정과 교사는 수업을 통해 학생들이 기술적 행동체계, 의사소통적 행동체계, 해방적 행동체계를 발전시킬 수 있도록 고민해야 한다. 이때 세 행동체계는 그 자체로서 독립적인 수업 목표가 되기보다는 궁극적으로 학생의 자율성에 기반한 도덕적 실천인 프락시스라는 상위의 목표로 귀결되어야 할 것이다.

유태명과 이수희(2010)는 가정과교사가 어떤 철학과 관점을 가지고 수업에 임하는지에 따라 학생들의 학습에는 차이가 있다고 보았다. 따라서 교육과정이나 수업을 개발할 때 바른 관점을 가질 수 있도록 스스로 성찰하는 과정이 중요하다고 하였다.

② 주제-항구적인 실천적 문제 실천적 문제란 개인이 생활의 구체적인 상황이나 맥락 속에서 행동과 관련된 해결을 요구하는 문제로, 문제의 성격이 항구적이고, 광의의 개념을 포함한다는 특징을 지닌다. 우리의 삶에서는 언제나 세대를 이어 반복적으로 나타나는 문제들이 존재하는데, 시대나 사회에 따라서 그 문제가 발생하는 맥락이나 상황이 변하게 된다. 실천적 문제는 맥락에 따라서 겉으로 드러나는 양상이 다르더라도 문제의 본질이 동일한 개념에서 발견될 수 있다.

유태명과 이수희(2010)는 실천적 문제 중심 수업에서 다루어지는 관심사, 즉 실천적 문제들은 세부적인 주제로부터 다른 많은 하위개념들과 연결될 수 있는 최상위 개념인 광의의 개념으로 전환되어야 한다고 하였다 그 이유는 광의의 개념은 이해를 위한 보다 큰 핵심적인 개념이며, 이를 다룰 때 그 하위 단계에서 범위가 좁은 주제들이 탐구되어질 수 있고 이런 광의의 개념이 결국 항구적인 관심사와 깊게 연결되기 때문이다.

실천적 문제를 선정할 때 개념을 어느 정도로 넓게 잡을 것인지는 교사의 수업 의도에 따라 달라 질 수 있지만, 지나치게 세부적인 주제보다는 그 개념을 포함하는 광의의 개념을 탐색해볼 필요가 있다. 예를 들어, 수업에서 다루고자 하는 관심사가 '청소년기의 친구 관계'라면, 구체적인 친구관계의 형태나 문제점 등에만 국한하지 않고 이를 포괄할 수 있는 개념, 이를테면 타인과의 관계 형성, 배려심, 자아 존중감 등의 좀 더 넓은 개념을 탐구할 수 있어야 한다.

③ 수업 목표-세 가지 행동체계를 실천할 수 있는 능력　　브라운과 파울루치(Brown & Paolucci, 1978)는 가정학의 사명을 가족이 개인의 자아 형성을 성숙하게 하고 나아가 사회적 목표와 이를 성취하기 위한 수단을 비판하는데 자발적으로 참여할 수 있도록 기술적, 의사소통적, 해방적 행동체계를 구축하고 유지할 수 있도록 돕는데 있다고 보았다. 여기에서의 세 가지 행동체계는 하버마스의 비판이론에 근거한다.

하버마스는 모든 인식은 순수한 지적 활동이 아니라 자신의 필요나 욕망에 관련된 관심에서 시작한다고 보았다. 그에 의하면 모든 사람은 세 가지 서로 다른 앎에 관계하게 된다. 첫째는 인간이 자연 환경을 정복하고 통제하기 위해 이를 이용할 수 있는 기술을 배우고자 하는 기술적 관심, 둘째는 사회적 동물인 인간이 타인과 의사소통을 위해 언어와 개념의 의미를 파악하고자 하는 의사소통적 관심, 마지막은 왜곡되어 있는 믿음이나 가치 등으로부터 해방되어 참다운 자유를 찾고 진실하게 살고자 하는 해방적 관심이다. 인간은 이런 관심을 기초로 기술적 행동, 의사소통적 행동, 해방적 행동을 하며 각각의 지식 체계를 발전시켜 왔다(박이문, 1991).

종래의 가정과 교육이 기술적 관심을 토대로 하는 기술적 행동만을 강조해왔다면, 브라운과 파울루치(1978)는 가정과 교육을 통해 학생들이 의사소통적 행동과 해방적 행동을 할 수 있어야 한다고 보았다.

기술적 행동은 생존이나 종족 보존을 위해 환경을 통제하고 관리하는 것과 관련된 행동이다. 기술적 행동의 궁극적인 목적은 경험과학의 구체적인 방법을 적용하여 환경을 통제하고 원하는 결과를 얻는 것이다. 의사소통적 행동은 개인과 개인, 개인과 집단의 상호작용을 위해 의사소통을 통해 서로 의미를 공유하는 것이다. 동일한 개념이라고 해도 개인에 따라 의미를 부여하는 방식이나 해석하는 바가 다르기에, 사회적 합의, 의미의 공유를 위해 그 의미와 가치를 밝혀 이해를 돕는 행동이다. 해방적 행동은 의식적이나 무의식적으로 조작되거나 통제되지 않고, 책임감 있게 행동할 수 있는 자율성을 얻고자 하는 행동이다. 이 세 가지 행동체계는 완전히 상호 배타적인 것은 아니다. 의사소통적 행동을 통해서 해방적 행동이 나올 수도 있고 기술적 행동을 통해서 의사소통적 행동이 유발될 수도 있기 때문이다. 하버마스(1971)는 기술적 행동과 의사소통적 행동의 궁극적인 의미는 해방을 위한 조건을 마련하는데 있다고 하였다. 결국 가정과 수업에서 학생이 세 행동체계를 배우는 것의 가치는 개인과 가족이 진정한 모습으로 자아를 성숙하게 하고 자신뿐만 아니라 가족, 공동체,

표 3-42 실천적 추론을 위한 질문

1. 문제를 정의하는 질문

· 문제는 무엇인가?
· 많은 사람들이 이 문제에 직면하는가? 그 이유는?
· 이 문제를 해결하기 위해서 어떻게 해야 할까?
· 이 문제에 어떤 요인이 관련지어 있는가?
· 이 문제에 대한 의사결정을 하기 전에 무엇을 고려해야 하는가?

2. 정보 수집을 위한 질문

· 이 문제를 해결하기 위해서 어떤 정보를 얻어야 하는가?
· 어디에서 믿을만한 정보를 얻을까?
· 믿을만한 정보는 어떠한 것일까?
· 최선의 선택을 하기 위해 어떠한 정보가 필요할까?
· 의사결정을 하면 결과에 영향을 받을 사람은 누구인가?
· 문제를 해결하는데 필요한 자원은 무엇일까?

3. 선택과 그 선택의 결과에 대한 질문

· 어떠한 선택을 해야 하는가?
· 나와 타인을 위해서 최선의 선택은 무엇인가?
· 이러한 선택이 나와 가족, 사회에 주는 결과는 무엇인가?
· 각 선택이 장기간과 단기간에 주는 결과는 무엇인가?

4. What-If에 대한 질문

· 이 선택은 나와 타인에게 최선의 결정인가?
· 어떤 가치와 기준을 보고 선택할까?
· 이 선택은 나의 인생 목적과 가치에 적합한가?
· 만약 이 결정으로 누군가가 도움을 받는다면 내 기분이 어떨까?
· 만약 모든 사람이 이 문제에 대해 같은 결정을 내린다면 어떨까?
· 내가 만일 다른 상황에 처해 있어도 같은 결정을 내릴까?

자료: Laster, J. F.(1982); 유태명·이수희(2010), p.139. 재인용.

사회를 위해서 행동할 수 있게 하는 데 있다.

쿠머 외(Coomer, et. al, 1997)는 세 행동 체계를 발전시키기 위해 수업에서 활용할 수 있는 질문으로 기술적 질문, 개념적 질문, 비판적 질문을 들고, 그 구체적인 내용을 다음과 같이 제시하였다.

기술적 질문은 기술적 행동과 관련 있으며 원인과 결과, 수단과 목적, 사실에 대해 구체적으로 묻는다. 예를 들면, '비타민 A의 섭취가 부족하면 어떤 증세가 나타나는가?', '심장병을 예방하기 위해 적절한 식이요법은 무엇인가?', '면섬유의 특성은 무엇인가?' 등의 질문이 이에 해당된다. 기술적 질문은 객관적인 정답이 정해져 있으며 암기 위주의 낮은 수준의 사고를 자극한다.

개념적 질문은 의사소통적 행동과 관련이 있으며 다양한 개념의 의미를 이해하고 공유하기 위한 것이다. 어떤 개념을 분석하고 명확하게 하기 위해서 이 질문이 필요하다. 예를 들면, '결혼의 의미는 무엇인가?', '가정에 영향을 미치는 현대사회의 특성은 무엇인가?', '행복한 가정은 어떤 가정인가?' 등이 이에 해당된다. 개념적 질문은 학생의 아이디어를 확장시키고 어떤 개념을 명료화하는 데 도움을 준다 하지만 이 질문만으로는 그 개념이 과연 진실한가에 대한 탐구를 할 수 없기에 한계가 있다. 또한 교실에서의 이러한 질문은 대상이 제한적이고 상대적이기에 다양한 의미를 공유하기에 부족하다.

마지막으로 비판적 질문은 해방적 행동과 관련이 있다. 비판적 질문을 통해서 얻은 지식으로 우리는 진실에 대한 믿음과 의미를 비판적으로 분석할 수 있다. 개념적 질문을 통해 얻은 사실이 과연 진실인가라는 의구심을 이 질문을 통해서 밝힐 수 있다. 예를 들면, '쾌적한 생활을 영위하는 것이 행복일까?', '맞벌이 부부의 경우 왜 남자는 가사일이나 아이 돌보기를 여자보다 적게 하는 것일까?' 등의 질문이 이에 해당된다.

비판적 질문은 기술적 질문과 개념적 질문을 포괄하는 틀을 제공한다. 비판적 질문을 통해서 학생들은 자신뿐만 아니라 사회를 위해서 최선의 행동을 모색할 수 있으며 문제를 다각적인 관점에서 사고할 수 있다. 또한 자신이 믿고 따랐던 신념과 생각을 비판함으로써 능동적이고 깨어 있는 행동을 할 수 있으며, 이를 통해 자율적인 자아를 형성하고 평등하고 자유로운 가정과 사회를 만들어 나갈 수 있다.

가정과 교사들은 실천적 문제 중심 수업에서 위와 같은 질문을 통해 학생들이 감추어진 잠재력을 끌어내고 보다 넓은 시각으로 사회를 바라볼 수 있는 능력을 길러줄 수 있다.

④ 수업 방법-실천적 추론   실천적 문제 중심 수업의 핵심 단계인 실천적 추론(practical reasoning)은 타인과 사회를 위한 도덕적 행동인 실천을 유발하기 위해 추론을 강조하는 고등 정신 능력의 일종(Laster & Thomas, 1997; 채정현·유태명, 2006, 재인용)이다. 실천적 추론은 실천적 문제를 해결하기 위해 사용되는 비판적 사고방식으로 객관적, 과학적 지식체계뿐만 아니라 도덕적, 윤리적 정당성에 근거한 추론과정을 요구한다. 학생들은 실천적 추

론 과정에서 실천적 문제에 대한 바람직한 목표를 설정하고 문제에 내포되어 있는 복합적인 맥락을 파악하며, 다양한 대안을 탐색하고 대안들에 대한 가치판단을 내려 최선의 대안을 선택하고 실천하게 된다.

학생들은 실천적 추론 과정을 통해 문제에 내포된 맥락이나 상황을 파악함으로써 해당문제를 사회·문화적인 측면에서 바라볼 수 있게 된다. 이런 문제가 개인, 가정, 사회, 국가처럼 광범위한 영역에 미치게 될 영향을 고려하여 모두를 위해 최선의 선택이 무엇인지 판단하는 과정에서 비판적인 사고력을 기를 수 있다.

교사는 실천적 추론을 위해 〈표 3-42〉와 같이 문제를 정의하는 질문, 정보 수집을 위한 질문, 선택과 그 선택 결과에 대한 질문, 그리고 What-If(만약 ~라면 어떻게 될까?)에 대한 질문 등을 통해 사용할 필요가 있다.

⑤ **수업 평가–대안적 관점이 필요**   실천적 문제 중심 수업은 학생이 실천적 추론이라는 사고 과정을 거쳐서 최선의 대안을 선택하고 세 가지 행동체계를 통해 대안을 실천함으로써 문제를 해결하는 것을 목표로 한다. 따라서 수업에서 학생의 성취를 평가하기 위해서는 기존의 지필고사 위주의 평가 방식만으로는 충분하지 않다. 학생이 무엇을 알고 있는지 뿐만 아니라 학생이 수업 과정을 통해 어떤 교육적 경험을 했는지도 중요하기 때문이다. 실천적 문제 중심 수업에서 평가는 학생의 수업 활동, 행동에 대한 자기 평가 혹은 동료 평가를 모두 포함하는 것이 좋다. 학생은 일방적으로 교사에 의해 평가받는 평가 대상자가 아니라 자신의 학습과 실천에 대해 스스로 평가하고 동료들과도 상호 평가를 할 수 있는 존재로 적극적인 역할 변화가 필요하다.

브라운(1978)이 분류한 세 가지 교육과정 관점 중 비판과학 관점에서의 평가 특징은 다음과 같다(Olson et al., 1999; 유태명·이수희, 2010 재인용).

비판과학 관점에서는 첫째, 사회적 문제들과 관련된 학생들의 실천력을 평가하는 데 목적을 둔다. 둘째, 논쟁점을 넓은 맥락에서 볼 수 있는 능력, 실천적 추론과 비판적 사고, 듣기, 협동을 포함한 다양한 활동을 적용하는 능력, 실천으로 옮기는 의지 등을 평가한다. 셋째, 평가 내용이 실제적 문제 또는 가상적 문제로 이루어진다. 넷째, 학생들은 문제를 해결하기 위해 함께 일하며 협동적인 관계에서 평가에 참여한다. 다섯째, 팀 활동이 평가 대상이 되며 팀은 문제를 해결하기 위해 사용된 행동과 과정에 대해 성찰한다. 여섯째, 학생의 행동

결과는 사회적 환경의 비판과 사회의 개선의 핵심이며 인간 환경 개선으로 이어져야 한다. 일곱째, 교사는 학생이 문제를 해결하는데 어떻게 활동했는지에 관심을 둔다.

(3) 실천적 문제 중심 수업의 일반적 절차

실천적 문제 중심 수업의 절차는 라스터(Laster, 1982)가 개발한 실천적 문제 중심 수업 모형(표 3-43)의 단계를 따르는 것이 일반적이다.

문제 정의단계에서는 일상생활에서 당면하는 실천적 문제가 무엇이며, 그 문제의 핵심이 무엇인지를 파악한다. '무엇이 문제인가?', '이 문제를 해결하기 위해서 어떻게 해야 할까?', '이 문제에 관련되어 있는 요인이 무엇인가?' 등과 같은 질문을 통해 학생은 가족이 직면하고 있는 복잡하고 다양한 배경을 가진 실천적 문제를 인식하게 된다.

실천적 추론 단계에서는 실천적 문제를 해결하기 위해 문제에 포함된 전후관계와 상황에

표 3-43 실천적 문제 중심 수업의 단계와 내용

단계	내용
문제 정의	· 일반적인 문제를 소개한다. · 현실에서 부딪치고 있는 실천적 문제를 알아본다. · 실천적 문제와 이론적·기술적 문제를 구별한다.
실천적 추론	· 바람직한 목표를 설정한다. · 문제와 관련되는 복합적인 상황을 해석한다. · 목표에 도달하기 위한 다양한 해결방안, 전략, 수단을 구상한다. · 여러 가지 대안 중에서 각 대안을 선택했을 경우 자신과 타인, 사회의 행복에 미칠 영향을 생각한다. · 대안들 중에서 선택할 때 필요한 기준을 세운다. · 기준을 놓고 복합적인 여러 상황과 바람직한 목표를 생각하고 행동의 결과를 평가한다. · 위의 추론을 토대로 하나의 해결방안을 결정한다.
행동	· 효율적인 행동을 위해서 필요한 기술을 연마한다. · 실제 상황에서 그러한 기술을 사용하도록 유도한다.
행동평가	· 행동을 실행한 후 실제의 결과와 행동과정을 반성한다. · 기준에 비추어보았을 때 이 결과가 바람직한 목표를 이룬 결과인지 평가한다. · 미래를 위해서 개념을 정립하고 형성한다. · 새로운 목표를 세운다. · 새 문제를 정의한다.

자료: Laster(1982). A practical action teaching model. Journal of Home Economics. 74(3). p.42.

영향을 주는 모든 요인을 고려하고, 무엇을 하는 것이 가장 좋은가를 결정하여 궁극적으로 행동을 이끌어 낸다. 이 과정에서는 객관적이고 신뢰할 만한 사실정보뿐 아니라 도덕적으로 타당한 가치관도 충분히 고려해야 한다. 여기서 도덕적으로 타당한 가치관이란 특정 행동에 의해서 현재 영향을 받고 있거나 앞으로 받을 수 있는 모든 사람들에게 유익한 가치관이다. 실천적 추론의 각 요소들은 고정된 순서로 진행되는 것이 아니라 유동적이며 순환적인 과정으로 이루어진다.

행동단계에서는 실천적 추론 과정을 통해서 결정한 대안을 수행할 수 있도록 행동 계획을 세우고 실제로 실행한다. 실천적 문제는 학생이 행동으로 실천하지 않으면 해결되지 않은 것으로 보므로 최선의 선택에 따라 행동에 필요한 기술과 요소는 무엇인지, 누가·언제 행동할 것인지에 대한 구체적인 실천 계획을 세우고 행동해야 한다. '이 선택을 실행하기 위해 요구되는 기술은 무엇인가?', '행동을 실행하는데 장벽은 무엇인가?', '실행하는데 방해가 되는 요소를 극복할 수 있는 방안은 무엇인가?' 등의 질문을 통해서 구체적인 실천계획을 마련할 수 있다.

행동에 대한 평가단계는 행동을 실행한 후 실제의 결과와 행동과정을 반성하는 과정이다. 선택의 결과를 기준에 비추어 보았을 때 바람직한 목적을 이룬 결과였는지, 문제해결과정을 통해 배운 점이 무엇인지 평가하고 새로운 목표를 세운다. 이 단계에서는 '똑같은 선택을 하겠는가?', '무엇을 배웠는가?', '이러한 문제해결 경험이 미래의 문제해결 경험에 어떠한

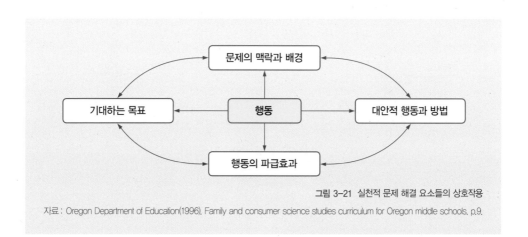

그림 3-21 실천적 문제 해결 요소들의 상호작용

자료 : Oregon Department of Education(1996). Family and consumer science studies curriculum for Oregon middle schools. p.9.

영향을 미치겠는가?', '이러한 행동으로 인해 가족과 타인의 행복을 가져왔는가?', '윤리적인 행동인가?' 등의 질문을 통해 행동에 대한 평가를 할 수 있다.

볼드윈(Baldwin, 1991)은 실천적 문제 중심 수업의 흐름을 다음과 같이 간략히 제시하였다(유태명·이수희, 2010, p.85, 재인용).

- 교사는 구체적 사례를 제시하면서 우리가 직면하고 있는 실천적 문제를 소개한다. '이 문제와 관련하여 우리는 어떤 행동을 하여야 할까?'를 제기하는 것으로 수업을 시작한다.
- 교사와 학생들은 대화를 통하여 이 문제와 관련된 사람들의 생각을 알아본다. 이때 고정관념은 없는지도 검토한다.
- 교사와 학생은 대화를 통해서 이 문제와 관련한 갈등이나 대립되는 생각들은 없는지 검토한다. 그런 생각들에 대해 사람들이 어떻게 행동하는지 등에 대해 토의한다.
- 이를 통해 문제의 근원을 찾아보고, 현재에도 이와 같은 행동을 하게하는 요인이 있는지도 찾아본다.
- 문제의 배경이 되는 생각과 그에 기초해서 행동할 때 어떤 문제가 일어날 수 있는지 검토한 후, 대안의 생각은 무엇인지 알아낸다.
- 변화를 꾀할 수 있는 전략을 찾아보고, 각각의 전략으로 행동할 때 생길 수 있는 결과를 미리 생각해 본다. 이를 기초로 도덕적으로 가장 정당한 전략을 선택한다.
- 어떻게 이 전략을 실천에 옮길 수 있는지 토의하고 프로젝트 등의 실천을 위한 계획을 세워 이를 수행한다.

표 3-44 실천적 문제 중심 수업의 교수·학습 과정안

단원명	소비생활 문화		차시	1~2차시
실천적 문제	주체적인 소비자로서, 더불어 살아가는 소비문화를 형성하기 위해 우리는 무엇을 해야 하는가?			
수업 준비	· 교사: PPT자료, 동영상 자료, 읽기 자료, 학습활동지 · 학생: 교과서, 필기도구(모둠활동으로 배치)			

학습 단계	교수·학습활동	실천적 추론 요소	자료 및 유의점

도입	1. 생각 열기(상품 구매를 부추기는 판매 전략의 예시)를 통해 이번 시간에 배울 내용에 대해 학생의 흥미와 관심을 불러일으키고 수업을 안내한다.
	· 학생활동지에 제시된 사례(습관적으로 무분별한 소비를 일삼는 가족의 쇼핑 사례)를 읽고 질문에 답해 본다.
	  – 이 상황에서 개선할 수 있는 점이 있는가? 왜 그렇게 생각하는가?
	  – 내 삶과 관련이 있는 문제인가?
	  – 왜 우리가 이런 문제에 대해 고민을 해야 하는가?
	2. 관련 읽기 자료를 나누어 주고 읽을 시간을 준다.
	· 읽기 자료 내용: 패스트패션, 소비를 촉진하는 시장 환경, 소비자의 권리와 의무, 새로운 소비문화)
	3. 문제의 맥락을 이해하기 위해 학생활동지의 질문에 대해 생각해 보고 모둠별로 의견을 나누도록 한다.
	· 과거와 비교해 볼 때, 전반적인 소비 증가 현상에 영향을 미친 사회·환경의 변화에 대해 알아보자(〈읽기 자료〉참고, 3가지 이상).
	· 다음의 소비문화(명품족, 쇼핑중독, 모방소비 등의 예시)와 관련이 있는 가족이 누구인지 생각해 보고, 그 속에 깔린 생각(편견)이 무엇인지 찾아보자.
	· 위와 같은 소비 풍조를 조성하고 부추기는 세력은 누구이며, 그들의 전략은 무엇일지 알아보자.
	· 우리에게 사고 싶지 않을 권리가 있을까? 그렇게 생각하는 이유는 무엇인지 알아보자.
	· 사고 싶지 않을 권리를 침해하는 것들은 무엇인지 알아보자(2가지 이상).
	· 자신의 소비를 조절하지 못하거나 소비 관련 편견에 휘둘리는 근본적 이유는 무엇인지 알아보자.
		문제인식
		
		문제의
		맥락 이해
			학생
			활동지
			
			읽기 자료

	1. 학생들과 함께 이 수업을 통해 기대하는 목표를 설정한다. · 기대하는 목표: 주체적인 소비자로서 사회와 환경을 생각하여 더불어 살아가는 소비문화 형성 2. 추론을 위해 학생들에게 질문하고 학생들은 자신의 의견을 발표하고 친구들과 의견을 나눈다. · 어떤 사람이 주체적인 소비자라고 생각하는가? · 왜 이런 소비문화가 만들어졌을까?	기대하는 목표	

(계속)

학습 단계	교수·학습활동	실천적 추론 요소	자료 및 유의점
전개	3. 교사는 PPT 자료와 동영상 자료를 제시하고 학생들에게 문제 속에 내포된 고정관념을 파악할 수 있도록 아래와 같이 질문하고 학생들이 이에 대해 모둠별로 의견을 나누도록 한다. · 끊임없이 소비를 부추기는 세력들은 누굴까? · 광고를 만든 사람들의 판매 전략은 무엇인가? · 올바르지 못한 소비와 관련된 선입견을 생각해 보자. · 지름신이라는 말속에 내포된 의미는 무엇일까? 4. 학생들이 문제에 대한 다양한 대안을 고안하고, 아래 질문에 기초하여 최선의 대안을 선택하도록 한다. · 이 전략들이 우리가족의 욕구를 충족시킬 수 있을까? · 현실 가능하고 적절한 방법인가? · 나, 가족, 다른 사람들이 모두 이런 행동을 취한다면 사회나 환경, 타인에게 어떤 영향을 주게 될까? 5. 모둠별로 최선의 대안과 그렇게 판단한 이유를 발표하고, 학생들은 전체 모둠의 발표내용을 들으면서 어느 모둠의 대안이 A 가족의 사례에 가장 적합한지 최종적으로 실천적 추론을 한다.	대안 및 전략 최선의 대안 선택	PPT 자료 (무분별한 소비사례) 동영상 (선결제 후 포인트로 상환을 유도하는 카드회사 광고)자료
정리	· 교사는 계속해서 최선의 대안을 생각하는 이 과정 자체가 우리의 삶을 변화시킬 수 있음을 이야기하고, 학생들이 삶에서 내리는 여러 가지 결정에 실천적 추론을 사용할 것을 독려한다. · 학생들이 내린 최선의 대안을 실제 삶에서 실천할 것을 격려한다. · 동영상을 보고 주체적인 소비문화로 볼 수 있는 기부문화에 대해 생각해 보도록 한다.		동영상 (EBS-지식채널 e-벽속의 구멍갱단)

(4) 가정과 교수·학습에의 적용 사례*

〈표 3-43〉은 '주체적인 소비자로서, 더불어 살아가는 소비문화를 형성하기 위해 우리는 무

---

* 참고할 수 있는 논문: 김유니·조재순(2010). 실천적 문제 중심 노인주거 교수·학습 과정안 개발 및 적용–고등학교 기술·가정을 중심으로–. 한국가정과교육학회지, 22(1), p.1–19.

변현진·채정현(2002). 실천적 추론 가정과 수업이 비판적 사고력에 미치는 효과 검증–가족관계와 자원관리 단원을 중심으로–. 한국가정과교육학회지, 14(3), pp.1–9.

이종희·조병은(2011). 고등학생의 성공적인 노후생활 준비교육을 위한 실천적 문제 중심 가정과 수업의 교수 설계와 개발. 한국가정과교육학회지, 23(3), pp.161–183.

이진희·채정현(2008). Blended Learning(BL) 전략을 활용한 실천적 문제 중심 가정과 교수·학습 과정안 개발 –'청소년과 소비생활' 단원을 중심으로–. 20(4). pp.19–42.

최성연·채정현(2011). 다중지능 교수·학습 방법을 적용한 실천적 문제 중심 가정과 교수·학습 과정안의 개발과 평가–중학교 가정과 '청소년의 영양과 식사' 단원을 중심으로–. 한국가정과교육학회지, 23(1). pp.87–111.

엇을 해야 하는가?'라는 실천적 문제를 중심으로 가정과 교사인 우혜정 선생님이 실행한 실제 고등학교 가정과 수업을 관찰한 후, 집필자가 교수·학습 과정안의 형태로 재구성한 것이다. 그 과정을 살펴보면 학생들이 일상생활에서의 무분별한 소비현실을 인식하고, 이 문제와 관련된 맥락들을 파악할 수 있도록 안내한다. 그리고 이와 관련된 다양한 대안을 고안하고 이중 최선의 대안을 선택하여 실행하도록 하여, 전체적으로 실천적 추론의 단계를 밟도록 구성되어 있다.

3. 가정과 수업에 활용할 수 있는 다양한 전략

1 | 행복수업

(1) 행복수업의 등장 배경

우리나라 초·중등 교육은 오랫동안 지식 위주의 암기식 교육이 지배적으로 이루어져 왔다. 이러한 교육풍토에서 대부분의 학생들은 학교 교육에서의 성취감, 만족감, 자신감, 행복감을 경험하지 못한 채 초·중등학교를 졸업하고 있다. 이는 성인이 되어서도 긍정적 사고와 창의적 역량을 지니는 데 애로점으로 작용하고 있으므로 국가적으로도 큰 손실이라고 할 수 있다. 이러한 교육문제를 해결하고자 현 정부는 꿈과 끼를 살려주는 행복교육을 강조하고 있으며 이를 위해 자유학기제*를 제안하고 있다(박성익, 2014).

청소년은 대한민국의 미래 주역이지만 자살률**이 높고 청소년 행복지수는 OECD 23개국

---

* 자유학기제: 중학교 교육과정 중 한 학기 동안 학생들이 중간·기말고사 등 시험 부담에서 벗어나 꿈과 끼를 찾을 수 있도록 수업운영을 토론, 실습 등 학생 참여형으로 개선하고 진로탐색 활동 등 다양한 체험활동이 가능하도록 교육과정을 유연하게 운영하는 제도를 말한다.

** 사망원인통계에 따르면, 우리나라 10~19세 인구 10만 명당 자살자 수는 2001년 3.19명에서 2011년 5.58명으로 무려 57.2%나 증가하였다(C채널 뉴스, 2013. 9. 11.).

중 19위(소년 한국일보, 2015. 5. 3.)로 나타나 미래에 대한 꿈과 희망을 잃고 행복을 느끼지 못하며 살아가고 있다. 이는 감성을 키우고 소질과 능력을 계발해야 할 청소년기에 입시에 쫓겨 학습서를 짊어지고 학교, 학원, 과외 등을 전전하면서 입시 위주의 교육에 매몰된 결과이기도 하다. 학교 본연의 의무인 지식전달 교육 이외 진정한 인성교육을 받을 기회를 가지지 못하면서 최근 사회 문제로 대두된 학교폭력이나 청소년 일탈 행동 등의 형태로 나타나고 있다. 외면되고 잃어버린 홍익인간 교육 철학의 회복, 21세기 뇌 과학에 기반한 체험형 인성 프로그램 개발과 도입을 통해 청소년들에게 행복을 되찾아 줄 필요성이 대두되면서 행복교육을 추구하는 행복수업이 등장하게 되었다.

(2) 행복수업의 특징

행복교육을 추구하는 행복수업은 학생들이 '행복에 대한 지식, 태도, 행동 기술을 익혀, 적극적으로 자신의 장점을 찾고 이를 활용하여 열정적으로 자신이 하고 있는 일에 몰입하고, 자신의 잠재 능력을 계발하며, 긍정적인 대인관계를 맺고 유지하는 긍정적인 인성을 계발'하는 것을 목적으로 한다.

현재 인성교육의 일환으로 실시하고 있는 수업 자료 가운데 서울대학교 행복연구센터에

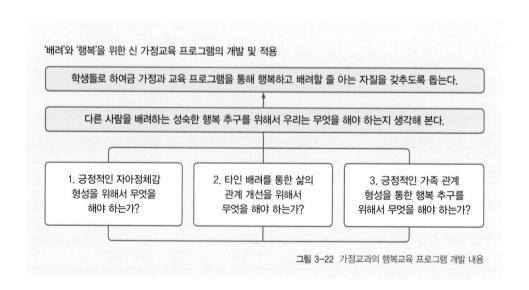

그림 3-22 가정교과의 행복교육 프로그램 개발 내용

표 3-45 가정교과의 행복교육 프로그램 구성

학습 주제(실천 문제)	학습 내용	학습활동 자료
1. 배려는 어떻게 해야 하는가?	배려의 의미	Ⓣ 1-1 배려란? Ⓣ 1-2 고사성어에 나타난 배려 Ⓢ 1-1 입장 바꿔 생각해봐 Ⓣ 1-3 다른 사람을 위한 배려는 바로 나 자신을 위한 배려 Ⓢ 1-2 모둠활동을 통하여 배려의 실천내용을 모아 발표 Ⓣ 1-4 배려는 사소하고 작은 행동에서부터 시작 Ⓣ 1-5 역지사지
	나 전달법을 통한 의사소통	Ⓣ 1-6 나 전달법 Ⓢ 1-3 나 전달법 학습활동지 Ⓢ 1-4 나 전달법 연습하기 Ⓣ 1-7 너 전달법을 나 전달법으로 바꾸기
2. 배려 있는 가정생활을 위해 어떻게 해야 하는가?	소중한 나! 소중한 너!	Ⓢ 2-1 나와 친구 사이 Ⓣ 2-1 우정 쌓기 게임1 Ⓣ 2-2 우정 쌓기 게임2 Ⓢ 2-2 마인드맵을 이용하여 타인 배려 익히는 법
	가족 안에서의 '나'의 의미	Ⓣ 2-3 동영상을 보고 가족에 대한 배려 생각 Ⓣ 2-4 부모의 양육유형 Ⓢ 2-3 배려가 넘치는 가족관계 Ⓢ 2-4-1~6 부모의 양육유형별 역할극 대본 Ⓢ 2-5 나와 부모님과의 관계 Ⓣ 2-5 가정의 기능 및 가족 형태 Ⓣ 2-6 핵가족과 확대가족
	원만한 가족관계 유지 방법	Ⓣ 2-7 가족의 역할과 역할기대 Ⓣ 2-8 당신에게 가족은? Ⓣ 2-9 이것 하나만으로도 Ⓣ 2-10 원만한 가족관계를 유지하려면? Ⓢ 2-6 상황을 역할극으로 표현하기 Ⓢ 2-7 가족 문제 사례를 조사하기 Ⓢ 2-8-1~3 가족문제 사례에 대한 해결방안 Ⓣ 2-11 효과적인 대화를 위해 부모가 해야할 일
	또래집단과 친구관계	Ⓣ 2-12 집단 따돌림(왕따)현상 동영상 Ⓢ 2-9 친구 간에 지켜야 할 배려 Ⓣ 2-13 소중한 우정 Ⓣ 2-14 우정을 지속시키는 10가지 방법 Ⓢ 2-10 친구 관계의 유지발전을 위한 자기평가

서 개발한 《행복교과서》에 따른 행복수업은 센터에서 전문가들이 공동으로 행복만을 주제로 교과서와 자료를 개발하였다는 점에서 학교에서 행복교육을 실행하는데 용이한 자료로 활용되고 있다. 전국의 교육지원청이나 단위학교에서는 오늘날 학생들의 인성교육을 위해 지역에 따라 의무적으로 혹은 희망을 하여 《행복교과서》를 활용하고 있는 것으로 나타났다. 이 《행복교과서》에서는 행복의 구성요소를 크게 '어떤 마음으로', '무엇을', '누구와'라는 세 가지 범주로 나누고 이를 다시 관점 바꾸기, 감사하기, 비교하지 않기, 목표 세우기, 몰입하기, 음미하기, 나누고 베풀기, 관계하기, 용서하기의 9개의 하위 범주로 세분화하여 내용을 선정, 조직하고 있다(최인철·이경민, 2013).

가정교과는 교육과정의 목표와 내용체계, 교수·학습 방법에서 이 9개 하위 영역 대부분을 다루고 있는데 이는 가정교과가 도덕성과 과학성을 겸비한 실천교과의 특성을 지니고 있기 때문이다. 가정과 교육에서 행하여진 많은 선행연구에서 가정과 교육을 통해 실천할 수 있는 주요 인성교육의 덕목으로 평등 및 인권존중, 환경보호, 보살핌 혹은 돌봄 등으로 구체화하고 있다(김성교·왕석순, 2011; 이연숙 외, 2013). 이같이 가정교과는 2000년대 중반부터 행복교육에 관심을 갖고 수업 연구를 탁월하게 수행하였는데 이는 2007년 교육인적자원부 주관의 전국단위 교과교육연구회 수업프로그램 개발 대회에서 최우수상을 수상했던 가정과 교사들이 수행한 '배려와 행복을 위한 신(新) 가정교육 프로그램 개발 및 적용'이란 주제의 연구였던 것이 이를 뒷받침한다.

〈그림 3-21〉과 〈표 3-45〉는 '배려와 행복을 위한 신(新) 가정교육 프로그램 개발 및 적용' 연구에 제시된 프로그램의 개요와 구성 내용의 일부이다.

(3) 가정과의 행복수업 교수·학습 과정안 사례

〈표 3-46, 3-47〉에서 제시한 교수·학습 과정안은 '배려'와 '행복'을 위한 신(新) 가정교육 프로그램의 개발 및 적용(2007)에서 개발한 프로그램의 일부이다. 행복을 위한 수업프로그램을 '긍정적 가족관계 형성', '자아정체감 형성', '타인 배려'의 세 영역으로 나누어 개발하였는데 그중 '타인 배려' 영역의 교수·학습 과정안과 학생활동지의 예이다.

표 3-46 행복수업의 교수·학습 과정안

주제	배려의 의미 알기	적용 학년 및 단원	8~12학년, 전 단원
학습 목표	청소년이 된 우리는 다른 사람을 배려하는 의미를 이해할 수 있다.		

교수 학습 자료	교사	교사자료 Ⓣ 1-1, 1-2, 1-3, 1-4, 1-5	수업 준비	멀티미디어 설비-동영상, 모둠 별 주제 선정, 활동학습지
	학생	학습자료 Ⓢ 1-1,1-2,1-3		

지도 시 유의점	배려의 의미를 알고 일상적인 생활을 중심으로 전개하여 실생활에 적용할 수 있는 태도를 기르도록 지도한다.

수업 단계	교수·학습활동	자료 및 유의점
도입	· 동영상을 시청하고 학습 목표 제시(www.moral.pe.kr/pds/행복을%20찾 는%207방법.swf) – 활동내용 소개 – 노래 듣고 따라 부르도록 유도(핑계: 입장 바꿔 생각을 해봐)	목표 설정 배경 이해

전개	· 배려의 개념 지도
	 – 배려에 대한 고사성어를 통해 옛 사람들의 배려에 대한 생각 헤아려 보도록
	  지도
	 – 입장 바꿔 생각해 보도록 유도(타인의 입장에서 생각해 보기)
	· 청소년이 할 수 있는 타인 배려 조사 유도
	 – 모둠별로 활동 유도
	  생각 모으기1: 친구 간에 지켜야 할 배려
	  생각 모으기2: 우리가 선생님께 지켜야 할 도리
	  생각 모으기3: 학교생활에서 지켜야 할 도리
	  생각 모으기4: 이웃 간의 배려
	 – 학습지를 이용하여 모둠활동 내용 정리
		Ⓣ 1-1
		Ⓣ 1-2
		Ⓣ 1-3
		
		Ⓢ 1-1-1
		Ⓢ 1-1-2
		
		Ⓢ 1-2-1

정리	· 활동내용 정리: 모둠활동 내용 발표 및 교사 조언 – 학습지를 이용하여 타 모둠활동 내용을 정리 · 형성평가 – 배려란 무엇인지 ○× 문제 풀기 유도 · 차시예고	Ⓢ 1-2-2 Ⓢ 1-2-3 Ⓢ 1-2-4 Ⓣ 1-4 Ⓣ 1-5 실천하기

표 3-47 학생활동지의 예

학생 자료 1-1-1	입장 바꿔 생각해봐

사례1

지난번 시험 성적이 잘 안 나왔다고 엄마한테 야단맞았어. 내가 평균에도 못 미치는 게 아니잖아. 또 이번에는 열심히 했어. 그렇지만 엄마는 또 성적 때문에 야단이셔….

사례1을 읽고 다음 같은 입장에서 대화해 본다.

· 자기 입장에서만 이해하는 방법
"엄마니까 그렇지 엄마들은 원래 그렇지 않니? 그냥 털어버려."

· 친구 입장에서 공감적으로 이해하는 방법
"엄마에 대한 서운함, 야속함, 좌절스러움이 느껴질 것 같아."
"열심히 한 것에 대해서도 몰라주시니까 정말 속상했겠다."
"그리고 너 스스로 노력한 만큼의 성적이 나오지 않아 정말 실망스러웠겠다."

사례2

은아는 성격이 까탈스럽고 행동이 어딘가 모르게 우스꽝스럽다. 반 아이들의 놀림을 받을 뿐만 아니라 이제는 왕따를 당하기도 한다. 그런 일이 있을 때마다 괴로워하고 싸움 후에는 집으로 가버리기도 한다.

사례2를 읽고 다음과 같은 입장에서 대화해 본다.

· 자기 입장에서 보는 경우

· 친구의 입장에서 보는 경우

2 | 스토리텔링

스토리텔링(storytelling)은 '이야기를 들려주는 활동, 이야기가 담화로 변하는 과정'이라는 사전적 의미를 지닌다. 또는 '스토리(story)+텔링(telling)'의 합성어로써 말 그대로 '이야기하다'라는 의미를 지닌다. 즉 상대방에게 알리고자 하는 바를 재미있고 생생한 이야기로 설득력 있게 전달하는 행위이다(네이버 사전 참고).

교실상황에서의 스토리텔링이란 학생들에게 학습할 언어 및 문화 자료를 이야기를 통해 제시하는 수업방식으로, 이야기를 들려주는 것뿐만 아니라 이야기를 보다 효과적으로 전달하고 학생들이 쉽게 이해할 수 있도록 돕는 제반 활동까지를 포함한다(정윤희, 2012).

(1) 스토리텔링 수업의 등장 배경

오늘날 기존의 고정된 교육 패러다임에서 자율적인 교육으로의 전환과 이에 따른 교수·학습 방법의 연구가 진행되고 있다. 이에 학생에게 제시되는 다양한 지식과 정보를 새로운 언어로 재창조할 수 있는 실천적 능력이 요구됨에 따라 스토리텔링이 교육의 영역에서 가장 기본적으로 활용되고 있다. 교사는 자신의 생각을 학생들에게 전달할 때 스토리를 활용하고 학생들은 스토리를 통해 의미의 형성과 언어의 역할을 이해하며 의미 있는 사건들 속에서 중요한 요소들을 재조직한다. 가정과 교육은 학생들의 실천적 지식의 확대와 삶의 총체성의 맥락 안에서 지식을 통합하며 실천적인 행위 속에 수행 능력이 드러나도록 이끄는 절차적 지식을 목표로 하고 있기에 더욱 스토리텔링 활용 교수방법이 유용할 것이다(김은정, 2011).

(2) 스토리텔링 수업의 특징

스토리텔링은 이야기, 서술, 서사 등의 용어와 혼용되어 사용되고 있는데, 구체적으로 사건, 인물과 배경이라는 구성요인을 가지고, 시작과 중간, 끝이라는 사건이 시간적·공간적으로 연결되어 표현된 서사이다. 스토리는 실제 생활에서 쉽게 사용될 수 있는 지식을 담을 수 있어 학생들이 살고 있는 실제 세계를 이해하는 데 도움이 된다. 스토리 형식을 통하여 논리적·과학적으로 일반화된 지식을 그 지식이 유용하게 사용되는 실제 맥락을 통합하여 재현함으로써 이해와 적용을 확장할 수 있다. 또한 스토리텔링은 말 혹은 글로 표현되기 때문에 개인의 언어발달에도 긍정적인 영향을 준다. 개별적으로 서술된 문장들을 의미 있는 형식으로 구조화하는 문장구조 및 표현방식의 학습으로 연결될 수 있다.

스토리텔링은 학생들이 가지고 있는 상상력을 증진시킬 수 있다. 최근에는 다양한 매체의 발달로 인해 디지털 스토리텔링으로 발달되고 있다. 이는 지성과 감성을 동시에 자극하여 학습 흥미를 높이고 탈맥락적으로 제시된 정보를 그 정보가 사용되는 실제적인 맥락과 연계하여 제공할 뿐만 아니라 타인의 경험과 생각을 공유하면서 자신의 생각과 지식을 재구성하는 의미 있는 경험도 가능하게 할 것이다.

최근에는 '학생들의 삶의 이야기 듣기', 즉 기존의 '이야기 들려주기'에서 '학생들 스스로

표 3-48 스토리텔링의 기본적인 수업단계별 활동

단계	활동
이야기 결정	· 교사가 수업할 가정과 학습목표에 적절한 테마 결정 · 학생들과 함께 테마 결정
스토리텔링 전	· 수업 분위기 조성 · 스토리에 관련된 다양한 멀티미디어 준비

스토리텔링 중
(전개)
	· 학생들의 반응을 유도
	  – 집단 또는 개인적으로 질문을 통해서 유도
	  – 다음 스토리에 대한 상황을 추측해 보도록 유도

스토리텔링 후	스토리 내의 학습 내용 점검

자료: 최인철(2011), 행복교과서에 따른 교사용 지도서, p.19.

자신의 이야기를 하도록 유도하기'로 전환되고 있다. 이는 교사의 일방향의 이야기 전달에서 학생들의 가치와 관련된 실생활의 경험을 이야기하도록 이끄는 이야기 주체의 전환을 의미하며 교육과정에서 교사의 실천적 지식뿐 아니라 학생으로 하여금 실천적, 절차적 지식으로 전환할 수 있는 소통이 중요함을 나타낸다.

스토리텔링이 청소년 교육에 효과적인 이유는 다음과 같다.

○ 스토리텔링은 교훈과 재미를 동시에 맛보게 한다.
○ 스토리텔링은 자신에 대한 이야기를 하므로 자기를 되돌아보게 한다.
○ 스토리텔링은 상황을 종합적으로 이해할 수 있게 한다.
○ 스토리텔링은 이미지의 작용을 통해 세계를 구체적으로 받아들일 수 있게 한다.
○ 스토리텔링은 감동, 공감, 소통의 터전이므로 자신을 객관적으로 바라볼 수 있게 한다.

(3) 스토리텔링 수업의 일반적인 절차

스토리텔링 전략을 이용한 가정과 수업을 진행하기 위해서는 스토리텔링 전과 진행 중, 그리고 스토리텔링 후의 단계로 나누어서 학생활동을 계획해야 할 것이다. 스토리텔링 전 활동으로는 교사가 스토리를 설계하고 결정하거나 또는 학생들과 함께 의논해서 결정하는 것도 무방하다. 그 다음에 학생들이 이야기에 집중할 수 있도록 교실 분위기를 조성해야 한

표 3-49 '비만과 건강' 단원의 수업 과정

학습 주제		비만과 건강	
이야기 선정	메시지	비만에 대한 우리나라 청소년의 인식(어린이 및 청소년은 본인의 체중인식과 실제 비만도 에서는 큰 차이를 보였다. 7~12세 어린이의 경우 약 20~30%, 13~19세의 여자 청소년의 46% 정도가 자신이 뚱뚱하다고 인식하였다. 자신이 뚱뚱하다고 인식하고 있는 어린이의 63.1%는 실제로 정상 체중이었다.) 알아보기	
	갈등	비만에 대한 오해와 진실에 대한 학생들의 이야기 듣기	
	캐릭터	자기 이미지를 캐릭터로 표현하기	
	플롯	자기 이미지 표현과 나의 실제 비만도를 설정하여 비교하기	
학습과정	비교	실제 체형과 이상적인 체형 비교하기	
	추론	실제의 체형과 이상적인 체형과의 차이가 나타나게 된 사회·문화적 의미를 추론하기	
	의미 해석	비만은 실제 그 사람의 영양 상태를 나타내는 것보다 사람들의 인식에 의해 비만 정도를 다르게 인식함을 이해하기	
	탐구 활동	과거와 현재의 인물화를 중심으로 사람들이 추구하는 이상적인 모습은 어떠한지, 그리고 현재 비만에 대한 왜곡된 생각이 계속될 때 영양적으로 어떤 문제를 양산할 지에 대한 탐구 활동하기	
전달 매체와 전달 방식	전달매체	워크시트, 영상 매체(그림, 신체왜곡 현상으로 나타나는 거식증, 폭식증의 문제점을 다룬 영상), 학생의 스토리텔링(글, 그림)	
	전달 방식	메시지 전달	교사의 사실에 입각한 스토리텔링하기
		갈등, 캐릭터, 플롯	· 학생들의 비만과 정상에 대한 이야기 진술하기 · 그림으로 표현하기 · 표현된 그림을 바탕으로 스토리텔링하기
상호작용	스토리	비만의 개념과 지식 전달에서 학생 개인의 건강과 비만에 대한 이해를 바탕으로 한 스토리 전달하기	
	학습 과정 스토리	스토리텔링 과정에서 하나의 획일화된 지식의 나열이 아닌 시대, 문화, 역사적인 흐름에 의해 지식과 개념이 변화할 수 있음을 인식하고 지식을 재 개념화하여 스토리텔링하기	
	전달매체	워크시트	학생의 개별적인 스토리텔링하기
		영상매체	영상을 통해 전달되는 스토리는 학생의 글과 그림으로 재해적하여 전술하는 도구로 활용하기
		전시	워크시트와 그림 학급이나 교과교실에 전시하므로 서로의 스토리 전달하기

자료: 김은정(2011). 가정교과에서의 스토리텔링(storytelling)을 활용한 수업 설계 방안. 한국가정과교육학회지, 23(1), 143-157.

다. 흥미를 유발시키기 위해서 이야기 전개 과정에서 활용해야 할 소품 등을 일부 보여주면서 관심을 유도한다. 동시에 학습할 이야기의 배경 이야기나 저자에 대한 재미난 이야기 등을 함께 제시한다. 이때 이야기 흐름 중에 학생들이 꼭 알아야 하는 어휘 등은 미리 설명해 주어야 한다.

스토리텔링 중의 활동으로는 교사가 이야기를 전개할 때 학생들의 반응을 주시하면서 적절한 시기에 다음에 무슨 일이 일어날 것 같은지를 질문해 보는 것이 좋다. 가끔 이야기를 중단하여 학생 각자의 마음속으로 이야기 장면을 그려보는 등의 이해도 점검을 해 보는 것도 좋을 것이다. 이야기의 이해를 돕기 위해서 이야기의 중요한 순간들은 그림이나 사진 등의 매체를 활용하여 그 순서를 매겨 확인시켜 준다.

스토리텔링 후의 활동으로는 스토리 내에 있는 중요한 내용을 확인시켜 주는 활동(그림을 그리기, 이야기 순서대로 그림 맞추기, 상황 추측하기, 극으로 꾸미기, 이야기 들려주기)으로 마무리한다(최인철, 2011).

(4) 가정과 교수·학습에의 적용 사례

가정과에서의 스토리텔링 교수법을 적용한 연구는 많지 않으나 도덕, 수학, 환경, 영어 등의 교과에 적용한 연구들에 의하면 스토리텔링 학습활동이 학습동기부여 및 학습 동기 유발, 개인의 가치관 형성이나 태도 함양에 효과적인 것으로 나타나고 있다. 이들 연구에서 활용한 방법으로는 일상생활에서 발생하는 문제상황을 수학문제와 관련지어 제시하기, 그림을 몇 개 제시하여 이야기로 만들어 보기, 도덕적 갈등상황이나 환경보존과 관련한 문제에서 자신의 입장을 선택해 글로 표현하고 이야기 나누는 식이다(강소정·조병은, 2013). 〈표 3-49〉는 가정과에서 스토리텔링으로 수업을 설계한 사례이다(김은정, 2011). 이는 '건강한 식생활 단원'의 수업 설계를 살펴보면 전통적인 글쓰기를 통한 스토리텔링 → 수업의 전체 설계 → 스토리텔링 발상과 표현과정 → 수업 계획의 과정을 거친다.

강소정과 조병은(2013)은 스토리텔링 기법을 적용한 성 가치관 교수·학습 과정안을 개발하였는데 학습목표를 '건강한 성 가치관을 형성하기 위해 성의 의미를 올바르게 이해하고, 성에 관한 의사결정 상황에서 책임 있는 성행동을 할 수 있다.'로 정하였다.

5차시로 구성된 교수·학습 과정안 중 하나를 살펴보면 〈표 3-50〉과 같다.

표 3-50 스토리텔링을 활용한 교수·학습 과정안

단원	2) 청소년기의 친구관계		차시	3/5
학습 주제	배려하는 성: '서로에게 행복한 기억이 되고 싶을 때'			
학습 목표	· 청소년기 이성교제가 청소년의 발달에 긍정적인 영향을 주는 측면에 대해 설명할 수 있다. · 청소년기 이성교제에서 발생할 수 있는 갈등상황에 대해 성적 자기결정권을 가지고 해결할 수 있다.			

이야기 단계	지도 단계	교수·학습활동	학습자료	스토리텔링 기법
이야기 전	도입	· 학습 주제 암시 및 인식하기 – 이성교제에서 배려 없는 행동의 문제점 찾기 · 학습 목표 제시 및 확인하기	· PPT3-2 · 동영상(나쁜 남자) · PPT3-3	영상보고 주제 추측하기
이야기 중	전개	· 다른 친구들의 만남 들여다보기 – 등장하는 인물들의 인터뷰 내용을 보며 이성교제의 장점 찾아 학습지에 정리하기 – 주인공들의 이성교제에 대한 자신의 생각 적기 · 성적 자기결정권 소개하기 – 나쁜 남자에서 문제되는 행동을 찾아 이유 적어보기	· 동영상(서희와 학생) · 학습활동지 3-1 · PPT3-4(5) · PPT3-7(8) · 동영상(나쁜 남자)	영상보고 이야기 나누기
	집중	· 성적 자기 결정권 표현하기 · 주인공들의 다른 생각 마음 찾아 적어보기 · 성적 자기 결정권 표현 연습하기 – 대사에 들어갈 내용, 전달법 연습하기(교사 시범) · 나리의 입장이 되어 성적 자기결정권 표현하기 – 만화 2컷 스토리보드 작성하기	· 동영상(영화관에서 생긴 일) · PPT3-9 · 학습활동지3-1 · PPT 3-10(11)	사례를 통해 문제 해결하기
이야기 후	확장	· 성적 자기결정권 만화 이어그리기 – 조별로 만화 2컷에 그림과 말풍선 넣기	· PPT3-12 · 스케치북, 매직	만화로 표현하기
	정리	· 만화 작품 발표하기 · 조별 평가: 평가기준을 제시하고, 상호평가하기 · 형성평가하기 · 수업 내용 정리 및 차시예고하기	· PPT3-13 · PPT3-14 · PPT3-15	활동결과 발표하기

자료: 강소정, 조병은(2013). 스토리텔링 기법을 적용한 성교육이 중학생의 건강한 성가치관 형성에 미치는 효과. 한국가정과교육학회지. 25(1). 15-36.

3 | 스마트 교육

그동안 보다 효율적이고 효과적으로 가르치고 배울 수 있는 방법을 찾기 위한 노력의 결과로 이-러닝(electronic learning), 엠-러닝(mobile learning), 유-러닝(ubiquitous learning) 등이 제안되었다. 교실과 가정 내에서의 오프라인 학습 형태를 ICT(information & communication technology) 기반의 학습 형태로 발전된 것이 이-러닝이라고 할 수 있으며 나머지 다양한 유형들은 이-러닝에서 자신만의 특성을 강조하며 파생되었다고 볼 수 있다(임희석, 2012). 현재 많은 관심을 받고 있는 스마트 교육은 학생과 교수자, 학생과 콘텐츠 간의 소통, 협력, 참여 기능이 가능하도록 하는 ICT기술을 활용하여 학습효과를 높이고자 하는 총체적인 접근을 말한다(임희석, 2012). 여기서는 다양한 ICT 기반의 학습 형태를 스마트 교육 이전의 학습 형태(이-러닝, 엠-러닝, 유-러닝)와 스마트 교육으로 나누어 설명하고자 한다.

(1) 이-러닝, 엠-러닝, 유-러닝*
ICT 매체 활용 수업은 정보 통신 기기를 교과 시간에 활용하여 교과 목표를 효과적으로 달성하기 위한 교육 활동, 즉 정보 통신 기술을 도구적으로 활용하여 학생의 학습 동기를 유발하고 자기 주도적인 학습 능력을 신장시키는 교육활동을 의미한다. 이러한 ICT를 활용하여 교육하는 목적은 학생들의 창의적 사고와 다양한 학습활동을 촉진시켜 학습 목표를 효과적으로 달성할 수 있도록 지원하는 데 있다. 궁극적으로는 정보 통신 기술을 이용하여 학습과 일상생활에서 당면하는 문제를 효과적으로 해결할 수 있도록 하는 데 있다.

ICT 매체 활용 수업과 관련된 것으로 온라인 수업이 있는데, 이는 인터넷 강의, 사이버 강좌, 웹기반 수업, 이러닝 등 다양한 이름으로 불리며, 일반적으로 컴퓨터와 정보통신기술을 통해 구축된 네트워크를 매개로 이루어지는 학습 방법을 지칭하는 것으로 볼 수 있다(고재희, 2008). 온라인 수업과 관련된 학습방법으로는 이-러닝, 엠-러닝, 유-러닝 등이 있다. 이-

---

* 참고할 수 있는 논문: 이영림(2009). 중학교 기술·가정과 옷차림 단원 학습을 위한 e-러닝 설계 및 구현. 경북대학교 석사학위논문.
　이진희(2008). Blended Learning(BL) 전략을 활용한 실천적 문제 중심 가정과 교수·학습 과정안 개발 및 평가-'청소년과 소비생활' 단원을 중심으로-. 한국교원대학교 석사학위논문.

표 3-51 이-러닝, 엠-러닝, 유-러닝의 구분요소별 비교

구분	이-러닝	엠-러닝	유-러닝
학습 공간	안정된 물리적 공간에 위치한 가상공간에서 학습	물리적 공간에서 이동하면서 가상공간을 통하여 학습	물리적 공간에 내재되어 있는 가상공간을 의식하지 않으면서 일상적인 물리적 공간에서 하는 학습
학습활동	온라인과 오프라인에서 이루어지는 학습활동이 분리	온라인과 오프라인에서 이루어지는 학습활동이 여전히 분리	물리적 공간과 학습공간에 존재하는 사람 모두에게 센서·칩·벨 등을 지능화·통신망화하여 정보화 영역이 온라인·오프라인으로 통합된 학습활동
학습 발생시점	접속하고 있을 때: 학습 공간과 일상생활 분리	접속하고 있을 때: 학습공간과 일상생활 분리	생활하고 있을 때: 학습과 일상생활의 통합
학습 매체	PC단말기 기반, PC 통신망 기반	PDA, 모바일 전화기, 태블릿 PC, 물리적으로 이동하면서 사용가능한 모바일 장비	입거나 들고 다니는 컴퓨터, 다양한 차세대 휴대장비와 휴대장비 통신망 기반
주요 기술	인터넷, 유선통신망, 웹기술 활용	무선인터넷 활용	무선인터넷, 웹현실화(web presence) 기술 활용

자료: 김태영 외(2005), 이성흠·이준(2009), 재인용.

러닝은 인터넷, 즉 멀티미디어와 네트워크를 활용하여 교수·학습을 실시하는 의미로 폭넓게 사용되고 있지만(홍경선, 2004) 이-러닝의 중심 개념은 '학생 주도의 학습'이라는 점이다.

지속적인 ICT의 발전으로 이-러닝의 기술이 발전되고 모바일 기술이 향상되면서 이-러닝의 단점이었던 인터넷 환경과 PC의 제약에 구애받지 않는 엠-러닝이 나타났다. 하지만 엠-러닝의 학습 콘텐츠는 이-러닝의 학습 콘텐츠에 의존해야 했으며 스마트폰이 출시되기 전까지의 기존 모바일에서는 학생의 학습 욕구를 충족시키기에는 한계가 있었다(임희석, 2012). 한편, 유러닝, 즉 유비쿼터스 러닝은 학생이 언제 어디에서나 원하는 내용을 학습할 수 있는 학습 환경을 의미한다. 유-러닝의 목표는 학생이 언제 어디에서나 무엇이든 학습할 수 있는 교육 환경을 조성함으로써 더욱 창의적이고 학생 중심적인 교육과정을 실현하는 데 있다(정명화 외, 2001). 이-러닝, 엠-러닝, 유-러닝 등을 학습 공간, 매체활용, 주요기술 등의 구분요소별로 비교하면 〈표 3-51〉과 같다.

한편, 블렌디드 러닝이란 온라인과 오프라인 학습 환경뿐만 아니라 다양한 학습 방법과 매체를 결합·활용하기 위한 교수·학습 전략(한국교육학술정보원, 2003)으로, 일반적으로는

온라인과 오프라인의 학습을 통합하는 전략을 의미한다. 즉 교실의 면대면 수업과 온라인 상의 사이버 학습의 장점을 결합한 학습으로 오프라인 수업을 주로 하면서 온라인 테크놀로지(홈페이지, 블로그, 이메일 등)를 활용하는 교수·학습 방법이다(임정훈, 2004).

(2) 스마트 교육

스마트 교육이란 스마트폰, 태블릿 PC, e북 단말기 등과 같은 스마트 디바이스와 학습 콘텐츠를 교육방법에 적용한 학습을 통칭한다. 학생과 교수자, 학생과 콘텐츠 간의 소통, 협력, 참여 기능이 가능하도록 하는 ICT기술을 활용하여 수직적이고 일방적인 전통 학습·교육 방식을 수평적, 쌍방향적, 참여적, 지능적, 그리고 상호작용적인 방식으로 전환하여 학습효과를 높이고자 하는 총체적인 접근을 말한다(임희석, 2012).

① **스마트 교육의 특징**　　스마트 교육에서 스마트(SMART)는 다섯 가지 특징의 영문 표현 앞 글자를 따서 만들어진 것으로 각각의 의미를 통해 스마트 교육의 특징을 알 수 있다(교육과학기술부, 2011). 첫째, 자기주도적(S: self-directed)이다. 학생이 지식 수용자에서 지식의 주요 생산자로 역할이 변화하며, 교사는 지식 전달자에서 학습의 조력자(멘토)로 변화된다. 또한 온라인 성취도 진단 및 처방을 통해 학생 스스로 학습하는 체제가 된다. 둘째, 흥미(M: motivated)를 이끌 수 있다. 정형화된 교과 지식 중심에서 체험을 기반으로 지식을 재구성할 수 있는 교수·학습 방법이 강조되며, 창의적 문제해결과 과정 중심의 개별화된 평가를 지향한다. 셋째, 수준과 적성(A: adaptive)에 맞는다. 교육체제의 유연성이 강화되고 개인의 선호 및 미래의 직업과 연계된 맞춤형 학습이 구현된다. 학교가 지식을 대량으로 전달하는 장소에서 수준과 적성에 맞는 개별화된 학습을 지원하는 장소로 진화된다. 넷째, 풍부

표 3-52 스마트 교육을 활용한 교수·학습 과정안

교과목 내용	
단원	3. 녹색가정생활의 실천 1) 친환경적 의생활과 옷 고쳐 입기　2) 의복 재활용하기
교과 내용	의복의 생산에서 폐기까지의 과정에서 발생하는 환경오염 실태를 인식함으로써 의복과 환경과의 관계를 이해하고 옷 고쳐 입기와 의복 재활용을 통해 친환경적 의생활을 실천한다.

(계속)

21세기 교육역량			
범주	능력개발	인성개발	경력증진
학생역량	창의적 능력, 문제해결력, 협력	배려, 윤리의식	자기주도성

교수·학습방법의 선택	
교수·학습방법	· 창의적 문제해결학습 · 탐구학습 · 프로젝트학습

교수·학습도구의 선택		
활동	교수·학습도구	도구를 사용한 활동 내용
학습목표 제시	· 동영상 · 구글 문서도구	· '면 티셔츠의 불편한 진실'이란 동영상을 보고 의복과 환경과의 관련성에 대해 인식한다. · 의생활 습관에 대한 설문 조사를 통해 학생들의 의생활 습관을 점검하고 의복 습관 개선의 필요성을 인식한다.
정보탐색	QR코드	의생활과 환경문제에 대한 생생하고 풍부한 정보 탐색을 통해 친환경적 의생활 실천 방법을 찾기 위한 지식의 기저를 형성한다.
아이디어 창출	· 동영상 · Thinking Maps (Circle Map)	친환경적 의생활 실천방법에 대한 아이디어를 창출하기 위해 잠재되어 있던 창의성을 깨우고, 참신하고 실용적인 대안을 찾는다.
아이디어 발표	· 구글 문서도구 · 페이스북	친환경 의생활 실천방법에 대한 모둠 활동 결과물을 공동 제작하고 함께 공유한다.
평가	구글 문서도구	모둠별 발표 내용에 대한 공정한 평가를 한다.

미디어·매체의 선택		
미디어·매체		미디어·매체 활용에 대한 내용
하드웨어	스마트폰	스마트폰은 PC에서만 주로 할 수 있었던 전자우편, 인터넷 등을 제공하는 휴대전화이며 다양한 애플리케이션을 이용하여 기능을 확장할 수 있다. 본 수업에서는 스마트폰을 활용하여 QR코드를 읽어 정보를 탐색하고 구글 문서를 활용하여 설문 조사 및 평가를 위해 인터넷 접속하는 학습도구로 사용된다.
소프트웨어	구글 문서도구	구글 문서도구는 웹상에서 문서를 공유하면서 여러 명이 함께 공동 작업을 할 수 있다. 작성할 수 있는 보고서의 형태는 워드, 스프레드시트, 프레젠테이션, 양식, 그림 등 다섯 가지이다. 이것을 통해 모둠 활동 시 오프라인에서 만나기 어려웠던 것을 온라인에서 쉽게 만날 수 있음으로써 개선할 수 있다. 그리고 모둠원 개개인의 활동 내용을 알 수 있기 때문에 협력학습 시 생길 수 있는 무임승차현상도 막을 수 있으며 메모, 채팅 등도 가능하다.
	QR코드	네이버나 다음 등에서 제공하는 QR코드 생성기를 활용하여 URL링크, 이미지, 동영상, 지도, 글 등을 QR코드로 만들 수 있다. 이러한 기능을 활용하여 학생들에게 많은 정보를 손쉽게 제공하고 공유할 수 있다.
	페이스북	SNS인 페이스북에 모둠 결과물을 올려 다른 반 또는 다른 모둠의 활동 내용을 공유함으로써 새로운 아이디어 창출의 계기가 될 수 있다.

표 3-53 스마트 교육을 활용한 교수·학습 과정안

학습 주제	의복 고쳐 입기를 활용한 친환경 의생활을 실천하기
관련 단원	3. 녹색가정생활의 실천 2) 친환경적 의생활과 옷 고쳐 입기 (3) 의복 재활용하기
학습 목표	· 의복과 환경과의 관계를 이해할 수 있다. · 의복 고쳐 입기를 통해 친환경 의생활을 실천할 수 있다.
지도상의 유의점	· 실제로 실천할 수 있는 친환경 의생활 실천 방법을 찾도록 한다. · 스마트역량이 부족한 학생을 고려하여 학습활동 안내를 자세히 한다. · 스마트폰의 편중으로 인한 문제가 발생하지 않도록 모둠을 구성한다. · 스마트기기를 올바르게 사용할 수 있도록 지도한다. · 모둠 활동 시 서로 격려하고 배려하는 태도를 갖도록 한다.

학습 단계	교수·학습활동		학습 자료 및 도구
	교사	학생	
도입	· 전시학습 확인 · 학습 목표 제시 – '면 티셔츠의 불편한 진실'을 보여주고 의복과 환경과의 관계를 유추하도록 함 	· 전시학습 확인 · 학습 목표 유추 – 동영상을 보고 의복과 환경과의 관계를 유추하고 학생들의 의생활 습관에 대해 구글 문서를 활용하여 조사·반성함 	· 동영상 · 구글 문서도구 · 스마트기기
	· QR코드를 활용한 친환경적 의생활 관련 정보탐색		· QR코드 학습 활동지 · 스마트기기
	– 친환경적 의생활에 대한 정보를 제공 – 환경과 의생활 관련 지식의 기저형성 위한 QR코드 활용 학생 활동지를 제시함	– 친환경적 의생활에 대한 정보를 탐색하여 친환경 감수성을 높임 – 조사한 내용을 함께 공유함	

(계속)

학습 단계	교수·학습활동		학습 자료 및 도구
	교사	학생	
전개	주제 / QR 코드 / 내용 친환경 패션: 옥수수 섬유를 활용한 웨딩드레스, 알루미늄 캔 뚜껑 등 (생각 쓰기) 지속 가능: 지속가능한 생활을 실천하는 동영상, 자동차를 타지 않고 등 (생각 쓰기)	 학습 전개 - 정보 탐색 QR 코드 활용 정보 탐색	
	· 서클 맵을 활용한 친환경적 의생활 실천 방법 조사		· 동영상 · Circle Map 학습활동지
	– 검은 드레스 1장을 활용하여 365일을 다르게 코디하여 입는 유니폼 프로젝트 동영상(자료: TED)을 보여주고 제시하여 친환경적 의생활 실천 방법에 대해 다양하게 생각해 보게 함 – Thinking maps의 하나인 Circle Map을 활용하여 친환경적 의생활에 대한 아이디어를 창출하도록 함 The Uniform Project	– 자원을 적게 이용하면서도 동일한 또는 더 큰 만족감을 가질 수 있으며 실생활에서도 실천 가능한 친환경적 의생활 방법에 대해 토의 – Circle Map을 활용하여 친환경적 의생활에 대해 아이디어를 창출 **Circle Map을 활용한 '나만의 번뜩이는 아이디어 스케치'** – 친환경적 의생활을 실천하기 위한 다양한 아이디어를 모둠별로 창출해보는 활동을 함 	
	· 친환경적 의생활 실천 방법 발표: 페이스북으로 공유		· 구글 문서
	– 의복 재활용 3R을 안내함 – 구글 문서를 활용하여 모둠별 발표 자료를 작성하는데 발표 내용을 영역별로 나누어 개인별로 작성하여 개인평가 시 사용함 – 친환경적 의생활 실천으로 의복을 고쳐 입는 다양한 방법에 대해 모둠별로 발표하도록 지도함	– 환경, 건강, 배려를 생각하는 친환경적 의생활을 실천하기 위한 방법을 발표함 – 구글 문서를 활용하여 모둠발표 내용 중 개인별 영역에 맞추어 협업을 통해 작성함 – 친환경적 의생활 방법을 모둠별로 발표한 내용을 페이스북에 올려 공유함	

(계속)

학습 단계	교수·학습활동		학습 자료 및 도구
	교사	학생	
정리			
	· 친환경적 의생활 실천 방법 발표를 구글 문서도구로 평가		· 구글 문서
	− 친환경적 의생활 실천 활동에 대해 창의성, 실천 가능성을 기준으로 공정하게 평가하도록 지도함 − 개인 평가는 구글 문서도구의 슬라이드 작성내용을 검토하여 평가함 − 환경, 건강, 배려를 생각하는 친환경적 의생활을 실제로 실천하도록 격려함	− 친환경적 의생활 실천 활동에 대해 구글 문서도구를 활용하여 평가함 − 구글 문서도구의 개인별로 각각 작성한 슬라이드를 확인하여 평가함 − 환경, 건강, 배려를 생각하는 친환경적 의생활을 실천함	
	· 차시예고		

한 자료(R: resource free)를 활용할 수 있다. 클라우드 교육서비스를 기반으로 공공기관, 민간 및 개인이 개발한 풍부한 콘텐츠를 교육에 자유롭게 활용하며, 집단지성, 소셜러닝 등을 활용한 국내외 학습자원을 공동으로 활용하고 협력학습을 확대한다. 마지막으로, 정보기술을 활용(T: technology embedded)한다. 정보기술을 통해 언제, 어디서나 원하는 학습을 할 수 있고, 수업 방식이 다양해져 학습 선택권이 최대한 보장되는 교육환경을 제공한다.

그러므로 스마트 교육은 단순히 스마트기기를 활용하여 교육하는 것이 아니라 21세기 인재가 갖추어야 할 역량을 키우기 위해 소통, 공유, 협업, 참여, 흥미의 요소를 고려하여 창의적으로 교육과정을 재구성하고 수준과 적성에 맞는 풍부한 학습 자료와 스마트 기술을 활용하여 교육의 효과를 극대화하기 위한 개별화된 맞춤형 학습지원 체제이다(김영애·유난숙, 2013). 스마트 교육은 개방, 공유, 협력, 참여로 대변되는 교육의 가치를 실현한다(김현철, 2011). 스마트 교육에 활용되는 스마트기술을 활용한 학습도구들은 이러한 교육의 가치들을 촉진하는 학습 도구이어야 한다. 그 대표적인 예로는 각종 SNS를 비롯하여 구글 드라이브, 애플리케이션 등이 있다.

② **스마트 교육을 적용한 학습 지도안 예시**   김영애와 유난숙(2013)은 의복재활용을 주제로 하여 소통을 위한 스마트 협력학습 모형을 설계하였다. 우선 구글 드라이브의 문서도구를 이용하여 학생들의 생각을 읽고, 학생들끼리 생각을 나누고, 함께 문제해결을 위해 협업하며 최종 결과물을 공유하는 활동을 하도록 하였다. 또한 친환경적 의생활 실천의 창의적 문제해결을 위한 정보 탐색을 위해 QR코드를 활용하였다. 이러한 활동들은 학생들의 의사소통 능력, 협업 능력, 문제해결능력을 향상시키는 데 도움이 될 것이라 생각된다.

4 │ 거꾸로 교실

거꾸로 교실은 아직 우리에게는 생소한 수업 방식으로 보인다. 21세기 지식기반사회는 비판적 사고력(critical thinking), 창의성(creativity), 의사소통 능력(communication), 협업 능력 (collaboration)의 4C가 학생들이 길러야 할 중요한 핵심 역량으로 제시되고 있는데, 우리의 교육은 과연 얼마나 그 흐름을 따라갈 수 있을지에 대한 반문으로 시작된 수업방식이다.

거꾸로 교실(flipped classroom)이란 강의로 진행되는 기존의 전통적인 학습방법에서 수업 이전에 컴퓨터나 PMP 등의 동영상으로 가정에서 과제수행을 함으로써 학습 방법을 완전히 거꾸로 하여 학생들이 개별적으로 사전 학습을 마친 후 교실에서의 활동을 통해 배움을 마무리하게 되는 새로운 형식의 학습 방법이다(정경화, 2014). 즉 수업 전에 온라인으로 집에서 기본적인 지식을 학습한 뒤 학교에서는 그 지식을 바탕으로 토론을 하거나 문제해결을 하는 식의 수업을 하여 학생들의 상호작용을 촉진시키는 융합학습법을 지칭한다(라미경, 2015).

(1) 거꾸로 교실의 등장 배경

거꾸로 교실은 2007년 우드랜드 파크(Woodland Park) 고등학교의 화학교사인 조나단 버그만(Jonathan Bergman)과 아론 샘스(Aron Sams)가 수업에 결석한 학생들을 위하여 수업을 제작하고 온라인으로 게재하여 학습하게 하면서 부터였다. 그 이후 현재 교육계에서 큰 주목을 받고 있는 교육모델이다(정민, 2014; Jonathan Bergmann & Aaron Sams, 2012).

거꾸로 교실의 개념을 교육에 처음 활용한 사람은 미국의 전직 헤지펀드분석가이자 칸 아카데미의 설립자인 살만 칸(Salman Khan)이다. 그는 사촌들에게 수학 개인교습을 부탁받았다. 하지만 그는 보스턴에 살고 있었고, 사촌들은 뉴올리언스에 살고 있었기 때문에 컴퓨터를 통해 원격으로 수학을 가르쳐주었다. 그는 사촌들에게 학습 내용을 환기시켜주는데 유용한 보충학습 자료를 유투브(www.youtube.com)에 올렸다. 유투브를 통해 사촌들은 자신의 시간에 맞춰서 학습 내용을 반복해서 시청할 수 있었다. 만약 그들이 1달 전이나 1년 전에 배운 내용을 다시 보고 싶다면 누구에게 물어보거나 난처해할 필요 없이 그 영상을 다시 볼 수 있었고, 동영상 강의 내용이 이미 아는 내용이어서 지루하다면 앞서갈 수도 있었다. 즉 자신이 원하는 시간에 원하는 장소에서 자기의 보조에 맞춰 동영상 강의를 시청할 수 있었다. 그는 자신의 유투브 수업 동영상을 다른 사람이 시청하도록 허용하였고, 그 결과 사람들이 우연히 그의 영상을 보게 되었다. 그 영상을 통해 많은 사람들이 학습에 도움을 받게 되었고 이런 그의 영상을 정규 수업에 활용하는 교사가 생겨났고, 그의 영상을 학교에서 숙제로 강의 듣기를 내주고, 숙제로 냈던 것들을 학생들이 교실에서 학습하는 일이 일어나게 되었다(라미경, 2015).

(2) 거꾸로 교실의 특징

거꾸로 교실은 거꾸로 학습, 역진행학습, 역전학습(inverted learning) 등으로 불린다. 거꾸로 교실의 개념을 그림으로 나타내면 〈그림 3-23~24〉와 같다(center for teaching & learning).

이와 같이 거꾸로 교실의 핵심은 학교에서는 개념을 가르치고 집에서는 과제를 했던 전통적인 교육적 단계를 뒤집어 집에서는 온라인을 통해서 개별적으로 개념을 학습하고 학교에서는 보통 둘씩 짝을 짓거나 협동학습으로 모르는 것을 물어보고 확인하거나 새로운 과제를 하거나 문제를 해결하는 등의 교실 수업을 할 수 있는데 있다. 이로써 그동안 교실 수업

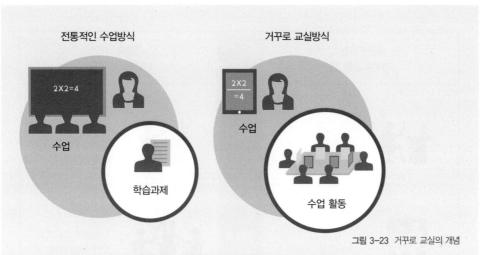

전통적인 수업방식

2×2=4

수업

학습과제

거꾸로 교실방식

2×2 =4

수업

수업 활동

그림 3-23 거꾸로 교실의 개념

자료 : 라미경(2015). 거꾸로 수업을 활용한 수학 수업모형 연구—고등학교 1학년 과정을 중심으로—. 중앙대학교 교육대학원 석사학위논문. p.8.

에서 부족했던 학습의 시간을 최대한 활용하여 토론이나 문제해결수업을 할 수 있게 된 것이다(Bill Tucker, 2012).

거꾸로 교실의 장점은 학생들이 집에서 하는 개별학습에 자신의 능력을 집중할 수 있고, 전통적인 형태의 교실 수업에서 이미 알고 있는 내용을 수업시간에 반복 학습하여 지루함을 느끼거나 전체 토론에서의 뒤처짐을 경험하지 않아도 된다는 데 있다(이동엽, 2013). 즉 이러한 방식의 접근을 통하여 교사는 학생들이 도움을 요청하는 부분에 대해 보다 많은 시간을 할애할 수 있게 되고, 학생들은 각자 사전 학습한 내용을 바탕으로 학생 중심의 수업을 받아서 고등정신 능력을 키울 수 있다.

거꾸로 교실의 또 다른 장점은 교사가 교실에서 일률적으로 수업을 진행하는 대신, 둘씩 짝을 짓거나 협동학습 등을 통해 학생끼리 의견을 나누는 수업을 하게 하여 학생 개인에게 초점을 맞추는 수업을 진행할 수 있다는 점이다. 다시 말하면, 학생들이 집에서 스스로 자기진도에 맞추어 학습하게 함으로써 수업시간에는 협동학습을 하게 하고, 교사가 교실을 다니며 '상호학습'을 하도록 돕는 것이다. 이것은 학습을 교사와 학생 간의, 그리고 학생과 학생 간의 상호작용을 높여서 인간적인 과정이 되게 한다(라미경, 2015).

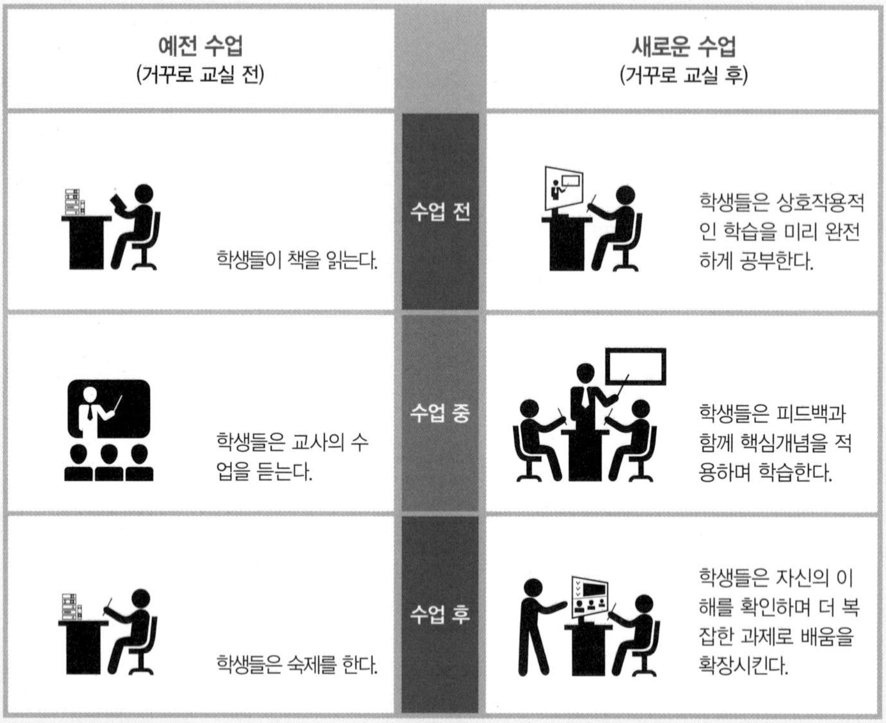

예전 수업 (거꾸로 교실 전)		새로운 수업 (거꾸로 교실 후)	
학생들이 책을 읽는다.	수업 전	학생들은 상호작용적인 학습을 미리 완전하게 공부한다.	
학생들은 교사의 수업을 듣는다.	수업 중	학생들은 피드백과 함께 핵심개념을 적용하며 학습한다.	
학생들은 숙제를 한다.	수업 후	학생들은 자신의 이해를 확인하며 더 복잡한 과제로 배움을 확장시킨다.	

그림 3-24 전통적인 수업방식과 거꾸로 교실방식의 비교

자료 : 라미경(2015). 거꾸로 수업을 활용한 수학 수업모형 연구: 고등학교 1학년 과정을 중심으로. 중앙대학교 교육대학원 석사학위논문. p.8.

(3) 거꾸로 교실의 의의

거꾸로 교실의 의미를 요약하면 다음과 같다. 첫째, 교실에서의 수업이 학생 중심의 활동으로 변화되어 개별적 학습이 가능해지고, 교수자와 학생의 상호작용이 활발히 일어나는 인간적인 교실공간이 형성된다. 둘째, 교수자의 역할이 지식전달자에서 조력자로 변화한다. 거꾸로 수업 환경에서 학습자의 주도권이 '학생'에게 주어지면서 교사는 전통적인 수업의 감독자에서 학습자의 문제 해결을 돕는 문제해결자로서의 역할을 담당하게 된다. 셋째, 교실 수업에서 교수자의 역할이 창의적이고 적극적으로 변화한다. 전통적인 수업에서 교수자는 지식

표 3-54 전통적인 수업과 거꾸로 교실의 차이

구분	전통적인 교실 수업	거꾸로 교실
수업방법과 수업 내용	교사의 강의와 가르침 중심, 교과 지식 전달	수업 전 시청한 교과 내용의 이해와 심화를 위한 학생활동과 배움 중심
교수자의 역할	통계적 훈육자, 지식 전달자	조력자, 학습촉진자
교사와 학생의 상호작용·학생 간 상호작용	교사와 학생 간, 학생 간 상호작용이 제한적	조별 혹은 개별적으로 활발한 상호작용, 또래 학습의 촉진
교실수업 분위기	통제적 분위기, 학생들의 행동은 매우 수동적	자유로운 분위기로 학생들의 적극적인 참여로 이루어짐

자료: 라미경(2015). 거꾸로 수업을 활용한 수학 수업모형 연구-고등학교 1학년 과정을 중심으로-. 중앙대학교 교육대학원 석사학위논문. p.14.

을 전달하는 수동적인 역할을 해야 했지만 거꾸로 수업에서는 교사의 자율적 재량에 의해 수업을 창의적으로 기획할 수 있게 된다. 이는 강의를 교실 밖으로 이동시켜 교실 안에서는 다양한 방식으로 수업을 진행할 수 있기 때문이다. 넷째, 학생의 학습에 대한 교수자의 영향력이 증대된다. 전통적인 수업에서 교사는 일방적 지식전달자이므로 학생들과 상호작용하거나 학생의 개별 학습에 개입하기가 쉽지 않았다. 즉 전통적인 수업방식은 학생의 배움의 정도를 확인하고 개선해주기 어려운 시스템이었다고 할 수 있다는 것이다.

마지막으로 교사와 학생과의 관계의 변화이다. 거꾸로 교실 수업에서는 학생 개개인의 학습을 교수자가 돕는 개별적 지도가 가능하기 때문에 학생과의 상호작용이 매우 긴밀하게 일어날 가능성이 높다. 〈표 3-53〉은 거꾸로 교실의 특징을 전통적인 교실과 비교해 표로 나타낸 것이다(이민경, 2014).

(4) 거꾸로 교실의 일반적인 절차

거꾸로 교실의 설계는 교실 밖에서 기술 기반 개별화 교수가 이루어지는 영역과 교실 안에서 소그룹 협동학습이 이루어지는 영역으로 구분하는 것에 중점을 둔다. 비숍과 벌리거(Bishop & Verleger, 2013)는 거꾸로 교실을 정의하면서 〈그림 3-25〉를 제시했다(김보경, 2014).

강의 동영상과 같은 테크놀로지의 도움으로 충분히 혼자서 학습이 가능한 영역을 교실 밖으로 배치하고 교수자 혹은 동료 학생과의 면대면 상호작용이 필요한 영역을 교실 안으로 배치하

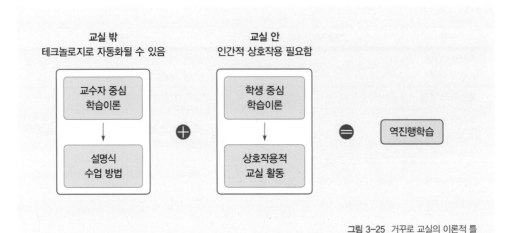

그림 3-25 거꾸로 교실의 이론적 틀

자료 : 김보경(2014). 교직수업을 위한 역진행 수업모형 개발. 교육종합연구, 12(2), 25-56. p33. 재인용.

여 설계한다. 그리고 이 두 영역을 어떻게 연계시킬 것인지에 대한 긴밀한 설계가 따라야 한다.

거꾸로 교실의 수업방식은 정해져 있는 하나의 모델이 있는 것은 아니지만, 일반적인 진행 방식은 다음과 같다. 일단 수업에 임하는 학생들은 수업 시간 전에 교사가 제공하는 강의 동영상을 본다. 이후에 교사는 제시한 과제 해결이 안 되거나 문제를 푸는데 어려움이 있는 학생들을 돕는데 더 많은 시간을 할애할 수 있다. 따라서 거꾸로 교실 방식의 수업 시간에는 프로젝트 중심 학습, 개별화 수업 등의 학생 중심의 활동을 진행할 수 있다(김보경, 2014).

(5) 거꾸로 교실의 적용 사례*

거꾸로 교실을 활용한 수업의 사례는 두 가지 유형으로 나뉜다. 하나는 텍사스대학교의 교수

---

* 참고할 수 있는 논문: 라미경(2015). 거꾸로 수업을 활용한 수학 수업모형 연구-고등학교 1학년 과정을 중심으로-. 중앙대학교 교육대학원 석사학위논문.

정경화(2014). 조시아 웨지우드와 도자기 생산 산업화-터치스크린 전자책을 활용한 역사과 '거꾸로 교실' 교수·학습방안 연구-. 이화여자대학교 교육대학원 석사학위논문.

전희옥(2014). 사회과 거꾸로 교실 수업 모형 개발. 한국사회교과교육학회지, 21(4), 51-70.

진용성·김병수(2015). 국어과 거꾸로 교실의 적용 가능성 탐색. 한국초등국어교육학회지, 57, 235-260.

표 3-55 전통적인 수업과 거꾸로 교실

구분	전통적인 수업	거꾸로 교실
교실 수업 이전	· 학생들에게 읽어올 과제를 지정해 줌 · 교사는 교실수업을 위한 강의를 준비함	· 학생들은 온라인으로 제공된 모듈에 따라 지식 및 내용을 학습하고 질문은 미리 기록함 · 교사는 여러 학습 내용 및 학습활동, 적용활동을 준비함
교실 수업의 도입	· 학생들은 교사의 예상보다 적은 지식과 정보를 알게 됨 · 교사는 학생들의 학습을 도울 내용을 일반적인 가정을 기반으로 정함	· 학생들은 교사에게 그들의 학습을 안내하는 질문함 · 교사는 학생들이 가장 도움을 필요로 하는 부분을 예상 가능함
수업 중	· 학생들은 교사의 설명을 따라가기 위해 노력함 · 교사는 학습자료를 모두 사용하려 노력함	· 학생들은 배워야 할 기능의 수행을 연습함 · 교수자는 피드백과 소규모 강의를 통해 학습자들의 과정을 안내함
방과 후	· 학생들은 일반적으로 피드백을 받지 못하거나 지연된 피드백을 받고 숙제함 · 교사는 지난 수업 시간의 과제에 대한 평가	· 학생들은 교사의 설명과 피드백에 따라 기술과 지식을 계속 활용함 · 교사는 필요하다면 리소스와 추가설명을 게시, 높은 질의 작업에 점수 부여함
일과 시간 중	· 학생들은 학교수업을 통해 배운 것에 대한 확인을 원함 · 교사는 학교수업을 통해 배운 내용을 종종 반복함	· 학생들은 필요한 것이 어디 있는지 도움을 요청하기 위한 능력을 갖춤 · 교사는 학생들이 더 깊이 이해할 수 있도록 지속적으로 안내함

자료 : 라미경(2015). 거꾸로 수업을 활용한 수학 수업모형 연구-고등학교 1학년 과정을 중심으로-. 중앙대학교 교육대학원 석사학위논문. p.25.

학습센터인 오스틴센터에서 제시한 〈표 3-55〉로 여기서는 거꾸로 교실의 요소를 바탕으로 구체적이며 가시적인 형태로 이 학습방법의 구조를 보여준다. 이 센터에서 정한 거꾸로 교실은 크게는 수업 전, 수업 중, 수업 후로 절차적으로는 다섯 가지 단계로 나뉜다(정숙경, 2003).

다른 한 가지 적용 사례는 우리나라의 부산 서명초등학교의 사회수업 시간에 적용한 수업순서로 다음과 같다. 일단 교사의 활동이 이루어진다. 교사는 교재를 연구하여 이를 바탕으로 한 동영상을 제작하여 온라인에 탑재한 후 학급 SNS에 주소를 링크한다. 학생들은 온라인으로 교사가 탑재한 수업 동영상을 시청하고 교실 수업 활동을 위한 과제내용을 확인한다. 교실 수업에서는 이미 언급한 과제를 수행하여 결과를 발표하고 교사가 이에 대한 피드백을 제공한다(한국U러닝연합회, 2014).

사회과에 적용된 세분화된 교수·학습 과정안도 있지만 아직까지 가정과에 적용된 사례가 없어 라미경(2015)의 고등학교 1학년 수학과 수업에 적용한 거꾸로 교실 교수·학습 과정안을 수정하여 〈표 3-56〉과 같이 가정과 수업에 접목해 보았다.

표 3-56 거꾸로 교실 수업 모형 수업안

구조	Pre-class	In-class	After-class
지식의 형태	가족의 개념 및 가족의 다양화, 가족법의 변화 관련 사례 제시	시대 변화를 반영한 수정된 가족법 조사	실제 상황에의 적용
학습 자료	교과서, 강의 동영상	교과서, 유인물, 토의 주제	워크시트
학습 형태	개별학습, 자기주도 학습	질의응답, 미니 강의, 소그룹 토의학습	프로젝트 학습
활동	· 교과서학습 　– '개념 열기' 　– '질문 만들기' · 강의 동영상 학습 　– 중요 내용 반복 학습 　– 슬라이드 빈칸 완성 　– 키워드 작성 · 온라인, SNS 질의응답: 교과서, 강의 동영상 학습할 때 교사 또는 동료학생에게 필요한 도움을 즉시 받을 수 있도록 함	· 수업 내용과 관련된 동영상 시청을 통해 전시 학습 회상: 이전 시간의 개념이나 토론 주제에 대한 피드백을 제공 · 본시 도입을 위한 발문 · 유제 제시: Pre-class에서 학습한 개념에 해당하는 다양한 사례를 제시함 · 학습그룹활동: Pre-class에서 '개념 열기'와 '질문 만들기'의 내용을 토의를 통해서 말하기 능력 신장 　– 자신이 생각한 의견과 짝이 생각한 의견을 비교하며 내용을 내면화, 교사는 학습그룹을 순회하며 동료학습자로 참여하여 토론을 촉진시킴 　– 다양한 견해의 읽기 자료를 제시하여 생각 넓히기와 자신의 견해를 탄탄하게 할 수 있게 도움	· 실습그룹활동: 배운 개념이 적용된 실생활에서 논란이 되는 주제들 찾기(간통죄 폐지, 동성혼) · 정리 및 차시예고: 그룹활동을 지원하면서 나타나는 학습촉진 요소를 교실 전체에 제시해 수업 지원. 차시예고를 통해 학습의 기대감 높임 · SNS, 온라인을 통한 추수활동

자료 : 라미경(2015). 거꾸로 수업을 활용한 수학 수업모형 연구-고등학교 1학년 과정을 중심으로-. 중앙대학교 교육대학원 석사학위논문. p.30. 재구성.

거꾸로 교실 팁

거꾸로 교실에서 가장 고민을 하는 것이 수업 전에 제시해야 하는 강의 동영상으로 강의 동영상과 교실활동의 비율을 놓고 비교하자면 10:90 정도 밖에 되지 않는다고 한다. 강의 동영상보다는 오히려 조 편성, 활동지 같은 교실활동에 많은 신경을 쓰는 것이 좋다. 거꾸로 교실의 다양한 연구 결과에 따르면 동질집단보다는 이질집단이 학습에 효과적이다. 수업 중 지켜야 할 규칙을 스스로 정하게 하는 것이 매우 중요하며, 이는 동영상을 보고 오도록 만드는데 효과가 크다. 또한 가능하다면 동영상과 활동지를 함께 제공해 주는 것이 좋다. 수업 시간에 상호 토론이나 조별학생을 가르쳐 주어야 하는 상위권 학생의 불만을 해소하기 위해서는 개별 심화 문제를 제시해 주거나, 수업 시간 중의 활동을 잘 기록해 두었다가 생활기록부에 구체적으로 기록해 주는 방법을 사용하는 게 좋다고 한다.

 ### 유대인의 토론 방법: 하브루타

유대인의 학습법으로 더 잘 알려진 용어인데 전성수(2012)는 하브루타를 '짝을 지어 질문하고, 대화하며, 토론하고 논쟁하는 것이다.'라고 하고, 부모와 자녀가 이야기를 나누고, 친구끼리 이야기를 나누고, 동료와 이야기를 나누는 것을 '하브루타'라고 하였다. '의미 있게 배우기', 즉 교육의 본질은 직접 해 본 것들을 통하여 사고력이 개발된다는 것이다.

자신이 직접 해 본 것들을 통해서 사고력이 개발되는데 자신이 의미 있게 직접 경험한 것이 아니면 모두 잊혀지는 것이다. 따라서 학생이 스스로 직접 가르치고, 연습하며, 논쟁하는 과정을 통해서 사고력을 개발하도록 도와주는 것이다. 그런 과정을 거치며 친구를 직접 가르치고 배움을 얻는 방식은 학습 피라미드(다양한 방법으로 공부를 한 뒤에 24시간 후에 남아 있는 비율을 피라미드로 나타낸 것)에서 가장 효율성이 높은 아래쪽 3개에 해당한다.

하브루타의 수업 적용 예시로는 수업에서 핵심만 강의한 후 토론하기로 교사는 질문이나 논쟁 주제를 제시하는 것이다. 또 다른 예시로는 일반적인 교사 수업을 수업 시간의 30분 정도를 할애하고 5~10분 정도의 시간은 요약하고 정리하여 친구를 가르쳐주는 시간으로 갖는 것이다. 또한 수시로 토론과 논쟁 수업을 진행하는 것이라고 할 수 있다. 하브루타와 거꾸로 교실과의 접점을 찾아가는 것이 우리 교사의 역할이 아닐까 싶다.

5 | 스팀 적용 수업

최근 학교 현장에서는 통합이 화두가 되고 있는데, 교육에서의 통합은 일반적으로 경험이나 지식을 의미 있는 형태로 바꾸는 과정으로 보고 있다. 교과에서의 통합은 단일 교과 내에서의 통합*과 복수 교과 간의 통합** 형태가 있는데(Fogarty, 1991), 기술·가정 교과 내에서 통합은 각 영역별 주제 중심 통합의 형태로 한 가지 주제를 중심으로 다양한 학습 경험들을 교과의 요구, 학생의 흥미, 사회의 요구를 반영하여 선정·조직하고, 학생주도 활동을 통한 학습을 유도함으로써 전인적 발달을 도모하는 과정으로 정의할 수 있다(김선순, 2013).

교과 간 통합 교육의 실례로 최근 대두되고 있는 것이 스팀(STEAM) 적용 수업이다. 스팀은 science, technology, engineering, arts, 그리고 mathematics 영문 첫 단어의 알파벳을 따와 합친 단어로 학문 중심의 분절된 교육이 아니라 관련 교과를 아우르는 융합교육을 지향한다.

(1) 스팀 적용 수업의 등장 배경

스팀 적용 수업은 1990년경 미국에서 시작한 스팀교육에서 영향을 받은 것으로 단절된 지식교육에 중점을 둔 교과 교육의 근본적인 변화를 위한 것이다. 우리나라에서 본격적으로 시작한 것은 2011년 교육과학기술부가 창의적인 융합인재 교육을 위하여 초등학교와 중고등학교 교육에서의 스팀교육을 강화하겠다고 발표하면서부터였다. 간단히 말해서 스팀 적용 수업의 목적은 학생들의 과학, 기술, 공학에 대한 흥미를 높이고 실제 생활과 관련된 지식과 경험을 통하여 미래사회를 대비하기 위한 과학 및 인문학적인 소양을 갖추도록 하기 위한 것이다. 최근 고시된 2015 개정교육과정에서 고등학교 문과와 이과의 구분을 없애고 문·이과 통합교육과정으로 개편한 것도 이와 맥락을 같이 한다고 볼 수 있다.

21세기 국가 간의 치열한 경쟁에서 우위를 점하기 위해서는, 다른 사람들이 생각해 내지 못하는 창의적인 생각을 할 수 있어야 하고, 여러 분야의 지식을 적절하게 융합적으로 생각

---

* 분절형(fragmented), 연관형(connected), 동심원형 또는 둥지형(nested)이다.

** 계열형(sequenced), 공유형(shared), 거미줄형(webbed), 선형(threaded), 통합형(intergrated), 몰입형(immersed), 네트워크형(networked)으로 나눈다.

하여 활용할 수 있어야 한다. 지금까지 초·중등학교에서의 과학 기술 분야 교육은 주로 원리를 아는 것에 그치는 교육이었다면 스팀교육은 배운 지식이 어디에 어떻게 쓰이는지도 고민하는 수업이다. 우리나라 학생들의 수학·과학 분야 학업 성취도 및 이해 수준은 다른 나라와 비교해서 높은 수준이다. 하지만 일정한 틀에서 벗어난 문제를 해결하는 데에는 익숙하지 못하다. 이는 알고는 있는데 어떻게 활용할 수 있는지 어디에 쓰이는지 모르기 때문이다. 지식을 아는 것에서 그치지 않고, '왜 배우는지', '어디에 사용되는지'를 이해하게 되면, 새롭게 접하는 문제를 해결하는 데 활용할 수 있기에 스팀교육의 의의가 있다.

(2) 스팀 적용 수업의 특징

오늘날 우리 교육에서 스팀교육이란 용어를 쓰는 것은 각 교과의 교육을 하는데 이전의 방식처럼 수학이면 수학, 과학이면 과학의 내용만을 학습하는 것이 아니라 수학시간에 과학, 기술, 공학, 예술 등 관련이 있는 교과의 지식을 자연스럽게 더불어 학습할 수 있도록 하자는 의미일 것이다. 예를 들어, 6학년 학생들에게 비와 비율을 지도하면서 악기에서 현의 길이의 비가 자연수비가 될 때, 아름다운 소리를 낼 수 있다는 점을 설명하여 수학과 음악을 연계하여 생각하도록 한다는 것이다.

스팀 적용 수업은 융합적 사고(STEAM Literacy)와 문제해결력 향상을 목표로 하고 있으므로 일률적인 문제 풀이식 수업이 아니라 문제를 발굴하고 정의하여 이를 해결해 보는 활동을 경험하는 것을 강조한다. 앞서 밝힌 바와 같이 미래에는 어떤 지식을 알고 있느냐가 아니라 어떻게 활용할 수 있는가가 훨씬 중요하다. 머릿속에 지식의 양을 늘려가는 것보다 아는 것을 활용하고 연결하는 방법을 깨우쳐 나가는 것이 중요하다. 이런 능력을 익히는 것은 결국 경험을 통해 노하우를 축적해야 한다(김진수, 2012).

(3) 스팀 적용 수업의 유형과 절차

스팀 적용 수업을 위한 교수·학습 과정안을 개발하는 데 있어 중심 교과를 무엇으로 하는가에 따라 〈표 3-57〉과 같이 몇 개의 유형으로 나눌 수 있다. 물론 전체적으로는 모두 몇 개의 교과를 통합하여 만든 스팀 적용 교수·학습 과정안이지만 어떤 교과목 교사가 수업에서 중심 역할을 하는가에 따라 분류한 것이기도 하다.

〈그림 3-25〉는 이러한 스팀 적용 수업을 위한 스팀 프로그램 개발 절차를 나타낸 것이다.

표 3-57 스팀 적용 수업의 유형

중심 교과(내용)	연계 유형	프로그램 명칭	특징
과학 교과 중심	(T) (E) (S) (M) (A)	S-STEAM	과학 교사가 과학 수업에 적용
기술 교과 중심	(S) (E) (T) (M) (A)	T-STEAM	기술 교과가 기술 수업에 적용
공학 교과 중심	(S) (T) (E) (M) (A)	E-STEAM	· 공학기술 수업 시간에 적용 · 특성화고의 공업계열 수업에 적용
예술 교과 중심	(S) (T) (A) (M) (E)	A-STEAM	· 예술 교사가 예술 수업에 적용 · 예술(A) 과목은 미술, 음악, 체육, 역사, 국어, 사회 등
수학 교과 중심	(S) (T) (M) (A) (E)	M-STEAM	수학 교사가 수학 수업에 적용
가정 교과 중심	(S) (T) (H) (A) (E)	H-STEAM	가정 교사가 가정 수업에 적용
창의적 체험활동 수업 중심	(M) (S) (T) (A) (E) (STEAM)	CHA-STEAM	· 창의적 체험활동 수업 시간 등에 관련 교사들이 주제 중심의 스팀 수업에 적용 · 방과 후 학교 및 비형식적 교육 등에 사용하는 유형임 · CHA는 창의적 체험활동인 creative hands-on activity 의 머리글자임
기타		XX-STEAM	STEAM의 앞에 약어를 사용할 수 있음

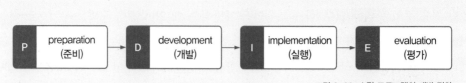

그림 3-26 스팀 프로그램의 개발 절차

자료: 김진수(2011). STEAM 프로그램 개발을 위한 PDIE 절차 모형.

(4) 스팀 적용 수업의 적용 사례*

다음은 가정교과에서 수학과 과학, 국어, 미술교과의 학습 내용과 연계 통합하여 구성한 〈표 3-58, 59, 60〉과 〈그림 3-27〉은 스팀 적용 교수·학습 과정안과 학생활동지의 예이다.

표 3-58 스팀 적용 수업: '뇌 탐험을 통한 건강한 자아 만들기' 차시별 목록

주제	나의 뇌 탐험을 통한 건강한 자아 만들기			
	Unit 1 (소주제)	현재의 나!	차시1	· 스토리텔링을 통한 동기 유발하기 · 나의 뇌지도 그리기
			차시2	뇌의 구조, 기능 학습 후 뇌 모형으로 뇌 구조물 조립하고 만들어보기
			차시3	뇌의 중요성에 대한 학습 후 소감문 쓰기
	Unit 2 (소주제)	과학으로 보는 나!	차시1	다양한 측정도구를 찾아 자신의 뇌 유형 탐구하기
			차시2	나의 뇌파 탐구를 통한 나의 뇌 이해하기
			차시3	나의 뇌 유형 탐구 결과를 분석적으로 글쓰기
			차시4	뇌의 유형별 특징 포스터 제작, 발표하기
	Unit 3 (소주제)	내가 바라는 나!	차시1	내가 원하는 이상적인 나 탐색하기(활동지)
			차시2	나의 한계를 극복할 수 있는 방법 탐색하기
			차시3	건강한 자아 형성을 위한 프로젝트 실시하기
			차시4	전시회를 통한 각 조별 발표 및 평가하기
스팀 주제 목표	통합적 사고 ■	자신의 진로탐색(가정)에 과학, 국어, 미술, 기술 교과를 접목시켜 설계할 수 있다.		
	창의적 설계 ■	창의적으로 '자신이 생각하는 뇌구조'를 설계하고 실제로 제작할 수 있다.		
	감성적 체험 ■	'뇌파 측정'을 통해 실제의 자신을 분석하고 이해할 수 있다.		
	지식 ■	훈련이나 교육에 의해 뇌의 기능 향상과 적성이 개발될 수 있음을 안다.		

---

* 참고할 수 있는 논문: 구지은(2013). 스마트 교육을 기반으로 한 융합형 기정과 프로그램 개발. 한국교원대학교 교육대학원 석사학위논문.

정세호(2014). 가정교과 중심의 융합인재교육(H-STEAM)을 위한 스마트교육 프로그램 개발−중학교 타교과 교과서와의 중복성 분석에 기초하여−. 한국교원대학교 교육대학원 석사학위논문.

표 3-59 Unit 3 각 차시 계획안

Unit 3(소주제)		내가 바라는 나									
차시별 주제	학습 내용	다룰 개념 요소									교수·학습활동
		물리	화학	생물	지구	기술·공학	예술	수학	가정		
1 내가 원하는 이상적인 나 탐색하기	자신이 희망하는 이상적인 나를 찾아보자.									자아정체감	■ L 강의하기 □ I 정보수집하기 □ E 실험하기 ■ C 토론하기 □ G 설계하기 □ S 문제해결하기 □ P 발표하기 □ A 평가하기 □ 기타( )
	차시별 학습목표	통합적 사고 □									
		창의적 설계 □									
		감성적 체험 □									
		지식 요소 ■	긍정적 자아형성을 위한 이상적인 자아를 찾을 수 있다.								
2 나의 한계를 극복할 수 있는 방법 탐색하기	실제의 나와 이상적인 나의 차이를 좁히는 방법을 탐색해 보자.			뇌의 기능							□ L 강의하기 ■ I 정보수집하기 □ E 실험하기 ■ C 토론하기 □ G 설계하기 □ S 문제해결하기 □ P 발표하기 □ A 평가하기 □ 기타( )
	차시별 학습목표	통합적 사고 ■	뇌 탐색 결과를 바탕으로 실제의 나와 이상적인 나의 차이를 좁히기 위한 방법을 탐색할 수 있다.								
		창의적 설계 □									
		감성적 체험 □									
		지식 요소 □									

(계속)

| Unit 3(소주제) | | | | | | | | | | 내가 바라는 나 |

차시별 주제	학습 내용	다룰 개념 요소								교수·학습활동
		물리	화학	생물	지구	기술·공학	예술	수학	가정	
3 건강한 자아 형성을 위한 프로젝트 실시하기	· 실제의 나와 이상적인 나의 차이를 좁히는 방법 탐색결과를 바탕으로 실천계획을 수립하자. · 발표를 위한 제반 준비를 하자.			뇌의 기능증진			포스터 제작		실천계획 수립	□ L 강의하기 □ I 정보수집하기 □ E 실험하기 □ C 토론하기 ■ G 설계하기 ■ S 문제해결하기 □ P 발표하기 □ A 평가하기 □ 기타( )

차시별 학습목표		
	통합적 사고 □	
	창의적 설계 ■	이상적인 자아실현을 위한 탐색 결과를 바탕으로 실천계획을 수립할 수 있다.
		전체 활동에 대한 종합의 결과물로 포스터를 제작할 수 있다.
	감성적 체험 ■	함께 서로의 활동을 정리하며 상호이해 기회를 가질 수 있다.
	지식 요소 □	

차시별 주제	학습 내용	물리	화학	생물	지구	기술·공학	예술	수학	가정	교수·학습활동
4 전시회를 통한 각 조별 발표 및 평가하기	· 전시회 · 평가						작품 전시			□ L 강의하기 □ I 정보수집하기 □ E 실험하기 □ C 토론하기 □ G 설계하기 □ S 문제해결하기 □ P 발표하기 ■ A 평가하기 □ 기타( )

차시별 학습목표		
	통합적 사고 □	
	창의적 설계 □	
	감성적 체험 ■	뇌의 구조와 기능 이해를 통한 자기이해과정을 발표함으로써 상호 흥미를 느끼고 학습 결과에 대한 자긍심을 느낄 수 있다.
	지식 요소 □	

표 3-60 스팀 본시 교수·학습 과정안(Unit 3, 1/4차시)

주제	긍정적인 자아정체감 형성하기		
수업 차시	1/4 차시	스팀 요소	S-A-H
학습 목표	· 주변 친구들의 장단점을 쪽지 나누기를 통해 공유할 수 있다. · 긍정적 자아 형성을 위한 이상적인 자아를 찾을 수 있다.		

학습 단계 (시간)	교수·학습활동	준비물

도입
(10분)
	· 인사 후 수업 준비상태 확인(모둠 학습)
	· 전시학습 환기
	  − 현재의 나, 즉 과학적으로 분석한 자신의 뇌구조는 어떠한지, 그러한 구조의 특성은 무엇인지 상기해 보도록 한다.
	· 학습 목표를 제시
	  − 본 차시에는 그러한 자신에 기초하여 긍정적 자아정체성 형성을 위한 이상적 자아 만들기에 대해 학습하도록 한다.
		뇌파 측정 사진
		제시

전개
(30분)
	· 활동지에 이미지를 그리고 자신의 장단점 작성
	  − 뇌파 측정 결과를 토대로 하되 솔직하게 나열하도록 당부한다.
	  − 이미지는 자신이 닮았으면 하는 동물 이미지로 선택하여 그린다.
	· 각자 자신의 장단점을 소개하고 왜 자신이 그 동물을 닮고 싶어 하는지 발표
	  − 친구의 소개말을 듣고 비웃거나 장난치지 않도록 당부한다.
	· 친구 장단점 작성(포스트잇 배부)
	  − 모둠 친구의 장단점을 2개 이상씩 적어 친구가 그린 동물 이미지 그림에 붙여 준다.
	· 포스트잇을 활동지에 옮겨 자신에 대해 돌아보는 시간
	  − 최종적으로 내가 되었으면 하는 이상적인 자아에 대해 숙고하고 글로 나타내 보도록 한다.
	· 모둠별로 한 사람씩 발표
	  − 친구 발표를 듣고 지지하는 응원 글을 써서 전한다.
		포스트잇,
		8절지, 색연필,
		사인펜

정리 (5분)	· 자신의 이상적인 자아를 머릿속에 그리면서 노력할 것을 당부 · 차시예고 − 자신의 단점을 보완하고 한계를 극복하기 위한 프로젝트를 실시한다. · 인사 후 수업 종료	

연구 모둠명:　　　학년:　반:　이름:

나 자신이 생각하는 나의 장단점 찾아보기

.
.
.
.
.
.
.

친구가 적어준 나의 장단점 적어보기

.
.
.
.
.
.
.
.

위 내용을 중심으로 내가 바라는 이상적인 나에 대해 적어보기

.
.
.
.
.
.
.

그림 3-27 자아 찾기-나의 강점 발견하기 학생활동지 자료

6 | ARCS 동기 유발 전략

(1) ARCS 동기 유발 전략의 등장 배경

인간이 하는 행동은 동기(motivation)에 큰 영향을 받는다. 동기란 사람이 어떤 행동을 하도록 이끄는 심리적인 요인으로, 동기를 가지지 않고는 인간은 자연스럽게 행동하지 않는다. 일상생활에서뿐만 아니라 학습에 있어서도 동기는 중요하다. 왜냐하면 학습이란 기본적으로 학생의 배우고자 하는 욕구에 따라 결과가 크게 달라지기 때문이다. 또한 학생의 동기 유무는 수업과정에서의 행동뿐만 아니라 수업이 끝난 후의 행동에도 영향을 미친다. 따라서 실생활에서의 실천을 강조하는 가정과 교육의 목표를 달성하기 위해서는 학생의 동기를 중요한 요인으로 고려해야 한다.

켈러(Keller)는 과연 무엇이 인간에게 학습 동기를 유발시키는지를 밝혀내기 위해 동기와 관련된 문헌을 고찰하고 동기 유발에 성공적인 교사들의 실제 행동을 모으고 분류하는 연구를 수행하였다. 그 결과 학습 동기에는 주의집중(attention), 관련성(relevance), 자신감(confidence), 만족감(satisfaction)의 네 가지 요인이 영향을 준다는 사실을 밝혀내고, 각 단어의 이니셜을 딴 ARCS 동기 유발 전략으로 구체화하여 제시하였다.

켈러와 송상호(2005)는 동기가 개인의 특성에 영향을 많이 받으며 복잡하고 다양하지만, 교사는 충분히 학생의 동기에 영향을 줄 수 있는 존재라고 하였다. 그렇기에 교사가 학생의 학습동기를 수업 전체 과정은 물론 수업 후에도 유지할 수 있도록 자극할 수 있는 수업전략을 세우는 데 관심을 가져야 함을 강조하였다. 학생의 주도성과 실생활에서의 실천을 강조한다는 면에서 켈러의 동기 유발 전략은 가정과 수업 목표를 위한 유용한 전략으로 사용될 수 있다.

(2) ARCS 동기 유발 전략의 특징

ARCS 동기 유발 전략은 기존의 수업이 도입단계의 동기 유발만을 강조한 것과는 달리 수업의 도입–전개–정리의 모든 과정에 걸쳐 학생들의 동기 수준을 지속적으로 유지하고 수업이 끝난 후에도 수업에서 배운 내용을 더 알고 싶도록 하는데 관심을 둔다. 따라서 수업 과정의 전반에 걸쳐 학생의 주의를 집중시키고 수업이 학생과 관련 있다는 점을 상기시키며, 수업 활동을 통해 자신감을 얻을 수 있는 기회를 제공하고, 평가를 통해 자신의 학습에 대

표 3-61 ARCS의 하위 범주와 핵심 질문 및 지원 전략

구성 범주	하위 범주 및 핵심 질문	주요 지원 전략
주의집중	· A1. 지각적 각성 흥미를 끌기 위해 무엇을 할 수 있을까?	새로운 접근을 사용하거나 개인적, 감각적 내용을 넣어 호기심과 놀라움을 만들기
	· A2. 탐구적 각성 탐구하는 태도를 어떻게 유발할까?	질문, 역설, 탐구, 도전적 사고를 양성함으로서 호기심을 증진시키기
	· A3. 변화성 그들의 주의집중을 어떻게 지속시킬 수 있을까?	자료 제시 형식, 구체적 비유, 흥미 있는 인간적인 실례, 예기치 못했던 사건들의 변화를 통해 흥미를 지속하기
관련성	· R1. 목적 지향성 학생의 요구를 어떻게 최적으로 충족시켜줄 수 있을까?	수업의 유용성에 대한 진술문이나 실례를 제공하고, 목적을 제시하거나 학생들에게 목적을 정의해 보라고 하기
	· R2. 모티브 일치 수업을 학생의 학습양식과 개인적 흥미에 언제, 어떻게 연결시킬까?	개인적인 성공기회, 협동학습, 지도자적 책임감, 긍정적인 역할 모델 등의 제공을 통해 학생 동기와 가치에 민감하게 반응하는 수업 만들기
	· R3. 친밀성 수업과 학생의 경험을 어떻게 연결시킬까?	구체적인 실례와 학생의 학습이나 환경과 관련된 비유를 제공하여 교재와 개념들을 친밀하게 만들기
자신감	· C1. 학습요건 성공에 대한 긍정적 기대감을 어떻게 키워줄 수 있을까?	성공요건과 평가준거에 대해 설명하여 믿음과 긍정적 기대감을 확립하기
	· C2. 성공기회 자신의 역량에 대한 믿음을 향상시킬 수 있는 학습경험을 어떻게 제공할까?	학습의 성공을 증가시키는 많은 다양한 도전적인 경험을 제공하여 역량에 대한 신념을 증가시키기
	· C3. 개인적 통제 학생이 자신의 성공이 스스로의 노력과 능력에 의한 것이라고 어떻게 알 수 있을까?	개인적인 통제(가능할 때마다)를 제공하는 기법을 사용하고, 개인적 노력 때문에 성공했다는 것에 대해 피드백을 제공하기
만족감	· S1. 내재적 강화 학습경험에 대한 학생들의 내재적 즐거움을 어떻게 격려하고 지원할까?	개인적 노력과 성취에 대한 긍정적 느낌을 제공할 수 있는 피드백이나 정보를 제공하기
	· S2. 외재적 보상 학생의 성공에 대한 보상으로 무엇을 제공할까?	언어적 칭찬, 실제적이거나 추상적인 보상, 인센티브 등을 사용하거나, 학생들로 하여금 그들의 성공에 대한 보상을 제시하도록 하기
	· S3. 공정성 공정한 처리에 대한 학생들의 지각을 어떻게 만들어 줄까?	진술된 기대와 수행요건을 일치시키고, 모든 학습자의 과제와 성취에 있어서 일관성 있는 측정 기준을 사용하기

자료: 켈러·송상호(2014). 매력적인 수업 설계. p.56, 66, 76, 84.

한 만족감을 느끼게 하는 동기 유발 전략을 포함시킨다. ARCS 동기 유발 전략의 하위 범주를 구체적으로 살펴보면 〈표 3-61〉과 같다(켈러·송상호, 2014).

첫째, 주의집중(A) 전략은 '어떻게 하면 학생의 주의 집중을 유발하고 유지할 수 있을까'에 관심을 두며 지각적 각성, 탐구적 각성, 변화성이라는 하위 범주로 구성된다.

지각적 각성(A1)은 예기치 못했던 소리나 움직임을 통해 자동적으로 학생들의 주의집중을 끄는 가장 단순하고 즉각적인 주의집중 전략이다. 예를 들면 교탁을 탁탁 치거나, 시각적으로 자극이 될 만한 흥미로운 학습 교재를 제시하는 것 등이 그 예가 된다. 하지만 이 전술들은 그 효과가 잠시 동안만 나타나는 경우가 많기 때문에 학습과제와 관련이 있는 보다 깊은 호기심의 수준이나 효과가 지속되도록 자극할 수 있는 무언가가 존재해야 한다.

탐구적 각성(A2)은 주의집중 효과를 좀 더 지속하는데 도움을 준다. 만약 교사가 학생들에게 더 깊은 수준의 호기심을 자극한다면 단순히 감각을 자극하는 지각적 각성(A1)보다 훨씬 주의집중을 잘 할 것이다. 지적 호기심이라고도 불리는 이 전략은 교사가 학생의 알고자 하는 욕구를 깨우쳐 주었을 때 나타난다. 따라서 학생들의 지적 호기심을 자극할 수 있는 질문으로 과제를 제시하거나, 과제에 대한 호기심을 불러일으킬 수 있도록 학생들의 기존의 인지 구조를 자극할만한 정보를 제공하는 것이 이 전략의 좋은 예가 될 수 있다.

변화성(A3)은 주로 학생의 학습환경과 관련된 요인들로, 단조로운 학습환경에 다양한 변화를 주어 학생들이 수업에 집중하는 데 도움을 주는 전략이다. 변화성 전략은 형식에서의 변화성, 양식과 배열에서의 변화성의 두 가지 측면으로 나누어볼 수 있다. 예를 들면 학생들에게 제공되는 학습지의 형태의 변화를 주거나, 정보의 유형을 글, 그림, 사진 등으로 바꿔가면서 제공하는 등은 형식에서의 변화성으로 볼 수 있고, 설명의 방식에 변화를 주거나 능동적인 반응이 필요한 수업 활동 등을 적절히 삽입하는 것 등은 양식과 배열에서의 변화성으로 볼 수 있다.

둘째, 관련성(R) 전략은 '이 수업이 어떤 측면에서 학생에게 가치 있을 수 있는가'에 관심을 두고 수업을 학생의 환경, 흥미, 요구, 목적 등에 연결시키는 것으로 목적지향성, 모티브 일치, 친밀성이라는 하위 범주로 구성된다.

목적지향성(R1)은 학습과제와 학생의 요구를 연결시키는 것으로 수업의 목표가 현재, 또는 미래에 학생에게 어떤 도움이 될지에 대해서 교사가 직접 제시하거나 학생 스스로 생각해 볼 수 있는 기회를 제공함으로써 학생이 자신에게 올 이익을 명확히 알도록 도와준다.

예를 들면 이번 수업에서의 성공이 다음 수업에서 중요하거나, 시험에 직접적으로 관련이 있거나, 미래에 원하는 직업을 갖는데 도움이 된다는 것을 알려주는 것 등이 포함된다.

모티브 일치(R2)는 교사의 전략을 학생의 동기에 일치시키는 것으로, 일부 학생만이 아닌 대다수의 학생들의 요구를 충족시켜 주기 위해 다양한 수업방법을 사용하는 것이다. 수업의 목표와 학생의 직접적인 이익과의 연결이 느슨하여 목적지향성(R1) 전략을 사용하기 적합하지 않을 때 학생을 끌어들일 수 있는 유용한 전략이다. 사람은 대부분 타인으로부터의 인정을 갈망한다. 따라서 기본적인 동기를 자극하기 위해서 교사가 학생에게 개인적인 관심을 가지고 그들의 개별적인 수행에 대하여 즉각적인 피드백을 주는 것이 도움이 된다. 학생에게 다양한 학습과제, 학습 방법에 대한 선택권을 주거나 자신이 스스로 설정한 목표를 달성하기 위해 노력하도록 격려함으로써 교사의 전략을 학생의 개인적인 동기에 일치시키는 방법도 모티브 일치 전략의 한 가지 방법이다. 또한, 협동 활동을 통해 개인적인 성취를 느끼고 지도자적 책임을 발휘할 수 있는 기회를 제공하는 것도 이 전략에 포함될 수 있다.

친밀성(R3) 전략은 학습과제를 제시할 때 학생이 이미 가지고 있는 경험과 유사한 상황이나 실제 예를 들어 그들이 흥미를 가지게 하는 것이다. 추상적인 예보다는 학생들이 경험했을법한 유사한 예를 제시하고, 학생에게 이전의 경험을 물어보거나, 학생들에게 친숙한 장면을 통해 학습과제를 제시하는 것 등이 그 예가 될 수 있다.

셋째, 자신감 전략은 '학생들이 자신의 통제 하에서 성공하도록 하기 위해 어떻게 도와줄 수 있는가'라는 질문과 관련되며 학습요건, 성공기회, 개인적 통제라는 하위 범주로 구성된다.

학습요건(C1)은 학생의 불안을 감소시키고 성공에 대한 현실적 기대감을 발달시키는 방법에 관한 전략으로 수업에서 학생들이 수행해야 할 것은 무엇이며, 얼마나 노력해야 평가준거를 만족시키는지에 관한 명확한 정보를 학생에게 제공하는 것이다. 따라서 수업 전에 학생에게 수업의 목표와 평가 준거를 명확히 제시하거나 성공에 대한 예시물을 보여주는 것 등이 포함된다.

성공기회(C2)는 학생들에게 성공의 기회를 제공하거나 성공에 대한 긍정적인 기대감을 가지도록 도전수준을 제공하는 것이다. 학생들이 그들의 목표달성에 필요한 요건들이 무엇인지를 거의 이해하지 못하고 어떻게 평가되는지를 모른다면 불안감을 느낄 것이다. 성취욕구가 높은 학생들이 과도하게 공부하거나, 능력이 없는 학생들이 포기하거나 부정을 저지를지도 모른다. 혹은 적절한 노력을 기울이는 대신 성공이 운에 달려 있다고 믿고 교사가 무엇

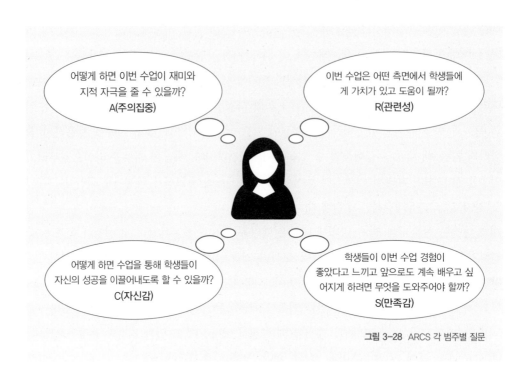

그림 3-28 ARCS 각 범주별 질문

을 시험에 낼 것인지, 또는 과제를 평가하기 위해 어떤 준거를 사용할 것인지 추측하는데 노력을 기울일 것이다. 따라서 과제를 쉬운 순서에서 어려운 순서로 조직하고, 대상자들에게 적절한 도전수준을 만들어주고 적절한 연습 기회를 제공함으로써 학습에서의 불안감을 감소시키는 것이 포함된다.

　개인적 통제(C3)는 학생이 성공의 원인을 무엇으로 보는가라는 물음과 관련된다. 학생이 성공을 경험했을 때 그 원인을 자신의 능력과 노력으로 귀인할 경우 자신감이 증가하지만, 성공의 원인을 행운이나 과제의 난이도가 낮은 탓으로 돌리는 경우에는 그렇지 않다. 따라서 적절한 언어적 피드백이나 행동을 통해 학생들이 열심히 노력한다면 충분히 성공할 수 있는 능력을 가지고 있다는 것을 알려주거나, 학생들이 학습 속도나 방법을 선택할 수 있는 적절한 기회를 제공함으로써 자신감을 높이는데 도움을 줄 수 있다.

　넷째, 만족감 전략은 '학생들이 그들의 학습경험에 대해 만족하고 계속적으로 학습하려는 욕구를 가지도록 하기 위해 어떻게 도와줄 수 있는가'라는 질문과 관련되며 내재적 강화,

외재적 보상, 공정성이라는 하위 범주로 구성된다.

내재적 강화(S1)는 학생들이 학습과제 그 자체에 흥미를 갖도록 하는 것으로 만족감 전략의 가장 중요한 요소이다. 학생의 흥미는 개개인의 경험이나 가치관 등 다양한 요인에 의해 영향을 받으므로 학습과제에 관심이 없는 학생의 내재적 동기를 높이는 것은 쉽지 않다. 하지만 학생들에게 학습과제의 가치를 확인시켜주고 목적달성에 대한 그들의 자존심을 강화하는 전략들을 사용함으로써 영향을 줄 수 있다. 예를 들면 새롭게 획득한 기능을 현실적인 상황에서 곧바로 사용할 수 있는 기회를 제공하거나, 학습과제와 관련된 흥미 있는 다른 영역에 대한 추가적인 정보를 제공하는 것 등을 들 수 있다.

외재적 보상(S2)은 학생에게 강화물을 제공함으로써 만족감을 높이는 방법으로 학용품이나 사탕 등의 물질적 대상이 될 수도 있고, 학습과제나 숙제를 마치는 것에 대한 보상으로 주어진 재미있는 활동이 될 수도 있다. 교사의 언어적 칭찬, 스티커 등의 토큰, 점수 제공 등은 학교에서 사용할 수 있는 적절한 외재적 보상의 예이다. 하지만 외재적 보상은 너무 일상적이 되면 강화의 가치를 잃게 될 수 있으므로 간헐적으로 사용해야 한다.

공정성(S3)은 학생이 그들이 행한 학습노력에 비해 얻은 학습결과가 공정하다고 느끼도록 하는 전략이다. 기분 좋은 긍정적인 보상을 받았다고 하더라도 동일한 과제수행이나 보다 낮은 과제수행을 한 사람이 더 많은 보상이나 더 높은 수준의 인정을 받았다는 것을 깨닫게 된다면 학생의 만족감에 부정적인 영향을 미칠 것이다. 또한 최종 연습문제에서 학생이 배운 내용이 아닌 다른 내용이 제시된다면 학생은 평가의 내용을 공정하다고 생각하지 않을 것이다. 따라서 교사는 학생을 공정하게 평가할 만한 준거를 가지고 있어야 하며, 수업에서 다룬 지식, 기능 연습 문제 등과 평가내용이 일치한다는 것을 알려줄 필요가 있다.

(3) ARCS 동기 유발 전략의 예시

여수경과 채정현(2011)은 '식품표시'와 관련된 네 가지 주제를 선정하고 이에 대해 ARCS 동기 유발 전략을 적용한 4차시 분량의 가정과 교수·학습 과정안을 개발하였다. 이를 수업에 실제로 적용한 후 강의식 수업을 실행한 비교집단과 차이를 알아본 결과, 비교집단에 비해 학생들의 학습 동기뿐만 아니라 수업 내용에 대한 인식 및 활용도가 높아졌음을 확인하였다. 〈표 3-61〉은 여수경과 채정현(2011)이 개발한 교수·학습 과정안에서 사용된 ARCS 하위 범주별 세부 전략의 예시이다.

표 3-62 식품 표시 관련 단원에서 적용할 수 있는 동기 유발 하위 범주별 세부 전략

구성 범주	하위 범주	세부 전략
주의집중	지각적 각성 (A1)	· 시청각 매체 제시(동영상 자료) · 청각자료 제시(위해가능영양소 노래) · 시각적인 실험 도구 제시 · 시각적인 자료 제시(친환경농산물인증표시가 있는 식품포장지, 그림 자료 등) · 새로운 수업도구 사용(휴대용메가폰)
	탐구적 각성 (A2)	· 지적 호기심을 유발하는 질문 · 궁금증 유발하는 질문 · 지적 신비감 제공하는 그림 제공 · 능동적 반응을 유도하는 질문 · 능동적 학습을 유도하는 학습자료 제공
	변화성 (A3)	· 수업방법의 변화(노래 부르기, OX 퀴즈 게임, 시나리오 읽기, 실험, 조별토론활동, 홍보자료 만들기, 퀴즈 맞추기, 5단계 가지치기 OX 퀴즈, 모의상황: 마트에 가면~ 등) · 교수자료의 변화 제공(GAP 관련 내용 플래시)
관련성	목적 지향성 (R1)	· 실용성에 중점을 둔 목표 제시 · 수업이점 제시
	모티브 일치 (R2)	· 개인적 성공기회 부여(개별활동) · 교사의 열정적 모습을 보여줌 · 실제적 인물에 대한 정보 제공 · 협동학습의 기회 부여(조별활동) · 개인적 필요에 부합되는 활동 제공 · 역할 모델 제공
	친밀성 (R3)	· 친숙한 예 사용(동영상 자료 내용, 식품품질인증표시, 식품 포장지, 동영상 자료 내용, 튀김감자, 두유 등) · 친숙한 음악 활용(위해가능영양소 노래) · 친숙한 자료 사용(딸기우유) · 구체적인 자료 제시(식품포장지, 햄, 딸기우유, 예시자료) · 구체적인 예 사용(교사의 다짐 예)
자신감	학습 요건 (C1)	· 성공요건 제시 · 수업구조·평가 준거 제시 · 수업 내용의 구조 제시
	성공 기회 (C2)	· 쉬운 것에서 어려운 것으로 수업 내용 계열화 · 연습문제를 내용·실례와 일치 · 문제를 목표·내용·실례에 일치 · 적절한 수준의 도전과제 제시

(계속)

구성 범주	하위 범주	세부 전략
	개인적 통제 (C3)	· 자신의 능력에 성공 귀착 · 선택 가능한 과제 제공(식품포장지 선택, 홍보자료 형태 선택) · 자신의 능력에 성공 귀착 · 조의 노력과 능력에 성공 귀착
만족감	내재적 강화 (S1)	· 연습문제를 통한 적용기회 제공 · 모의상황을 통한 적용기회 제공 · 후속학습상황을 통한 적용기회 제공
	외재적 보상 (S2)	· 학생 대답에 칭찬, 교정 제공 · 물질적 보상물 제공 · 긍정적 피드백 제공 · 상징적 강화물 제공
	공정성 (S3)	· 학습 수행에 대한 공정한 판단 · 수업 목표와 내용의 일관성 유지 · 연습과 시험 내용의 일치

자료: 여수경·채정현(2011). ARCS 동기유발 전략을 활용한 가정과 식품표시 수업이 중학생의 학습동기와 식품표시에 대한 인식 및 활용
도에 미치는 효과. 한국가정과교육학회지, 23(1), pp.125-126. 재구성.

(4) 가정과 교수·학습에의 적용 사례*

〈표 3-63〉은 '영양성분표시'를 주제로 ARCS 동기 유발 전략을 적용하여 개발한 여수경과
채정현(2011)의 교수·학습 과정안이다.

이 수업은 도입단계에서 시청각 매체를 통해 학생들의 주의를 집중시키고 수업에서 배울
내용과 평가 내용을 구체적으로 제시함으로써 자신감을 주었다.

전개 단계에서는 학생들에게 친숙한 실물자료 및 음향자료를 활용하여 수업방식에 변화
를 주었으며 학습한 내용을 연습할 수 있는 기회를 제공하였다.

마지막으로 정리단계에서는 퀴즈를 통해 자신의 학습을 점검할 기회를 주고 적절히 보상
함으로써 자신감과 만족감을 주도록 하였다.

---

* 참고할 수 있는 논문: 한주·채정현(2011). 동기 유발 전략을 적용한 가정과 '청소년의 성과 친구관계' 단원 교수·학습 과정안
개발. 한국가정과교육학회지, 23(4), pp.87-103.

표 3-63 ARCS 동기 유발 전략을 적용한 교수·학습 과정안

단원명	식단과 식품 선택		차시	1/4
학습 목표	· 식품표시사항 중 기본적인 표시와 영양성분표시 내용을 정확하게 설명할 수 있다. · 영양성분표시를 확인하여 건강에 적합한 식품을 선택할 수 있다.			
수업 준비	· 교사: 교과서, PPT 자료, 동영상 자료, 실물자료, 읽기 자료, 학습활동지 · 학생: 교과서, 필기도구			

학습 단계	교수·학습활동	ARCS 동기 유발 전략	학습자료
도입 (7분)	· 생각 열기(5분) – 청소년의 잘못된 식품선택에 관련된 동영상 자료1-1을 보고 이런 일이 지속될 경우 건강상에 어떠한 문제가 일어날지 질문한 후 청소년기의 식품선택 행동의 중요성을 예를 들어 설명한다.	A1: 시청각 매체 제시 A2: 지적호기심을 유발하는 질문 R3: 친숙한 예 활용	· PPT · 동영상 자료1-1: 청소년 생활 탐구–식품선택: 나쁜 예 편(3분 3초)
	· 학습 목표 제시(1분) – 식품 표시를 알고 있으면 동영상 자료1-1과 같은 문제를 줄일 수 있음을 알려주고 학습 목표를 제시한다. – 학습 목표를 성취하기 위해 알아야 할 내용을 구체적으로 알려준다.	R1: 실용성에 중점을 둔 목표 제시 C1: 성공요건 제시	PPT
	· 수업 중에 이루어질 활동과 평가내용 제시(1분) – 수업 시간에 이루어질 활동과 형성평가 내용 및 방법을 충분히 이해하도록 설명한다.	C1: 수업구조·평가 준거 제시	PPT
	· 식품표시, 식품표시사항 개요 안내(3분) – 학생들에게 친숙한 실물 자료1-1(식품포장지)을 보여주고 식품표시란 무엇인지 설명한다. – 그림 자료1-1(식품표시개념도)을 보여주며, 식품표시사항을 개괄적으로 설명한다.	R3: 구체적인 자료 제시 C1: 수업 내용의 구조 제시	· PPT · 실물 자료1-1: 식품포장지 · 그림 자료1-1: 식품표시개념도
	· 주요 식품표시사항 중 기본적인 표시(5분) – 기본적인 표시(제품명, 제품의 유형, 내용량, 업소명 및 소재지, 포장재질)를 설명한다.	A1: 시청각 매체의 제시	PPT
	– 동영상 자료 1-2를 보여주고, 이 광고가 다른 제품에 비해 특별히 강조하는 것이 무엇인지 질문한다. 제조연월일(유통기한)의 예시자료를 보여주고, 학생들이 읽어 보도록 한 뒤 이에 대해 피드백한다. – 실물 자료1-2를 3~5명에 1개씩 배부하고, 기본적인 표시사항을 하나씩 보며 익히도록 한다.	R3: 구체적인 자료 제시	· 동영상 자료 1-2: 서울우유 광고(15초) · 실물 자료1-2: 식품포장지

(계속)

학습 단계	교수·학습활동	ARCS 동기 유발 전략	학습자료
전개 (32분)	· 주요 식품표시사항 중 영양성분표시(7분) 　– 영양성분표시를 확인하여 건강상태에 적합한 식품을 선택할 수 있음을 인식시킨다. 　– PPT로 실제 식품포장지의 영양성분 표시를 보여준 후, 학생들이 영양성분표시를 이해하고 있는지 질문하고 피드백한다. 　– PPT로 영양성분표시를 확대하여 보여주며, 영양성분을 자세히 설명한다.	R1: 수업이점 제시 A2: 지적호기심을 유발하는 질문 S2: 학생 대답에 칭찬, 교정 제공	PPT
	· 주요 식품표시사항 중 기본적인 표시와 영양성분표시 읽기 연습(5분) 　– 학습활동지1-1을 나누어 주어 여러 식품의 기본적인 표시와 영양성분표시를 정확하게 읽고 해석할 수 있도록 연습기회를 제공한다. 　– 학습활동지1-1을 모두 푼 학생은 칠판으로 나와 보조도구 1-3에 자신의 번호가 있는 자석을 붙이도록 한다. 가장 빨리 한 3명에게는 외재적 보상물1-1을, 가장 늦게 한 3명에게는 벌칙1-1을 주고, 학생들의 활동 결과에 피드백한다.	C2: 연습문제를 내용·실례와 일치 R2: 개인적 성공 기회 부여 S1: 연습문제를 통한 적용 기회 제공 S3: 학습수행에 대한 공정한 판단 S2: 물질적 보상물 제공	· PPT · 학습활동지1-1: 나도 제대로 읽을 수 있다! · 보조도구1-3: 개인학습과제 활동판, 개인번호자석 · 외재적 보상물 1-1, 벌칙1-1
	· 영양성분표시 내용 중 위해 가능 영양소 인 당류, 나트륨, 지방(포화지방, 트랜스지방)의 과잉섭취 시 문제점(10분) 　– 학생들에게 당류, 나트륨, 지방(포화지방, 트랜스지방)의 과잉섭취로 인해 발생할 수 있는 문제점이나 질병을 질문하고 피드백한다. 교사는 음향 자료1-1을 열정적으로 부르면서 위 영양소의 과잉섭취로 인해 발생할 수 있는 질병을 설명한다.	A2: 지적호기심을 유발하는 질문 A1: 청각자료 제시 R3: 친숙한 음악 활용 R2: 교사의 열정적 모습을 보여줌	· PPT · 음향 자료1-1: 위해가능 영양소 노래(죽어도 못 보내 개사– 3분 15초)
	– 식품회사의 변화를 이끌 수 있도록 소비자로서 적극적이고 주체적인 소비자의식을 가져야 한다는 것을 강조한다.	S3: 수업 목표와 내용의 일관성 유지	
	– 영양성분표시 확인을 통해 건강에 적합한 식품을 선택할 수 있도록 개사된 노래인 음향 자료1-1을 학생들과 함께 부른다.	A3: 수업방법의 변화	

(계속)

학습 단계	교수·학습활동	ARCS 동기 유발 전략	학습자료
정리 (6분)	· 형성평가: OX 퀴즈게임(4분) – 식품의 기본적인 표시와 영양성분표시에 관한 OX 퀴즈게임을 통해 학습목표의 도달한 정도를 파악한다. 이때 최후의 문제나 적당한 시간까지 남은 학생들을 선정하여 외재적 보상물 1-2를 제공하고 모든 문제에 대해 문제 풀이를 한다.	S1: 연습문제를 통한 적용기회 제공 A3: 수업방법의 변화 C3: 자신의 능력에 성공 귀착 S3: 연습과 시험 내용의 일치 S2: 물질적 보상물 제공	· PPT · 외재적 보상물 1-2
	· 본시 학습 정리(1분) – 주요 식품표시사항 중 기본적인 표시와 영양성분표시 내공에 대해 정리한다. · 과제 제시 및 차시예고(1분) – 과제로 읽기 자료1-1을 배부하고 다음 수업에 사용할 식품포장지를 조별로 2개 이상씩 가져오도록 한 후 차시예고를 한다.		· PPT · 읽기 자료 1-1: 1차시 수업 내용이 정리된 hand-out

자료: 여수경·채정현(2011). ARCS 동기유발 전략을 활용한 가정과 식품표시 수업이 중학생의 학습동기와 식품표시에 대한 인식 및 활용도에 미치는 효과. 한국가정과교육학회지, 23(1), pp.127–129. 재구성.

 강력한 동기부여의 여덟 가지 요소

1. 사건이나 일화를 예시하라.
2. 학생이 손을 들 수 있는 기회를 제공하라.
3. 학생에게 질문을 하라.
4. 학생과 약속을 하라.
5. 학생을 웃게 하라.
6. 자극적인 언어를 사용하라.
7. 특별한 통계 자료를 인용하라.
8. 시각 교재나 물건을 활용하라.

자료: Pike(1989). Creative Training Techniques Handbook. Human Resource Development Press.

7 | 다중지능 이론 활용 수업

다중지능 이론은 교사가 학생의 언어 지능, 논리·수학 지능, 시각공간 지능, 신체·운동 지능, 음악 지능, 대인관계 지능, 개인 내적 지능, 자연탐구 지능 등의 다중지능과 교육과정의 이해를 함께 고려하며, 학생들이 강점 지능에 맞게 창의적으로 수업할 때 학생들에게 학교 밖에서도 적용할 수 있는 진정한 학습이 이루어진다는 것이다. 또한 다중지능 이론은 교육 목표, 교육과정과 수업, 평가에서 전통적인 사고와는 다른 열린 사고가 가능하게 한다. 교사는 어떤 학문분야의 주제도 다양한 지능을 자극하여 다양한 방법으로 가르칠 수 있다고 본다. 인간을 보다 많은 가능성을 지닌 존재로 보기 때문에 교육목표가 전과 다를 수 있고, 교육과정, 교수방법에서 보다 창의적이고 다양할 수 있으며, 교육평가 면에서도 새로운 평가가 가능하다(윤기옥 외, 2009).

(1) 다중지능 이론 활용 수업의 등장 배경

다중지능 이론은 하워드 가드너(Howard Gardner)가 1983년 《마음의 틀(Frames of Mind)》 이라는 저서에서 새로운 지능 개념을 창안한데서 비롯되었다. 가드너의 다중지능 이론은 알프레드 비넷(Alfred Binet)이 1904년 개발한 IQ(intelligence quotient)검사의 결과만을 지능으로 개념화한 것에 대해 비판한데서 비롯되었다.

가드너는 "지능이란 그 문화권에서 가치 있다고 여겨지는 특정 영역의 문제를 해결하고, 그 영역에서 가치 있다고 여겨지는 새로운 것을 창조해내는 능력이다(Gardner. 1984)."라고 정의하였다.

따라서 가드너는 지능이란 인지적인 능력만이 아니라 말이나 운동, 노래, 대인관계, 내적 성찰, 자연관찰 등을 잘하는 능력도 동등하게 그 가치를 인정하여 포함되어야 한다고 주장하였다. 이에 다양한 지능, 즉 언어 지능, 논리·수학 지능, 시각공간 지능, 신체·운동 지능, 음악 지능, 대인관계 지능, 개인 내적 지능, 자연탐구 지능 등도 지능에 속한다 하여 이 여덟 가지 지능을 다중지능이라 하고 이에 대한 이론을 제시하였다. 다중지능 이론을 활용한 수업 방법은 가드너(Gardner)가 제시한 다중지능 이론을 교육적으로 응용한 수업 방법으로 암스트롱(Armstrong), 카간(O. Kagan), 캠벨(Campbell), 디킨슨(Dickinson), 라지에르(Lazear) 등의 학자에 의해 제시되었다. 이들은 그동안 지능개념은 주로 학습에 요구되는 인지 능력인 언어, 수학·논리, 기억력 등이 강조되어 교육의 방향이 개념을 형성하고 기억하게 하는 방법만을 강조하고 예술적 감성 능력, 신체운동 능력, 공간 능력, 반성적 성찰 능력, 사회성, 창의성 등을 기를 수 있는 방법을 도외시한 것을 비판하여 가드너의 다중지능 이론을 활용한 수업 방법을 제시하였다(정미경, 2002).

다중지능 이론을 활용한 수업은 개혁적인 수업 방법으로 학생들에게 여덟 가지 지능들을 교과목표와 내용에 맞게 활용하는 수업 방법이다(최성연·채정현, 2011).

(2) 다중지능 이론 활용 수업의 특징

지능에 대한 이러한 다중 이론적 해석은 학교의 역할, 방향과 관련하여 다섯 가지 시사점을 제공한다(김명희·김영천, 1998). 첫째, 학교의 목적은 개인이 가지고 있는 독특한 능력이나 지능을 규명하여 발전시키는 것이어야 한다. 둘째, 학교교육과정은 언어와 논리·수학적 지능만을 강조하는 교육과정으로 구성해서는 안 된다는 것이다. 셋째, 효과적 수업은 학생이 독특하게 가지고 있는 지식의 습득방법을 적용하고 고취시켰을 때보다 학생에게 의미가 있고 학습동기가 증가되며 효과적이다. 넷째, 수업과 학습 과정은 학생의 인지적 학습스타일에 적합한 개별화가 보장되어야 한다. 다섯째, 지능은 구체적 생활 사태에서 학생이 문제를 해결해나가는 능력이므로 보다 진실한 대안적 평가방법을 통하여 이루어져야 한다는 것이다(최성연·채정현, 2011). 다중지능의 각 하위 영역에 대한 정의는 〈표 3-64〉를 통해 제시되고 있다.

최성연과 채정현(2011)은 다중지능 이론 활용 수업 방법에 대해서 〈표 3-64〉에 지능별로 활용 가능한 다양한 수업방법을 제시하고 있다.

이상에서 제시한 다중지능 이론을 활용한 수업은 자연과학, 인문학, 사회학, 예술학을 통합한 통합교과의 성격을 가진 가정교과에 적합한 방법이다. 특히 이 수업 방법은 실천교과의 특성을 가진 가정교과의 사명, 즉 개인과 가족의 일원인 학생으로 하여금 기술적 행동, 의사소통적 행동, 자기반성적 행동을 구축하여 자아형성을 성숙하게 하고 공동체를 위해서 사회 참여적인 실천적 삶을 살게 한다는 사명을 달성하는 데 도움이 된다.

표 3-64 다중지능 각 하위 영역에 대한 정의

구분	내용
언어 지능	음운, 어문, 의미 등의 복합적인 요소로 구성되어 있는 언어의 여러 상징체계를 빠르게 배우며, 그에 관련된 문제를 해결할 수 있고 그러한 상징체계들을 창조할 수 있는 능력이다.
논리·수학 지능	숫자나 규칙, 명제 등의 상징체계들을 숙달하고 창조하며, 그에 관련된 문제를 해결할 수 있는 능력, 즉 추상적인 관계를 인식할 수 있는 능력을 말한다.
음악 지능	리듬, 음정, 음색을 낼 수 있고 감지할 수 있고 음악을 감상 및 창조할 수 있으며 그와 관련된 문제를 해결하는 능력이다.
공간 지능	시각적이거나 공간적인 정보를 인식할 수 있는 능력, 이 정보를 전환하고 조성할 수 있는 능력, 그리고 기본적인 물리적 자극 없이도 시각적 상을 재창조할 수 있는 능력이다.
신체·운동 지능	전통적인 지능 관점에서 가장 벗어나는 능력으로, 문제를 해결하거나 산물을 형성하기 위해 자신의 몸 전체 또는 일부를 사용하는 능력과 관련된다. 이 지능과 관련된 핵심 정보 처리 요소는 운동이나 그 밖에 신체 활동을 하기 위해 자신의 신체를 세련되게 통제할 수 있는 능력과 사물을 조작하는 능력이다.
대인관계 지능	다른 사람이 가진 감정, 신념, 의도를 인식하고 구별하는 것뿐만 아니라 대인관계에서 생기는 문제를 해결하고 사람들을 동기화시킬 수 있는 능력을 말한다.
개인 내적 지능	자신의 감정을 구별하는 것을 핵심과정으로 하는 능력으로 더 나아가서는 자신의 능력을 인정하고 자신과 관련된 문제를 잘 풀어내는 능력을 말한다.
자연탐구 지능	다양한 꽃이나 풀, 돌과 같이 식물, 광물, 동물을 분류하고 인식할 수 있는 능력을 말한다. 그뿐만 아니라 자동차나 신발 같은 문화적 산물이나 인공물을 인식할 수 있는 능력 또한 이에 속한다.

자료: 김현진(1999). 다중지능 측정도구의 타당화 연구. 서울대학교 대학원 석사학위논문.

표 3-65 다중지능 이론 활용 교수·학습 방법

지능 \ 방법	교수·학습 방법
언어	이야기하기(스토리텔링), 브레인스토밍하기, 자신의 말을 녹음하여 오디오테이프 만들기, 회보·사전 출판하기, 토론하기, 인터뷰하기, 발표하기, 시·신화·단막극·뉴스기사·편지 쓰기, 표어 만들기, 듣기, 읽기, 조사하여 보고서 작성하기
논리·수학	계산과 수량화하기, 사실들을 분류하고 범주화하기, 소크라테스식 질문하기, 삼단논법과 유추법 구성하기, 문제해결 전략 생각하기, 설명할 때 벤다이어그램 사용하기, 실험을 계획하고 수행하기, 논리적 순서에 따라 배열하기, 문제를 발견하기
시각공간	시각적 영상 제시하기, 과정의 색깔 암호화하기, 개념을 시각적 이미지와 연결시켜보기, 아이디어 스케칭, 도표·지도·그래프 그리기, 마인드맵 그리기, 개념도 제작하기, 삽화 제작하기, 광고 만들기, 벽보·게시판·벽화를 디자인하기, 건물설계 그림 그리기, 슬라이드·비디오테이프·사진 앨범 제작하기

(계속)

방법 / 지능	교수·학습 방법
신체운동	신체적 응답하기, 역할극하기, 팬터마임을 통해 어떤 개념이나 말을 표현하기, 체험 활동하기, 신체적 지도방법, 간단한 몸 풀기 동작하기, 견학에 참석하기
음악	랩이나 노래 불러보기, 교과내용을 잘 나타내 주는 테이프·CD·레코드 음악 듣기(디스코그래피), 초기 억 음악 방법, 음악적 개념방법, 교육효과를 높이는 배경 음악 사용하기, 음악 가사 써 보기, 노래 가사 이야기해 보기, 뮤지컬 발표하기, 악기 만들고 연주하기
대인관계	다른 사람 가르치기, 사람조각 방법, 협동학습에서 맡은 역할 수행하기, 판놀이(보드게임)하기, 시뮬레이션, 의사소통으로 상호작용하기, 모둠 만들기, 협동적인 규칙이나 과정 만들기, 지역이나 세계적 문제 이야기하기, 피드백 주고받기, 토의하기
개인 내적	1분 반성하기, 나의 인생과 학습과의 관련성 설명하기, 나의 선택에 의해 프로젝트 실시하기, 감정어린 순간 경험방법, 추구하는 목표설정하기, 자신이 한 일 스스로 평가하기, 나의 철학·가치 설명하기, 사물이나 사실에 대한 느낌을 이야기하기, 개인적인 통찰을 위한 일기 쓰기
자연탐구	관찰하기, 자세히 관찰하여 그리기, 새로운 분류·구분하기, 쌍안경·돋보기·망원경·현미경 사용하기, 식물과 동물을 길러보기, 생물종 간의 관계 파악하기, 자연의 일정한 패턴 알아내기, 기상 현상 비교하기

자료: 최성연·채정현(2011). 다중지능 교수·학습 방법을 적용한 실천적 문제 중심 가정과 교수·학습 과정안의 개발과 평가—중학교 가정과 '청소년의 영양과 식사' 단원을 중심으로—. 한국가정과교육학회지. p.90.

(3) 가정과 교수·학습에의 적용 사례*

최성연과 채정현(2011)은 중학교 가정과 '청소년의 영양과 식사' 단원을 중심으로 다중지능 교수·학습 방법을 적용한 실천적 문제 중심 가정과 교수·학습 과정안을 개발하고 평가하였다(표 3–66, 67). 차시별 다중지능이론을 활용한 수업방식을 〈표 3–66〉에 제시하였으며, 〈표 3–67〉는 그 중에서 4차시에 해당되는 청소년의 영양문제에 관한 교수학습지도안에 대한 내용이다.

★ 참고할 수 있는 논문: 최성연·채정현(2011). 다중지능 교수·학습 방법을 적용한 실천적 문제 중심 가정과 교수·학습 과정안의 개발과 평가—중학교 가정과 '청소년의 영양과 식사' 단원을 중심으로—. 한국가정과교육학회지, 23(1), 87–111.

노소림·이형실(2005). 다중지능 이론에 기초한 기술가정과 수업이 중학생의 자아존중감에 미치는 효과: 자원의 관리와 환경 단원을 중심으로. 한국가정과교육학회지, 17(2), 1–10.

정미경(2002). 중·고등학생의 다중지능 및 창의성과 가정과 학업성취도와의 관계. 한국가정과교육학회지, 14(3), 51–64.

표 3-66 차시별 실천적 문제에 따른 다중지능 이론 활용 수업

차시 및 실천적 문제 다중지능 영역	1차시 건강한 삶을 살기 위해 나 의 영양 상태 는 어떠해야 하는가?	2차시 식생활을 개선하기 위해 영양 소와 관련하여 나는 무엇을 해 야 하는가?	3차시	4차시 청소년의 영 양 문제를 해 결하기 위해 나는 무엇을 해야 하는가?	5차시 균형 잡힌 영 양섭취를 위 해 식품과 관 련하여 나는 무엇을 해야 하는가?	6차시 균형 잡힌 식 사를 하기 위 해 나의 식사 구성안은 어 떠해야 하는 가?
언어 지능	· 건강한 삶을 위한 표어 만들기 · 이야기(스토 리텔링)로 문 제 제시하기	이야기(스토 리텔링)로 문 제 제시하기	이야기(스토 리텔링)로 문 제 제시하기	· 그림이 표현 하는 것 글 로 쓰기 · 이야기(스토 리텔링)로 문 제 제시하기	· 식품 구성탑 에 관한 신문 기사 써보기 · 이야기(스토 리텔링)로 문 제 제시하기	· 청소년의 식 생활 실천 지침 만들기 · 이야기(스토 리텔링)로 문 제 제시하기
논리·수학 지능	시각적인 삼 단 논법인 벤 다이어그램 사용하기	· 시각적인 삼 단 논법인 벤다이어그 램 사용하기 · 식품의 열량 계산하기	귀납적 논리 로 유추하기	비만도 계산 하기	논리적 순서 에 따라 식품 배열하기	식품구성안을 이용하여 식 단 작성하기
시각공간 지능	건강한 생활 에 대한 개념 도 제시하기	영양소의 종 류 및 기능에 대한 개념 제 시하기	· 시각적 영상 제시하기(지 식채널e-q 비타민의 역 습) · 영양소의 종 류 및 기능 에 대한 개념 도 제시하기	· 청소년의 영 양문제에 대 한 개념도 제시하기 · 시각적 영 상 제시하기 (YTN뉴스- 잘못된 식생 활, 비만)	· 식품 구성탑 에 대한 개념 도 제시하기 · 콜라주로 식 생활 모형 구안하기	식사 구성안 에 대한 개념 도 제시하기
음악 지능	배경음악 사 용하기(무드 음악 방법)	· 교육내용을 노래하기("날 봐, 영양소 1절) · 배경음악 사 용하기(무드 음악 방법)	· 교육내용을 노래하기("날 봐, 영양소 2절) · 배경음악 사 용하기(무드 음악 방법)	· 교육내용을 노래하기(영 양맨) · 배경음악 사 용하기(무드 음악 방법)	· 교육내용을 노래하기(식 품구성탑) · 배경음악 사 용하기(무드 음악 방법)	교육내용을 노래하기(비밀 번호 3230)
신체·운동 지능	간단한 몸 풀기	시나리오가 있는 역할극 연기하기	시나리오가 있는 역할극 연기하기	점프 게임하기	즉흥 역할극 하기	스피드 게임 하기

(계속)

차시 및 실천적 문제 다중지능 영역	1차시 건강한 삶을 살기 위해 나의 영양 상태는 어떠해야 하는가?	2차시 식생활을 개선하기 위해 영양소와 관련하여 나는 무엇을 해야 하는가?	3차시	4차시 청소년의 영양 문제를 해결하기 위해 나는 무엇을 해야 하는가?	5차시 균형 잡힌 영양섭취를 위해 식품과 관련하여 나는 무엇을 해야 하는가?	6차시 균형 잡힌 식사를 하기 위해 나의 식사 구성안은 어떠해야 하는가?
대인 관계 지능	토의하기	· 보드 게임 하기(영양소 우노 카드게임) · 토의하기	토의하기	· 토의하기 · 개인 차이 이해하기(그림이 표현하는 것 친구와 비교하기)	· 보드 게임 하기(영양소 우노 카드게임) · 토의하기	· 보드 게임 하기(영양소 우노 카드게임) · 나의 식사 구성안에 대한 피드백 주고받기
개인 내적 지능	· 나의 건강 평가하기 · 목표 설정하기	학습 후 느낌 이야기하기	영양소에 대한 이야기 찾아 느낌 말하기	나의 식생활 평가하기	나의 식생활 일지 쓰기	나의 식사계획 목표 세우기
자연탐구 지능	'새로운 식량 과학' 다큐멘터리를 통해 유전자조작 식품이 건강에 미치는 영향 관찰하기	· 봄베 열량계를 통한 식품의 열량 분석 실험 관찰하기 · 영양소의 정량 분석 실험 관찰하기		현미경으로 본 지방세포 조직 관찰하기	새로운 방법으로 식품카드 분류하기	우유의 브라운 운동 실험 및 조리 방법 관찰하기

자료: 최성연·채정현(2011). 다중지능 교수·학습 방법을 적용한 실천적 문제 중심 가정과 교수.학습 과정안의 개발과 평가—중학교 가정과 '청소년의 영양과 식사 단원을 중심으로—. 한국가정과교육학회지, 23(1), 87–111.

표 3–67 다중지능 이론 활용 수업의 교수·학습 과정안

4/6		청소년의 영양문제		
실천적 문제		건강한 식생활을 유지하기 위해서 나는 무엇을 해야 하는가? 청소년의 영양 문제를 해결하기 위해 나는 무엇을 해야 하는가?		
학습 목표		· 청소년기 영양의 특성을 알 수 있다. · 청소년기에 흔히 일어날 수 있는 영양문제를 인식할 수 있다. · 청소년기의 바른 식습관을 방해하는 요소를 알고, 극복할 수 있다.		
교수·학습 자료	교사	학습과정안, PPT, 학습활동지, '영양맨' 음악파일, 모차르트 세레나데 음악파일, 뉴스 영상(잘못된 식생활 비만), 거식증 그림자료	**교실 환경**	동영상, 음향 장치, 모둠별 구성
	학생	학습활동지2–4		

(계속)

지도 시 유의점	자신의 영양문제를 적극적으로 해결하도록 유도하며, 가족 구성원에 대한 관찰을 통해 영양문제를 발견하고 가족 모두가 건강한 생활을 할 수 있도록 한다. 토의활동 시에 제한된 시간을 맞추도록 타이머 프로그램을 사용한다. 학습활동에서 시간이 부족할 경우에는 다중지능 활동을 학생에게 선택하게 하여 수업에 적용하도록 한다. ※ 표시가 되어 있는 영역은 생략이 가능하다.

학습 과정	교수·학습활동	다중지능영역
도입	· 생각 열기 – '잘못된 식생활, 비만' 시각적 영상(YTN뉴스–03:01) 시청하기 – 그림이 무엇을 표현하고 있는지 생각한 후 글로 써보기 (학생들이 그림이 표현하는 것을 모를 경우 두 여자 사이에 거울이 있다는 힌트를 준다) – 그림을 보는 관점이 어떻게 다른지 옆에 친구와 비교하기 · 지난 수업 내용 확인 · 학습목표 제시	👁 ※ 📖 👥 ※
	· 실천문제 규명 – 준석이의 짝사랑 이야기를 PPT로 제시하여 스토리텔링 방법 문제점을 인식하기 · 개념 이해 – 청소년의 영양문제를 PPT로 개념도 제시하기 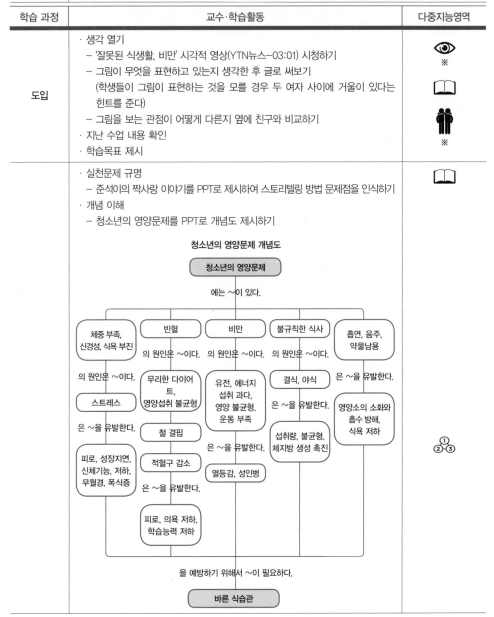	📖 ①②③

(계속)

학습 과정	교수·학습활동	다중지능영역
전개	– 청소년기 영양의 특징을 개념도와 연관지어 설명하기 – 비만도를 계산한 후 나의 체중상태를 평가하기 · 사회 문화적 맥락 이해 – 청소년기 비만 위험 인지를 위해 지방조직 세포 현미경으로 관찰하기 – 모차르트 세레나데 음악으로 수업에 적당한 분위기를 조성하기 · 목표 설정 및 대안 탐색 – 내가 '준석이'라면 비만문제를 해결하기 위해 추구해야 할 목표는 무엇인지 생각하도록 하기 – '준석이'의 비만문제해결 방법을 모둠별로 토의를 통해 생각해 보기 · 대안 실행 결과 예측 – 내가 '윤이'의 입장이라면 어떻게 행동할 것인지 타인과 사회에게 미치는 영향을 고려하여 최선의 방법을 생각하도록 한다(활동지2–4의 대안탐색3) · 수업 내용 정리 및 생각 확장 – 학습 내용을 노래로 부르면서 정리하기	

얘들아, 식사는 제때 해야지
선생님 걱정은 하지마세요
결식야식 하지 않아 체지방 생성촉진 안 해요
얘들아, 몸무게 팍 늘었구나
아뿔싸, 바지가 작아졌더라
영양불균형에, 과식, 야식에 운동 부족에
오늘도 달리고, 달리고, 달리고, 달리고
살리고, 살리고, 살리고, 살리고
돌아라 지구 열두 바퀴
성인병 근육 빵빵 난 영양맨
청소년의 친구 난 영양맨

흡연, 음주, 약물남용 우리들은 하지 않아
식욕저하 전혀 없어요
어쨌거나 근육 빵빵 난 영양맨
청소년의 친구 난 영양맨

음주흡연, 약물남용, 전혀 않는 우리
전부 백점 만점
파이팅 청소년

(간주)

얘들아, 스트레스 조심해야지
선생님, 밥이 먹기 싫어요
피로, 성장지연, 폭식, 스트레스 이걸 유발해

오늘도 스트레스, 스트레스, 스트레스, 스트레스
날리고, 날리고, 날리고, 날리고
돌아라 지구 열두 바퀴
스트레스 팍팍 날려 난 영양맨
청소년의 친구 난 영양맨

학습 능력 의욕 저하, 만성피로 유발하는
철결핍에 의한 빈혈이
어쨋거나 근육 빵빵 난 영양맨
청소년의 친구 난 영양맨
무리 않는 다이어트, 균형 잡힌 영양섭취 백점 만점
파이팅 청소년

(간주)

오늘도 달리고, 달리고, 달리고, 달리고
철먹고, 철먹고, 철먹고, 철먹고
돌아라 지구 열두 바퀴
빈혈 없는 근육 빵빵 난 영양맨
청소년의 친구 난 영양맨
바른 식습관 형성해서
비만, 빈혈, 음주흡연 없는
우리 파이팅 청소년
어쨌거나 근육 빵빵 난 영양맨
청소년의 친구 난 영양맨
바른 식습관 불러줘요
언제든지 달려갈게
식습관 올바른 영양맨

(계속)

학습 과정	교수·학습활동	다중지능영역
	– 나의 식생활을 자가진단표로 평가하기	
정리	· 성취확인학습 – 점프 퀴즈를 통해 오늘 학습한 내용을 생각해 보도록 하기 ※ 점프 퀴즈 문항 1. 청소년기는 체중(kg)당 필요열량이 성인보다 　① 많다　　　　　　　　　② 적다 2. 열량이 필요량이 증가함에 따라 비타민 B군 섭취량을 　① 증가시킨다　　　　　　② 감소시킨다 3. 빈혈의 원인은 　① 칼슘결핍　　　　　　　② 철분결핍 · 적용 및 일반화 유도, 과제 제시 및 차시예고 – 가족 구성원 중 한명을 선정하여 생활을 관찰하고 기록하기 – 식품 구성탑에 대한 차시예고하기	🤸

📖 언어 지능　　①②③ 논리·수학 지능　　👁 시각공간 지능　　🎼 음악 지능

🤸 신체·운동 지능　　👥 대인관계 지능　　🗣 개인 내 지능　　🌿 자연 지능

자료: 최성연·채정현(2011). 다중지능 교수·학습 방법을 적용한 실천적 문제 중심 가정과 교수·학습 과정안의 개발과 평가–중학교 가정과 '청소년의 영양과 식사' 단원을 중심으로–. 한국가정과교육학회지, 23(1), 87–111.

8 | 신문 활용 수업

가정과 수업에서는 실생활에서 나타나는 문제를 다루고 학생들의 폭넓은 사고 증진을 위해 교과서뿐 아니라 급속한 사회 변화를 담아낼 수 있는 신문 자료가 매우 유용하게 쓰인다. 신문 활용 수업(NIE)은 신문 활용 교육이라고도 하는데, 매일 보도되는 신문 기사를 교과 내용과 연관시켜 가르치는 것이다(전숙자, 2002).

(1) 신문 활용 수업의 등장 배경

미국의 경우는 18세기 영국의 식민지 시절부터 신문을 중요한 교육 매체로 간주해 왔다. 예를 들면 메인 주에서 발간된 〈포틀랜드 이스턴 해럴드(Portland Eastern Herald)〉지는 1795

년 6월 8일자에서 "신문은 학교에서 사용할 수 있는 가장 값이 저렴하고 정보가 풍부한 교재로서 학생들의 독해력과 지식을 높이는데 유용하다."고 밝히고 있으며, 1932년 〈뉴욕 타임스(New York Times)〉지는 정기적으로 신문을 교실에 배포함으로써 개별 신문사로서는 최초로 NIE 프로그램을 실시하였다. 그 후 1958년부터는 미국 신문발행인협회가 NIE 프로그램을 짜서 재정적·행정적·기술적 지원을 하기 시작했다. 현재는 미국신문협회재단(NAAF: Newspaper Association of America)이 NIE 사업을 전담하여 전국적 규모로 전개하고 있다. 이처럼 일찍부터 신문을 교육에 활용해 온 나라답게 미국에는 체계적인 NIE 프로그램들이 많이 개발되어 있다(이성은 외, 2002).

이러한 움직임은 세계 각 나라에서도 전개되었다. 영국, 호주, 유럽의 각국이 NIE를 시작하게 되었으며, 우리나라에서도 1994년 한국언론협회가 개최한 'NIE 세미나'에서 본격적으로 소개되었다(허병두, 1997).

(2) 신문 활용 수업의 특징

NIE는 신문을 활용한 수업방법이다. 신문을 활용하는 NIE는 학생의 현실적인 감각을 높이는 데 도움이 된다. 교과서는 내용을 수정하거나 보완하는 데 많은 시간이 소요되기 때문에 시기적인 이슈를 다루기가 쉽지 않다. 그러나 NIE에서는 가장 최근의 이슈화된 기사부터 각 개인이 흥미를 갖고 있는 기사까지 다룰 수 있기 때문에 기사 선택의 폭이 넓고, 자신의 흥미에 맞춰 선별학습을 진행할 수 있다. 또한 기사라는 잘 정리된 글을 읽고 독해력을 높일 수 있으며, 쓰기 연습을 병행할 경우에는 논리적인 글쓰기 실력도 향상될 수 있다. 그러나 아직도 학생 및 교수자가 NIE 자체를 적극적으로 적용하는 데에는 한계가 있다. 과목의 특성에 맞는 NIE 수업방식을 개발할 필요가 있다(류지헌 외, 2013).

NIE는 신문이 학습의 주요 매체이므로 학생이 신문에 대한 거부감이 없도록 해야 한다. 이를 위해 각자가 흥미를 느끼는 기사 등을 훑어볼 수 있도록 신문을 자유롭게 읽어 볼 시간을 제공하거나, 교사가 흥미로운 기사 읽어 주기, 신문 용어에 대해 설명해 주기 등의 방법이 있을 수 있다. 또한 스크랩이나 포트폴리오 제작을 함으로써 학생이 지속적으로 신문활용에 친숙해지는 습관을 갖도록 하고, 각자의 수준과 필요에 적합하고 개성 있는 다양한 방식으로 신문을 활용해 볼 수 있도록 돕는 것도 한 방법이 될 수 있다(류지헌 외, 2013).

(3) 신문 활용 수업의 교수·학습 단계

수업방식을 일률적으로 정형화하기에는 어려운 점이 있으나, 대략적인 순서는 다음과 같다. NIE는 주제 선정, 신문 자료의 수집, 수업 자료와 기법의 결정, 수업 실행, 평가의 5단계로 구성된다(류지헌 외, 2013).

- **주제 선정**: 학생이 접근하기 용이하고 관심을 가질 수 있는 주제로 선정한다. 선정된 주제와 관련한 신문 자료 등을 검색하는데, 이때 주제를 보완할 수 있는 다른 매체를 함께 탐색할 수도 있다.
- **신문 자료의 수집**: 수집된 자료들은 시간의 순서나 논리적인 체계로 정리한다.
- **수업 자료와 기법의 결정**: 수업기법을 선정하고 그에 맞는 교재를 형성한다.
- **수업 실행**: 준비한 수업 자료와 수업기법을 이용하여 수업을 진행한다. 중요한 것은 학습자가 중심이 되는 수업이어야 하는 점이다.
- **평가**: 수업이 끝나면 일련의 평가 및 피드백 과정을 통해 학생 간의 부족했던 점을 보완할 수 있다. 더불어 마지막 평가 단계에서는 교수자의 개별적인 수업에 대한 평가도 필요하다.

(4) 신문 활용 수업의 지도방법

신문 활용 수업을 지도할 때 유의해야 할 점은 다음과 같다.

첫째, 신문사나 기자의 편견이 개입되어 교재의 공정 중립성이라는 면에서 의문스러운 기사가 있을 수 있으므로, 신문 자료를 미리 검토하여 잘못된 내용의 기사는 제외시키는 것이 좋다. 또한 학생들에게 편중된 시각이나 가치관이 전달되지 않도록 교사는 공정한 시각을 가진 신문을 택하거나, 한 주제에 관하여 다른 시각을 제공하는 신문들을 제공함으로써 학생들로 하여금 다양한 시각을 접하도록 한다. 둘째, 교사는 평소에 신문기사를 보고 가정과 수업교육과정에 적합한 내용을 스크랩하는 습관을 들이도록 한다. 셋째, 신문 자료를 읽기 자료로 제시할 때 학생들의 수준에 맞도록 편집하거나 용어설명을 추가하여 학생들의 이해를 돕는다. 넷째, 신문 자료를 제시할 때 학생들에게 흥미를 끌고 이해를 높이는 그림, 사진, 도표 등을 적극 활용한다.

이와 같이 신문이 교재가 되기 위해서는 지도조건에 맞으면서 객관성이 있고 학생이 흥미와 관심을 갖는 것이어야 하며, 또한 이해가 가능해야 하고 사고를 발전시킬 수 있는 내용이어야 한다(전숙자, 2002).

(5) 가정과 교수·학습에의 적용 사례

〈표 3-68〉은 한국언론진흥재단 미디어교육포털 '포미(FORME)'에서 제공하는 신문 활용 교수·학습 지도안이다. 김형선(경기 안중중학교 가정과 교사)이 개발한 것으로 환경친화적 의생활에 대한 내용이다.

표 3-68 교수·학습 지도안

주제	지구를 아프게 하는 패션 VS 지구를 구하는 패션				
대상	중학교	**차시**	1차시(45분)	**학습영역**	기술·가정
학습 목표	· 패스트패션의 등장 배경을 이해할 수 있다. · 패스트패션의 문제점을 분석할 수 있다. · 패스트패션의 대안을 제시할 수 있다. · 환경 친화적 의복 소비를 실천할 수 있다.				
학습 자료	· 1년에 78벌의 옷을 사는 청춘들(경향신문, 2014. 1. 17, 29면). · 자투리 옷감 안 나오는 친환경 옷 만들다(경향신문, 2013. 8. 26, 13면)				
관련 교과	기술·가정 1. 청소년의 생활-옷차림과 자기표현 기술·가정 2. 의복의 선택과 관리-의복의 의미와 기능				

학습 단계		교수·학습활동	유의점·준비물
문제 파악 **(10분)**	동기 유발	· 한 해 동안 옷을 몇 벌 정도 구입했는지 기록한다. – 옷을 선택할 때 기준들을 점검한다. – 교과서(중학교 기술가정2, 미래엔, 65쪽) 참고	교과서
	문제 확인 목표 제시	· 패스트패션의 등장 배경을 이해할 수 있다. · 패스트패션의 문제점을 분석할 수 있다. · 패스트패션의 대안을 제시할 수 있다. · 환경 친화적 의복 소비를 실천할 수 있다.	
	기사 읽고	· 패스트패션의 등장 배경 이해 – 우리나라 젊은이들의 의복구매행동에 대한 느낀 점을 발표한다. – 패스트패션의 성장 배경을 분석한다. 　개인적 배경: 개성과 아름다움 표현을 중시하는 현대 사회의 　영향	

(계속)

학습 단계		교수·학습활동	유의점·준비물
문제해결 **(30분)**	생각 넓히기 생각 펼치기	사회적 배경: 미디어의 영향으로 충동구매와 과소비, 세계화 로 값싼 의복 생산 및 유통 · 패스트패션의 문제점 분석 　몰개성화, 제3세계의 노동자의 노동력 착취, 환경오염 · 패스트패션의 대안을 제시 　– 윤리적인 친환경 패션 · 환경 친화적 의복 소비를 실천 　– 친환경 의복들을 조사한다. 　– 환경 친화적 의복소비 의식을 점검해 보고, 친환경적으로 의 　　복을 구매하기 위해 나는 무엇을 해야 하는지 인식한다.	신문 자료
정리 **(5분)**	마무리	환경 친화적 의복소비 의식의 함양뿐 아니라 친환경적으로 의복을 구매하는 행동으로 실천하는 것이 더 중요함을 인식한다.	
도움 자료		· 중학교 기술·가정 2. 미래엔. · 신혜원(2011). 서울지역 중·고등학생의 환경 친화적 의복 소비행동. 동국대학교 석사학위논문.	

자료: 김형선(www.forme.or.kr).

1 다음은 곽 교사가 보빗(N. Bobbit)의 가정과 교육과정 관점 중 하나를 적용하여 진행할 수업 계획서이다. 이 수업의 목적과 교육의 기능을 각각 쓰고, 이 수업 계획서에 적용된 교수·학습 방법을 쓰시오. **2015 기출**

수업 계획서

- 학습 주제: 재봉틀 다루는 방법 익히기
- 학습 단계
  1단계: 학생들의 재봉틀 사용 경험 확인하기
  2단계: 교사활동
  　－ 재봉틀 각 부의 명칭과 기능 및 작동 방법 설명하기
  　－ 밑실 감아 끼우기, 윗실 걸기, 직선 박기, 곡선 박기
  3단계: 학생활동
  　－ 재봉틀 다루기
  4단계: 학생들의 재봉틀 다루기 경험에 대한 소감 발표하기

---

2 다음은 윤 교사가 중학교 3학년을 대상으로 '천연 섬유의 종류와 특성'이라는 주제의 수업을 Jigsaw Ⅰ 모형을 적용하여 실시한 후 작성한 수업 후기이다. 〈보기〉의 지시에 따라 수업 주제와 관련된 단계별 활동 내용과 밑줄 친 ㉠을 해결할 수 있는 구체적인 방안을 쓰시오. [10점] **2014 기출**

> Jigsaw Ⅰ 모형을 활용한 이번 수업은 매우 성공적이었다. 학생들이 천연 섬유의 종류와 특성을 정확하게 이해할 수 있는 기회가 되었다고 생각한다. 또한 학생들이 협동하는 모습을 보고 있으니 수업 내내 흐뭇했다. 수업이 끝난 후, 촬영된 수업 동영상을 보다가 문득 ㉠'이 수업에서 모둠원 간의 보상 의존성을 높이기 위한 방안에는 무엇이 있을까?'라는 생각을 하게 되었다.

> 〈보기〉
> ○ 활동 내용을 3단계로 구분할 것
> ○ 1단계의 활동 내용은 모둠 구성부터 시작할 것
> ○ '천연 섬유의 종류와 특성'의 하위 주제는 4가지로 설정할 것
> ○ 단계별 활동 내용은 하위 주제 4가지를 포함하여 구성할 것
> ○ ㉠의 해결 방안을 Jigsaw Ⅰ 모형의 문제점과 관련하여 서술할 것

3 다음은 오슈벨의 유의미학습 이론을 바탕으로 조이스, 웨일과 캘훈이 만든 수업 모형을 적용하여 수업을 설계한 것이다. 괄호 안의 ㉠을 쓰고, 그 역할을 수업의 내용과 연관지어 설명하시오. 그리고 괄호 안의 ㉡에 들어갈 주거의 조건 3가지와 밑줄 친 ㉢에 해당하는 내용을 2가지씩 쓰시오. 또한, 3단계에 적용되는 원리를 쓰고, 학습 내용과 관련지어 설명하시오. **2015 기출**

단계	학습 내용
1단계 (㉠) 제시	· 교사는 학생들에게 다음 그림을 보여 준다 교 사: 달팽이가 주거와 어떤 관련이 있을까요? 학생1: 위험이 닥치면 재빨리 집으로 들어가 숨을 수 있어요. 학생2: 한 공간에 거실과 침실이 가까이 있어 많이 움직이지 않아도 돼요. 교 사: 그렇지요. 달팽이의 집도 안전하고 능률적인 측면이 있어요. 오늘의 주거의 조건에 대해 공부해 봅시다.
2단계 학습과제 및 자료제시	· 주거의 5가지 조건인 안전성, 능률성, (㉡)을 상세하게 설명한다. · 교사는 다음의 전통 한옥의 일부를 나타낸 그림을 학생들에게 보여주고, ㉢ <u>안전성과 능률성의 조건을 충족시키지 못한 부분을 설명한다.</u>
3단계 학생의 인지구조 굳히기	· 달팽이의 집과 우리가 사는 집을 비교하여 주거의 조건에 대해 다시 생각해 보도록 한다. · 학습한 내용을 요약하도록 한다.

4 다음은 홍 교사가 작성한 교수·학습 지도안의 일부이다. 켈러의 ARCS의 동기설계 모형에 근거하여 (가), (나)에 들어갈 동기 유발 요소를 쓰시오. **2014 기출**

단원	녹색 가정생활의 실천	
학습 목표	영양성분표시를 이해하고 합리적으로 식품을 선택할 수 있다.	
지도 단계	**교수·학습활동**	**동기 유발 요소**
도입	동영상 자료를 시청하도록 한 후, 학생들이 식품을 바르게 선택하는 것의 중요성을 인식하게 한다.	주의 집중
	'영양성분표시를 이해하고 합리적으로 식품을 선택할 수 있다.'는 학습 목표를 제시한다.	–
전개	수업 시간에 이루어질 활동과 형성평가 내용 및 방법을 명확하게 설명해 주어 학습에 대한 긍정적인 기대감이 생기도록 한다.	(가)
	영양성분표시 자료를 배부하고, 학생들이 하나씩 보며 이해하도록 한다.	–
	… (중략) …	–
정리	형성평가에서 최고의 점수를 받은 학생에게 간식 쿠폰을 제공한다.	(나)

5 다음은 위긴스와 맥타이(G. Wiggins & J. McTighe)의 백워드(Backward) 설계에 따라 작성한 가정과 교수·학습 및 평가 설계안이다. 〈작성 방법〉에 따라 논술하시오. **2019 기출**

학습 주제	가족 문제 치유와 건강한 가족으로의 회복		
교과 역량	⊙ 생활자립능력		
단계	교수·학습 및 평가 활동		
1단계 (ⓒ)	〈설정된 목표〉 · 가족 문제의 종류와 영향을 분석할 수 있다. · 개인과 가족의 회복탄력성을 높일 수 있는 방안을 탐색하고, 자신의 가족뿐만 아니라 이웃의 아픔에 대해서도 공감할 수 있는 능력을 기를 수 있다.		
	〈이해〉 · 예기치 못한 가족의 문제를 이해한다. · 가족의 회복탄력성과 치유의 필요성을 이해한다.	《 ⓒ 》 · 가족의 문제 상황에서 안전하고 건강한 가족으로 회복할 수 있는 기초가 되는 것은 무엇인가?	
	〈지식과 기능〉 · 예기치 못한 가족 문제의 종류와 영향을 알고, 가족의 문제를 분석할 수 있게 될 것이다. · 가족이 가진 회복탄력성에 따라 삶의 모습이 다를 수 있음을 알고, 치유 및 해결 방안을 탐색할 수 있게 될 것이다.		
2단계 수용 가능 한 증거 결 정하기	〈수행과제 계획 1〉		
	목표	가족 문제의 종류와 영향을 분석할 수 있도록 한다.	
	역할	당신은 신문기자이다.	
	대상	대상은 우리 학교 학생이다.	
	상황	학생들은 다양한 가족 문제를 가지고 있으며, 성인에 비해 가족 문제의 영향을 더 많이 받고 있는 상황이다.	
	수행	(ⓔ)	
	기준	신문기사에는 다음이 포함되어야 한다.	
	〈다른 증거〉 · 자기 평가 · 모둠의 수행과정 관찰		
3단계 학습 경험 계획하기	가족 문제의 종류와 영향 알아보기: ⓜ 거꾸로 수업(flipped learning)		

〈작성 방법〉

· 백워드 설계에 의한 가정과 교수·학습 및 평가에 대해 서론, 본론, 결론의 형식으로 논술할 것
· 서론에는 2015 개정 가정과 교육과정에 근거하여 가정과교육의 성격과 밑줄 친 ㉠의 의미를 서술할 것
· 본론에는 다음을 포함할 것
  – 첫째, 백워드 설계의 '진정한 이해(authentic understanding)'의 개념을 가정과교육의 성격과 관련지어 서술하고, 괄호 안의 ㉡, ㉢에 해당하는 내용을 순서대로 쓸 것
  – 둘째, 괄호 안의 ㉣에 해당하는 내용을 서술하고, 밑줄 친 ㉤의 개념을 수업 내용과 관련지어 설명할 것
· 결론에는 백워드 설계안의 의의 2가지를 2015 개정 가정과 교육과정의 교수·학습 및 평가 방향에 근거하여 서술할 것

임용고사 따라잡기

1 정 교사가 중학교 3학년을 대상으로 '다양한 가족형태'라는 주제의 수업을 직소2 모형을 적용하여 실시하였을 때 '보기'의 지시에 따라 수업주제와 관련된 단계별 활동 내용을 쓰고 이 모형의 장점을 쓰시오.

〈보기〉

· 활동 내용을 3단계로 구분할 것
· 1단계의 활동 내용은 모둠 구성부터 시작할 것
· '다양한 가족형태'의 하위 주제는 5가지로 설정할 것
· 단계별 활동 내용은 하위 주제 5가지를 포함하여 구성할 것

2 김 교사는 '부모-자녀 관계를 이해할 수 있다'라는 학습 목표를 달성하기 위하여 다음의 절차에 따라 교수·학습을 진행하였다. 이 교수·학습 방법의 이름을 쓰고 교육적 효과 2가지와 적절한 지도방법 2가지를 쓰시오.

1단계: 집단의 분위기 조성하기	2단계: 참여자 선정하기
3단계: 무대 설치하기	4단계: 관찰자들을 준비시키기
5단계: 실연하기	6단계: 토론과 평가하기
7단계: 재실연하기	8단계: 토론과 평가하기
9단계: 경험내용 교환 및 일반화하기	

3 박 교사는 중학교 1학년 학생들을 대상으로 '아름다움의 기준-성형 수술'에 대한 쟁점 중심 수업을 하려고 한다. 이와 같이 가정과 수업에서 쟁점 중심 수업이 필요한 이유를 3가지 쓰고, 쟁점의 선정 기준을 학생, 사회, 교육적 측면에서 각각 서술하시오.

4 중학교 기술·가정 교과의 가정 영역에서 다른 교과와 통합하여 스팀(STEAM) 프로그램을 구성해 보고자 한다. 어떤 주제로 어떤 교과목과 통합하여 구성할 수 있을지 프로그램 전체 설계를 고안해 보시오.

CHAPTER **4**

가정과 수업에서의
평가

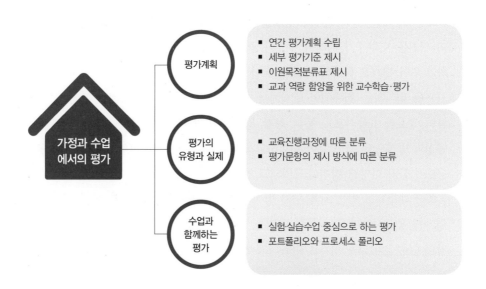

가정과 수업
에서의 평가

평가계획
- 연간 평가계획 수립
- 세부 평가기준 제시
- 이원목적분류표 제시
- 교과 역량 함양을 위한 교수학습·평가

평가의
유형과 실제
- 교육진행과정에 따른 분류
- 평가문항의 제시 방식에 따른 분류

수업과
함께하는
평가
- 실험·실습수업 중심으로 하는 평가
- 포트폴리오와 프로세스 폴리오

가정과 수업에서의
평가

핵심 개념 ▶ 평가관, 평가계획, 성취기준, 평가유형, 평가문항, 루브릭, 수행평가, 실험·실습수업, 프로세스 폴리오

우리는 평가를 떠올리면 수업과는 동떨어진 작업으로 학기말에 실시하는 지필평가 형태를 생각하기 쉽다. 하지만 평가는 수업이 종료된 후 부가적으로 이루어지는 별개의 활동이 아니라 수업의 모든 과정이 통합된 활동이며 교육과정 전반에 걸쳐 무엇이 가치 있는 교육인가를 판단하고 의사결정하는 과정이다. 이와 같이 평가는 교육과정의 한 영역이며, 수업 중 일부의 과정으로 점차 그 시기와 방법적 영역이 확대되고 있다.

최근에는 학생들이 얼마나 성취를 하였는지 그 정도를 점검하는 방식에서 벗어나 학생들의 성취를 도와주기 위해서 무엇이 필요한지를 판단하여 수업을 향상시키는 자료로 활용하기 위한 평가로 변화하고 있다. 또한 평가 방식이 기존의 정보를 기억하고 회상하는 주요 기능을 평가하는 전통적인 방식에서 현대 사회가 요구하는 창의력, 비판적 사고, 문제해결 능력, 정보를 효율적으로 분석, 종합, 평가하여 활용할 수 있는 능력을 평가할 수 있는 과정 중심의 방식으로 그 방향이 변화하고 있다(김정환·권향순, 2010). 이에 따라 평가의 목적과 용도에 따라 다양한 방법이 도입되고 있다.

최근 대두되고 있는 교육 평가 방식의 새로운 동향을 살펴보면, 목표 지향적 평가인 절대평가를 중요시하며, 교수학습 방법을 개선하기 위한 형성평가를 중요시하고 있다. 더불어 참여자 중심의 교육 평가로 변화되고 있는 추세이다.

평가를 바라보는 방식이나 방법은 지금까지 변화해 왔으며, 앞으로도 계속 변화할 것이다. 이러한 평가에 관련된 변화를 인식하여 경향에 맞는 평가계획을 세울 수 있는 능력을 키우는 것이 중요해지고 있다.

1. 평가계획

1 | 연간 평가계획 수립

(1) 지필 및 수행평가계획 수립

교사는 성취기준에 근거하여 학교에서 중요하게 지도한 내용과 기능을 평가하며 교수·학습과 평가 활동이 일관성 있게 이루어지도록 해야 한다. 또한, 교과의 성격과 특성에 적합한 평가 방법을 활용해야 한다(교육부, 2015).

성취기준은 각 교과목에서 학생들이 학습을 통해 성취해야 할 지식, 기능, 태도의 특성을 진술한 것으로, 교수·학습 및 평가의 실질적인 근거가 된다(한국교육과정평가원, 2018). 따라서 교과목별 성취기준에 근거하여 학기 단위 평가 계획을 수립하고, 평가 문항을 개발한다. 성취기준을 그대로 사용해도 되며, 평가 상황에 활용하기 위해 재구성한 평가준거 성취기준을 제시해도 된다. 시기별 교육과정에 따라 새로운 성취기준이나 평가기준, 성취수준 등이 제시되고 있다.

평가 계획이란 학기 초에 한 학기 동안 이루어지게 될 모든 평가에 대한 밑그림을 마련하는 것이다. 교사는 평가의 목적에 따라 기본 방향, 평가의 종류, 평가 방법, 평가 내용, 평가 시기 등을 결정해야 한다. 지필평가와 수행평가의 목적에 맞는 수행과제를 통해 수업을 진행하는 것이 매우 중요하다. 평가계획의 세부 사항에는 지필 평가 및 수행 평가를 실시할 영역, 방법, 횟수, 기준, 반영 비율, 수행평가의 세부 기준(영역별 배점과 채점 기준) 및 결시자 처리 기준 등이 포함된다. 시·도교육청별로 학업성적관리시행지침이 다를 수 있으므로,

해당 시·도교육청의 학업성적관리시행지침에 따라 세부 평가 계획을 수립해야 한다. 평가 계획 수립 시 각급 학교의 학업성적관리규정에 따라 학기 초에 교과(학년)협의회에서 교과 별 평가 영역과 영역별 반영 비율을 결정해야 한다.

2015 개정 교육과정에서는 2016년부터 모든 중학교 과정에서 자유학기를 새롭게 도입하여 중학교 과정 중 한 학기는 자유학기로 운영하고 해당 학기의 교과 및 창의적 체험활동을

표 4-1 고등학교 일반 선택과목 기술·가정의 평가 계획(일부)

지도 시기	평가준거 성취기준	관련 단원	수업 방법	평가 방법					
				지필 평가	수행평가				
					실습	프로 젝트	토론	탐구 보고서	
4월 3주	12기가01-05: 신생아기, 영·유아기, 아동기의 발달 특징을 이해하고 이에 따른 자녀 돌보기의 방법을 익혀 부모가 되기 위해 필요한 역량을 추론한다.	I. 인간발달과 가족	실습수업 협동수업	○	○ 시뮬레 이션				
6월 2주	12기가02-04: 생애주기별로 발생할 수 있는 생활 및 신변 안전사고의 원인과 영향을 분석하고, 개인·가족·사회적 차원에서 예방 및 대처 방법을 탐색한다.	II. 가정생활과 안정	프로젝트 수업	○		○		○ 사례 탐구	
7월 1주	12기가03-05: 노년기의 특성을 이해하고 자립적인 노후 생활을 영위하기 위해 요구되는 생활역량을 추론하여 제안한다.	III. 자원 관리 와 자립	실천적 문제해결 수업	○		○			
9월 2주	12기가04-04: 생명 기술이 인류의 식량자원 확보에 기여하는 방안을 살펴보며, 로봇과 통신 기술이 의료기술과 원격의료에 활용되는 사례를 알아본다.	IV. 기술 시스템	직소 수업 전문가 활동 수업	○				○ 사례 탐구	

(계속)

지도 시기	평가준거 성취기준	관련 단원	수업 방법	평가 방법					
				지필 평가	수행평가				
					실습	프로 젝트	토론	탐구 보고서	
11월 1~3주	12기가05-04: 기술 혁신을 위한 창의 공학 설계를 이해 하고, 제품을 구상하고 설계 한다.	V. 기술 활용	실습수업 기술적 문제해결 수업	○	○	○			

자료: 교육부, 충청남도교육청 외 16개 시·도교육청(2018). 2015 개정 교육과정 평가기준–고등학교 기술·가정과–. p.14.

자유학기의 취지에 부합하도록 편성·운영해야 한다. 자유학기에는 중간·기말 고사 등 일제 식 지필 평가는 실시하지 않으며, 학생의 학습과 성찰을 지원하는 과정 중심 평가를 실시하 도록 하고 있다.

〈표 4-1〉은 한국교육과정평가원에서 제시한 고등학교 일반 선택과목 기술·가정의 평가 계획(일부)을 수정한 예시이다. 표를 보면, 평가준거 성취기준을 따라 수업 방법뿐만 아니라 평가 방법이 지필평가, 실습, 프로젝트, 토론, 탐구보고서 등으로 결정되는 것을 볼 수 있다.

(2) 학습연간계획 수립

교사는 학기 초에 수업시수 및 단위 수에 맞춰 학습연간계획을 세우게 된다. 중학교는 수업 시수*를 기준으로 하며, 고등학교는 단위수**를 기준으로 한다. 교육계획을 수립할 때 교사 의 필요에 따라 교육내용을 조정할 수 있다. "교과와 창의적 체험활동의 내용 배열은 반드 시 학습의 순서를 의미하는 것은 아니므로, 지역의 특수성, 계절 및 학교의 실정과 학생의 요구, 교사의 필요에 따라 각 교과목의 학년군별 목표 달성을 위한 지도 내용의 순서와 비 중, 방법 등을 조정하여 운영할 수 있다(교육부, 2015)."라고 교육과정 총론에 명시하여 교

---

* 학년군 및 교과(군)별 시간 배당은 연간 34주를 기준으로 한 3년간의 기준 수업시수를 나타낸 것으로 1시간 수업은 45분을 원칙으로 한다. 즉 수업시수는 연간 수업시간을 말한다(자료: 교육부, 2015).

** 교과(군)에 제시된 단위 수는 해당 교과(군)의 최소 이수 단위수를 가리키는 것으로 1단위는 50분을 기준으로 하여 17회를 이수하는 수업량이다(자료: 교육부, 2015).

사의 자율권을 보장하고 있으며, 더 나아가 교사의 교육과정 재구성 능력을 요구하고 있다. 학습연간계획은 거창한 것이 아니라 1년 동안 학교의 교육계획에 따라 교사가 수업을 어떻게 진행할 것인지 대략적인 내용을 구성하는 것이다.

〈표 4-2〉는 학교에서 이루어질 수 있는 학습연간계획서의 예시이다. 행사 및 공휴일은 학교 실정에 따라 변경될 수 있으며, 학습주제 및 수업방법은 교사의 재량에 따라 다양하게 운영할 수 있다.

표 4-2 학습연간계획서의 예시(1학기)

월	주	일	행사 및 공휴일	학습 주제 및 내용	프로젝트, 융합수업
3	1	3~7	입학식(3)	연간 수업 및 평가 안내 및 학급 규칙 정하기	
	2	10~14	학교폭력 예방특강(11)	1. 인간발달과 가족 · 사랑과 결혼 · 부모 됨의 준비 · 임신 중 생활과 출산 · 자녀 돌보기 · 가족문화와 세대 간 관계	프로젝트(보고서, 지식장터) · 부모가 되기 위해 필요한 역량 찾기 · 신생아기, 영·유아기, 아동기의 발달 특징 · 아동발달 시기별 돌보기 체험부스 운영
	3	17~21	학부모총회(19)		
	4	24~28	가정방문주간(24~28) 봉사활동교육(25)		
	5	31~4	표준화검사(3)		
4	6	7~11	영어듣기평가(8~10) Sience FV(11)		
	7	14~18			
	8	21~25			
	9	28~2	1차 지필평가(28~30) 표준화검사 설명회(1)		
5	10	5~9	어린이날(5) 석가탄신일(6) 진로특강(9)	2. 가정생활과 안전 · 한식과 건강한 식생활 · 한복과 창의적인 의생활 · 한옥과 친환경적인 주생활 · 가족의 생애주기별 안전 · 가족의 치유와 회복	실습·협동 학습 · 생애주기별 생활안전 · 안전사고 예방 및 대처 방안
	11	12~16	체육대회(16)		
	12	19~23	학부모 상담 주간(19~23)		
	13	26~30	주제별 선택체험 (26~27)		

(계속)

월	주	일	행사 및 공휴일	학습 주제 및 내용	프로젝트, 융합수업
6	14	2~6	지자체선거(4) 현충일(6)		
	15	9~13	흡연·음주 예방교육(10)		
	16	16~20			
	17	23~27			
	18	30~4	2차 지필평가(30~2)		
7	19	7~11	친구 사랑주간(7~11)	3. 자원 관리와 자립 · 가정생활 복지 서비스의 활용 · 경제적 자립의 준비 · 지속가능한 소비생활 실천 · 가족생활설계 · 자립적인 노후 생활	포트폴리오 수업 · 노년기의 발달적 특성 · 자립적인 노후 생활을 위해 요구되는 생활 역량
	20	14~18	성적 사정회(16)		
	21	21~22	방학식(22)		

2 | 세부 평가기준 제시

성취평가제란 상대적 서열에 따라 '누가 더 잘했는지'를 평가하는 것이 아니라 '학생이 무엇을 어느 정도 성취하였는지'를 평가하는 제도로, 교육과정에 근거하여 개발된 교과목별 성취기준에 도달한 정도로 학생의 성취수준을 평가하는 제도이다(한국교육과정평가원, 2012b, 2013).

과정 중심 평가는 교육과정의 성취기준에 기반한 평가 계획에 따라 교수·학습 과정에서 학생의 변화와 성장에 대한 자료를 다각도로 수집하여 적절한 피드백을 제공하는 평가이다(교육부·한국교육과정평가원, 2017). 교육과정 성취기준은 각 교과별 국가 교육과정에 제시되어 있는 성취기준을 의미하며, 수업 활동의 기준이 되는 것으로서 학생들이 교과 학습을 통하여 성취해야 할 내용과 능력을 진술한 것이라고 할 수 있다(진의남 외, 2016, p.24). 교육과정 성취기준을 실제 평가의 상황에서 준거로 사용하기에 적합하도록 재구성한 것이 평가준거 성취기준이다. 평가준거 성취기준은 '학생들이 학습을 통해 성취해야 할 지식, 기능, 태도의 능력과 특성을 진술한 것으로서 평가 활동에서 판단의 기준이 될 수 있도록 교육과정 성취기준을 재구성한 것'이라고 정의하였다. 즉 평가준거 성취기준은 '평가 활동에서 판단의 기준이 될 수 있도록'해야 함을 강조한다.

평가의 세부 기준을 제시하는 것은 교수·학습 방법과 평가의 일관성을 위해 필요한 과정이다. 특히 지필평가와 달리 수행평가나 과정 중심 평가는 평가 영역에 맞게 어떤 기준으로 무엇을 평가할지 세부 평가기준인 채점 기준표를 제시해야 한다.

성취기준과 평가준거 성취기준을 토대로 학생의 수준을 고려한 효과적인 교수학습 활동을 제시하고, 평가기준을 고려한 채점 기준표를 작성할 수 있다. 〈표 4-3〉은 성취기준을 근거로 하여 상·중·하 수준으로 구분하여 평가기준을 제시한 예이다.

표 4-3 교육과정 성취기준과 평가기준의 예시

① 교수학습-평가 활동의 토대인 교육과정 성취기준과 평가기준(인간발달과 가족)

교육과정 성취기준		평가기준
12기가01-05: 신생아기, 영·유아기, 아동기의 발달 특징을 이해하고 이에 따른 자녀 돌보기의 방법을 익혀 부모가 되기 위해 필요한 역량을 추론한다.	상	자녀 돌보기의 방법을 신생아기, 영·유아기, 아동기의 발달 특징에 대한 이해와 연계하여 부모가 되기 위해 필요한 역량을 추론할 수 있다.
	중	신생아기, 영·유아기, 아동기의 발달 특징과 자녀 돌보기의 방법, 부모가 되기 위해 필요한 역량을 설명할 수 있다.
	하	신생아기, 영·유아기, 아동기의 발달 특징과 자녀 돌보기의 방법, 부모가 되기 위해 필요한 역량을 말할 수 있다.

② 교수학습-평가 활동의 토대인 교육과정 성취기준과 평가기준(가정생활과 안전)

교육과정 성취기준		평가기준
12기가02-04: 생애주기별로 발생할 수 있는 생활 및 신변 안전사고의 원인과 영향을 분석하고, 개인·가족·사회적 차원에서 예방 및 대처 방법을 탐색한다.	상	생애주기별로 발생할 수 있는 생활 및 신변 안전사고의 원인과 영향을 분석하고, 이를 바탕으로 개인·가족·사회적 차원에서 예방 및 대처 방법을 연결하여 설명할 수 있다.
	중	생애주기별로 발생할 수 있는 생활 및 신변 안전사고의 원인과 영향을 설명하고 이를 바탕으로 개인·가족·사회적 차원에서 예방 및 대처 방법을 파악할 수 있다.

(계속)

교육과정 성취기준	평가기준	
	하	생애주기별로 발생할 수 있는 생활 및 신변 안전 사고의 원인과 영향을 이해하고 이를 바탕으로 개인·가족·사회적 차원에서 예방 및 대처 방법을 말할 수 있다.

③ 교수학습−평가 활동의 토대인 교육과정 성취기준과 평가기준(자원 관리와 자립)

교육과정 성취기준	평가기준	
12기가03−05: 노년기의 특성을 이해하고 자립적인 노후 생활을 영위하기 위해 요구되는 생활 역량을 추론하여 제안한다.	상	노년기의 발달 특성을 설명할 수 있고 자립적인 노후 생활을 영위하기 위해 요구되는 생활 역량을 추론하여 제안할 수 있다.
	중	노년기의 발달 특성을 이해하여 자립적인 노후 생활을 영위하기 위해 요구되는 생활 역량을 찾을 수 있다.
	하	노년기의 발달 특성과 자립적인 노후 생활을 영위하기 위해 요구되는 생활 역량을 말할 수 있다.

자료: 교육부, 충청남도교육청 외 16개 시·도교육청(2018). 2015 개정 교육과정 평가기준 − 고등학교 기술·가정과−. pp.42−43, p.45.

〈표 4−4〉는 교육과정 성취기준과 평가기준을 근거로 한 교수학습 활동의 평가도구 개발 시 학생 수행능력 차이를 루브릭을 활용하여 제시한 세부 채점 기준 예시이다.

표 4−4 평가기준에 따른 루브릭을 활용한 세부 채점 기준 예시

① 교수학습−평가 활동의 평가 세부 채점 기준(인간발달과 가족)

평가 요소		배점	채점 기준
교사 평가	내용 적합성 (보고서)	우수	신생아기, 영·유아기, 아동기의 신체적, 정서적, 사회적 발달 특징을 구체적으로 이해하여 아동발달 시기별 자녀 돌보기 방법을 익혀 부모가 되기 위해 필요한 역량을 추론함
		보통	신생아기, 영·유아기, 아동기의 발달 특징을 이해하여 아동발달 시기별 자녀 돌보기 방법을 익혀 부모가 되기 위해 필요한 역량을 제시함
		미흡	신생아기, 영·유아기, 아동기의 발달 특징과 아동발달 시기별 자녀 돌보기 방법에 대한 이해가 미흡함

(계속)

평가 요소		배점	채점 기준
	표현력 및 창의성	우수	홍보 자료의 구성이 체계적으로 시각화·구조화 되었고, 창의적인 방법으로 잘 표현함
		보통	홍보 자료의 구성이 체계적으로 시각화·구조화 되었으나, 창의성이 약간 부족함
		미흡	홍보 자료의 구성이 체계적이지 못하고 창의성이 부족함
	지식 시장	우수	충실한 내용 전달, 성실한 질의응답, 친절함을 갖추어 설명함
		보통	충실한 내용 전달, 성실하게 준비된 자료에 충실하게 운영하였으나 질의응답에 다소 미흡함
		미흡	준비된 자료에 충실하게 운영하였으나 적극성과 질의응답이 미흡함
	모둠 협력도	우수	구성원 모두가 적극적으로 참여하고 협력적으로 과제를 수행함
		보통	구성원의 일부가 참여하여 협력적으로 과제를 수행함
		미흡	구성원의 일부가 참여하여 과제를 수행함
동료 평가	모둠 활동 기여도	우수	모둠 활동에 적극적으로 참여했으며 본인의 역할을 책임 있게 수행함
		보통	모둠 활동에 참여했으며 본인의 역할을 수행했으나 결과가 미흡함
		미흡	모둠 활동에 참여하지 않고 본인의 역할을 수행하지 않음

② 교수학습–평가 활동을 위한 평가 세부 채점 기준(가정생활과 안전)

평가 요소		배점	채점 기준
	내용 적합성 (보석맵)	우수	생애주기별로 주로 발생하는 생활 안전과 신변 안전사고의 사례를 중심으로 원인과 영향을 분석하고 예방 및 대처 방안을 개인·가족·사회적 차원에서 구체적으로 제시함
		보통	생애주기별로 주로 발생하는 생활 안전과 신변 안전사고의 원인과 영향을 분석하고 예방 및 대처 방안을 제시함
		미흡	생애주기별로 주로 발생하는 생활 안전과 신변 안전사고의 원인과 영향 분석, 예방 및 대처 방안의 제시가 미흡함
교사 평가	내용 정확성 (실습카드)	우수	실습 방법과 절차를 정확하게 제시함
		보통	실습 방법과 절차를 다소 미흡하게 제시함
		미흡	실습 방법과 절차가 정확하지 않음
	표현력 및 창의성 (실습카드)	우수	실습 카드의 구성이 체계적으로 시각화·구조화 되었고, 창의적으로 표현함
		보통	실습 카드의 구성이 체계적으로 시각화·구조화 되었으나, 창의적인 표현은 다소 미흡함
		미흡	실습 카드의 구성과 창의적 표현이 부족함
	실습 하기	우수	주어진 실습 과제에 정확한 절차와 방법을 이해하여 다른 모둠에게 정확하게 전달함
		보통	주어진 실습 과제에 정확한 절차와 방법은 이해하였으나, 다른 모둠에게 전달할 때 정확성이 다소 부족함

(계속)

평가 요소		배점	채점 기준
동료 평가		미흡	주어진 실습 과제에 정확한 절차와 방법을 이해하지 못하고, 다른 모둠에게 전달할 때 어려움이 있음
	동료 모둠 평가	우수	모둠원이 협동하여 실습 카드를 만들고 실습에 참여하였으며, 실습 설명도 적극적이고 능숙하게 전달함
		보통	모둠원이 협동하여 실습 카드를 만들고 실습에 참여하였으나 실습 설명이 다소 미흡함
		미흡	모둠원이 협동하여 과제를 수행하나 갈등 조정에 어려움을 겪음
	모둠 활동 기여도	우수	모둠 활동에 적극적으로 참여했으며 본인의 역할을 책임 있게 수행함
		보통	모둠 활동에 참여하고 본인의 역할을 수행함
		미흡	모둠 활동 참여와 본인의 역할 수행에 어려움이 있음

③ 교수학습–평가 활동을 위한 평가 세부 채점 기준(자원 관리와 자립)

평가 요소		배점	채점 기준
버블맵 그리기	내용	우수	신체적, 인지적, 정서적, 사회적인 발달 영역에 따라 노년기 발달 특성과 연결하여 진술함
		보통	신체적, 인지적, 정서적, 사회적인 발달 영역에 따라 노년기 발달 특성을 진술하였으나, 연결이 매끄럽지 못한 부분이 있음
			신체적, 인지적, 정서적, 사회적인 발달 영역을 누락시키지 않았으나, 노년기 발달 특성에 대한 진술이 부족함
		미흡	신체적, 인지적, 정서적, 사회적인 발달 영역을 누락시켰고, 노년기 발달 특성에 대한 진술도 부족함
브레인 라이팅 활동	주제의 적합성	우수	주제와 내용이 적합함
		보통	일부 내용이 주제와 무관함
		미흡	내용이 주제와 무관함
	아이디어 구성	우수	아이디어 내용이 논리적으로 구성되어 있으며 창의적임
		보통	아이디어 내용이 주제와 연계되어 있으나 현재 존재하지 않는 내용이거나 구체적이지 않음
			아이디어 내용이 주제와 연계되어 있지 않으나, 현재 존재하는 내용이거나 구체적임
		미흡	아이디어 내용이 주제와 연계되어 있지도 않고, 현재 존재하지 않는 내용이며 구체적이지 않음
	동료 평가	우수	모둠 활동에 적극적으로 참여하여 다양한 아이디어를 냄
		보통	모둠 활동에 적극적으로 참여하였으나, 적절한 아이디어를 내지 못함
			모둠 활동에 소극적이었으나, 제시한 아이디어는 적절하였음

(계속)

평가 요소	배점	채점 기준
	미흡	모둠 활동에 소극적이었으며, 아이디어도 적절하지 않았음
미래 일기 쓰기 활동 (내용)	우수	수행과제 1과 2의 결과를 잘 반영하여 미래 일기를 작성하였으며, 노년기 발달 특성이 잘 반영된 노년기 생활 계획이 구체적이며 현실적임
	보통	수행과제 1인 노년기 발달 특성을 잘 반영하여 미래 일기를 작성하였으나, 수행과제 2의 반영이 미흡하여 노년기 생활 계획이 구체적이거나 현실적이지 못함
	보통	수행과제 2를 잘 반영하여 노후 생활에 대한 계획이 구체적이고 현실적이지만, 수행과제 1의 노년기 발달 특성을 반영하여 미래 일기를 작성하는 데는 미흡함
	미흡	수행과제 1과 수행과제 2의 활동 결과를 반영하는데 모두 미흡하여 미래 일기 작성에 노년기 발달 특성을 반영하는 데 미흡하고, 노년기 생활 계획의 구체성과 현실성도 떨어짐

자료: 교육부, 충청남도교육청 외 16개 시·도교육청(2018). 2015 개정 교육과정 평가기준 - 고등학교 기술·가정과-. p.67, p.75, p.85.

단원·영역별 성취수준은 교육과정 성취기준이나 평가준거 성취기준을 도달한 학생들이 나타내는 일반적인 특성을 수준별로 구분하여 진술한 것이다. 〈표 4-5〉는 고등학교 일반 선택과목 기술·가정의 교수학습-평가의 단원별 성취수준을 제시한 것이다.

표 4-5 단원·영역별 성취수준

① 단원별 성취수준(인간발달과 가족)

성취수준	일반적 특성
A	건강한 가족 형성의 기반으로 사랑과 결혼의 의미와 행복한 결혼의 가치를 탐색하고, 개인적·사회적 고정관념을 성찰하여 행복한 가정생활을 위한 배우자 선택 기준을 제안할 수 있다. 부모 됨의 의미를 인식하고, 계획적인 임신과 건강한 출산을 위한 방안을 탐색할 수 있으며, 자녀 돌보기의 방법을 신생아기, 영·유아기, 아동기의 발달 특징에 대한 이해와 연계하여 익히며 책임 있는 부모가 되기 위해 필요한 역량을 추론할 수 있다. 가족문화의 의미와 세대 간 관계를 조화롭게 영위할 수 있는 방안을 탐색하여 원만한 가족관계 형성에 적용할 수 있다.
B	건강한 가족 형성의 기반으로 사랑과 결혼의 의미와 행복한 결혼에 대한 가치를 설명할 수 있으며, 이상적인 배우자 상을 분석하여 행복한 가정생활을 위한 배우자 선택 기준을 찾을 수 있다. 부모 됨의 의미를 이해하여 계획적인 임신과 건강한 출산을 위한 방안을 조사할 수 있으며, 신생아기, 영·유아기, 아동기의 발달 특징에 대한 이해를 자녀 돌보기의 방법과 연계하여 익혀 책임 있는 부모가 되기 위해 필요한 역량을 제시할 수 있다. 가족문화의 의미와 세대 간 관계를 조화롭게 영위할 수 있는 방안을 찾아 원만한 가족관계 형성에 적용할 수 있다.

(계속)

성취수준	일반적 특성
C	사랑과 결혼의 의미, 행복한 결혼에 대한 가치, 이상적인 배우자 상과 행복한 가정생활을 위한 배우자 선택 기준을 설명할 수 있다. 부모 됨의 의미와 임신과 건강한 출산을 위한 방안, 신생아기, 영·유아기, 아동기의 발달 특징, 자녀 돌보기 방법, 책임 있는 부모가 되기 위해 필요한 역량을 설명할 수 있고, 가족문화의 의미를 이해하여 원만한 가족관계 형성에 관련된 세대 간 관계를 조화롭게 영위할 수 있는 방안을 파악할 수 있다.
D	사랑과 결혼의 의미와 행복한 결혼에 대한 가치를 이해하고, 이상적인 배우자 상과 행복한 가정생활을 위한 배우자 선택 기준을 기술할 수 있다. 부모 됨의 의미와 임신과 건강한 출산을 위한 방안, 신생아기, 영·유아기, 아동기의 발달 특징, 자녀 돌보기 방법을 나열하며 책임 있는 부모가 되기 위해 필요한 역량을 기술할 수 있고, 가족문화의 의미와 세대 간 관계를 조화롭게 영위할 수 있는 방안을 찾을 수 있다.
E	사랑과 결혼의 의미와 행복한 결혼에 대한 가치를 말할 수 있고, 이상적인 배우자상과 여러 가지 배우자 선택 기준을 나열할 수 있다. 부모 됨의 의미와 임신과 건강한 출산을 위한 방안, 신생아기, 영·유아기, 아동기의 발달 특징, 자녀 돌보기 방법, 책임 있는 부모가 되기 위해 필요한 역량을 말할 수 있으며, 가족문화의 의미와 세대 간 관계를 조화롭게 영위할 수 있는 방안을 기술할 수 있다.

② 단원별 성취수준(가정생활과 안전)

성취수준	일반적 특성
A	전통 가정생활 문화의 더 나은 성장을 위해 한식·한복·한옥의 우수성과 다른 나라의 의식주생활 문화의 차이를 비교하고, 현대의 의식주생활과 접목하여 건강하고 창의적이며 친환경적인 새로운 생활문화를 제안하고 실천할 수 있다. 생애주기별로 발생할 수 있는 생활 및 신변 안전사고의 원인과 영향을 사례를 통해 분석하고 평가하여, 개인·가족·사회적 차원에서 예방 및 대처방법을 탐색하고 체득할 수 있으며, 예기치 못한 가족 문제의 종류와 영향을 분석하여 건강한 가족으로 회복하기 위한 치유 방안을 사례를 통해 도출할 수 있다.
B	전통 가정생활 문화의 더 나은 성장을 위해 한식·한복·한옥의 우수성과 다른 나라의 의식주생활 문화의 사례를 제시하고, 현대의 의식주생활과 접목하여 새로운 생활문화 방안을 제안할 수 있다. 생애주기별로 발생할 수 있는 생활 및 신변 안전사고의 원인과 영향을 사례를 통해 분석하여, 개인·가족·사회적 차원에서 예방 및 대처방법을 탐색할 수 있으며, 예기치 못한 가족 문제의 종류와 영향을 설명할 수 있으며, 건강한 가족으로 회복하기 위한 치유 방안을 탐색할 수 있다.
C	한식·한복·한옥의 우수성과 다른 나라의 의식주생활 문화의 특징을 설명하고, 현대의 의식주생활과 접목하여 제시된 새로운 생활문화 방안을 조사할 수 있다. 생애주기별로 발생할 수 있는 생활 및 신변 안전사고의 원인을 찾을 수 있으며, 개인·가족·사회적 차원에서 예방 및 대처방법을 찾아서 말할 수 있으며, 예기치 못한 가족 문제의 종류와 영향을 이해하고, 건강한 가족으로 회복하기 위한 치유 방안을 제시할 수 있다.
D	한식·한복·한옥의 우수성, 다른 나라의 의식주생활 문화의 특징, 전통과 현대의 의식주생활이 접목된 사례를 찾을 수 있으며, 생애주기별로 발생할 수 있는 생활 및 신변 안전사고의 원인을 찾을 수 있으며, 예기치 못한 가족 문제의 종류와 영향을 이해할 수 있다.
E	한식·한복·한옥의 우수성을 말할 수 있으며, 다른 나라의 의식주생활 문화를 이해하고, 생애주기별로 발생할 수 있는 생활 및 신변 안전사고의 원인과 예기치 못한 가족 문제의 종류와 영향을 말할 수 있다.

(계속)

③ 단원별 성취수준(자원 관리와 자립)

성취수준	일반적 특성
A	가족의 삶을 체계적으로 관리하기 위해 전 생애에 걸친 가정생활 복지 서비스의 종류와 특징을 사례를 통해 분석하고 평가하여 가정생활에서 활용할 수 있는 방안과 정책을 제안할 수 있다. 경제적 자립의 중요성과 가정경제의 안정을 위협하는 요소를 개인·가족·사회적 차원에서 분석하여 안정적인 가정경제 관리 방안을 제안할 수 있으며, 개인과 가족의 소비가 사회 및 환경에 미치는 영향을 사례를 통해 분석하고, 지속가능한 소비생활을 계획하고 실천할 수 있다. 안정적이고 자립적인 삶을 준비하기 위해 가족생활설계의 필요성을 인식하고 가족생활설계를 위한 여러 가지 요소를 파악하여 설계를 할 수 있으며, 노년기의 특성을 탐색하고, 이를 기반으로 자립적인 노후 생활을 영위하기 위해 요구되는 여러 가지 생활 역량을 추론하여 제안할 수 있다.
B	가족의 삶을 체계적으로 관리하기 위해 전 생애에 걸친 가정생활 복지 서비스의 종류와 특징을 설명할 수 있고 가정생활에서 활용할 수 있는 방안을 제안할 수 있다. 경제적 자립의 중요성을 알고 가정경제의 안정을 위협하는 요소를 찾아 안정적인 가정경제 관리 방안을 제시할 수 있으며, 개인과 가족의 소비가 사회 및 환경에 미치는 영향을 사례를 통해 탐색하고, 지속가능한 소비생활을 실천할 수 있다. 가족생활설계의 필요성을 인식하고 가족생활설계를 위한 여러 가지 요소를 파악하여 설계를 할 수 있으며, 노년기의 특성을 설명할 수 있고 이를 기반으로 자립적인 노후 생활을 영위하기 위해 요구되는 여러 가지 생활 역량을 제안할 수 있다.
C	전 생애에 걸친 가정생활 복지 서비스의 종류와 특징을 이해하고 가정생활에서 활용할 수 있는 방안을 찾을 수 있다. 가정경제의 안정을 위협하는 요소와 안정적인 가정경제 관리 방안을 찾을 수 있으며, 개인과 가족의 소비에 미치는 영향을 탐색하여 지속가능한 소비생활 방안을 제시할 수 있다. 가족생활설계를 위해 고려할 요소를 말할 수 있으며, 자립적인 노후 생활을 위해 요구되는 생활 역량을 탐색할 수 있다.
D	전 생애에 걸친 가정생활 복지 서비스의 종류와 특징을 조사할 수 있고, 가정경제의 안정을 위협하는 요소를 찾을 수 있다. 개인과 가족의 소비에 미치는 영향을 이해하고, 지속가능한 소비생활 방안을 찾을 수 있으며, 가족생활설계를 위한 요소를 부분적으로 말할 수 있으며, 노년기의 특성을 설명할 수 있다.
E	전 생애에 걸친 가정생활 복지 서비스의 종류와 가정경제의 안정을 위협하는 요소를 말할 수 있다. 개인과 가족의 소비에 미치는 영향을 말할 수 있고, 가족생활설계와 노년기의 특성을 말할 수 있다.

자료: 교육부, 충청남도교육청 외 16개 시·도교육청(2018). 2015 개정 교육과정 평가기준 - 고등학교 기술·가정과-. pp.50-52.

평가기준 관련 용어의 변화

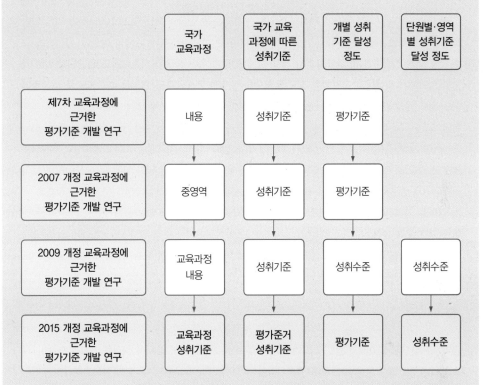

	국가 교육과정	국가 교육 과정에 따른 성취기준	개별 성취 기준 달성 정도	단원별·영역 별 성취기준 달성 정도
제7차 교육과정에 근거한 평가기준 개발 연구	내용	성취기준	평가기준	
2007 개정 교육과정에 근거한 평가기준 개발 연구	중영역	성취기준	평가기준	
2009 개정 교육과정에 근거한 평가기준 개발 연구	교육과정 내용	성취기준	성취수준	성취수준
2015 개정 교육과정에 근거한 평가기준 개발 연구	교육과정 성취기준	평가준거 성취기준	평가기준	성취수준

· 교육과정 성취기준: 단위학교에서 이루어지는 교수 학습 활동의 근거가 되는 것으로서 학생들이 각 교과 수업을 통해 배워야 할 내용(지식, 기능, 태도)과 관련된 능력 또는 특성을 진술한 것이다.
· 평가준거 성취기준: 학생들이 학습을 통해 성취해야 할 지식, 기능, 태도의 능력과 특성을 진술한 것으로서 평가 활동에서 판단의 기준이 될 수 있도록 교육과정 성취기준을 재구성한 것이다.
· 평가기준: 교육과정 성취기준에 도달한 정도를 상·중·하로 나누어 진술한 것이다. 평가 활동에서 학생들이 어느 정도의 수준에 도달했는지를 판단하기 위한 실질적인 기준 역할을 할 수 있도록 각 성취기준에 도달한 정도를 상·중·하로 구분하고 각 도달 정도에 속한 학생들이 무엇을 알고 있고, 할 수 있는지를 기술한 것이다.
· 성취수준: 각 단원 또는 영역에 해당하는 교수·학습이 끝났을 때 학생이 성취하기를 기대하는 지식, 기능, 태도에 도달한 정도를 기술한 것(A·B·C·D·E 또는 A·B·C)이다. 단원 또는 영역 내 성취기준들을 포괄하는 전반적인 특성에 도달한 정도를 성취수준별로 구분해 진술한 것이다.

자료: 한국교육과정평가원(2016). 2015 개정 교육과정에 따른 초·중학교 교과 평가기준 개발 연구(총론) 연구보고 CRC 2016-2-1.

교육과정 성취기준과 평가기준 성취기준의 활용

우리나라 교과 교육과정 문서에 제시되어 있는 '성취기준'은 전국의 모든 학교에 적용하기 위한 일반적이고 공통적인 기준의 성격을 갖는다. 이 성취기준은 학교 현장에서 수업의 방향을 설정하고 교수·학습 내용 선정뿐만 아니라 교과서 개발 및 검·인정을 위한 중요한 기준으로도 활용된다. 나아가 단위 학교에서 학생들의 학업성취 정도를 확인하기 위한 기준으로도 활용할 수 있다. 즉 학생들이 어느 정도 학습되었는지를 교육과정의 성취기준 달성 정도로 확인할 수 있는 것이다.

한편, 교과 교육과정에 제시된 성취기준은 단위 학교 현장의 구체적 수업 및 평가 상황 등을 모두 고려하여 개발되기 어려운 측면이 있기 때문에 어떤 성취기준의 경우에는 다소 포괄적이고 추상적인 부분이 있을 수 있다. 이 때문에 교육과정 성취기준을 수업 상황이나 평가 상황 등을 고려하여 보다 구체적이고 명료하게 재구성해야 하는 경우가 있는데, 이처럼 교육과정 성취기준을 교수·학습과 평가 활동을 고려하여 보다 구체적으로 재구성할 필요가 있는 경우, 별도의 성취기준을 개발하였는데 이를 '평가준거 성취기준'이라 명하였다. 따라서 단위 학교에서는 수업 및 평가 상황에서 교과 교육과정 성취기준을 그대로 활용할 수도 있고, 경우에 따라서 '평가준거 성취기준'을 같이 활용할 수도 있다(한국교육과정평가원, 2017).

 평가기준의 활용

평가기준은 단위 학교에서 반드시 그대로 따라야 하는 것이 아니라 예시적 성격을 가지고 있으며, 학교의 상황 및 여건 등을 고려하여 평가기준을 수정·보완하여 사용할 수 있다(한국교육과정평가원, 2017). 평가기준은 성취기준에 대한 학생의 도달 정도를 판단하고, 평가 문항 제작 및 채점 기준 설정의 근거가 될 뿐만 아니라 학생 수준을 고려한 수업 설계에 활용할 수 있다.

 성취수준의 활용

단원·영역별 성취수준은 각 단원 또는 영역에 해당하는 교수·학습이 끝났을 때 학생이 성취하기를 기대하는 지식, 기능, 태도에 도달한 정도를 수준별로 '종합적'이고 '포괄적'으로 기술한 것이다. 이 성취수준은 단원·영역별 교수·학습의 계획 수립을 비롯하여 학생의 성취 정도 평가, 학생 및 학부모와의 의사소통 등에 도움이 될 수 있다.

3 | 이원목적분류표 제시

학생들의 학업 성취도를 평가하기 위하여 일반적으로 〈그림 4-1〉과 같은 절차에 의해 평가도구를 제작한다.

평가계획을 토대로 평가문항을 제작하기 전에 평가문항 개발을 위한 계획서인 이원목적분류표를 미리 작성한다. 이원목적분류표에는 평가내용(내용 영역)과 평가준거 성취기준, 난이도, 배점, 문항 유형 등이 상세하게 포함되어 있다. 성취평가제는 성취기준에 도달 정도를 평가하므로 이원목적분류표에 평가준거 성취기준을 포함하여 제시한다. 문항 유형은 교

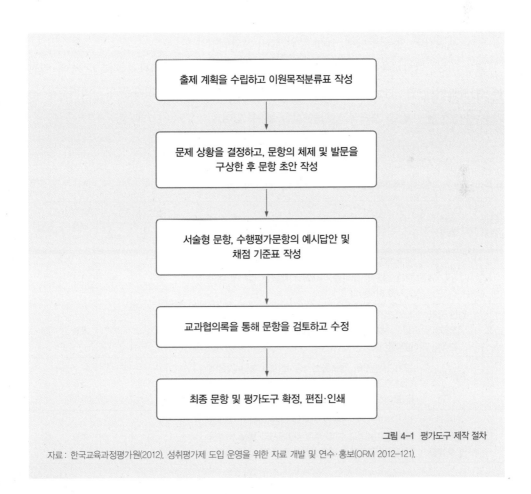

그림 4-1 평가도구 제작 절차

자료 : 한국교육과정평가원(2012). 성취평가제 도입 운영을 위한 자료 개발 및 연수·홍보(ORM 2012-121).

사가 학생을 평가하고자 하는 능력의 특성, 제작의 용이성, 채점의 용이성과 객관성 등을 고려하여 결정한다. 평가하고자 하는 내용과 행동을 측정하기에 가장 적합한 문항 유형을 정할 때 성취기준의 행동 동사를 통해 어떤 형태의 문항이 더 적합한지 예측·추정할 수 있다. 상대평가에서는 학생들의 서열화를 위해 문항의 난이도를 적절하게 배합하여 평가도구를 구성하는 것이 중요하나, 성취평가제에서는 성취기준의 달성 여부를 측정할 수 있는 문항을 출제하는 것을 우선적으로 고려한다. 이원목적분류표 양식은 학교 상황에 따라 각기 다르게 활용할 수 있다. 행동 영역에는 지식, 이해, 적용 등 교과의 특성에 맞게 항목을 설정할 수 있었으나, 나이스에서는 행동 영역이 삭제되었다.

서답형 문항 채점 기준표에서는 단답형 또는 서술형 문항의 경우, 별도의 채점 기준표를 작성해야 한다. 채점 기준표 작성 시 성취기준이나 평가기준을 참고할 수 있으며, 문항별 채점 항목, 채점기준, 항목별 배점, 예시 답안 등이 포함되어야 한다.

〈표 4-6〉은 한국교육과정평가원에서 제시한 고등학교 일반 선택과목 기술·가정의 이원목적분류표(일부)를 수정한 예시이다. 표를 보면, 지필고사에서도 평가준거 성취기준을 근거로 평가 문항 개발을 계획하고 있는 것을 볼 수 있다.

표 4-6 고등학교 일반 선택과목 기술·가정에 대한 지필고사의 이원목적분류표(일부)

문항 번호	내용 영역	평가준거 성취기준	난이도			배점	정답
			어려움	보통	쉬움		
1	사랑과 결혼	12기가01-01: 건강한 가족 형성의 기반이 되는 사랑과 결혼의 의미를 이해하고 행복한 결혼에 대한 가치를 탐색한다.			1	3.3	①
2	임신 중의 생활과 출산	12기가01-04: 임신 중 생활과 출산의 과정을 이해하고, 계획적인 임신과 건강한 출산을 위한 방안을 탐색한다.		1		3.9	②
3	첨단 통신 기술	12기가04-06: 정보통신기술 분야의 첨단 기술에 대하여 조사하여 보고, 정보통신 산업의 발전 방안을 토의하고 발표한다.		1		4.0	④
15	한옥과 친환경적인 주생활	12기가02-03: 한옥의 가치와 다른 나라의 주생활 문화를 이해하고 현대 주거생활에서의 활용 방안을 탐색하여 건강하고 친환경적인 주생활을 실천한다.		1		4.0	②

(계속)

문항 번호	내용 영역	평가준거 성취기준	난이도			배점	정답
			어려움	보통	쉬움		
22	첨단 수송 기술	12기가04-05: 수송 기술에서 새롭게 등장한 수송 수단의 종류와 특징을 탐색하고, 우주항공기술 분야의 발전 방안을 토의하고 발표한다.	1			4.5	⑤
서술형 문항							
1	부모 됨의 준비	12기가01-02: 이상적인 배우자상에 대한 개인적, 사회적 고정관념을 성찰하고 행복한 가정생활을 위한 배우자 선택 기준을 제안한다.	1			8.0	별도 첨부
2	첨단 기술	12기가04-07: 첨단기술과 관련된 문제를 이해하고, 해결책을 창의적으로 탐색하고 실현하며 평가한다.	1			8.0	별도 첨부
합계			7	10	7	100.0	

4 | 교과 역량 함양을 위한 교수학습·평가

2015 개정 교육과정 총론에는 미래사회를 살아갈 학생들이 갖추어야 할 핵심 역량과 교과 역량이 제시되어 있다. 총론의 핵심 역량과 교과 역량은 교과교육을 유기적으로 연결해 주는 매개체 역할을 한다.

(1) 핵심 역량(김경자 외, 2015)

○ 핵심 역량은 학생이 학교 교육을 통해 갖추어야 할 능력이다.

○ 학생의 학습 결과로 갖게 된 능력에 초점을 두고, 무엇을 할 수 있는지와 같은 수행 능력을 중요시 하며, 지식과 기능 뿐 아니라 동기나 태도와 같은 정의적 특성을 포함하는 총체적인 것이다.

○ 2015 개정 교육과정에서 추구하는 인간상은 자주적인 사람, 창의적인 사람, 교양 있는 사람, 더불어 사는 사람이다.

○ 핵심 역량은 이러한 인간상을 구현하기 위해 교과 교육을 포함한 학교 교육 전 과정을 통해 중점적으로 기르고자 하는 일반적인 능력으로 자기관리 역량, 지식정보처리 역량, 창의적 사고 역량, 심미적 감성 역량, 의사소통 역량, 공동체 역량과 같다.

(2) 교과 역량(김경자 외, 2015; 한혜정 외, 2015)

○ 교과 역량은 총론에서 제시한 핵심 역량을 기반으로 하여 학생이 해당 교과의 학습을 통해 궁극적으로 갖추어야 하는 능력, 즉 교과 특수적 역량이다.

○ 교과 교육의 결과로서 학생들에게 기대되는 능력이자 중요한 수행으로 드러내야 할 능력을 고려한 소수의 총체적이고도 복합적인 교과 역량이다.

○ 학생들은 각 교과의 중요한 핵심 개념, 교과와 관련된 사고 및 탐구 기능을 학습함으로써 교과 역량을 기를 수 있고, 이를 바탕으로 통합적 사고를 기름으로써 학생들은 다양한 분야의 핵심 개념들을 연결하며 능동적인 태도로 삶의 문제를 창의적으로 해결해 나갈 수 있다.

이러한 교과 역량을 함양하기 위한 교수학습 및 평가와 관련하여 2015 개정 교육과정 총론에서는 '학교와 교사는 성취기준에 근거하여 학교에서 중요하게 지도한 내용과 기능을 평가하여 교수학습과 평가 활동이 일관성 있게 이루어지도록 하며, 학생들에게 배울 기회를 주지 않는 내용과 기능은 평가하지 않도록'(교육부, 2015a, p.33) 하고 있다. 즉, 교수학습과

표 4-7 2015 개정 교육과정 기술·가정과 교과 역량

교과 역량	의미
실천적 문제 해결능력	일상생활 속에서 발생될 수 있는 다양한 문제에 대하여 그 배경을 이해하고 문제해결의 대안을 탐색한 후, 비판적 사고를 통한 추론과 가치 판단에 따른 의사 결정으로 실행할 수 있는 능력
생활자립능력	삶의 주체로서 자신의 발달 과정에서 자아정체감을 형성하여 일상생활의 문제를 스스로 판단·수행할 수 있으며, 주도적인 관점에서 자기 관리 및 생애를 설계할 수 있는 능력
생활자립능력	대상과의 관계를 소중히 여기고, 존중과 공감, 배려와 돌봄을 통해 공동체 감수성을 함양하여 자신과 가족, 친구, 지역사회, 자원, 환경과의 건강한 상호작용과 관계를 형성·유지할 수 있는 능력
기술적 문제 해결능력	기술과 관련된 문제를 이해하고, 다양한 해결책을 탐색하여 창의적인 아이디어를 구현한 해결책을 평가하고 개선할 수 있는 능력
기술시스템 설계능력	다양한 자원을 활용하여 생산·수송·통신 기술의 투입, 과정, 산출, 되먹임의 흐름이 효율적으로 이루어지도록 필요한 기술을 개발하거나 설계하는 능력
기술활용능력	생산·수송·통신 기술의 개발, 혁신, 적용, 융합을 통해 지속가능한 발전을 위한 발명과 표준화가 효율적으로 이루어지도록 촉진하는 능력

자료: 교육부, 충청남도교육청, 한국과학창의재단(2018). 중학교 교사별 과정 중심 평가 이렇게 하세요. 중학교 기술·가정과. p.31.

평가는 성취기준을 근거한 교과 내용과 기능을 매개로 한 교수학습 활동과 평가 활동이 일관성이 있어야 함을 의미한다. 한편, 교수학습의 근거이자 평가의 기준인 성취기준을 학생들이 도달함으로써 교과 역량을 함양할 수 있게 된다(교육부, 2016, p.136). 특히 중학교에서는 자유학기제나 자유학년제가 운영되고 있어 교과 역량을 평가하는 다양한 수행평가나 과정 중심 평가를 운영하기에도 적합하다. 따라서 교과 성취기준을 분석하여 이에 적합한 교과 역량을 모색한 후, 해당 교과 역량을 함양하기 위한 교수학습-평가 연계 방안을 구체적으로 적용할 수 있는 방안이 강조되고 있다.

아래의 〈그림 4-2〉는 역량 함양을 위한 교수 학습·평가 연계 방안 적용 절차이다.

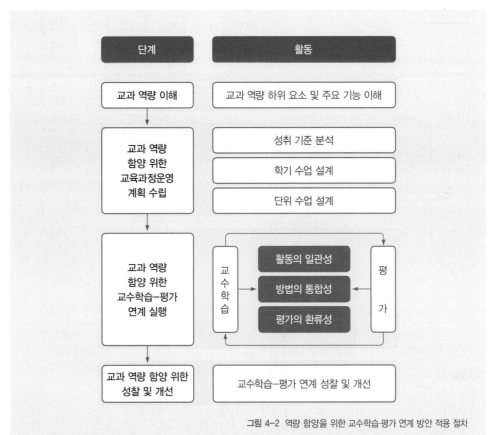

그림 4-2 역량 함양을 위한 교수학습·평가 연계 방안 적용 절차

자료 : 한국교육과정평가원(2018), 교과 역량 함양을 위한 교수학습-평가 연계 연구-중학교 국어, 역사, 수학, 기술·가정, 음악 교과를 중심으로-. 연구자료 RRI 2018-5 p.335.

다음은 기술·가정과 교과 역량 함양을 위한 교수학습-평가 연계 방안이다. 〈표 4-8〉은 학기 수업 설계, 〈표 4-9〉는 단위 수업 설계이며, 〈표 4-10〉에서 〈표 4-15〉는 평가를 위한 채점 기준 및 환류 방안에 대한 예시이다.

표 4-8 [학기 수업 설계] 단원별 기술·가정과 교과 역량 함양을 위한 교수학습-평가 개요

단원	성취기준	교과 역량						주요 교수학습-평가방법		차시
		실천적 문제 해결 능력	생활 자립 능력	관계 형성 능력	기술적 문제 해결 능력	기술 시스템 설계 능력	기술 활용 능력	교수학습 방법	평가 방법	
청소년기의 영양과 식행동	9기가02-01: 청소년기 영양의 중요성을 이해하고, 청소년기 식생활 문제를 인식하여 자신의 식행동을 평가한다.	○	○					프로젝트	프로젝트 결과물	4
식사의 계획과 선택	9기가02-02: 영양 섭취 기준과 식사 구성안을 고려하여 균형 잡힌 식사를 계획하고, 가족의 요구를 분석하여 식사를 선택한 후 평가한다.	○	○					프로젝트	프로젝트 결과물	4
옷차림과 의복 마련	9기가02-03: 의복 디자인의 요소를 적용한 개성 있는 옷차림을 통해 자신을 긍정적으로 표현하고, 타인을 배려하는 의생활을 실천한다.	○	○					프로젝트	프로젝트 결과물	4
	9기가02-04: 의복 마련에 필요한 요소를 분석하여 의복 마련 계획을 세우고 의복의 형태와 종류를 선택한다.	○	○					프로젝트	프로젝트 결과물	3
주생활 문화와 주거 공간 활용	9기가02-05: 주거 가치관의 변화를 이해하고, 다양한 생활양식을 고려하여 이웃과 더불어 살아가는 주생활 문화를 실천한다.	○		○				토의 토론	토의 토론 관찰 평가	3
	9기가02-06: 효율적인 주거 공간 구성 방안을 탐색하여, 가족생활에 적합한 주거 공간 구성에 활용한다.	○	○					문제 해결	토의 토론 관찰 평가	4

(계속)

| 단원 | 성취기준 | 교과 역량 | | | | | | 주요 교수학습-평가방법 | | 차시 |
		실천적 문제 해결 능력	생활 자립 능력	관계 형성 능력	기술적 문제 해결 능력	기술 시스템 설계 능력	기술 활용 능력	교수 학습 방법	평가 방법	
청소년기 생활문제와 예방	9기가02-07: 청소년기의 건강을 위협하는 다양한 원인을 분석하고, 이를 해결하고 예방하는 방안을 탐색하여 실생활에 적용한다.	○	○					문제 해결	토의 토론 관찰 평가	4
성폭력과 가정폭력 예방	9기가02-08: 성적 의사 결정의 중요성을 이해하고, 성폭력의 원인과 영향을 개인 및 사회적 차원에서 분석하여 예방 및 대처 방안을 탐색한다.	○		○				문제 해결	토의 토론 관찰 평가	4
가정폭력의 예방과 대처	9기가02-09: 가정폭력의 사회·구조적인 원인과 영향을 분석하고, 가정폭력과 관련된 다양한 문제상황을 중심으로 대처 및 지원 방안을 탐색한다.	○		○				문제 해결	토의 토론 관찰 평가	4
합계										34

자료: 한국교육과정평가원(2018). 교과 역량 함양을 위한 교수학습-평가 연계 교수학습 과정안 예시자료집-중학교 국어, 역사, 수학, 기술·가정, 음악 교과를 중심으로-. 연구자료 ORM 2018-126 p.202.

표 4-9 [단위 수업 설계] 기술·가정과 교과 역량 함양을 위한 차시별 교수학습-평가 연계 과정안

단원명	가정폭력의 예방과 대처		차시	31-34/34
대상	중학교 2~3학년		학습 장소	가정실 및 교실
교육과정	영역	가정생활과 안전		
	성취기준	9기가02-09: 가정 폭력의 사회·구조적인 원인과 영향을 분석하고, 가정 폭력과 관련된 다양한 문제 상황을 중심으로 대처 및 지원 방안을 탐색한다.		
차시 계획	차시 구분	차시별 교수학습 주제 및 내용		
	1차시(본시)	도입: 가정폭력의 발생 현황 및 사례 통계자료 제시 가정폭력 관련 동화를 읽고 가정폭력이 발생하는 원인과 영향에 대해 토의하기, 토의결과 발표하기		

(계속)

	2차시(본시)	수행과제 안내, 수행과제 해결을 위한 계획 세우기(역할분담, 조사계획)
		수행과제 해결하기(자료조사, 토의, 제작계획)
	3차시(본시)	수행과제 해결하기(자료분석, 신문 자료 제작)
	4차시(본시)	캠페인 활동, 모둠간 평가, 자기평가
본시 관련 교과 역량	교과 역량	실천적 문제해결능력: 문제 이해 및 해결방안 탐색(원인, 영향 분석), 계획(문제 상황을 중심으로 대처 및 지원방안 토의하기), 실행 및 반성(신문자료만들기, 게시하고 발표하기), 관계형성능력(협력하여 문제 해결하기, 문제상황에 공감하기)
	하위 요소(기능)	추론하기, 적용하기, 공감하기, 계획하기, 탐색하기, 조사하기, 종합하기, 평가하기, 실천하기
교수학습 -평가 방법	주요 교수학습 방법	토의토론학습
	주요 평가 방법	토의토론 관찰, 토론결과물, 동료평가, 자기평가

자료: 한국교육과정평가원(2018). 교과 역량 함양을 위한 교수학습-평가 연계 교수학습 과정안 예시자료집-중학교 국어, 역사, 수학, 기술·가정, 음악 교과를 중심으로-. 연구자료 ORM 2018-126 p.203.

표 4-10 수행과제 관련 평가 채점 기준 예시

평가 요소		평가 방법	평가 기준	배점
내용 요소	내용의 정확성	교사평가	기사의 내용이 공신력 있는 자료를 바탕으로 하였고, 평가기준에서 제시한 내용이 모두 포함되었다.	5
			기사의 내용에 대한 근거가 자신의 경험이나 드라마 내용 등을 바탕으로 제시된 되었고, 평가기준에서 제시한 내용이 일부 누락되었다.	4
			기사 내용이 근거 없이 작성되었고, 평가기준에서 제시한 내용이 거의 누락되었다.	3
	기사전달력 및 표현력	교사평가	기사 내용이 쉽게 이해가 되도록 작성하였고, 표현 방법이 매우 다양하다.	5
			기사 내용이 다소 이해되지 않는 면이 있으나, 표현 방법이 다양한 편이다.	4
			기사 내용이 이해가 잘 되지 않고, 표현이 단조롭다.	3
교과 역량	실천적 문제해결 역량	교사평가	수행계획을 구체적으로 잘 세웠고, 자료조사가 효율적으로 이루어졌다.	5
			수행계획은 잘 세웠으나 자료조사와 역할분담에서 의견이 맞지 않아 계획대로 진행되지 않았다.	4
			수행계획이 구체적이지 않고, 자료조사도 미흡했다.	3

(계속)

평가 요소	평가 방법	평가 기준	배점
관계형성역량	교사평가 동료평가	토론과정에서 적극적으로 경청하고 지지하였고, 기사작성 시 모둠원들이 적극적으로 협력하여 역할분담이 잘 이루어졌다.	5
		토론과정에서 경청과 지지가 잘 이루어진 편이었으나, 기사작성 시 모둠원들의 협력이 다소 부족했다.	4
		토론이 산만하게 이루어졌고, 기사작성에도 1~2명만 참여하였다.	3

자료: 한국교육과정평가원(2018). 교과 역량 함양을 위한 교수학습−평가 연계 교수학습 과정안 예시자료집−중학교 국어, 역사, 수학, 기술·가정, 음악 교과를 중심으로−. 연구자료 ORM 2018−126 p.205.

표 4−11 프로젝트 결과물 평가 채점 기준 예시

평가 요소		평가 기준	판단 (배점)	채점기준	1 모둠	2 모둠	3 모둠	4 모둠	5 모둠	6 모둠
내용 요소	내용의 정확성	기사의 내용이 공신력있는 자료를 바탕으로 정확하게 제시한다.	5	기사의 내용이 공신력 있는 자료를 바탕으로 하였고, 평가기준에서 제시한 내용이 모두 포함되었다.						
			3	기사의 내용에 대한 근거가 자신의 경험이나 드라마 내용 등을 바탕으로 제시 된 되었고, 평가기준에서 제시한 내용이 일부 누락되었다.						
			1	기사 내용이 근거 없이 작성되었고, 평가기준에서 제시한 내용이 거의 누락되었다.						
	기사 전달력 및 표현력	기사내용이 이해가 쉽고 다양하게 표현한다.	5	기사 내용이 쉽게 이해가 되도록 작성하였고, 표현방법이 매우 다양하다.						

(계속)

평가 요소		평가 기준	판단 (배점)	채점기준	1 모둠	2 모둠	3 모둠	4 모둠	5 모둠	6 모둠
			3	기사 내용이 다소 이해되지 않는 면이 있으나, 표현방법이 다양한 편이다.						
			1	기사내용이 이해가 잘 되지 않고, 표현이 단조롭다.						
교과 역량	실천적 문제 해결 역량	수행계획과 자료조사가 주체적이다.	5	수행계획을 구체적으로 잘 세웠고, 자료조사가 효율적으로 이루어졌다.						
			3	수행계획은 잘 세웠으나 자료조사와 역할분담에서 의견이 맞지 않아 계획대로 진행되지 않았다.						
			1	수행계획이 구체적이지 않고, 자료조사도 미흡했다.						
	관계 형성 역량	토론과 역할분담에 적극적으로 참여한다.	5	토론과정에서 적극적으로 경청하고 지지하였고, 기사작성 시 모둠원들이 적극적으로 협력하여 역할분담이 잘 이루어졌다.						
			3	토론과정에서 경청과 지지가 잘 이루어진 편이었으나, 기사작성 시 모둠원들의 협력이 다소 부족했다.						
			1	토론이 산만하게 이루어졌고, 기사작성에도 1~2명만 참여하였다.						
총점										

(계속)

평가 요소	평가 기준	판단(배점)	채점기준	1 모둠	2 모둠	3 모둠	4 모둠	5 모둠	6 모둠
정의적 영역의 관찰 기록									

자료: 한국교육과정평가원(2018). 교과 역량 함양을 위한 교수학습—평가 연계 교수학습 과정안 예시자료집—중학교 국어, 역사, 수학, 기술·가정, 음악 교과를 중심으로—. 연구자료 ORM 2018–126 p.210.

표 4-12 교사 관찰 평가 예시

평가 요소		판단(배점)	채점기준	실제점수
내용요소	내용의 정확성	5	기사의 내용이 공신력 있는 자료를 바탕으로 하였고, 평가기준에서 제시한 내용이 모두 포함되었다.	
		3	기사의 내용에 대한 근거가 자신의 경험이나 드라마 내용 등을 바탕으로 제시된 되었고, 평가기준에서 제시한 내용이 일부 누락되었다.	
		1	기사 내용이 근거 없이 작성되었고, 평가기준에서 제시한 내용이 거의 누락되었다.	
	기사전달력 및 표현력	5	기사 내용이 쉽게 이해가 되도록 작성하였고, 표현 방법이 매우 다양하다.	
		3	기사 내용이 다소 이해되지 않는 면이 있으나, 표현 방법이 다양한 편이다.	
		1	기사 내용이 이해가 잘 되지 않고, 표현이 단조롭다.	
교과 역량	실천적 문제 해결역량	5	수행계획을 구체적으로 잘 세웠고, 자료조사가 효율적으로 이루어졌다.	
		3	수행계획은 잘 세웠으나 자료조사와 역할분담에서 의견이 맞지 않아 계획대로 진행되지 않았다.	
		1	수행계획이 구체적이지 않고, 자료조사도 미흡했다.	
	관계형성 역량	5	토론과정에서 적극적으로 경청하고 지지하였고, 기사작성 시 모둠원들이 적극적으로 협력하여 역할분담이 잘 이루어졌다.	
		3	토론과정에서 경청과 지지가 잘 이루어진 편이었으나, 기사작성 시 모둠원들의 협력이 다소 부족했다.	
		1	토론이 산만하게 이루어졌고, 기사작성에도 1~2명만 참여하였다.	

자료: 한국교육과정평가원(2018). 교과 역량 함양을 위한 교수학습—평가 연계 교수학습 과정안 예시자료집—중학교 국어, 역사, 수학, 기술·가정, 음악 교과를 중심으로—. 연구자료 ORM 2018–126 p.211.

표 4-13 동료평가 예시

평가 요소	평가 목표	모둠원1	모둠원2	모둠원3	모둠원4
협동성	· 자료조사 과정에서 모둠의 활동에 도움을 주었는가? · 모둠 토의 과정에서 다른 사람의 의견을 존중하였는가? · 모둠의 의사 결정에 주도적인 아이디어를 제공하였는가?				
표현력	· 기사 작성 활동에서 다양한 표현 방법을 제안했는가? · 기사 내용을 이해할 수 있게 잘 작성했는가?				
총점					

자료: 한국교육과정평가원(2018). 교과 역량 함양을 위한 교수학습-평가 연계 교수학습 과정안 예시자료집-중학교 국어, 역사, 수학, 기술·가정, 음악 교과를 중심으로-. 연구자료 ORM 2018-126 p.211.

표 4-14 자기평가 예시

평가 요소		채점 기준	점수
개인 활동	독서 토론 수행	독서토론 활동지를 빠짐없이 작성하였는가?	
		나의 주장에 대한 근거를 논리적으로 제시하였는가?	
모둠 활동	토론 및 의사소통	수행활동 계획시 모둠 토의 과정에 적극 참여하였는가?	
		수행활동을 위한 자료조사에 필요한 자료를 찾아 활용했는가?	
		전시물 평가 과정에서 다른 모둠의 결과물을 꼼꼼히 살펴보았는가?	
총점			

자료: 한국교육과정평가원(2018). 교과 역량 함양을 위한 교수학습-평가 연계 교수학습 과정안 예시자료집-중학교 국어, 역사, 수학, 기술·가정, 음악 교과를 중심으로-. 연구자료 ORM 2018-126 p.212.

〈표 4-15〉는 교과 역량 함양을 위한 교수학습-평가 활동에서 교수학습 활동과 평가의 일관성을 통해 평가 결과 환류 방안까지 제시하고 있다. 이는 학생의 변화와 성장에 대한 자료를 다각적으로 수집하여 학생의 성장을 도울 수 있도록 학생의 성장 과정을 기록하는 것이 중요함을 드러내고 있다.

표 4-15 피드백 예시

▶ 참조 1) 평가요소별 피드백

평가 요소		평가 결과	선생님의 피드백
내용 요소	내용의 정확성	우수	기사에 꼭 필요한 내용요소를 선정하고, 내용요소에 맞는 사례를 제시하여 이해하기 쉬운 결과물을 제작하는 능력이 뛰어나 향후 언론, 미디어 콘텐츠 등과 관련 있는 진로 설정이 도움이 될 것으로 생각됨
	기사전달력 및 표현력	우수	기사의 배치와 전체적인 디자인을 하는데 기여하였고, 내용을 잘 이해하여 읽기 쉽게 재작성하여 가독성을 높아짐
교과 역량	실천적 문제 해결역량	보통	계획단계의 토론 시에는 주로 듣기만 하고 의견제시를 하지 않았으나 과제물 제작 과정에서 창의적인 방법으로 자료를 제작하도록 아이디어를 제공하였음. 경청의 자세가 매우 좋으나 자신의 의견을 적극적으로 제시하면 더욱 발전할 것으로 기대됨
	관계형성 역량	미흡	깊이 생각하기를 힘들어하고 다른 친구들의 의견을 가볍게 받아들여 토론 분위기가 진지하지 못하도록 하는 등의 토론 태도를 개선할 필요가 있음

▶ 참조 2) 성취기준에 따른 피드백

평가 결과	선생님의 피드백
A	가정 폭력의 사회·구조적인 원인과 영향을 매체를 통해 잘 조사하는 등 미디어 활용 능력이 우수하며, 가정 폭력과 관련된 다양한 문제 상황과 연결 지어 비판적으로 분석하였고 대처 및 지원 방안을 현실에 맞게 잘 정리하였음. 분석적 시각을 바탕으로 다양한 독서와 글쓰기를 통한 진로설정이 도움이 될 것으로 보임
B	가정 폭력의 사회·구조적인 원인과 영향을 다양하게 조사하였으나, 문제 상황과의 연결이 적절하지 않았고 대처 및 지원상황은 잘 정리가 되었음
C	가정 폭력의 사회·구조적인 원인과 영향을 정확히 이해하지 못하였고, 대처 및 지원방안에 대한 필요성을 인식하지 못함

자료: 한국교육과정평가원(2018). 교과 역량 함양을 위한 교수학습-평가 연계 교수학습 과정안 예시자료집-중학교 국어, 역사, 수학, 기술·가정, 음악 교과를 중심으로-. 연구자료 ORM 2018-126 p.213.

2. 평가의 유형과 실제

1│ 교육진행과정에 따른 분류

평가의 유형은 다양하지만, 교육진행과정에 따라 진단평가, 형성평가, 총괄평가로 나누어 볼수 있다. 평가의 유형에 관련된 내용은 《가정과교육론》(2011, p.302)에 개념에서 평가문항을만드는 예시까지 명료하게 설명하고 있어 중복되지 않는 범위 내에서 간단하게 제시하고자한다.

(1) 진단평가
학생에게 교수·학습을 투입하기 전에 학생의 특성을 파악하여야 하며, 이를 파악하기 위한평가를 진단평가라 한다(성태제, 2014). 즉 진단평가는 학습이 시작되기 전에 학생이 가지고있는 특성을 체계적으로 관찰하고, 측정하여 상태를 진단하는 평가로서 사전학습 정도, 적성, 흥미, 학습동기, 기초학력 등을 파악할 수 있다.

진단평가는 학습의 계열성과 계속성을 위해 수업을 시작하기 전에 이전 학년에 배운 내용 중 기초적인 학습 내용을 알고 있는지 확인하기 위한 질문을 하는 경우가 많다. 학습과제에 대한 성취수준을 쉽게 진단할 수 있는 방식인 진위형이나, 단답형 등의 유형으로 제시하는 경우가 많다.

(2) 형성평가
교수·학습이 진행되는 도중에 학생들에게 피드백을 주고 학생의 학습에 대한 이해 정도를파악하여 교육과정 및 수업방법을 개선하기 위해 실시하는 평가를 형성평가라 한다(성태제, 2014). 교사가 교육활동 도중에 궤도 수정이나 문제점을 극복하기 위하여 필요에 의해행해지는 평가로서 교사와 학생 간의 의사소통 여부, 수업 진행의 학습 목표 일치 여부를확인·수정하기 위한 평가이다. 학생들의 학업성취도의 정도만을 파악하기 위한 평가로 절대평가가 적합하다.

(3) 총괄평가

수업이 진행된 이후에 학습에 대한 효과를 알아보기 위한 평가로써, 전체 교과목에 대한 모든 학생들의 학습 목표에 대한 학업 성취의 종합적인 진전도와 달성도를 판정하는 평가를 총괄평가라 한다(성태제, 2014). 스크리븐(Scriven, 1967)은 교육과정이 끝난 다음에 교수·학습에서 성장의 정도를 규정하고, 교육목표를 성취하였는가를 판정하는 평가를 총합평가라 하였으며, 학교현장에서는 총괄평가라고 한다. 총괄평가는 절대평가와 상대평가를 혼재하여 제시하는 것이 바람직하다.

 평가문항 제작 시 유의사항

1. 평가문항 제작 지침
· 평가문항의 소재 선택은 해당 과목별 교육과정의 범위와 그 수준에 근거하되, 교과서 내용에 치중하지 않고 가능한 전공 실무나 실생활 등과 밀접한 관련이 있는 다양한 내용을 포함하도록 한다.
· 해당 과목의 교과서에 있는 문장을 그대로 사용하여 출제하지 않는다.
· 해당 과목의 교과서에 있는 표, 그림, 그래프, 사진 등은 보편적으로 널리 통용되고, 저작권 침해의 논란이 없으면 그대로 사용하거나 보완하여 사용할 수 있다.
· 정설화되지 않은 용어, 개념, 원리, 이론 등을 이용하여 평가문항을 제작하지 않는다.
· 하나의 질문에는 하나의 내용만을 포함하도록 한다.
· 외래어와 외국어는 한글 표기를 원칙으로 하되 필요한 경우 ( ) 안에 원어 또는 약어를 제시한다. 단, 단위(예: kg, cm, KL 등), 일상적으로 통용되는 약어(예: OECD, IMF 등), 용어(예: DOS, Windows 등) 등은 그대로 사용할 수 있다.
· 단편적인 지식을 측정하는 평가문항 제작을 지양하고, 단원의 내용을 통합적으로 이해하고 이를 문제 상황에 적용할 수 있는 평가문항을 제작한다.

2. 평가문항 편집 지침(평가문항체제의 통일안)
· 평가문항의 물음 부문(문두)은 불완전 물음표(?)로 끝나는 것을 원칙으로 하고, 부정문일 때는 부정하는 부분에 반드시 밑줄을 친다.
· 부정 발문의 경우 "~하지 못한 것은?"의 표현을 지양하고 순화된 부정 표현을 사용하도록 한다(예: ~에 대한 설명으로 알맞지 않은 것은?, ~에 해당하지 않은 것은?).
· 두 평가문항 이상의 세트 평가문항은 번호를 [ ]로 묶고, 공통지시문은 완전평가문항('하시오' 혹은 '하라'체)으로 한다(예: [1-4] 다음 지도를 보고 물음에 답하시오).
· 발문에는 평가요소가 구체적으로 드러나야 한다. 평가요소는 가급적 발문의 끝부분에 위치하여

수험자가 명확하게 인지하도록 한다(예: ~의 원인(평가 요소)으로 가장 적절한 것은?, ~가 변화하는 단계를 순서대로(평가 요소) 배열한 것은?, ~의 변화(평가 요소)를 바르게 나타낸 것은?, ~와 ~를(평가 요소) 바르게 짝지은 것은?).

· 문장 안에 나오는 인용된 문장은 " "로 표기하고, 인용된 어구는 ' '로 표기한다.

· 〈보기〉 속의 내용을 선택하는 경우에는, 각 사항 앞의 기호를 ㄱ, ㄴ, ㄷ …로 표기한다.

반상차림에서 첩 수에 해당하는 음식만 〈보기〉에서 고른 것은?

〈보기〉
ㄱ. 열무김치 ㄴ. 멸치볶음
ㄷ. 시금치나물 ㄹ. 돼지갈비찜

① ㄱ, ㄴ ② ㄱ, ㄷ ③ ㄴ, ㄷ ④ ㄴ, ㄹ ⑤ ㄷ, ㄹ

· 답지의 개수가 다를 경우, 작은 수의 답지부터 먼저 배열하고, 답지의 개수가 동일한 경우에는 〈보기〉의 순서에 따라 배열한다.

합리적인 의생활을 실천한 예만을 〈보기〉에서 있는 대로 고른 것은?

〈보기〉
ㄱ. 졸업하는 선배에게 교복을 물려받았다.
ㄴ. 환경친화적인 옥수수 섬유로 된 옷을 구입했다.
ㄷ. 아이돌의 공항패션이 뜰 때마다 똑같은 옷을 구입했다.

① ㄱ ② ㄴ ③ ㄱ, ㄴ ④ ㄱ, ㄷ ⑤ ㄴ, ㄷ

· 〈보기〉 속의 내용을 선택하지 않는 경우에는, 각 사항 앞의 기호를 '·'로 표기한다.

다음과 같은 주거생활문화의 특징을 보이는 시대는?

〈보기〉
· 일반 백성: 움집의 형태
· 귀족계급: 기와집
· 귀족계급이나 왕궁에는 온돌 구조가 없었음

① 원시시대　　② 삼국시대　　③ …　　　　④ …　　　　⑤ …

· 지문(指文) 속에 있는 여러 문단을 구분하여 나타내는 번호는 (가), (나), (다) …로 표시하고, 지문 속에 있는 문장이나 문구를 지적하는 번호는 ㉠, ㉡, ㉢ …로 하고 밑줄을 친다.

다음은 청소년기의 정서적 발달에 대한 설명이다. (가)~(마) 중 옳지 않은 것은?

> (가) 청소년기에는 심한 감정 변화를 겪게 된다. (나) 감정이 풍부해지고 예민해지면서 쉽게 웃거나 화를 내기도 한다. (다) 호르몬 분비의 변화도 정서에 영향을 준다. 또 (라) 이 시기에는 다양한 문제로 갈등을 겪으면서 불안정한 모습을 보인다. (마) 이러한 정서적 불안정은 일반적으로 성인기로 갈수록 더욱 심해진다.

① (가)　　　　② (나)　　　　③ (다)　　　　④ (라)　　　　⑤ (마)

다음 빈칸 ㉠~㉢에 들어갈 말을 쓰시오.

> 생애주기에 따른 발달은 출생으로부터 (㉠)까지인 신생아기, 24개월까지인 (㉡), 만 2세부터 초등학교 입학 전까지인 (㉢), 초등학교 시기인 아동기, 중고등학교 시기인 청소년기로 나뉜다.

(㉠ :　　　　㉡ :　　　　㉢ :　　　　　)

· 자료의 출처를 밝히고자 할 때는 자료의 우측하단에 다음과 같이 표기한다.

다음 자료를 읽고 추론할 수 있는 내용이 아닌 것은?

> 〈보기〉
> · 인터넷 이용자 중 32%가 최근 6개월 이내 만족스럽게 인터넷 쇼핑을 했으며, 특히 구매 절차의 편리성에 만족하였다.
>
> 　　　　　　　　　　　　　　　　자료: 정보통신부 보도자료(2019. 4. 21.).
>
> · 한국은행에 따르면 6월말 현재 인터넷 뱅킹이 전체 시중 은행 거래에서 차지하는 비중은 26.5%로 급증하고 있다.
>
> 　　　　　　　　　　　　　　　　　　　자료: ○○신문(2019. 3. 21.).

· 자료나 〈보기〉를 제시한 평가문항에서는 자료나 〈보기〉 다음에 질문이 오도록 한다.

예 1: 다음 〈보기〉는 푸드마일리지에 대한 설명이다.

지도 그림

〈보기〉
ㄱ.   ㄴ.
ㄷ.   ㄹ.

다음 중 〈보기〉에서 바른 설명만 고른 것은?

① ㄱ, ㄴ   ② ㄱ, ㄷ   ③ ㄴ, ㄷ   ④ ㄴ, ㄹ   ⑤ ㄷ, ㄹ

예 2: 다음은 방글라데시 의류공장 붕괴사고에 대한 내용이다.

....
....

다음 사례와 가장 관련이 깊은 의생활문화의 특징은?

① 의복 소비의 증가   ② 의복의 다양화와 개성화
③ 의복의 기능화와 과학화   ④ 합리적 소비로 과소비 지양하기
⑤ 의복의 생산과 소비에 따른 환경 문제

· 문장 안에 나오는 책 이름은 『 　』안에 쓴다.
· 그림, 그래프, 표를 주고 묻는 문제는 발문에 그림, 그래프, 표에 대한 사전 정보를 제시해야 한다.

다음 임신 시 부속물을 나타낸 그림에서 'ㄱ'의 기능은?

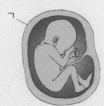

① 태아의 활동과 발육을 도움
② 태아를 둘러싸고 있는 보호막
③ 외부의 충격으로부터 태아 보호
④ 영양소, 산소, 노폐물의 이동 통로
⑤ 모체의 유해 물질이 태아에게 들어오지 못하도록 막음

3. 평가문항 제작의 실제(선다형)

· 평가문항은 중요한 학습 내용을 포함해야 한다. 수학능력시험문제 등을 분석해 보면, 몇 년간 같은 내용이 계속 출제되는 경우가 많아 의문이 생기기도 하겠지만 이는 당연한 일이다. 학생은 바뀌지만 주요학습 요소에는 변화가 없기 때문이다.

· 평가문항마다 질문의 내용이 하나의 사실을 묻도록 단순 명쾌하게 구조화되어야 한다.·

> · 수정 전: 색의 삼원색은 빨강, 노랑, 파랑이고 빛의 삼원색은 빨강, 노랑, 초록이다.
> · 수정 후: 색의 삼원색은 빨강, 노랑, 파랑이다.
>   빛의 삼원색은 빨강, 노랑, 초록이다.

· 평가문항이나 답지는 간단하고 명확한 단어로 서술하여야 한다(불필요한 문구, 그림 등의 검토).

> **예 1:** 양육자가 아동을 양육하면서 취하는 일반적인 태도나 행동 양식을 양육태도라 하며, 자녀는 부모의 양육 유형에 따라 다음과 같이 구분된다. 해당되지 않는 것은?
>
> **예 2:** 자녀에게 영향을 미치는 부모의 양육태도를 구분했을 때 이에 해당되지 않는 것은?
> ① 익애적 ② 민주적 ③ 방임적 ④ 거부적 ⑤ 감시적
>
> **예 3:** 영희는 인구 수가 변화하는 상황에 따라 가족생활문화에 어떤 변화가 일어나는지에 대해서 항상 궁금하게 생각해 왔다. 그래서 통계청에 들어가서 지난 50년 동안의 인구 수의 변화를 도시와 농촌으로 나누어 비교 연구해 보기로 하였다. 이때의 조사항목으로 가장 적절한 것은?
>
> **예 4:** 인구 수의 변화에 따른 가족생활문화의 변화를 연구하고자 할 때 조사항목으로 가장 적절하지 않은 것은?
> ① 가구원의 수　　　　② 노령인구 비율　　　　③ 혼인 비율
> ④ 전체 인구 수의 변화　　⑤ 출생아의 변화 추이

· 평가문항의 질문 형태는 가능하면 긍정문이어야 한다.
· 용어의 정의나 개념을 묻는 질문에서는 용어를 질문하고, 답지에서는 용어의 정의나 개념을 나열한다.

> **예 1:** 어떤 물체가 눈에 보이지 않아도 그 물체가 없어진 것이 아니라 계속 있다는 것을 인식하게 되는 능력은?
> ① 상상력　② 보존개념　③ 대상 영속성　④ 가설적 사고　⑤ 물활론적 사고

예 2: 보존개념이란?

① 눈앞에 없는 사물의 이미지를 만드는 정신능력

② 어떤 사물이나 현상의 진행 과정을 거꾸로 밟아 가는 능력

③ 어떤 물체의 형태가 바뀌어도 양은 변하지 않는다는 것을 아는 능력

④ 기억 또는 메모리는 정보를 저장하고 유지하고 다시 불러내는 회상의 능력

⑤ 다양한 가능성에 대해서 체계적으로 추론할 수 있는 능력

· 평가문항의 질문 내용 속에 답을 암시하는 내용이 포함되어 있지 않아야 한다.

· 답지 중 정답은 분명하고 정확하게, 오답은 매력 있게 제작한다.

· 답지 중 견해에 따라서 정답이 두 개 이상이 될 경우에는, 최선의 답을 선택하도록 환기시켜 주어야 한다.

예 1: 다음과 같은 주거형태가 등장하게 된 이유로 적절하지 않은 것을 두 개 고르면?

예 2: 다음과 같은 주거형태가 등장하게 된 이유로 가장 적절하지 않은 것은?

〈보기〉

입주자들이 사생활을 누리면서도 공용 공간에선 공동체 생활을 하는 협동주거 형태를 말합니다. 1970년대 덴마크에서 시작된 이러한 변화는 네덜란드, 스웨덴, 영국 등으로 확대됐는데요, 우리나라 역시 인구 구조가 변화하면서 이러한 변화에 관심이 높아지고 있습니다. 우리나라의 경우, 서울 성미산 마을에 위치한 '소행주'를 시작으로, 서울 방학동 '두레 주택', 충남 아산시 '올챙이 마을' 등 다양한 주거 공간이 지속적으로 등장하고 있습니다.

① 정서적 교류 부족

② 가사 노동의 감소

③ 과중한 육아의 힘겨움

④ 가족 간의 소통의 부재

⑤ 주택 건설 및 관리 비용의 절감

· 피험자에게 옳은 답지를 선택하거나 틀린 답지를 제거시킬 수 있는 단서를 제공하지 말아야 한다.

− 답지 중 어느 한 가지만 길고, 구체적으로 기술하지 않도록 한다.

− 특이하고 생소한 형태로 서술하지 않도록 한다.

− 교재에 있는 문장을 그대로 서술하지 않도록 한다.

합리적 소비에 대해서 가장 잘 설명한 것은?

① 만족을 최대화하는 것 ② 재화를 효과적으로 사용하는 것

③ 소득의 극대화를 목적으로 하는 것 ④ 정신적 만족과 육체적인 만족을 느끼는 것

⑤ 소득을 극대화하기 위해 많은 재화와 서비스를 소비하여 만족을 최대화하는 것

· 가능하면 답지를 짧게 하는 것이 바람직하다.
· 각 답지에 똑같은 단어들이 반복되지 않게 한다.

예 1: HACCP인증과 관련이 깊은 것은?

① 식품이 갖추어야 하는 경제성 ② 식품이 갖추어야 하는 안전성

③ 식품이 갖추어야 하는 기호성 ④ 식품이 갖추어야 하는 저장성

⑤ 식품이 갖추어야 하는 영양성

예 2: 식품이 갖추어야 할 기본 요소와 HACCP인증과 관련이 깊은 것은?

① 경제성 ② 안전성 ③ 기호성 ④ 저장성 ⑤ 영양성

· 답지 사이에 중복을 피해야 한다.

야채 튀김을 하기에 적당한 온도는?

수정 전 ① 150℃ 이상 ② 200℃ 이상 ③ 300℃ 이상 ④ 400℃ 이하
수정 후 ① 150℃ 정도 ② 200℃ 정도 ③ 300℃ 정도 ④ 400℃ 정도

· 답지에 논리적 순서가 있으면 그에 따라 배열한다.

예 1: 결합조직의 형성을 도와 혈관을 튼튼하게 하고 상처 회복이 잘 되도록 하는 비타민은?

수정 전 ① 비타민 A ② 비타민 D ③ 티아민 ④ 비타민 C
수정 후 ① 비타민 A ② 티아민 ③ 비타민 C ④ 비타민 D

예 2: 에너지 권장량에서 탄수화물로 섭취해야 하는 비율은?

수정 전 ① 20~25 ② 50~55 ③ 30~35 ④ 40~45
수정 후 ① 20~25 ② 30~35 ③ 40~45 ④ 50~55

· 문두와 답지는 문법적으로 일치해야 한다.

  – '……한 이유는?'이라는 물음에 '……하기 위하여'라고 답한 오류

  – '……의 목적은?'이라는 물음에 '……이기 때문에'라고 답한 오류 등

· 답의 단서가 되는 부사어를 사용하지 않는다.

  – 절대, 항상, 모두, 전혀, 오직, 반드시 등은 틀린 답의 단서가 될 수 있다.

  – 흔히, 간혹, 대체로, ~하는 경향이 있다. ~일 것이다 등은 정답의 단서가 될 수 있다.

· 정답의 번호가 일정 형태를 유지하지 않는 우선순위에 의하도록 한다.

· 정답의 번호가 일정 번호에 치우치는 것을 삼가야 한다.

· 중·고등학교 모두 대학수학능력시험 유형으로 출제하되 과목별, 영역별로 새로운 평가문항 유형, 창의적인 평가문항을 다수 포함하도록 한다.

다음은 '○○자녀돌보기' 블로그에 올린 영빈이 엄마의 사연이다. 영빈이와 같은 시기의 아동 돌보기 조언으로 적절한 것을 〈보기〉에서 고른 것은?

> 안녕하세요. 영빈맘입니다.
>
> 우리 영빈이는 어느 때부터인가 반바지를 입을 때 스타킹을 신지 않겠다고 하며 막무가내로 버팁니다. 여자들이 신는 것이어서 안 신겠다고 하여, 쌀쌀한 가을인데 감기에 걸릴까 걱정을 많이 하고 있어요.
>
> 또 지난번에는 영빈이가 놀다가 부엌 바닥에 놓인 접시를 건드리다 깨트려서 야단을 쳤는데, 같은 날 설거지를 돕다가 접시를 깬 형은 야단치지 않는다며 화를 내고 마음을 풀지 않아요. 요즘 애들 키우기가 너무 힘드네요. 어떻게 해야 하죠?

〈보기〉

ㄱ. 이 시기는 신뢰감 형성이 중요해요.

ㄴ. 주도성이 형성되므로 본인이 입고 싶은 옷을 입도록 허용해야 해요.

ㄷ. 도덕성 발달이 시작되는 시기이므로 명확한 규칙을 제시하여 지도합니다.

ㄹ. 생활 속에서 도덕적 행동을 할 수 있도록 스스로 옳고 그름을 판단할 수 있는 기회를 제공해야 합니다.

① ㄱ, ㄴ   ② ㄱ, ㄷ   ③ ㄴ, ㄷ   ④ ㄴ, ㄹ   ⑤ ㄷ, ㄹ

자료: 교육부, 충청남도교육청 외 16개 시도교육청(2018). 2015 개정 교육과정 평가기준 – 고등학교 기술·가정과–. p.56.

2│ 평가문항의 제시 방식에 따른 분류

평가의 유형은 평가문항의 제시 방식에 따라 선택형과 서답형으로 구분한다. 선택형 문항은 보통 객관식 문항으로 대표되는 일반적인 평가의 형태이다. 학교에서 지필평가의 형태로 가장 보편적으로 사용되는 형태이다. 서답형 문항은 지필평가에서 주관식으로 대표되거나 새롭게 시행되고 있는 서술형, 논술형 등 다양한 수행평가의 형태로 많이 사용되고 있다.

(1) 선택형 문항

선택형 문항에는 진위형, 연결형, 선다형이 있다. 진위형은 주어진 진술이 옳은지 그른지를 O, ×로 답하게 하는 방식으로 진단평가의 형태로 흔하게 쓰인다. 연결형은 문항군과 선택군을 두고, 서로 관계있는 것끼리 연결하게 하는 방식으로 배합형이라고도 한다. 선다형은 지필평가에서 가장 일반적인 형태로 주어진 복수의 선택지 중에서 질문에 가장 적절한 답을 고르게 하는 방식이다. 최선의 답 하나를 고르는 형식이 주류이지만, 가끔 합답형이나 다답형으로 변형되기도 한다. 선택형 문항은 대부분 인지나 재생 반응을 요구하는 단순한 문항으로 고등사고 능력을 측정하기에는 부족하다. 하지만 한 회 단위의 지필고사에서 많은 문항의 출제가 가능하며, 채점의 객관성이나 공정성이 높아 학교 현장에서 쉽게 적용할 수 있다. 또한 채점에 많은 시간과 노력이 소모되지 않아 평가의 경제성과 효율성이 높다.

 평가문항 제작 관련 유의사항

1. 평가문항 제작자의 자격
· 교육 목표와 교과내용, 교과과정에 대한 충분한 이해가 필요하다.
· 교수·학습 이론과 인지심리학에 대한 이해가 필요하다.
· 피험자 집단의 특성을 파악해야 한다.
· 평가문항 작성법을 숙지해야 한다.
· 검사 이론을 숙지해야 한다.
· 고등정신능력을 갖추어야 한다.
· 문장력이 필요하다.

· 다른 사람의 조언에 귀 기울이는 성품을 지녀야 한다.

· 성별, 인종, 직업 등에 관한 편견을 배제해야 한다.

· 많은 경험이 필요하다.

2. 평가문항 제작 시 고려 사항

· 교육목표와 교육내용이 무엇인가를 정확히 알아야 한다.

· 피험자의 독해력과 어휘력 수준을 고려해야 한다.

· 평가문항 유형에 따른 특징, 장단점, 복잡성을 고려해야 한다.

· 피험자에게 미칠 수 있는 부정적 영향을 고려해야 한다.

3. 좋은 평가문항의 조건

· 평가문항의 내용이 측정하고자 하는 내용과 얼마나 일치하느냐 하는 점이다.

· 평가문항 내용이 복합성을 지녀야 한다.

· 평가문항은 단순히 열거된 사실만을 질문하는 것이 아니라 열거된 사실을 요약하고 일반화시킬 수 있는 내용을 포함해야 한다.

· 평가문항은 내용이나 형식면에서 기존에 존재하는 진부한 형태가 아닌 새로운 평가문항이어야 한다.

· 질문이 모호하지 않으며 구체화되어야 한다.

· 평가문항의 난이도가 적절해야 한다.

· 평가문항은 학습동기를 유발시킬 수 있어야 한다.

· 평가문항이 검사의 사용 목적에 부합해야 한다.

· 측청의 오차를 유발하지 않아야 한다.

· 형식 면에서 각 평가문항 유형에 따른 제작 지침에 근거해야 한다.

· 평가문항 지필 지침에 준하는 평가문항이어야 한다.

· 평가문항이 윤리적, 도덕적으로 문제를 지니고 있지 않아야 한다.

· 특정 집단에 유리하게 제작되지 말아야 한다.

자료: 성태제 (2009). 현대교육평가. 학지사.

　　이병환 외(2013). 새로운 교원 임용시험. 양서원.

 선택형 문항의 유형

1. 진위형

다음 문장의 내용이 맞으면, ○표, 틀리면 ×표를 해 보자.

(1) 날씨가 흐려 우울한 기분이 드는 것은 우울증이다. 　　　　　　　(　)

(2) 청소년기 흡연은 세포의 성장을 저해한다. 　　　　　　　(　)

(3) 자살에 대해 이야기하는 사람들은 자살을 하지 않을 것이다.   (   )

(4) 자살 생각이나 계획이 있는 사람은 자신의 생각을 다른 사람에게 말하지 않으며, 자살은 경고 없이 일어난다.   (   )

자료: 이은희 외(2017). 기술·가정(중등). 교문사. p.85.

2. 연결형

각각의 기능이 있는 적절한 의복을 골라 선으로 이어 보자.

더위와 추위를 막아 체온을 유지한다.   •   • 슈미즈, 언더셔츠, 브리프

오염물질이나 분비물로 피부가 오염되는
것을 방지한다.   •   • 실험복, 소방복, 야광조끼

특정 직업의 위험한 환경에서 신체를 안   •
전하게 보호한다.   • 방한복, 방서복

자료: 채정현 외(2013). 기술·가정(중등). 삼양미디어. p.91.

3. 선다형

다음은 영빈이 어머니의 육아 일기이다. 이를 통해 알 수 있는 영빈이의 발달 단계로 옳은 것을 〈보기〉에서 고른 것은?

> 우리 영빈이가 요즘 이상하게 미운 짓만 골라 한다. 간식을 자꾸 흘려서 다른 그릇에 옮겨 숟갈로 먹게 하였더니, 옆에 앉은 형이 자기 간식을 몰래 가져가서 자기 몫이 줄었다며 마구 울었다. 그리고 보니 형을 엄마가 더 좋아한다며 자주 샘을 낸다. 왜 그러냐고 했더니 지난번에 형은 접시를 3개 깼는데도 야단을 치지 않았는데, 자기는 겨우 1개 깼는데 야단을 쳤다는 것이다. 세상에 장난치다가 접시를 깬 자기와 설거지를 돕다가 깬 형을 비교하다니...!^^

> 〈보기〉
>
> ㄱ. 제1성장 급등기로 신체적 성장이 급속하게 일어나며, 운동 기능이 빠르게 발달한다.
> ㄴ. 숨바꼭질할 때 자기 눈에 술래가 안보이면 술래도 보지 못할 것이라고 생각하는 자기중심적 사고를 한다.
> ㄷ. 정서를 표현하는 단어가 급증하고, 자신의 정서를 통제하는 능력이 발달하여 만족 지연 능력을 기를 수 있다.
> ㄹ. 몇 가지 정서만을 표현하다가 수치심, 자긍심 등의 보다 복잡한 정서를 표현하며 다른 사람의 정서 상태에 영향을 받는다.

① ㄱ, ㄴ   ② ㄱ, ㄷ   ③ ㄴ, ㄷ   ④ ㄴ, ㄹ   ⑤ ㄷ, ㄹ

자료: 교육부, 충청남도교육청 외 16개 시·도교육청(2018). 2015 개정 교육과정 평가기준 – 고등학교 기술·가정과–. p.57.

(2) 서답형 문항

서답형 문항에는 완성형, 단답형, 서술형, 논술형 등이 있다. 제시된 문장이나 글의 빈칸을 적절한 표현으로 채우게 하는 방식을 완성형이라 한다. 제시된 문항이나 글의 빈칸을 가장 적절한 표현으로 채우게 하는 방식을 단답형이라 하고, 일반적으로 서답형 문항을 주관식 문항으로 부르기도 하나 이는 학문적 용어는 아니다.

 단답형 문항 제작 관련 유의사항

① 가능한 간단한 형태의 응답이 되도록 질문한다.

　　질문의 내용이 간결하고 명확할 때, 정답이 여러 개가 될 수 있는 가능성을 배제할 수 있다. 그러므로 질문에서 어떠한 답을 원하는지를 묻는 정확한 용어가 사용되어야 한다. 단답형은 일반적으로 정의나 간단한 개념, 법칙, 사실 등을 질문하므로 간단한 응답이 되도록 질문하여야 한다.

② 직접화법에 의한 질문으로 한다.

　　질문의 방법이 간접적일 때 질문의 초점을 흐려 질문이 모호해질 수 있으므로 직접화법으로 질문해야 한다.

· 잘못된 문항: 중국 남북조시대에 보리달마에 의하여 창립되었다고 하고, 자기 마음이 곧 부처라고 하는 불교의 종파 이름은 무엇인가?

· 잘된 문항: 중국 남북조시대에 보리달마에 의하여 창립되었고, 자기 마음이 곧 부처라는 불교의 종파 이름은 무엇인가?

③ 교과서에 있는 구, 절의 형태와 같은 문장으로 질문하지 않는다.

　　교과서에 있는 문장을 그대로 출제한다면 피험자들이 교과서에 있는 내용을 이해하기보다는 암기한다. 새로운 문장으로 질문할 때, 피험자의 단순기억 능력보다 고등정신 능력을 측정할 수 있다.

④ 채점하기 전에 정답이 될 수 있는 답들을 준비한다.

　　가능하면 정답이 하나가 되게 질문을 해야 하나, 동의어 문제로 여러 개의 정답이 될 수 있는 경우가 있다. 이 경우 여러 개의 정답을 예시하는 것이 좋다.

 괄호형(완성형) 문항 제작 관련 유의사항

① 중요한 내용을 여백으로 한다.

　　피험자가 학습의 내용을 알고 있느냐를 확인하는 작업으로 질문은 중요한 내용의 인지 여부를 확인해야 한다. 그러므로 지엽적이고 미세한 내용보다는 중요한 내용을 물어야 한다.

② 여백은 질문의 후미에 둔다.

질문을 위한 여백은 문장의 어느 부분에라도 둘 수 있으나 되도록 후반부에 두도록 권장한다. 문장의 뒷부분에 여백을 둠으로써 피험자들이 문장을 읽고 자연스럽게 응답할 수 있기 때문이다.

③ 정답이 가능한 단어나 기호로 응답되도록 질문한다.

괄호형 문항은 문장의 중간이나 끝에 여백을 두어 질문하는 형태이므로 긴 형태의 서술이 응답이 될 수 없다. 그러므로 가능한 짧은 단어로 응답되도록 해야 한다.

④ 교과서에 있는 문장을 그대로 사용하지 않는다.

질문의 문장에 교과서에 있는 문장 그대로 일 때 피험자들은 암기력에 의하여 쉽게 응답할 수 있다. 따라서 다른 문장으로 구성하거나 여러 문항을 조합하여 간단한 문장으로 변형시켜 질문하는 것이 바람직하다.

⑤ 질문의 여백 뒤의 조사가 정답을 암시하지 않게 하여야 한다.

⑥ 여백에 들어갈 모든 정답을 열거한다.

여백 안에 들어갈 정답이 여러 개일 때 가능한 모든 답을 추출하여 정답 기준을 설정하여야 한다.

⑦ 채점 시 여백 하나를 채점 단위로 한다.

채점의 정확성과 체계성을 위하여 여백 하나하나를 채점 단위로 한다.

자료: 성태제(2009). 현대교육평가. 학지사.
　　　이병환 외(2013). 새로운 교원 임용시험. 양서원.

 ### 서답형 문항의 유형

1. 완성형

다음 기사에서 ( ) 안에 들어갈 말을 적어 보고, 태교 방법에는 어떤 것이 있는지 조사해 보자.

> 미국 뉴욕의 록펠러 대학 연구팀은 임신 중 정크푸드를 먹은 어미 쥐에게서 낳은 새끼 쥐와 그렇지 않은 새끼 쥐를 관찰하였다. 쥐들이 있는 실험 상자 안에 니코틴과 알코올을 레버를 이용하여 방출하고, 쥐들은 레버를 누르면 니코틴과 알코올에 노출된다는 것을 알게 단련되었다. 정크푸드를 먹은 어미 쥐의 새끼 쥐들은 니코틴을 흡입하는 데 거부감이 없었고, 계속해서 레버를 눌렀다. 정크푸드를 먹지 않은 어미 쥐가 낳은 새끼들은 그렇지 않았다. 연구자들은 태아 때 정크푸드의 노출이 뇌를 니코틴과 알코올을 즐기게 만드는 것이라고 주장하였다. 이 연구를 통하여 연구팀은 아이의 건강이 (　　　) 때부터 결정된다는 것을 강조하였다.
>
> (자료: 파이낸셜뉴스, 2015년 7월 10일)

자료: 이은희 외(2017). 기술·가정(고등). 교문사. p.19.

2. 단답형

다음 대화에 나타난 아들의 자아 정체감 유형을 쓰시오(단, 마르시아 이론을 적용한다).

> 엄마 : 중학생도 되었는데 너의 진로에 대해서 생각해 보았니?
> 아들 : (짜증을 내며)아오. 생각하기도 귀찮아요. 그냥 제 인생이니 제가 알아서 할게요.

(   )

다음 설명에 해당하는 진로 발달 단계를 쓰시오.

> · 중학생이 해당하는 시기이다.
> · 자신의 특성을 고려하여 진로를 탐색하는 시기이다.

(   )

자료: 이은희 외(2017). 기술가정1(중등). 교문사. p.36, 이은희 외(2017). 기술가정2(중등). 교문사. p.125.

서술형은 제시된 질문에 대하여 정답이라고 생각하는 지식이나 의견 등을 문장이나 문단으로 서술하게 하는 방식을 말한다. 즉 서술형 평가는 출제자가 제시한 답을 학생으로 하여금 '선택'하도록 하는 평가방식이 아니라 학생이 답이라고 생각하는 지식이나 의견 등을 직접 '서술'하도록 하는 평가방식이다. 또한 학생이 학습 내용에 대해서 요약, 개념, 이해, 설명, 풀이 과정 등 사실을 바탕으로 기술하는 평가방식이라 할 수 있다. 서술형 평가는 평가 상황에서 상대적으로 학생 반응의 자유도가 높으며, 응답해야 할 분량이 많은 문항으로 이루어지며, 주어진 질문에 대해 짧게는 한두 개의 문장, 길게는 하나의 완성된 글을 쓰도록 한다. 학생이 문제를 접근하고 정보를 활용하여 답을 구성하는 방법에 있어서 크게 제한을 받지 않아 자유로이 문제를 깊게 또는 넓게 다룰 수 있어 학생의 분석력, 비판력, 조직력, 종합력, 문제해결력, 창의력 등을 측정하는 데 유용하다(성태제, 2010). 또한 개념 혹은 원리의 적용 같은 구체적 학습 목표를 쉽게 평가할 수 있으므로 학생의 학습태도 개선에도 도움을 준다. 서술·논술형 문항은 개념이나 원리 적용을 측정할 수 있어 학생들이 개념을 활용하고, 정의를 내리고, 원리를 찾아보며, 원리를 적용해 보는 학습활동을 통해 바람직한 지적 기능 학습을 전개할 수 있도록 돕는다. 서술·논술형 문항을 통해 표현력을 기르는 활동의 기회를 제공한다. 반면에 읽기와 쓰기 영역으로 제한된 평가로 넓은 교과 영역 측정에 어려움이 있을 수 있다.

서술형 평가문항을 제작할 때 유의사항을 살펴보면 평가하려는 학생의 표적 집단의 성질을 고려하고, 단순 암기 위주의 지식이 아닌 고등정신능력을 측정하도록 하며, 구체적인 학습 결과를 측정할 수 있도록 질문을 구조화시키고 제한성을 갖도록 해야 한다. 또한 여러 문항 중에서 선택해서 쓰도록 하지 않고, 응답 요소의 종류를 나열하도록 할 경우에는 가짓수를 한정시키며, 채점 기준은 포괄성과 배타성의 원칙을 준수한다. 문항을 배열할 때 쉬운 문항에서 어려운 문항으로 배열하는 것이 좋다(서울특별시교육청, 2010).

논술형은 제시된 질문에 대한 자신의 생각이나 주장을 창의적이고 논리적으로 서술하게 하는 방식이다. 즉 논술형은 주어진 질문에 대해 자기의 의견, 주장을 논리적 과정을 통해 상대방에게 설득력 있게 기술하는 평가이다. 서답형의 하나로 최초의 문항 유형이라 보며, '논문형' 또는 '논술고사'라는 명칭으로도 사용된다. 논술형은 피험자가 문제를 접근하는 방법, 정보를 이용하는 부분, 응답을 구성하는 모든 부분에서 제한됨이 없이 여러 개의 문장으로 응답하는 문항 형태이다(이분희, 2015). 그러므로 논술형은 피험자의 분석력, 비판력, 조직력, 종합력, 문제해결력, 창의력을 측정할 수 있다(성태제, 2012).

논술형은 서술형·논술형 문항이라고 포괄적으로 사용되기도 하는데 이는 서술형·논술형 문항이 학생들이 반응해야 할 길이가 비교적 길고, 반응의 자유도가 높기 때문이다. 논술형 문항과 서술형 문항을 엄밀하게 구분한다면 '논술형 문항'은 응답할 분량이 보다 많으며, 평가의 관점이 답안에 포함된 내용에 국한하지 않고 논지를 전개하는 능력도 평가의 대상이 되는데 반해 '서술형 문항'은 응답할 분량이 상대적으로 적고 평가의 관점이 주로 응답한 내용에 있다(윤오영, 2005). 또, '논술형 평가'는 자기의 의견, 주장을 논리적으로 기술하는 평가이며 '서술형 평가'는 요약, 개념, 이해, 설명, 풀이 과정 등 사실을 바탕으로 기술하는 평가(경기도교육청, 2013)라는 점이 다르다.

 서답형 문항 제작 관련 유의사항

1. 서답형 문항 제작 원리
① 복잡한 학습 내용의 인지 여부는 물론 분석·종합 등의 고등정신 능력을 측정할 수 있도록 해야 한다.

· 잘못된 문항: 베트남에서 미군이 철수한 세 가지 이유를 열거하라.

· 잘된 문항: 베트남 분쟁이 시작된 지 10년 이상이 지난 후 1975년 미국은 베트남에서 철수했다. 미국이 만약 그 당시에 철수하지 않고, 1972년 수준 이상으로 주둔 병력을 유지시켰다면 어떤 일이 일어났을지 추론해 보라.

　학습 내용을 분석, 종합, 평가하는 능력을 측정하기 위하여 선택형 문항을 사용하는 데 한계가 있을 경우가 있다. 이와 같은 경우, 교과내용의 전반적 사실의 이해, 분석, 종합, 평가 등의 고등 정신 능력을 측정할 수 있도록 문항을 제작해야 한다.

② 논술문항의 지시문을 '비교 분석하라', '이유를 설명하라', '견해를 논하라' 등으로 한다.

· 잘못된 문항: 임상장학과 자기장학에 대하여 설명하시오.

· 잘된 문항: 임상장학과 자기장학에 대하여 비교 분석하고 장단점을 논하시오.

　논술형 문항에서 간단하게 무엇에 대하여 서술하라는 형태의 문항은 암기 내용을 서술하라는 것 밖에 되지 않는다. 이와 같은 단순한 지시문은 피험자의 이해력을 넘어서 종합력, 분석력, 문제해 결 능력, 창의력을 측정하기가 용의하지 않다.

③ 논쟁을 다루는 논술형 문항은 어느 한편의 견해를 지지하는 입장에서 논술을 지시하지 말고 피 험자의 견해를 밝히고 그의 견해를 논리적으로 전개할 수 있게 유도해야 한다.

　찬반이 있는 문항에 대해 어느 하나를 지지하는 입장에서 논술하라는 지시문은 논술형의 문항 특징을 상실할 뿐만 아니라 반론을 지니고 있는 피험자의 논리적 사고를 제한하게 하여 고등정 신능력을 평가하기 어렵다.

④ 질문의 요지가 분명하며 구조화되어야 한다.

　질문의 요지가 무엇인지 분명하지 않을 때, 출제자가 원하지 않는 답안이 제시되어 채점자를 당 혹하게 하는 경우가 있다. 따라서 질문이 보다 구조화될 때, 정답이 분명해지며 채점이 용이하게 된다.

⑤ 제한된 논술문항인 경우 응답의 길이를 제한하여 주는 것이 바람직하다.

　응답의 길이를 제한하지 않을 경우 채점의 신뢰도가 낮아지기 때문에 질문에 대한 응답의 길이 를 제한하는 것이 바람직하다. 응답의 길이를 제한하는 경우 '○○자 이내로 서술하라' 할 때 빈 칸이나 부호의 포함 여부를 밝혀주는 것 등 지시문을 명료화하면 피험자의 불필요한 질문을 방 지할 수 있다.

⑥ 논술문의 제한된 내용이나 지시문 등의 어휘수준이 피험자의 어휘수준 이하여야 한다.

　논술문의 내용이나 지시문 내용이 너무 난해한 수준으로 표기될 때 피험자들이 질문의 요지를 파 악할 수 없어 피험자의 의견을 서술할 기회를 상실하고 만다. 지문이나 지시문의 내용이 피험자에 게 어려우면 측정내용에 대한 인지능력과 독해력이 포함되어 피험자의 능력 추정이 부정확해진다.

⑦ 여러 논술형 문항 중 선택하여 응답하는 것을 지양한다.

　여러 논술형 문항 중 피험자가 좋아하는 문항을 선택하여 응답하게 하는 것이 피험자에게 자유로움과 융통성을 주므로 바람직하게 보이나, 이는 서로 다른 피험자들이 서로 다른 조건하에 검사를 치르게 되므로 평가의 기준이 달리 설정된다고 할 수 있다. 또한 여러 개의 논술형 문항을 같은 수준의 문항 난이도에 의하여 제작하기가 불가능하므로 선택하여 응답하게 하는 것은 삼가고 피험자에게 같은 문항을 제시하여 응답하게 하는 것이 가장 바람직하다.

⑧ 질문의 내용은 광범위한 소수의 문항보다는 협소하더라도 다수의 문항으로 질문한다.

광범위한 내용을 질문하는 소수의 문항으로는 넓은 영역의 내용에 대한 인지여부를 측정하기에 제한점을 지니고 있다. 가능하면 다수의 논술형 문항으로 넓은 학습 내용을 질문할 수 있게 해야 가르치고 배운 내용의 모든 범위의 인지 여부를 알 수 있다.

⑨ 문항을 배열할 때, 쉬운 문항에서 어려운 문항으로 배열한다.

피험자가 만약 어려운 문항을 처음에 접하게 된다면 검사 불안도가 높아져, 답을 알고 있는 문항도 응답하지 못하는 경우가 있게 된다. 이와 같은 경우 피험자 능력 추정의 오차가 발생하여 검사의 신뢰도가 떨어진다.

⑩ 각 문항에 응답할 수 있도록 적절한 응답시간을 배려한다.

피험자가 문제를 인지하고 문제해결 전략을 구상하여 비교, 종합, 분석하고 새로운 의견을 제시하려면 충분한 응답시간이 주어져야 한다. 가능한 문제의 난이도 수준에 비추어 적절한 시간이 부여될 때 피험자의 고등정신 능력을 측정할 수 있다.

⑪ 문항 점수를 제시한다.

문항의 점수가 제시될 때 피험자는 문항의 점수를 고려하여 문항에 응답하는 전략을 세울 수 있다. 문항 점수가 높은 문항 중 피험자에게 보다 익숙한 문항이 있다면 그 피험자는 편안하게 느껴지고 높은 문항 점수가 부여된 문항부터 답안을 작성할 수 있기 때문이다.

⑫ 채점 기준을 마련해야 한다.

논술형 문항의 가장 큰 단점은 채점에 있다. 문항 특성상 구조화될 수 없는 특성 때문에 동일한 답안이라도 채점자마다 다른 점수를 부여할 수 있으며 심지어 동일한 답안을 동일한 채점자가 다시 채점을 하더라도 다른 점수를 부여할 수 있다. 이를 방지하기 위하여 채점 기준을 마련해야 한다. 채점 기준은 가능한 모든 답안을 열거하여 해당 부분에 몇 점을 주어야 할 것인가까지 결정되어야 한다. 모범 답안을 허술하게 작성하여 놓고 피험자들의 답안을 보아 가면서 채점을 하면 채점의 일관성이 결여되기 쉽다.

2. 채점 방법

후광효과(halo effect)와 문항 간의 시행효과(carry over effect) 문제를 제거하기 위하여 점수 부여 기준을 명료화하거나 채점 방법을 체계화한다.

분석적 채점 방법, 총괄적 채점 방법의 특징은 다음과 같다.

· 응답 내용을 요소, 요소로 구분하여 점수를 부여하는 채점 방법이다.

· 총괄적 채점 방법의 문제점인 채점의 신뢰성을 높이기 위해 사용한다. 이는 피험자 정보를 가리고 문항별로 채점·피험자의 응답들을 모두 읽은 후, 전체적인 느낌에 의하여 점수를 부여하는 방법이다.

· 채점 시간이 빠르나 채점의 신뢰도가 떨어지며 피험자의 응답이 정답이 되고 안 되는 이유를 설명하지 못한다.

자료: 성태제(2009). 현대교육평가. 학지사.
　　　이병환 외(2013). 새로운 교원 임용시험. 양서원.

 서답형 평가 문항의 예시

서술형 과정 중심의 평가 예시

학년/학기	1학년/1학기		단원/차시	가족 간의 갈등해결/2~3차시
성취기준(평가 준거 성취기준)	[9기가01-06] 가족 관계에서 발생하는 갈등의 원인과 배경을 분석하고, 효과적인 의사소통을 통해 가족 간의 갈등 해결 방안을 탐색하여 실천한다.			
교과 역량	☑ 실천적 문제해결능력　　　　　☐ 기술적 문제해결능력 ☐ 생활자립능력　　　　　　　　☐ 기술시스템설계능력 ☑ 관계형성능력　　　　　　　　☐ 기술활용능력			
평가 방법	☑ 서술·논술　　☑ 구술·발표　　☑ 토의·토론　　☐ 프로젝트 ☐ 실험·실습　　☐ 포트폴리오　☐ 기타　　　　☐ 자기평가 ☐ 동료평가　　☑ 관찰평가			
출제 의도	동영상을 통해 가족관계에서 발생하는 갈등의 원인과 배경을 분석한 후, 자신이 경험한 갈등을 떠올리며 바람직한 의사소통의 방법 중 '나 전달법'과 '반영적 경청'으로 역할극으로 표현해 봄으로써 자신이 관찰자가 되어 객관적으로 갈등상황을 바라볼 수 있다. 또한, 다른 친구들의 경험을 공유하면서 공감의 중요성을 알고, 해결방법을 위해 자신스스로도 답을 찾아 나갈 수 있도록 하였다. 이 과제를 수행하면서 실천적 문제해결능력과 관계형성능력을 함양할 수 있다.			

	주어진 사례를 보고, 나 전달법과 반영적 경청을 적용하여 수정한 후 역할극으로 시연한다.			
과제 내용 및 평가 계획	평가(채점) 영역	평가 요소	평가 척도	
	나 전달법/반영적 경청 적용하기	나 전달법을 주어진 요소에 맞게 적용하기	3단계(상, 중, 하)	
		반영적 경청을 적용하여 대화문 만들기	3단계(상, 중, 하)	

평가 시 유의점	학생들이 평소 가족과의 갈등이 의사소통에서 비롯된다는 것을 알 수 있도록 자신의 의사소통 패턴을 되돌아 볼 수 있게 한다. 자신의 실제 경험이 없다면 있을 법한 스토리를 만들어 볼 수 있도록 한다. 대화문을 만들고 역할극을 시연할 때는 짝과 함께 해 보도록 한다. 평가 척도의 단계는 상, 중, 하 외에 관찰 결과를 활용할 수 있다.

과제 및 예시 답안

1. 다음 상황을 보고, 나 전달법을 적용하여 대화문을 만들어 보자.

가족의 행동	나에게 미치는 구체적인 영향	행동과 영향에 대한 나의 감정	대화문
1. 공부하고 있는데 동생이 내 방에 들어 와서 침대에서 뛰고 있다.	공부하는데 집중이 안 된다.	짜증이 나서 소리 지르고 싶다.	내가 공부하고 있는데 네가 침대에서 뛰면 정신이 산만해지고 집중이 안 되니까 짜증이 나.
2. 다음 주가 시험인데 BTS 팬미팅에 가겠다고 하니 어머니가 화가 나서 제 정신이냐고 소리를 지르고 계신다.	팬 미팅에 갈 수 없다.	불안해서 공부도 안 되고 울고 싶다.	다녀오면 공부 열심히 할 수 있을 것 같은데 엄마가 화를 내시니 불안하고 울고 싶어요.
3. 용돈을 모아 새로 옷을 샀는데 언니가 몰래 입고 나갔다.	새 옷을 입고 친구 만나러 가려고 했는데 입던 옷을 또 입어야 한다.	화가 나고 옷이 더러워질까봐 걱정된다.	힘들게 아끼고 절약한 돈으로 옷을 샀는데 친구 만나러 갈 때 입지도 못하고 언니가 입고 나가니 더러워질까봐 걱정되고 너무 화가 나.

2. 가족의 말을 듣고, 폐쇄적 반응과 반영적 경청으로 대화문을 작성해 보자.

가족의 말	패쇄적 반응	반영적 경청
동생: 난 다시는 그 애랑 놀지 않을 거야.	잊어버려. 그 애는 그런 뜻이 아니었을 거야.	그 애랑 다시는 놀고 싶지 않구나.
누나: 이제부터 집에 안 들어올 거야.	들어오지 말던가!	집에 들어오고 싶지 않구나. 무슨 이유가 있어?
어머니: 아휴 내 팔자야. 내가 왜 결혼을 해 가지고...	또 그 얘기. 지겨우니 그만 좀 하세요.	엄마가 너무 힘드셔서 결혼한 게 후회되시는군요.
아버지: 시끄러워서 TV를 볼 수가 없네. 집구석이 조용한 날이 없어.	티비를 안 보면 되잖아요.	조용히 TV를 보고 싶은데 집이 너무 시끄러워서 안 들리는군요.
나: 나도 롱 패딩 사줘. 다른 애들은 다 3~4개씩 있단 말이예요.	누가 3~4개씩 있어. 말도 안 돼.	친구들이 다 롱패딩을 입으니 너도 입고 싶구나.

채점 기준

평가(채점) 영역	평가 요소	평가 척도	채점 기준
나 전달법/반영적 경청 적용하기	나 전달법을 주어진 요소에 맞게 적용하기	상	가족의 행동을 주어진 요소에 따라 구분하였고, 맥락에 맞게 대화문을 작성하였다.
		중	가족의 행동을 주어진 요소에 따라 구분하였으나 맥락에 맞게 작성하는데 어려움이 있다.
		하	가족의 행동을 주어진 요소에 따라 구분하는데 어려움이 있으며 맥락에 맞지 않는 대화문을 작성하였다.
	반영적 경청을 적용하여 대화문 만들기	상	폐쇄적 반응과 반영적 경청의 의미를 분명히 알고 잘 구분하여 대화문을 작성하였다.
		중	폐쇄적 반응과 반영적 경청 중 한 가지만 의미를 이해하고 대화문을 작성하였다.
		하	폐쇄적 반응과 반영적 경청에 대한 이해가 부족하여 대화문을 작성하는데 어려움이 있다.

자료: 교육부, 충청남도교육청, 한국과학창의재단(2018), 중학교 교사별 과정 중심 평가 이렇게 하세요, 중학교 기술·가정과, pp.35~37.

논술형 과정 중심의 평가 예시

학년/학기	1학기/2학기		단원/차시	3. 청소년기의 소비생활/7~8차시		
성취기준(평가 준거 성취기준)	[9기가03-05] 소비자 권리와 역할을 이해하고, 소비생활에서 발생되는 문제 상황을 중심으로 해결방안을 탐색하고 책임 있는 소비생활을 실천한다.					
	합리적 소비와 윤리적 소비에 대한 토론을 통해 현명한 소비자로서 가치관을 가질 수 있다.					
교과 역량	☑ 실천적 문제해결능력 □ 생활자립능력 ☑ 관계형성능력			□ 기술적 문제해결능력 □ 기술시스템설계능력 □ 기술활용능력		
평가 방법	☑ 서술·논술 □ 실험·실습 ☑ 동료평가	□ 구술·발표 □ 포트폴리오 □ 관찰평가	□ 토의·토론 □ 기타	□ 프로젝트 ☑ 자기평가		
출제 의도	합리적인 소비와 윤리적 소비에 대한 이해를 바탕으로 다양한 근거를 들어 자신의 입장을 정리하고, 다른 의견을 가진 사람의 주장을 들으며 논리적으로 반복하는 경험은 논쟁을 통해 서로의 논리를 보완하고 함께 성장하는 경험이다. 실제 상황에서 벌어질 수 있는 문제 해결과정을 수행하면서 학생들은 실천적 문제해결능력과 관계형성능력 키울 수 있을 것이다.					

과제 내용 및 평가 계획	이 과제는 소비에 대한 두 가지 관점에 대한 토론과제이다. 자원 배분을 바탕으로 한 합리적인 소비와 소비자의 책임을 강조하는 윤리적인 소비의 실천을 뒷받침하는 근거를 찾고 상대의 주장에 대한 적절한 반박을 통해 자신의 의견을 도출하는 것이다. 이 과제는 주장의 신뢰성과 설득력, 토론에 임하는 자세 등을 중심으로 평가할 수 있다.		
	평가(채점)영역	평가 요소	평가 척도
	소비의 관점에 대한 짝 및 모둠 토론	주장의 신뢰성	3단계(상, 중, 하)
		주장의 설득력	3단계(상, 중, 하)
		토론에 임하는 자세	3단계(상, 중, 하)
평가 시 유의점	이 과제는 구체적인 문제에 대한 자신의 의견을 서술하고 짝 토론 및 2:2 모둠 토론에 해당하므로 교사 중심의 평가보다 모둠 내 동료평가를 활용하여 학생들이 서로 피드백을 공유하는 것이 효과적이다.		

과제 및 예시 답안

다음 글을 읽고 과제를 진행해보자.

> 윤수는 날씨가 추워지고, 올해 키가 많이 크면서 작아진 스웨터를 하나 장만하려고 한다. 가정시간에 배운 구매 의사 결정 과정을 적용하여 스웨터를 사려고 마음먹었다. 모아놓은 용돈은 5만원 쯤이고 가격, 디자인, 내구성 등을 바탕으로 조사하여 마음에 드는 제품을 찾고 서로 꼼꼼하게 비교하여 저렴하면서 유행하는 디자인의 A브랜드의 제품을 사기로 마음먹었다.
> 그러나 어젯밤, A브랜드가 시리아 난민들의 노동력을 착취하여 옷을 만들고 있다는 것과 공정무역 제품을 소개하는 뉴스를 보고 공정무역 제품을 검색해보았다. B브랜드는 원래 사려고 했던 제품보다 1만원 쯤 더 비싸고, 유행하는 디자인은 아니었지만 오래 입을 수 있는 기본적인 디자인의 제품이었다.
> 윤수는 어떤 제품을 구입해야 하는지에 대한 고민이 생겼다.

1. 윤수의 고민에 대한 자신의 생각을 서술해보자. 이후 짝궁의 의견을 묻고, 그 의견을 정리하여 적어보자.

내가 만약 윤수라면 어떤 제품을 구입할 것인가????	
자신의 의견	주장: A브랜드 제품을 구입한다.
	근거: 값싸고 품질 좋은 제품을 구입하는 것이 합리적인 소비를 실천하는 방법이다. 또한 기업 간의 경쟁을 통해 좋은 제품을 저렴하게 구매한다면 많은 사람들에게 이로운 소비가 될 수 있다.

짝꿍의 의견	주장: B브랜드 제품을 구입한다.
	근거: 기업가들이 노동자들의 노동을 착취하고 이윤을 챙기며 가격을 내리는 브랜드의 제품을 구입하는 것은 비윤리적이다.

2. [모둠 토론] A브랜드 제품 구매과 B브랜드 제품 구매 측을 두 명씩 나누고, 찬성과 반대 의견을 번갈아 주장하며 토론해보자.

토론자 **토론자**	A브랜드(찬성): 윤○○, 최○○
	B브랜드(반대): 김○○, 이○○
나의 입장	B브랜드 제품을 구매해야 한다. 즉, 윤리적 소비를 적극적으로 실천해야 한다.
찬성 측 주장	· B브랜드처럼 공정무역 제품을 구입하려면 많은 돈이 필요하여 경제적인 여유가 있는 사람들만 할 수 있다. · 기업에서 제공하는 정보가 부족하여 윤리적 기업을 검색, 조사하는 과정이 추가되는 것이 소비자 정보탐색을 어렵게 함.
반대 측 반박	· 모든 윤리적 기업의 상품의 가격이 비싼 것은 아니며, 로컬소비는 직거래를 통해 가격을 낮출 수 있다. · 기업이 많은 정보를 공개할 것을 촉구하는 계기가 될 수 있다.
반대 측 주장	· 품질이 좋으며 가격이 저렴한 상품을 만들기 위해서 생산원가를 낮추기 위해 노동자를 착취하는 경우가 많다. · 제품을 대량 생산하기 위한 환경오염의 사례가 많다.
찬성 측 반박	· 모든 기업에서 노동착취가 일어나고 있는 것은 아니며, 기술혁신과 노력을 바탕으로 가격을 낮출 수 있도록 개선한다. · 환경오염은 다양한 원인에 의하여 복합적으로 일어나고 있다.
최종결론	나는 윤리적 소비를 적극적으로 실천해야 한다고 생각한다. 자신의 소비가 이웃, 사회에 끼치는 영향을 생각하고, 윤리적인 가치관을 가진 기업의 상품을 적극 구매한다면 많은 기업들도 그렇게 변화할 수 있다고 생각한다.
토론을 마치고... **상대 입장에서** **나의 입장 반박하기**	윤리적 소비는 현재보다 높은 제품의 가격을 감수해야 하는데, 이를 감당하기 어려운 사람들에게 적극적으로 실천하게 하는 것은 어려울 수 있다. 또한 같은 가격에 낮은 품질의 상품을 접하는 경험을 한다면 소비자들은 윤리적 기업을 외면하게 될 것이다.

채점 기준

자기평가지

1모둠	
번호	
이름	유○○

평가(채점) 영역	평가 요소	자기 점검	
소비의 관점에 대한 짝 및 모둠 토론	주장의 신뢰성	자신의 입장과 주장을 뒷받침하는 다양한 자료를 제시하고 일관성을 유지하였는가?	☆☆☆
	주장의 설득력	주장을 뒷받침하는 타당하고 설득력 있는 논거를 제시하고 있는가?	☆☆☆
		명확한 비판 기준을 적용하여 상대 의견에 반박했는가?	☆☆☆
	토론에 임하는 자세	상대의 의견에 경청하였는가?	☆☆☆
		적극적인 발언으로 활발한 토론에 기여하였는가?	☆☆☆

모둠 구성원 간 동료평가지

1모둠	
번호	
이름	유○○

학생 이름 \ 동료 점검	주장을 뒷받침하는 다양한 자료를 제시하고 일관성을 유지했는가?	주장을 뒷받침하는 타당한 설득력 있는 논거를 제시하고 있는가?	상대의 의견을 경청하며, 적극적으로 참여하였는가?
김○○	☆☆☆	☆☆☆	☆☆☆
이○○	☆☆☆	☆☆☆	☆☆☆
최○○	☆☆☆	☆☆☆	☆☆☆

자료: 교육부, 충청남도교육청, 한국과학창의재단(2018), 중학교 교사별 과정 중심 평가 이렇게 하세요. 중학교 기술·가정과. pp.84~87.

과정 중심 평가 방안

1. 과정 중심 평가를 위한 평가 도구 개발

· 과정 중심 평가 도구 개발 방향

- 학기단위 평가 계획에서 공시한 성취기준(교육과정 및 평가준거 성취기준)과 평가 요소에 따라 구체적인 평가 계획을 세우고 평가 도구를 개발한다.

- 과정 중심 평가를 위해서는 평가를 위한 과제와 채점 기준을 함께 개발하고, 수업과 연계한 평가를 시행하는 방안에 대한 계획을 마련한다.

- 채점 시 채점자의 주관적인 판단을 배제하기 위해 채점 기준을 구체적으로 개발하고, 예시 답안을 함께 개발하는 것이 필요하다.

- 개발한 평가 도구는 교과(학년)협의회를 통해 검토, 수정하고, 평가 도구가 확정되면 학생과 학부모에게 공지한다.

과정 중심 평가 도구 개발을 위한 점검 사항

· 교육과정의 성취기준에 근거하여 과제가 설계되었는가?

· 수업 목표 및 내용과 관련이 있고, 수업과 연계하여 실행 가능한가?

· 학생이 과제를 수행하는 동안 인지적·정의적 측면에서 긍정적이고 가치 있는 경험을 할 수 있는가?

· 성별, 지역, 문화적인 측면에서 특정 학생에게 유리하거나 불리하지 않은가?

· 공간, 시간, 비용 등의 수업 환경을 고려할 때 실행 가능한가?

· 평가를 통해 산출되는 결과가 교수·학습 과정에서 학생과 교사에게 유의미하게 활용될 수 있는가?

---

2. 과정 중심 평가를 위한 평가 방법의 선정 및 활용

· 과정 중심 평가를 위한 평가 방법의 유형 구분은 상호 배타적이라기보다는 상호 보완적이다. 과정 중심 평가를 위한 평가 방법은 성취기준의 도달 여부를 타당하게 평가할 수 있는지, 창의성이나 문제 해결력 등과 같이 교과 역량에 포함된 고등 사고기능을 평가할 수 있는지를 고려하여 선택해야 한다.

· 과정 중심 평가를 위한 평가 시 과제는 지식, 기능, 태도를 아우르는 종합적 특징이 드러나도록 다양한 평가 방법을 활용하는 것이 바람직하다. 교사뿐만 아니라, 학생도 평가의 주체가 될 수 있도록 관찰평가, 자기평가, 동료평가 등 다양한 평가 방법을 활용하면 학생의 성장과 변화를 더욱 잘 관찰할 수 있으며, 평가의 신뢰도 또한 높일 수 있다.

과정 중심 평가를 위해 활용할 수 있는 평가 방법

평가 방법	정의	특징 및 방법
서술	· 비교적 짧은 길이(한 단락 이하의 문장형태)로 답을 작성하는 방식	· '단순한 사실의 나열 및 설명'을 포함하는 것이므로 답안을 작성하는 데 있어 조직력이나 표현력이 크게 요구되지 않고, 채점할 때 어느 정도 객관적인 정답(모범답안)이 존재하는 문항임
논술	· 한 편의 완성된 글로 답을 작성하는 방법 · 자신의 생각이나 주장을 논리적으로 작성해야 하므로 학생이 제시한 아이디어뿐만 아니라 조직이나 표현의 적절성 등을 함께 평가함	· 학생이 답을 선택하는 것이 아니라 학생의 생각이나 의견을 직접 기술하기 때문에, 창의성, 문제해결력, 비판력, 통합력, 정보 수집 및 분석력 등의 고등 사고 능력을 평가하기에 적합함
구술	· 특정 내용이나 주제에 대해서 자신의 의견이나 생각을 발표하도록 하여, 학생의 준비도, 이해력, 표현력, 판단력, 의사소통 능력 등을 직접 평가하기 위해 활용하는 방법	· 특정 주제에 대하여 학생들에게 발표 준비를 하도록 한 후, 발표에 대하여 평가함 · 또는 평가 범위만 미리 제시하고 구술 평가를 시행할 때 교사가 관련된 주제나 질문을 제시하고 학생이 답변하게 하여 평가함
토론·토의	· 특정 주제에 대해 학생들이 서로 토의하고 토론하는 것을 관찰하여 평가하는 방법	· 서로 다른 의견을 제시할 수 있는 주제에 대해서 개인별 혹은 소집단별로 토의·토론을 하도록 한 다음, 학생들이 사전에 준비한 자료의 다양성이나 적절성, 내용의 논리성, 상대방의 의견을 존중하는 태도, 진행 방법 등을 종합적으로 평가하는 방법
프로젝트	· 특정한 연구 과제나 산출물 개발 과제 등을 수행하도록 한 다음, 프로젝트의 전 과정과 결과물(연구보고서나 산출물)을 종합적으로 평가하는 방법	· 결과물과 함께 계획서 작성 단계에서부터 결과물 완성 단계에 이르는 전 과정도 함께 중시하여 평가함
실험·실습	· 학생들이 직접 실험·실습을 하고 그에 대한 과정이나 결과에 대한 보고서를 쓰게 하고, 제출된 보고서와 함께 교사가 관찰한 실험·실습 과정을 종합적으로 평가하는 방법	· 실험·실습을 위한 기자재의 조작 능력이나 태도, 지식을 적용하는 능력, 협력적 문제해결 능력 등에 대해서 포괄적이면서도 종합적으로 평가함

(계속)

평가 방법	정의	특징 및 방법
포트 폴리오	· 학생이 산출한 작품을 체계적으로 누적하여 수집한 작품집 혹은 서류 철을 이용한 평가 방법	· 학생의 강점이나 약점, 성실성, 잠재 가능성 등을 종합적으로 파악할 수 있고, 학생의 성장 과정을 한눈에 볼 수 있어서 학생에게 유용한 피드백을 제공할 수 있음 · 일회적인 평가가 아니라, 학생 개개인의 변화와 발전 과정을 종합적으로 평가하기 위해 전체적이 면서도 지속적으로 평가하는 것을 강조함
자기평가· 동료평가	· 수행 과정이나 학습 과정에 대하여 학생이 스스로 평가거나, 동료 학 생들이 상대방을 서로 평가하는 방 법	· 학생들이 자신의 학습 준비도, 학습 동기, 성실성, 만족도, 다른 학습자들과의 관계, 성취 수준 등에 대해 스스로 생각하고 반성할 수 있는 기회 제공 · 교사가 학생을 관찰하고 기록한 내용과 수시로 시행한 평가가 타당하였는지를 비교·분석해 볼 수 있는 기회 제공 · 특히 학생 수가 많아서 담당 교사 혼자의 힘으로 모든 학생들을 제대로 평가하기 어렵다고 판단될 때, 동료평가 결과와 합하여 학생의 최종 성적으 로 사용한다면 교사의 주관성을 배제할 수 있을 뿐만 아니라 성적처리 방식에 대한 공정성도 높일 수 있음
관찰법	· 관찰을 통해 일련의 정보를 수집하 는 측정 방법	· 어느 특정한 장면이나 상황에서 발생하는 행동 체계를 가능한 한 상세하고 정밀하게 탐구하기 위 해 모든 신체적 기능과 측정도구를 이용할 필요 가 있음 · 일화기록법, 체크리스트, 평정 척도, 비디오 녹화 후 분석 등

자료: 교육부, 충청남도교육청, 한국과학창의재단(2018). 중학교 교사별 과정 중심 평가 이렇게 하세요. 중학교 기술·가정과.
pp.28~29.

3. 채점 기준의 의미 및 개발 방안

① 채점 기준의 의미

· 채점 기준은 서·논술형 평가 및 수행형 평가의 대상이 되는 수행 과정이나 산출물의 질을 구별하
기 위한 일련의 지침이다. 채점의 신뢰도 확보를 위해서는 채점 기준이 필요하다. 교수·학습 과정
에서 나타나는 학생의 학습 및 수행 과정과 결과를 평가와 채점의 대상으로 해야 한다.

② 채점 기준 개발 방안

· 채점 기준은 채점자의 판단을 도와줄 뿐만 아니라 학생과 학부모에게 평가 결과에 대한 근거 자

료로서 제공되어야 한다.

· 교사는 채점 기준에서 제시하고 있는 각각의 평가 요소가 의미하는 바를 정확하게 이해하고 평가 요소를 구별할 수 있어야 한다.

· 평가 결과에 대해 '상, 중, 하' 또는 3점, 5점 등의 척도로 점수를 부여하는 경우에는 각 수준이나 점수 간의 변별 지점을 정확하게 파악할 수 있어야 한다.

· 채점 기준의 적절성 검증을 위해 표본을 선정하여 가채점을 실시하고 결과에 따라 채점 기준을 수정한다.

· 과정 중심 평가 시행 이전에 채점 기준을 공지하여 학생이 자신의 수행 과정과 결과가 어떻게 평가되는지 이해하도록 해야 한다.

과정 중심 평가를 위한 채점 기준 점검 사항

· 채점 기준이 성취기준에서 요구하는 도달 목표에 맞게 제시되었는가?
· 채점 기준이 학생의 인지적, 정의적 성장과 발달 과정을 파악할 수 있도록 제시되었는가?
· 채점 기준은 학생의 결과 산출 혹은 응답 수준을 변별할 수 있도록 작성되었는가?
· 채점 기준에는 평가 과제 유형에 적절한 평가 요소, 척도, 세부 내용 등이 제시되었는가?
· 채점 기준을 미리 학생 및 학부모에게 안내하였는가?

---

4. 과정 중심 평가의 실행

(1) 과정 중심 평가의 실행

· 과정 중심 평가를 실행하는 과정에서 학생의 변화와 성장에 대한 자료를 다각적으로 수집하여 학생의 성장을 도울 수 있다.

· 과징 중심 평가는 학생의 성장 과정을 기록하는 것이 중요하다.

· 과정 중심 평가의 계획 단계에서 평가의 목적과 성격, 시간 등의 여건을 고려하여, 평가 맥락에 따른 기록 방법을 선택하고, 적합한 기록 도구를 사전에 준비해야 한다.

(2) 과정 중심 평가에서 채점의 공정성과 신뢰도 제고

① 채점의 신뢰도 유형

· 채점자 간 신뢰도: 한 학생의 수행에 대해서 복수의 채점자들이 산출한 점수 간의 일치도

· 채점자 내 신뢰도: 한 명의 채점자가 시간차를 두고 한 학생의 수행을 채점했을 때, 두 번의 채점 결과 간의 일치도

② 과정 중심 평가에서 채점의 공정성과 신뢰도 제고 방안

· 교과(학년)협의회에서 채점 기준의 타당성에 대한 상호 검토 필요하다.

· 동일한 과제에 대하여 여러 명의 교사가 가채점하여 채점 결과에서 차이가 나타나는 부분에 대한 논의하고, 채점 기준을 조정할 수 있다.

· 동료평가 등을 활용하여 교사뿐 아니라 학생을 평가자로 투입시켜 채점의 공정성을 높일 수 있다.

· 한 명의 교사가 여러 명의 학생 답안을 채점할 때 일관성을 유지하도록 노력해야 한다.

· 동일한 평가 과제를 여러 명의 교사가 채점하는 경우, 사전에 채점 기준에 대한 충분한 공유를 통해 채점자 간 차이를 줄여야 한다.

· 과정 중심 평가의 실행 방법에 대한 학부모, 학생, 교사 간 협력과 신뢰의 관계를 구축한다.

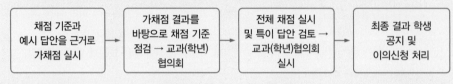

〈채점의 신뢰도를 높이기 위한 채점 절차〉

자료: 교육부, 충청남도교육청, 한국과학창의재단(2018). 중학교 교사별 과정 중심 평가 이렇게 하세요. 중학교 기술·가정과. pp.27-32.

3. 수업과 함께하는 평가

학생평가는 교육 활동의 불가결한 구성 요소로서, 학생이 학교교육을 통해 학습한 성과를 확인하려는 목적, 학생의 교육적 성장과 발전을 돕기 위한 목적, 향후 교수·학습 과정의 계획을 수립하기 위한 목적으로 행하는 중요한 교육적 행위이다.

수업 장면에서 과정 중심 평가의 방향성을 담을 수 있는 대표적인 평가 방법이 '수행평가'라 할 수 있다. 수행평가는 선다형 시험의 고질적인 교육 문제를 해결하기 위해 고차적 사고 능력을 측정하고, 수업과 평가를 연계시켜 비판적인 사고능력과 문제해결능력을 신장시킬 수 있는 평가를 말한다(박호순, 2000). 수행평가는 기존의 지식 암기 중심의 평가를 개선하고자 하는 의미가 있었으나 결과만을 강조하여 학생의 전인적 성장과 발달을 촉진하는 데에는 한계가 있었다. 따라서 수행평가는 대안적 평가, 실제적 평가, 직접 평가, 과정 평가

학습 결과에 대한 평가	학습을 위한 평가 / 학습으로서의 평가
· 학기말 / 학년말에 시행되는 평가 　(등급, 성적표를 제공하기 위한 평가) · 총합적 평가 · 결과 중심 평가 · 교사평가	· 교수·학습 중 지속적으로 시행되는 평가 　(학습에 도움을 주기 위한 평가) · 진단적, 형성적 평가 · 결과 및 과정 중심 평가 · 교사평가, 자기평가, 동료평가

그림 4-3 평가 패러다임의 변화

등이 가지는 특성들을 모두 포괄하는 의미로 사용되고 있다. 즉, 수행평가는 지식 및 기능에 대한 습득 여부를 나타내기 위해 학생이 만든 산출물이나 실제 수행을 통해 학생의 학습을 평가하는 것으로, 교수·학습의 결과뿐만 아니라 교수·학습의 과정을 중시하는 평가라 할 수 있다. 수행평가 유형으로는 논술, 구술, 토의·토론, 프로젝트, 실험·실습, 포트폴리오, 관찰, 자기평가·동료평가 등이 있다. 수행평가 유형에 대한 구분은 상호 배타적이라기보다는 상호 보완적이다. 수행평가 유형은 성취기준의 도달 여부를 타당하게 평가할 수 있는지, 창의성이나 문제해결력 등과 같은 고등 사고기능을 평가할 수 있는지를 고려하여 선택할 수 있다. 따라서 수행평가를 원래 의도하는 바대로 시행하면 그것으로도 충분히 과정 중심 평가의 방향성을 담을 수 있다.

 수행평가의 포괄적 의미

1. 대안적 평가
· 한 시대의 주류를 이루는 평가 체제와 비교하여 그 패러다임과 목적을 달리하는 평가 체제
· 선택형 문항 중심의 지필 평가에 대한 대안적인 평가
· 일회성 정기고사에 대한 대안적인 평가
· 결과 중심의 평가에 대한 대안적 평가

2. 실제적 평가
· 실제 상황에서 발휘할 수 있는 능력 평가
· 평가 상황이 실제 상황과 유사함

3. 직접 평가
· 간접적인 평가 방법보다는 직접적인 평가 방법을 중시
· 답을 선택할 수 있는 것보다 답을 직접 서술하거나 구성할 수 있는 것을 중시

4. 과정 평가
· 학습의 과정 또는 수행의 과정을 평가
· 수업과 연계하여 수업 중에 평가
· 평가가 학습의 일환이 되기를 기대함

이와 같은 흐름 속에서 2015 개정 교육과정에서는 수업 속에서 평가가 함께 이루어지는 과정 중심 평가를 강조하고 있다. 과정 중심 평가는 교육과정의 성취기준에 기반한 평가 계획에 따라 교수·학습 과정에서 학생의 변화와 성장에 대한 자료를 다각도로 수집하여 적절한 피드백을 제공하는 평가를 의미한다.

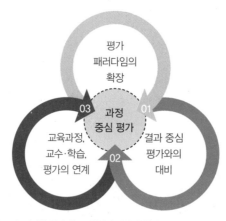

자료: 교육부, 한국교육과정평가원(2017). 과정을 중시하는 수행평가 어떻게 할까요?: 중등. 연구자료 ORM 2017-19-2.

과정 중심 평가는 성취기준에 근거하여 교수·학습과 평가의 일관성을 유지하여 배운 내용을 평가하되, 학습결과에 대한 평가뿐만 아니라 학습과정 상의 평가를 중요하게 포함하여 학생의 자기성찰과 성장을 지원하고자 하는 평가라는 특징을 가진다. 과정 중심 평가는 형성평가나 과정 평가만을 의미하는 것은 아니며, 교수·학습과정에서 교사의 교육과정 재구성 및 평가 계획에 따라 진단, 형성, 총괄평가를 모두 포함할 수 있고, 현행 지침상의 지필·수행평가 모두를 포괄하는 개념이다.

과정 중심 평가는 다음과 같은 흐름에 따라 실행할 수 있다. 성취기준 분석을 통해 학생의 성장을 지원하는 과정 중심 평가가 이루어지기 위해 적절한 평가내용 및 방법을 고려한다. 교수·학습과 연계한 수행평가를 하기 위해서는 교육과정의 성취기준에 기반을 두어야 하므로 성취기준 분석이 중요한 첫 단계라 할 수 있다. 이는 교육과정-교수·학습-평가의 일관성을 갖추기 위해서이다. 수행평가 계획을 수립할 때 하나의 수행평가에 대해서 반드시 하나의 성취기준만 고려할 필요는 없다. 비슷한 수행능력을 요구하는 성취기준끼리 통합하거나 재구성하여 수행평가를 계획하면 보다 유의미한 수행평가를 시행할 수 있다.

학기단위 평가 계획 수립을 통해 학습하는 과정에서 성취기준에 따라 지속적으로 평가가 이루어질 수 있도록 한다. 평가 계획은 교수·학습 계획과 함께 학기 초에 수립하고, 교과협의회(학년협의회)의 논의를 통하여 정하는 것이 평가의 신뢰성을 위해 바람직하다. 학기 단위 계획에는 수행평가의 영역, 방법, 횟수, 기준, 반영 비율 등과 성적처리방법 및 결과의 활

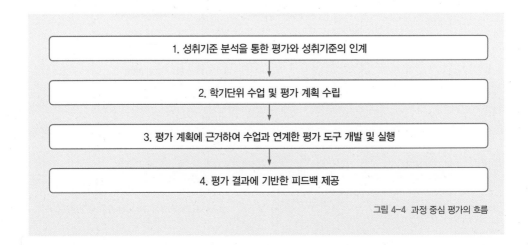

그림 4-4 과정 중심 평가의 흐름

용 등을 포함해야 한다.

평가 계획에 근거하여 수업과 연계한 평가 도구를 개발하고 실행함으로써 수업 과정에서 지속적으로 교수·학습에 따른 학생의 성장을 파악하고 기록한다. 수행평가의 대상이 되는 수행 과정이나 산출물의 질을 구별하기 위한 일련의 지침인 채점기준을 개발하여 채점의 공정성과 일관성을 확보한다. 교수·학습과 연계한 수행평가를 실시하기 전, 교사는 사전에 학생들에게 수업의 흐름과 내용, 수행평가 과제, 채점 기준 등을 안내한다. 교수·학습과 연계한 수행평가를 실시하면서 교사는 학생의 수행 과정을 관찰하고 평가할 수 있도록 하고, 교사의 평가뿐만 아니라, 학생도 자기평가나 동료평가를 실시하도록 한다.

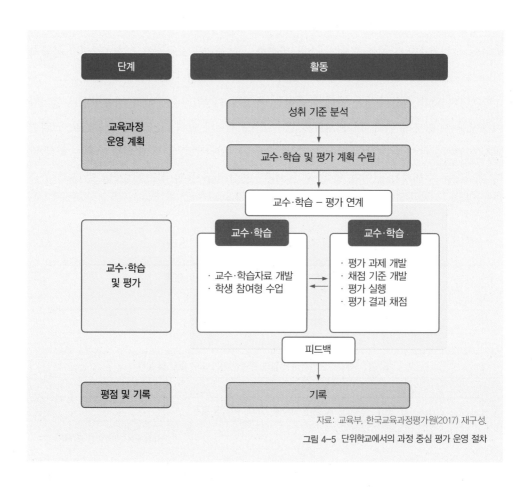

자료: 교육부, 한국교육과정평가원(2017) 재구성.

그림 4-5 단위학교에서의 과정 중심 평가 운영 절차

평가 결과에 기반한 피드백을 지속적으로 제공하여 학생의 학습 상태를 진단하고, 성장을 위한 방안을 제공할 수 있다. 과정을 중시하는 수행평가의 피드백은 학생의 현재 수준과 학생이 도달해야 할 수행 수준 간의 차이를 자세하게 알려줌으로써, 학생의 학습과 성장을 지원하고 교사의 수업과 평가의 질을 개선하는 과정이 된다.

1 | 실험·실습수업 중심으로 하는 평가

실험·실습수업은 특정 과제에 대하여 학생들이 직접 실험이나 실습을 수행하고 그 결과 보고서를 제출하도록 하는 교수·학습 방법이다. 설명만으로 이해하기 어려운 내용이나 특정 기능의 습득을 목표로 하는 학습과제를 위해 적합하며, 학생의 학습동기와 참여 증진에 도움을 준다. 가정과 수업에서는 조리실습, 실험실습, 의복실습 등 다양한 수업과 수행평가의 진행이 가능하므로 장기적인 계획을 세워서 학생들에게 적절한 실험실습환경을 조성하는 것이 필요하다.

가정과 교육에서 실험·실습수업은 보통 식생활이나 의생활 영역을 대상으로 하고 있다. 〈표 4-16~17〉은 가정과에서 실시하는 실험·실습법을 위한 평가도구 및 평가기준이다.

표 4-16 '영양 김밥 만들기' 평가도구의 수행과제, 준비물, 유의사항

학년	1학년	대영역	2. 청소년의 영양과 식사
수행과제	모둠별로 균형 잡힌 영양 김밥을 만들 수 있는 논리적이고 구체적인 계획을 세워 조리 실습을 하고, 조별로 만든 김밥의 특징을 소개할 수 있는 3분 내외의 UCC를 만들어 본다.		
준비물	실습보고서, 조별 특색 재료		
유의사항	· 실습보고서는 실습하고 난 다음날까지 제출하도록 한다. · 조리에 관해서는 가정에서 어른의 조언, 요리책, 인터넷 사이트 등을 참고한다. · 마른 김, 쌀, 시금치는 학교에서 제공하고 나머지 재료는 각 모둠의 협의에 따라 특색 있는 속 재료를 준비하되 인원수에 맞는 적당한 분량의 재료를 준비하여 음식물 쓰레기를 최대한 줄여 환경오염을 예방한다. · UCC 동영상은 핸드폰이나 디지털 카메라로 찍을 수 있도록 하고 필요한 소품은 선생님과 다른 조원들과 함께 대체하여 사용한다.		

자료: 범선화·채정현(2008). 중학교 가정교과 수행평가를 위한 루브릭(rubric) 개발: 실험·실습법에 적용. 한국가정과교육학회지, 20(3), 85-105.

표 4-17 '영양 김밥 만들기' 루브릭 개발 요소와 내용

루브릭 개발요소	내용		
	지식	기능	태도
성취기준	영양소의 종류와 기능을 이해하고 다섯 가지 식품군에 맞춰 균형 잡힌 식사를 구성할 수 있다.	다양한 조리법을 활용하여 간단한 조리를 할 수 있다.	자신이 맡은 책임을 다하고 안전수칙을 지키며 환경을 생각하고 올바른 식습관을 함양할 수 있다.
평가내용	5가지 식품군 영양소의 이해 및 기능	조리 실습 능력	실습 태도
채점준거	재료 선정의 논리성과 구체성	밥 짓기, 시금치 데치기, 완성 및 마무리	실습 태도
평가기준	실습보고서	재료 선정	5가지 식품군이 골고루 포함되도록 하여 균형 잡힌 식사를 구성하도록 한다.
		논리성과 구체성	청소년기 영양적 특성을 고려하여 바람직한 재료 선정 및 조리방법을 구체적으로 기술하도록 한다.
	실습과정	조리과정 / 밥짓기	밥하는 과정을 잘 알고 김밥용 밥으로 알맞게 고슬고슬하게 짓도록 한다.
		조리과정 / 시금치 데치기	조리의 원리를 잘 이해하고 색이 선명하고 조직이 무르지 않게 잘 데치도록 한다.
		조리과정 / 완성 및 마무리	완성한 음식을 보기 좋게 담아내고 깔끔하게 뒷정리를 하도록 한다.
		실습태도	자기가 맡은 역할과 책임을 다하고 안전수칙을 지키며, 환경을 생각하고 다른 조원들의 음식 소개를 잘 경청하도록 한다
수준	A, B, C		

자료: 범선화·채정현(2008), 중학교 가정교과 수행평가를 위한 루브릭(rubric) 개발: 실험·실습법에 적용. 한국가정과교육학회지, 20(3), 85-105.

수행평가 시 제시되는 평가도구로는 루브릭이 일반화되었다. 루브릭(Rubric)은 학생이 과제를 수행할 때 나타내는 반응을 평가하는 기준의 집합이다. 보통 항목별·수준별 표로 구성되며, 표의 각 칸에는 어떤 경우에 그 수준에 해당되는지를 상세히 기술하고 있다. 즉 루

브릭은 학생의 학습 결과물이나 성취 정도를 평가하기 위하여 사용하는 명세화되고 사전에 공유된 기준이나 가이드라인이라고 할 수 있다. 이 가이드라인에는 학생의 수행 역량이 수행 수준별로, 평가 영역별로 세분되어 제시된다. 루브릭은 학생의 학습활동이나 프로젝트에 대하여 실제적인 점수산정이 가능하도록 학습물이나 학생이 성취한 수준을 결정하는 평가 가이드라인과 평정척도(rating scale)를 제공한다(범선화·채정현, 2008).

〈표 4-16〉은 2009 개정 교육과정에서 제시하고 있는 성취기준과 성취수준에 따라 수행 과제를 제시하고, 평가를 위한 준비물이나 유의사항을 살펴보며 루브릭 개발요소의 내용을 토대로 각 평가 항목에 대한 구체적인 서술식 채점 기준인 루브릭을 제시하고자 한다.

〈표 4-16〉을 토대로 지식, 기능, 태도의 세 가지 면을 평가할 수 있는 루브릭을 〈표 4-17〉에 제시하였다. 이때 이 세 가지 면을 측정할 채점 기준을 정하는 과정에서는 지식, 기능, 태도에 대한 성취기준을 확인하고, 평가내용을 정한 후 이에 대한 구체적 준거를 제시하여야 한다. 그리고 평가기준은 실습보고서와 실습과정으로 나누어서 정하였다. 다음으로 각 평가기준에 대한 A, B, C 수준의 구체적 내용을 제시하였다.

〈표 4-17〉과 같은 채점준거에 따라 채점 기준표를 작성하는데, 채점 기준표는 평가항목에 따라 채점 기준과 척도를 상세하게 기술하며 이는 3장의 영양 김밥 채점 기준표를 참고하길 바란다.

실험실 및 조리 실습실을 이용할 때는 사전에 안전교육을 실시하고, 제시한 안전 수칙을 지키는 것에 대한 중요성을 강조해야 한다.

다음은 한국교육과정평가원(2017)에서 제시하고 있는 실험실습을 위한 과정 중심 평가 예시안이다.

실험실습을 위한 과정 중심 평가 예시안

▪ 과제별 평가 정보표

학년/학기	1학년/2학기		단원/차시	3. 청소년기의 소비생활/7~8차시
성취기준(평가 준거 성취기준)	[9기가02-02] 영양 섭취 기준과 식사 구성안을 고려하여 균형 잡힌 식사를 계획하고, 가족의 요구를 분석하여 식사를 선택한 후 평가한다.			
교과 역량	☑ 실천적 문제해결능력 ☑ 생활자립능력 ☑ 관계형성능력		☐ 기술적 문제해결능력 ☐ 기술시스템설계능력 ☐ 기술활용능력	
평가 방법	☐ 서술·논술 ☐ 구술·발표 ☐ 토의·토론 ☐ 프로젝트 ☑ 실험·실습 ☐ 포트폴리오 ☐ 기타 ☑ 자기평가 ☑ 동료평가 ☑ 관찰평가			
출제 의도	청소년기 건강에 도움을 주는 균형 잡힌 영양 간식 만들기를 통해 가족원의 다양한 요구에 맞 는 올바른 식품선택의 실천력을 기르고자 한다. 또한 모둠별 실습을 통해 협동심과 타인배려, 상호 창의성을 자극하는 긍정적인 면을 부각시키는 기회를 제공하고자 한다.			

과제 내용 및 평가 계획	본 과제는 청소년기 건강한 식생활을 영위하기 위한 평가과제 1, 2를 바탕으로 실제 생활에서 활용할 수 있는 영양 간식을 만들어 보는 과제이다. 영양 북 만들기에서 작성, 선정된 최고의 모둠별 레시피에 근거하여 청소년 영양 간식을 모둠별로 만들고 시식 및 뒷정리까지를 자기 및 동료평가를 병행하여 수행한다.		
	평가(채점) 영역	평가 요소	평가 척도
	자기평가	실습 이해도(실습내용에 대한 이해정도)	3단계(상, 중, 하)
		업무 수행도(과업의 정확도와 완성정도)	3단계(상, 중, 하)
		실습 기여도(적극성을 가지고 실습에 기여정도)	3단계(상, 중, 하)
	동료평가	작업 수행도(맡은 바 임무)	2단계(잘함, 보통)
		협동심(조원들에 대한 협조)	2단계(잘함, 보통)
		참여도(열의와 적극성)	2단계(잘함, 보통)

평가 시 유의점	실습수업에서는 대개 완성된 작품의 외관이나 맛 등에 집중한 나머지 과정에서의 협동성과 책 무성, 누구나 싫어하는 음식물 쓰레기 뒤처리 등을 평가하지 않는 경우가 종종 있다. 일등 요 리사가 하는 실습이 아니므로 맛이나 외관 못지않게 실습 과정에서의 열성적 참여와 협동심 등이 더욱 중요하다는 것을 알리고 그 점을 평가하도록 유의한다.

▪ 평가과제 3의 청소년을 위한 영양간식 만들기(모둠별 과제)

청소년 영양 간식 만들기

(　　)반 모둠원 :

– 간식 명, 재료, 특징 및 완성 이미지 등을 소개, 청소년이 이 간식을 꼭 먹어야 하는 홍보 포스터를 작성해 보자!

▪ 청소년을 위한 영양간식 만들기 결과보고서(개별과제)

청소년 영양 간식 만들기

반 (　　)모둠 이름 :

· 영양 간식명 :
· 재료 및 사전 준비도 평가

· 실습과정 평가(재료 다루기, 조리과정, 협동심 등)

· 완성도 평가(완성된 간식의 모양, 맛, 색의 조화 등)

· 실습 소감 및 인증사진

- **채점 기준**

	1모둠
번호	
이름	유○○

평가(채점) 영역	평가 요소	자기 점검(3단계)	
청소년을 위한 영양 간식 만들기	실습내용 이해도	실습 레시피 인지 정도 등 실습 내용에 대하여 어느 정도 정확하게 알고 있는가?	☆☆☆
	업무 수행도	자기에게 주어진 작업을 얼마나 충실하게 수행하고 완성하였는가?	☆☆☆
	실습 기여도	자신이 속한 모둠의 간식 만들기 실습에 어느 정도 기여를 하였는가?	☆☆☆

모둠 구성원 간 동료평가지

	1모둠
번호	
이름	유○○

학생 이름 \ 동료 점검	자신이 맡은바 작업을 잘 수행하였는가?	실습 시 다른 모둠원의 작업에 협조를 잘 하였는가?	실습에 열의를 가지고 적극적으로 임하였는가?

자료: 교육부, 충청남도교육청, 한국과학창의재단(2018). 중학교 교사별 과정 중심 평가 이렇게 하세요. 중학교 기술·가정과, pp.64~66, p.71.

2 | 포트폴리오와 프로세스 폴리오

학생의 인지적인 영역뿐만 아니라 학생 개개인의 행동발달 상황이나 흥미, 태도 등 정의적인 영역, 그리고 체격이나 체력 등 심동적인 영역에 대한 종합적인 평가와 더불어 발달단계를 고려한 성장을 기반으로 하는 평가를 전인적인 평가라 할 수 있다. 이를 적용할 수 있는 평가 방식이 포트폴리오와 프로세스 폴리오이다.

포트폴리오(portfolio)는 교육, 예술, 산업 등 다양한 분야에서 사용되는 용어인데, 특히 교육에서 사용되는 포트폴리오란 일정 기간 동안 교사와 학생이 세운 목적과 평가기준에 따라 교사나 자신, 동료, 학부모 등에 의해 평가된 것들을 수집한 것으로 정의할 수 있다. 이러한 포트폴리오는 학생의 학습의 전 과정과 결과에 대한 정보와 학습의 증거를 제공해 주며, 완성된 결과만을 의미하는 것이 아니라 미완성된 모든 결과물도 포함된다(남경숙, 2008). 따라서 포트폴리오 평가 방법이란 포트폴리오를 근거로 학생을 평가하는 대안적 평가 방법이라 할 수 있다.

대안적 평가(alternative assesmesnt)란 과거의 전통적인 평가법의 모순에 대한 대책으로 마련된 평가법을 말한다. 대안적 평가라는 용어는 새로운 평가법을 총괄하는 용어로써 일반적으로 사용된다. 대안적 평가에 대한 다양한 용어로는 참평가(authentic assessment), 수행평가 혹은 수행 중심의 평가, 수행 사정, 실행평가 등으로도 번역되고 있는 수행평가(performanc assessment 혹은 performanc-based assessment), 포트폴리오 평가(portfolio assessment), 활동평가(active assessment), 직접평가(direct assessment) 등이 있다.

포트폴리오는 특정 시기에 주어지는 시험이 아니라, 어떻게 아는지 아는 것에 대한 과정도 함께 중시한다. 포트폴리오는 학생의 실제 작품(생산물)에 초점을 두고 결과를 평가하는 참방법이며(Wiggins, 1993), 학생과 교사에게 적시에 필요한 피드백을 제공한다. 포트폴리오가 학생 중심의 학습 과정을 통한 성장을 기록하는 접근방법이며, 학생들의 창의성과 반성 기술을 발전시킨다고 하였다(Barton & Collins, 1993).

포트폴리오 평가는 첫째, 학생들의 학습 내용에 적극적으로 참여하여 실제적인 학습이 가능하고, 둘째, 학생들이 자기 평가와 반성 기술을 배우고 셋째, 전통적인 평가에서는 가능하지 않은 영역에서의 학생의 학습의 기록을 가지며, 넷째, 학부모와의 의사소통을 가능하게 한다(De Fina, 1992).

포트폴리오 평가 방법의 특징은 다음과 같다.

첫째, 포트폴리오 평가는 평가 자체가 학생의 학습을 촉진하는 도구로서 교수 활동에 조정, 통합, 적용 된다는 것이다. 따라서 포트폴리오를 활용하는 수업에서는 평가와 수업이 따로 분리되는 것이 아니라, 평가가 학생의 성취 정도를 파악하는 역할뿐만 아니라 수업의 전개, 학습의 기능까지도 담당한다. 둘째, 포트폴리오의 수집물들은 학습의 성과물, 성취결과 뿐만 아니라 시작부터 학습 과정들을 종합적으로 보여준다.

셋째, 포트폴리오는 작품의 모음이 아니라 교사와 학생이 함께 세운 목표에 따라 수집된 것들이다. 단순히 교사가 학생의 결과물을 수집한 모든 것의 집합이 포트폴리오가 되는 것은 아니기 때문이다. 왜냐하면 그러한 수집은 목적이나 체계 없이 모아진 것에 불과하기 때문이다. 따라서 포트폴리오는 학생과 교사의 협의 아래 설정된 일련의 목표를 이루어가기 위해 수집된 성과물을 포함하는 특성을 갖고 있다. 넷째, 포트폴리오 평가 방법은 학생들에게 다양한 선택의 기회를 제공하는 평가법이다. 학생들은 학습 과정 중 그들의 목적에 부합되는 항목과 구성 방법을 정하거나, 여러 개의 항목 중 자신에게 적합한 것을 선택하여 포트폴리오에 포함시킬 수 있다. 이로 인하여 포트폴리오 평가 방법은 학생을 학습에 주체적으로 참여하게 하며 자신의 학습에 책임을 질 수 있도록 돕는다(Hebert, 1992).

다섯째, 이러한 포트폴리오 속에는 완성된 작품, 노트 초안, 예비 모델, 계획, 여행 일지, 기타 기록 등 물건뿐만 아니라 비디오테이프, 사진, 입체 영상 등의 다양한 자료가 포함될 수 있다. 여섯째, 포트폴리오 평가 방법은 학생과 교사에게 자기반성의 기회를 제공함으로써 반성적 사고를 하도록 돕는다. 이러한 반성적 사고를 통해 학생이 수업의 주체로 적극적으로 수업에 참여할 수 있게 된다. 또한 교사들에게는 자신의 교수에 대한 평가 근거의 매개체가 된다.(Brandt, R., 1989). 일곱째, 이는 포트폴리오 평가법의 단점으로, 교사가 학생 개인의 개별 학습 내용과 상황에 적합하게 실제 평가도구를 개발하고, 적용하는 평가 과정과 절차에 시간과 노력이 전통적인 평가보다 훨씬 많이 필요하다는 것이다. 따라서 타당한 척도로 결과를 합리적이고 객관적으로 설명하는 작업이 필요하다.

프로세스 폴리오는 과정(process)과 포트폴리오(portfolio)의 합성어로 과정을 담고 있는 포트폴리오를 의미한다. 이 둘 다 창작 작품을 모아놓은 매체라는 공통점이 있지만 포트폴리오가 창작 작품의 결과만을 모아놓은 매체라면 프로세스 폴리오는 과정과 결과를 함께 모아 놓은 매체라는 차이점을 지닌다.

대체로 포트폴리오는 자신의 작품 중 가장 잘된 결과물만을 선별하여 정리한 개인 작품집인데 반면, 프로세스 폴리오는 작품진행에 있어서 일련의 전 과정을 보여 주어 시작 동기부터 결과물까지 파악할 수 있는 개인 작품집으로 정의한다(김형숙, 2004). 즉 프로세스 폴리오는 "과정에 중점을 두어 학생들의 성장과 학습의 증거를 보여주는 포트폴리오이다(Beattie, 1997: 15)." 이 프로세스 폴리오에는 학습의 계획, 학습의 과정, 연계 자료, 최종 산물, 다른 사람이나 학생 자신의 관찰과 반성, 새로운 프로젝트의 기획이 포함될 수 있다(Gardner, 1994). 프로세스 폴리오의 장점으로는 첫 번째로 자기반성이다. 자기반성은 초인지 또는 메타인지적 반성을 길러준다. 즉, 능동적인 인식을 통해 절대적인 지식을 답습하기보다 지식이 가지는 가변성을 이용하여 창조성을 드러낼 수 있다. 두 번째 장점은 과정중심으로 이루어진다는 것이다. 기존에 알고 있던 지식을 새롭게 만들거나 변형, 확장하는 과정을 거치게 된다. 또한 탐구 과정 및 문제 해결 능력을 요구하게 된다. 이런 과정 속에서 선택에 대한 책임과 통제를 배우게 되고 자기 주도성을 가지게 되면서 개인차를 존중하게 된다. 세 번째 장점은 결과 중심의 수업과는 다른 평가가 이루어진다는 것이다. 학습 과정이 자세하게 들어가 있어 학습 수준과 폭, 다양성을 개별적으로 평가할 수 있으며, 평가의 범위와 내용을 구체적으로 정할 수 있어 결과중심의 평가의 한계를 극복할 수 있다.

가정과 평가에서도 하나의 영역별 수행평가에서 결과물로 끝나는 것이 아니라, 정해진 주제를 가지고 일련의 목표를 향해 단계적인 발달 과정이나 산물들의 변화과정을 담은 참평가에 적용해 볼 수 있다.

다음은 한국교육과정평가원(2017)에서 제시하고 있는 포트폴리오를 활용한 과정 중심 평가 예시안이다.

프로세스 폴리오를 위한 제안 지침

1. 학생과 교사가 평가에 포함할 항목을 함께 결정한다.
2. 지금까지의 성장 정도와 앞으로 가능한 다음 성장 단계에 대해 의논한다.
3. 동료집단, 부모, 지역사회 전문가의 피드백을 포함한다.
4. 산출물에 포함되어야 할 내용은 다음과 같다.
   · 학습에 대한 반성과 성찰
   · 학습 중 도움이 되고 도전이 되었던 내용
   · 배운 교과내용을 교과 밖에서 활용한 방법

프로세스 폴리오 평가 시 고려해야 할 요소

1. 기술(능력)
2. 목표 설정 능력
3. 시간에 대한 학습
4. 위험 감수와 문제해결
5. 내용 영역의 도구 활용
6. 학습할 때 드러나는 관심
7. 자신의 학습을 스스로 평가하는 능력
8. 피드백으로부터 자신을 발전시키는 능력
9. 자기 주도적으로 학습하는 능력
10. 협동적으로 학습하는 능력
11. 자원에 접근하는 능력

포트폴리오를 활용한 과정 중심 평가 예시안

- ### 과제별 평가 정보표

학년/학기	2학년/2학기	단원/차시	5. 발명과 표준/2차시
성취기준(평가 준거 성취기준)	[9기가05-03] 일상생활에서 사용되는 제품들이 기술적 문제 해결 과정을 통해 개발되고 발전하고 있음을 이해한다. [9기가05-06] 생활 속 문제를 찾아 아이디어를 구상하고 확산적･수렴적 사고 기법을 활용하여 창의적으로 해결한다.		

교과 역량	☐ 실천적 문제해결능력 ☑ 기술적 문제해결능력 ☐ 생활자립능력 ☐ 기술시스템설계능력 ☐ 관계형성능력 ☑ 기술활용능력

평가 방법	☑ 서술·논술 ☐ 구술·발표 ☐ 토의·토론 ☐ 프로젝트 ☐ 실험·실습 ☑ 포트폴리오 ☐ 기타 ☐ 자기평가 ☐ 동료평가 ☐ 관찰평가

출제 의도	발명은 일상생활 속에서 불편을 느낀 작은 부분을 개선하는데서 시작된다. 발명이란 어렵고 특정한 누군가가 하는 것이 아닌 '모두가 할 수 있는 발명'이라는 주제로 학생들이 일상생활에서 흔히 겪을 수 있는 3가지 문제 상황을 제시한다. 문제 상황에 대해 정확히 인식하고 자신이 겪었던 문제점, 혹은 생길 수 있는 문제점과 해결방법을 확산적 사고 기법인 마인드맵 작성을 통해 정리하고, 이를 바탕으로 발명 아이디어를 타인에게 설명할 수 있는 서술평가지를 작성한다. 이 과정을 통하여 학생들은 기술적 문제해결 능력과 의사소통 역량, 창의적 사고 역량, 자기 성찰 역량을 키울 수 있을 것이다.

과제 내용 및 평가 계획	모둠별 발명을 진행하기 전 문제 상황에 대한 정확한 인식을 확인하고, 문제를 해결하기 위한 확산적 사고기법인 마인드맵을 이용하여 해결방법을 찾고 서술하는 과제이다. 이 과제에서는 '문제 상황을 정확하게 인식 후 마인드맵 작성하기'와 '문제해결 아이디어 창출하기'의 일련의 과정을 중점적으로 평가할 수 있다.		
	평가(채점) 영역	**평가 요소**	**평가 척도**
	일상생활 속 발명 아이디어 선정하기	문제상황을 정확히 파악하고 마인드맵을 통해 정리하기	2단계(우수, 미흡)
		마인드맵 작성을 통해 발명 아이디어에 대해 의미있는 경험을 공유하고 소재 선정하기	3단계(상, 중, 하)

평가 시 유의점	문제상황을 정리하는 마인드맵 활동 시 지나치게 광범위한 영역을 선택하지 않도록 한다. 발명 아이디어 창출 시 발명에 대한 어려움, 거부감 등을 극복하기 위해 생활 속 작은 발명의 예시, 실제 발명품을 보여주어 창의성과 적절성의 사이에서 적합한 아이디어를 선택 할 수 있게 유도한다. 이 과제가 이번 평가에서만 의미 있는 것이 아닌 다음 차시의 모둠 활동시 브레인스토밍과 아이디어 선택 토의과정의 기초과정임을 강조하여 다음 차시 과제와의 연장선상에서 과제를 수행할 수 있도록 유도한다. 평가 척도의 단계는 상, 중, 하 외의 것도 활용할 수 있다.

■ 과제 및 예시답안

평가 과제1. 일상생활 속 제품 아이디어 창출하기

주제: 문제상황을 인식하고 아이디어를 도출한다.

다음 제시된 3가지 문제 상황 중에서 1가지를 선택한 후, 문제상황에 대한 마인드맵을 작성하고(1페이지) 최상의 해결 방안을 정리한 후 아이디어에 대한 구체적인 설명(문제상황을 해결할 수 있는 방법에 대한 기초 아이디어, 제작방법, 예시, 제작 시 문제점 등의 설명)을 서술하시오.(2페이지)

▫ 문제상황 1. 스마트폰을 편리하게 사용할 수 있게 하는 아이디어 제품
　휴대폰의 성능이 좋아지면서 스마트폰을 이용하여 활용할 수 있는 기능들이 늘어나자 스마트폰을 장시간 사용하는 사용자들에게 거북목을 비롯한 각종 증후군들이 나타나고 있다. 스마트폰의 사용시간을 제한하는 등의 방법도 있지만, 꼭 사용해야 하는 스마트폰을 보다 편리하게 사용할 수 있는 방법(도구, 장치, 가구)등의 아이디어를 제시한다.

▫ 문제상황 2. 교실환경 개선 아이디어
　24시간 중 1/3 이상을 보내는 학교에서 학생들은 정해진 일과대로 생활하고 있다. 정해진 규격의 딱딱한 의자와 책상에서 학생들은 수업 활동이 어렵고 힘들게 느껴질 수 있다. 학교생활을 보다 편하게 만들어 주는 제품 아이디어를 제시한다.

▫ 문제상황 3. 다중기능 가구 제작
　도심의 인구가 늘어나고 대도시의 땅값이 비싸지면서 마이크로 하우스와 같은 규모가 작은 주거가 늘어나고 있다. 비교적 많은 공간을 차지하는 가구를 변신시키거나 다양한 기능을 포함시키면 좁은 공간 활용에 도움이 될 것이다. 협소한 공간에서 2가지 이상의 기능이 합쳐진 생활 속 가구의 아이디어를 제시한다.

■ 채점 기준

평가(채점) 영역	평가 요소	평가 척도	채점 기준
일상생활 속 발명 아이디어 선정하기	문제상황을 정확히 파악하고 마인드맵을 통해 정리하기	우수	문제 상황을 정확히 이해하였고, 문제 상황에 대해 마인드맵으로 자신의 생각을 구체적으로 도식화 하였다.
		미흡	문제 상황을 정확히 이해하지 못하였거나, 마인드맵으로 구체적으로 도식화하는 것에 어려움을 겪고 있다.
	마인드맵 작성을 통해 발명 아이디어에 대해 의미있는 경험을 공유하고 소재 선정하여 해결방안을 제시하기	상	제시된 문제 상황에 포함되는 일상생활 속에서 발생하는 문제점을 통해 발명 아이디어창출의 이유를 명확하게 서술하였고, 실현가능성을 고려한 창의적인 해결방안을 제시하였다.
		중	제시된 문제 상황에 포함되는 일상생활 속에서 발생하는 문제점을 서술하였으나, 실현가능성이 반영되지 않은 창의적인 해결방안을 제시하였다.
		하	제시된 문제 상황에 포함되지 않는 일상생활 속의 문제점을 서술하였거나, 실현가능성이 반영되지 않은 창의적인 해결방안을 제시하였다.

자료: 교육부, 충청남도교육청, 한국과학창의재단(2018), 중학교 교사별 과정 중심 평가 이렇게 하세요. 중학교 기술·가정과. p.110, p.111, p.114.

1 다음 (가)는 예비 교사가 설정한 평가 목표이고, (나)는 (가)에 따라 작성한 평가 관련 자료이다. (가)와 (나)를 비교했을 때 타당도의 측면에서 잘못된 점을 찾아 그 이유를 설명하고, 그러한 판단의 근거가 되는 타당도를 쓰시오. 그리고 (나)에서 이원목적 분류표와 평가 문항을 비교하여 잘못된 내용 2가지를 찾아 쓰시오. **2018 기출**

(가)

> **【평가 목표】**
> 섬유의 종류, 의복의 세탁, 복식 문화에 대해 이해하는지 평가한다.

(나)

▶ 이원목적분류표

문항 유형	번호	평가 내용 요소	문항 곤란도			정답	예상 정답률(%)
			어려움	보통	쉬움		
선택형	1	의복 계획		○		①	55
	2	섬유의 종류	○			②	20
서답형	1	의복의 세탁		○			

〈모범 답안〉
· 물세탁의 원리는 섬유와 오염 사이에 세제 용액을 침투시켜 오염을 분리, 유화, 분산시키는 것이다.
· 드라이클리닝은 유기 용제를 사용하여 오염을 제거하는 것이다.

▶ 평가 문항
1. 다음 중 천연 섬유는?
① 마   ② 나일론   ③ 아크릴   ④ 스판덱스   ⑤ 폴리프로필렌

2. 면섬유의 흡수성이 좋은 이유는?
① 강도가 커서   ② 중공이 있어서   ③ 꼬임이 없어서   ④ 길이가 길어서   ⑤ 탄성이 좋아서

서답형 1. 물세탁의 세탁 원리를 쓰시오.

2 다음은 수행평가에 대한 교사들의 대화 내용이다. ㉠에 해당하는 용어를 쓰고, ㉡의 평가내용에서 영역과 그에 해당하는 내용이 일치하지 않는 부분을 찾아 1가지 쓰시오. 그리고 ㉢에 공통으로 들어갈 수행평가 방법을 쓰고, ㉣이 의미하는 용어와 채점 시 이를 높이기 위한 방법을 1가지 쓰시오. **2017 기출**

신규 교사: '녹색가정생활의실천' 단원에서 '음식만들기'로 수행평가를 하려고 하는데 어떻게 하는 것이 좋을까요?

수석 교사: 수행평가에서는 학생의 수행결과를 평가하기 위한 구체적인 기준을 명세화한 서술형 채점척도인 (㉠)을/를 미리 제작하는 것이 좋아요. 제가 개발했던 자료를 참고해 보세요.

평가목표	· 녹색 식생활의 개념을 이해하고, 에너지와 자원을 줄이는 식생활 태도를 기른다. · '음식 만들기'를 통해 감사, 배려, 나눔을 실천할 수 있다.		
	인지적 영역	정의적 영역	운동 기능적 영역
㉡ 평가내용	· 녹색 식생활의 개념 정의하기 · 에너지와 자원 절약에 참여하기	· 녹색 식생활에 관심 갖기 · 에너지를 줄이는 태도 갖기	· 조리도구 사용법 익히기 · 조리기능 숙달하기
평가방법	(㉢), 실습 보고서, 포트폴리오		

…(하략)…

신규 교사: 그런데 지필평가로도 학생의 수행을 확인할 수 있을까요?

수석 교사: 네. 저는 (㉢) 방법으로 학생들이 해당 주제에 대해 자신의 생각과 주장을 조직적이고 논리적인 글로 표현하도록 하여 고등 사고력을 평가했어요.

신규 교사: 채점 할 때 고려할 사항은 없나요?

수석 교사: 채점 시에는 ㉣ 한 채점자와 다른 채점자의 평가 결과가 얼마나 일치하는가를 고려해야 해요.

3 다음 (가)는 가정과 수행평가 설계 과정에 대한 자료이고, (나)는 이에 대한 교사의 교육실습생의 대화이다. 〈작성 방법〉에 따라 서술하시오. [5점] **2019 기출**

(가)

【가정과 수행평가 설계】

1. 성취기준 분석하기

[9기가01-01] 자아존중감을 향상시키고 긍정적인 자아정체감을 형성하기 위하여 청소년기의 발달 특징과 자신의 발달 특징을 연결 지어 이해한다.

2. 수행형가 계획하기

수행 활동 주제	활동 방법	평가 방법
청소년의 발달 특징	비주얼 씽킹	프로세스 폴리오
청소년의 발달과 나	스토리텔링	

(나)

교육실습생: 선생님, 수행평가 설계는 어떻게 하셨나요?

교   사: 저는 교육과정의 ㉠성취기준을 먼저 분석해서 수행활동을 구상해요.

교육실습생: 성취기준부터 분석해야 하는군요.

교   사: 네, 제시된 성취기준 [9기가01-01]은 2015 개정 가정과 교육과정에서 (㉡) 영역에 해당해요.

교육실습생: 그런데, 프로세스 폴리오는 무엇인가요?

교   사: _____㉢_____

교육실습생: 이 수행 활동 과제를 평가할 때, 프로세스 폴리오를 활용하신 이유는 무엇인가요?

교   사: _____㉣_____

【작성 방법】

· 2015 개정 교육과정에 근거하여 밑줄 친 ㉠의 정의를 성취기준의 2가지 구성 요소를 포함하여 서술할 것

· 괄호 안의 ㉡에 해당하는 영역명을 쓸 것

· 밑줄 친 ㉢을 서술하고, 밑줄 친 ㉣을 (가)에 근거하여 서술할 것

---

4 다음은 박 교사가 작성한 교단 일기와 현장연구 계획서의 일부이다. (가)에 나타난 장학의 종류를 쓰고, (나)의 [문항 1]에서 사용된 측정 도구의 명칭을 쓰시오. **2016 기출**

(가) 교단 일기
나의 수업을 점검하려고 '주거와 거주환경' 단원 수업을 동영상으로 촬영하였다. 동영상을 분석해 보니, 학생들의 학습동기를 이끌어내지 못하는 것을 발견하였다. 이 문제를 해결하기 위해 전문 서적과 논문을 통해 동기유발에 관한 심층적인 연구를 하였다. 그런 과정에서 동기유발 전략을 적용한 현장연구 계획서를 작성하게 되었다.

(나) 현장연구 계획서
· 연구 주제: 동기유발 전략을 적용한 '주거와 거주환경' 수업의 효과 검증
· 연구 목적: 동기유발 전략을 적용한 '주거와 거주환경' 수업을 통한 학생의 학습동기 향상
· 연구 방법: 설문지법
· 측정 도구: '학습동기'를 측정할 수 있는 문항

※ 다음을 읽고 해당하는 번호에 v표 하시오.
1. 전혀 그렇지 않다   2. 그렇지 않다   3. 보통이다   4. 대체로 그렇다   5. 매우 그렇다

[문항 1] '주거와 거주환경'단원에 대한 흥미가 생겼다.					
[문항 2] :					

다음은 2015 개정 교육 교육과정에 따라 교수학습과 평가를 연계하여 작성한 수업설계 과정안이다.

1-1 ㉠의 성취기준과 이에 속한 핵심 개념에 따른 중학교 1~3학년 내용 요소를 적고, ㉡의 수업 단계를 쓰시오. 또, 이 수업을 통해 함양되는 ㉢교과 역량과 개념을 서술하고, ㉣에 해당하는 교수학습 방법의 특징을 서술하시오.

단원명	생애 설계와 진로 탐색	차시	1~4차시
대상	중학교 2~3학년	학습 장소	가정교과교실 및 교실

교육과정	영역	자원 관리와 자립		
	성취기준	㉠		
차시계획	차시 구분	차시별 교수학습 주제 및 내용		
	1차시	진로탐색 검사에 따른 프로젝트 활동 안내		
	2차시	㉡ – 역할 분담, 진로 및 직업 조사 계획, 자료 조사, 자료 제작 및 발표 계획		
	3차시	프로젝트 결과물 제작하기 – 자료 분석, 발표 자료 제작		
	4차시	프로젝트 결과물 발표, 모둠 평가, 자기평가		
본시 관련 교과 역량	교과 역량	㉢		
	하위 요소(기능)			
교수학습–평가 방법	주요 교수학습 방법	㉣		
	주요 평가 방법	프로젝트 결과물 평가, 동료 평가, 관찰 평가, 자기 평가		

1-2 위 교수학습–평가 활동에 대한 채점 기준 중에서 학생들에게 제시할 동료 평가 및 자기 평가 양식의 예시안을 작성하시오.

▪ **동료 평가 양식**

평가 요소	평가 내용	모둠원 1	모둠원 2	모둠원 3	모둠원 4
프로젝트 결과물의 완성도	발표 내용과 게시물이 우수한가?				
	이해하기 쉽게 표현하였는가?				

▪ **자기 평가 양식**

평가 요소		채점기준	평가		
			잘함	중간	부족
개인 활동	개인 활동지 작성 및 개인 생애설계 활동				
모둠 활동	프로젝트 수행 및 결과 발표 활동				

가정과 수업
평가 및 컨설팅

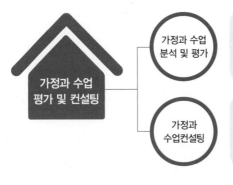

가정과 수업
평가 및 컨설팅

가정과 수업
분석 및 평가

■ 좋은 수업
■ 가정과 수업 분석
■ 가정과 수업 평가

가정과
수업컨설팅

■ 수업컨설팅의 개념 및 목적
■ 수업컨설팅의 단계
■ 가정과 수업컨설팅의 실제

가정과 수업
평가 및 컨설팅

핵심 개념 ▶ 좋은 수업, 수업 설계, 교실수업실천연구대회, 수업일지, 수업 분석, 수업 평가, 수업컨설팅

1. 가정과 수업 분석 및 평가

본질적으로 평가(evaluation)는 특정 현상의 가치를 판단하여 의사결정에 도움을 주기 위한 활동이다(권대훈, 2008). 따라서 가정과 수업을 분석하고 평가하기 위해서는 가정과 수업의 가치를 판단할 수 있는 기준, 즉 학교 현장에서 어떠한 가정과 수업이 좋은 수업인지 규정할 필요가 있다. 이 장에서는 좋은 수업이란 무엇인지 살펴보고 가정과 수업 평가와 컨설팅 과정을 제시하고자 한다.

1 | 좋은 수업

(1) '좋은 수업'의 개념

학교교육에서 교사의 전문성은 무엇보다도 수업 전문성에서 찾을 수 있다. '좋은 수업'을 실

천하기 위한 수업 전문성은 교육의 질 향상을 위한 기본 전제이다. 교사의 핵심 업무는 가르치는 일로써 수업 전문성은 교육행위의 출발점인 동시에 교사의 다른 행위의 기준이 된다. 교사교육에서 교사와 학생들 간의 충실한 상호작용이 이루어지고 있는 가운데, 수업의 효율성을 극대화하는 '좋은 수업'을 실천할 수 있는 능력을 길러주어야 할 것이다(이성흠 외, 2013).

이 세상에 그 자체로 '좋은 수업'은 존재하지 않는다. '좋은'이라는 형용사는 다양한 해석의 가능성을 지니며, 좋은 수업을 논하기 위해서는 적어도 다음의 네 가지 준거를 충족시켜야 할 것이다(Meyer, 2004). 첫째, 어떤 수업이 누구에게 좋은지 둘째, 그 수업이 어떤 교과, 학교 형태, 학교 수준(급)에 좋은지 셋째, 어떤 목적, 가령 인지적, 정의적, 신체적 능력들 가운데 어떤 능력의 함양에 좋은지, 그리고 넷째, 어디에 유용한지, 가령 자신의 수업개선, 교사양성, 대학 세미나 아니면 수업 연구에 좋은지를 따져 보아야 할 것이다(손승남, 2007, 재인용).

표 5-1 고등학생이 좋아하는 수업의 특성

핵심적 속성	구체적인 수업 형태	대조적인 수업 형태
재미	생생한 예를 많이 드는 수업	지루한 수업
	구체적인 삶과 관련된 수업	
이해	알기 쉽게 가르치는 수업	선생님 혼자 하는 수업
	이해될 때까지 반복해 주는 수입	
참여	자신이 참여할 기회가 많은 수업	앉아서 책만 보는 수업, 암기가 많은 수업
	학생들 모두 알 수 있게 하는 수업	
자유	자신이 선택해서 할 수 있는 수업	답답한 수업
	자신이 주도할 수 있는 수업	
여유	너무 정형화되어 있지 않는 수업	교과서 그대로 하는 수업
유익	필기가 많은 수업	쓰잘데기 없는 수업
	시험에 도움이 되는 수업	
심도	알맹이가 있고 깊이가 있는 수업	다른 이야기로 때우는 수업
다양	다양한 매체와 방법을 활용한 수업	문제만 계속 푸는 수업

자료: 조용환(2009). 한국 고등학생의 학업생활과 문화에 대한 연구. p.110.

좋은 수업이라 하면 무엇이 떠오르는가? 학생들이 졸거나 다른 짓을 하지 않고 조용히 자리에 앉아 있는 모습이 떠오르는가? 아니면 학생들이 주어진 학습 목표에 따라 열심히 활동에 참여하고 교사들은 학생들의 학습이 잘 이루어질 수 있도록 가르치는 모습이 떠오르는가? 아마도 교사들에게 좋은 수업에 관해 질문한다면 다양한 답변을 들을 수 있을 것이다. 교사들이 갖고 있는 교육에 대한 가치관이나 철학, 수업에 대한 관점 등 여러 차원에서 좋은 수업을 말할 것이다. 반대로 학생들에게 좋은 수업에 관해 물어본다면 그들은 어떻게 대답할까? 그 또한 다양하겠지만 교사들과 달리 여러 가지 이야기, 즉 재미있고 즐거운 수업, 내용이 머릿속에 쏙 들어가는 수업, 과제가 적은 수업, 잘 생기고 멋있는 선생님이 가르치는 수업 등을 나열하는 것을 듣게 될 것이다. 이렇게 좋은 수업이란 무엇인지에 대한 정의는 각자의 경험과 처한 상황에 따라 다양할 수 있다. 〈표 5-1〉은 실제 고등학생들을 대상으로 설문조사하여 나타난 좋아하는 수업의 특성을 제시한 것이다.

라이거루스(1999)는 좋은 수업이란 기대되는 수업의 결과로 효과적, 효율적, 매력적인 수업이라고 언급하였고, 변영계 외(2007)는 이 세 가지 특징에 좋은 교육방법으로 안정적인 수업을 추가하였다. 여기서 사용한 효과적, 효율적, 매력적, 안정적이란 의미를 생각해 보면, 왜 이러한 특징을 가진 수업이 좋은 수업인지 명확해진다. 효과적인 수업이라고 하면 수업에 제시된 목표를 대부분의 학생들이 학습활동을 통해서 달성하거나 성취하는 수업을 의미한다. 그리고 효율적인 수업은 주어진 상황에서 교사와 학생 모두 적절한 시간과 노력 비용 등을 투입하여 최대의 결과(성취)를 얻을 수 있는 수업을 말한다. 예를 들어 수업에서 사용할 자료를 직접 설계하여 개발해서 사용하는 것이 가장 학습 효과를 높일 수 있지만 상황이 그렇지 못할 경우 기존에 개발된 자료를 수정하여 사용하게 되면 시간과 비용을 줄일 수 있다. 이렇게 줄인 시간과 비용을 수업에 필요한 다른 부분에 사용함으로써 보다 좋은 결과를 얻을 수 있는 것이다.

또한 매력적인 수업이라고 하면 재미있는 수업을 말한다. 학생들의 흥미와 관심을 끌어 동기가 유발되고, 수업 중에 지속적으로 동기가 유지될 수 있도록 하는 수업이다. 학생들의 내적인 동기가 유발되어 주어진 학습과제나 목표를 스스로 달성하고자 하고, 교사는 외적인 동기 부여를 위해 여러 가지 강화나 보상을 계획하여 제공함으로써 학생들의 자발적인 참여가 이루어지는 것이 좋다. 이러한 수업은 학생의 입장에서 재미없을 수 없을 것이다.

마지막으로 안정적인 수업은 교사와 학생의 관계 속에서 출발한다. 교사와 학생이 상하의 수직적인 관계로 만나면 많이 알고 있는 교사는 지식을 가르치고 전달하며, 상대적으로 조금 알고 있는 학생은 배우고 받아들이는 수업이 되게 마련이다. 이러한 관계에서 비도덕적 수업이 이루어지기도 한다. 전달하는 교사의 의도대로 학습이 이루어지지 않는다면 교사는 강압적인 방법과 평가를 동원하게 되고 학생은 수동적일 수밖에 없어진다. 예를 들어 교사가 단어와 숙어 10개씩을 가르쳐주고 시험을 친 다음, 틀린 개수만큼 체벌을 한다면 이는 비도덕적인 방법으로 가르치는 것이며 인격적인 만남을 전제로 하지 않는 수업인 것이다. 따라서 안정적인 수업이 되려면 무엇보다 수평적인 관계 인식에 바탕을 두어야 한다. 교사와 학생이 하나의 존중받을 인격체로 만나 누구나 인정할 수 있는 도덕적인 방법으로 가르치고 배우고 알아가는 수업이 좋은 수업이다.

(2) 좋은 수업이 갖추어야 할 요건

'좋은 수업'과 관련된 국내·외 선행연구는 좋은 수업의 의미를 규정하기 위하여 초·중등교육의 교수자와 학생을 대상으로 설문이나 면담 등을 통해 좋은 수업의 특징들을 찾아내려는 노력을 계속하고 있다(권성연, 2010).

지금까지 교육심리학자들의 수년간에 걸친 대규모의 종단연구에 의거하여 좋은 수업의 여러 가지 두드러진 특징들을 한 번에 결론짓지는 못했다. 그러나 철저한 의견 조정 끝에 교육내용, 교육방법, 교육환경 및 분위기, 교육평가의 네 가지 차원에서 종합할 수 있었으며, 다음과 같은 특징들로 규정지을 수 있었다(손승남, 2010).

첫째, 좋은 수업에서 나타나는 교육내용의 특징은 수업에서 다루는 주제와 내용에 관한 것으로 교수·학습 과정의 핵심 요소라고 할 수 있다. '좋은 수업'에서 나타나는 교육내용의 특징은 이해하기 쉽게 구성한 내용, 학생들의 흥미를 자극하는 내용, 실생활과 밀착된 내용, 개개인에게 의미 있는 내용, 교과 간 통합적 접근이 이루어지는 내용 등으로 구성된 수업이다.

둘째, 좋은 수업에서 나타나는 교육방법의 특징은 학생들의 능력과 적성을 고려한 수업, 학생들의 협동학습 지원, 학습동기 유발, 학생들의 자기주도 학습 강조, 활동 위주의 학습방법 강조, 통합적 학습경험 강조, 컴퓨터를 중심으로 다양한 첨단매체의 효율적 활용, 학생들의 오개념 활용을 주로 사용하는 수업이다.

셋째, '좋은 수업'에서 나타나는 교육환경 및 분위기는 수업이 실행되는 교실의 물리적·심리적 환경을 나타낸다. 교육환경 및 분위기 면에서 '좋은 수업'은 학생의 질문이 장려되고 공평함을 느끼는 분위기, 평안하고 기능적인 교실환경이 필수적이며, 물리적으로 다양한 학습자료를 이용할 수 있는 환경, 책상의 이동이 용이하고 충분한 공간이 확보된 수업이다.

넷째, '좋은 수업'에서 나타나는 교육평가방식은 학생의 학습 내용, 학습방법, 심화학습의 정도 등에 영향을 미친다. '좋은 수업'을 위한 교육평가는 학습 목표와 잘 연계된 평가, 그리고 고차원적인 사고를 확인할 수 있는 평가, 고차원적인 사고결과에 대한 평가적 보상 등을 고려한 평가이다. 다음은 좋은 수업의 열 가지 특징을 제시한 것이다.

 좋은 수업의 열 가지 특징

1. **수업의 명료한 구조화**: 과정, 목적, 내용과 역할의 명료성, 규칙에 대한 합의, 의례와 자유 공간
2. **학습 몰두 시간의 높은 비율**: 훌륭한 시간 경영과 시간 엄수, 수업의 조직화에 드는 시간의 절약, 일과 편성의 리듬화
3. **학습 촉진적인 분위기**: 상호존경, 규칙의 준수, 책임부여, 공정성과 배려
4. **내용적인 명료성**: 납득할 수 있는 과제 설정, 주제적 전개 과정의 합당성, 수업 결과의 명료하고 구속력 있는 정리
5. **의미 생성적 의사소통**: 계획단계에서의 학생 참여, 토론문화, 의미 회담, 일일 학습장 작성과 학생과의 피드백
6. **방법의 다양성**: 풍부한 연출기법, 행동 방식의 다양성, 수업 진행 형식의 변용, 방법적 기본 형식들 간의 균형
7. **개별적인 촉진**: 자유 공간, 참을성과 시간, 내적인 차별화와 통합, 개별적인 학습 상태 분석과 상호 조율된 촉진 계획 등을 통해 고위험군에 속한 학생들에 대한 특별한 촉진
8. **지능적 연습**: 학습전략을 스스로 의식하게 함으로써 정확한 연습과제, 목적 지향적인 지원과 연습을 장려하는 틀 제공
9. **분명한 성취 기대**: 교과과정이나 교육 기준에 맞는 학생의 성취 능력에 합당한 학습 내용의 제시, 그리고 학업 진보에 대한 계속적이고 촉진적인 피드백 제공
10. **준비된 환경**: 질서정연함, 기능적인 실내 배치와 학습 도구의 완비

---

2 | 가정과 수업 분석

좋은 가정과 수업이 수업의 목표를 학생들에게 효율적으로 성취시키는 것이라고 볼 때, 수

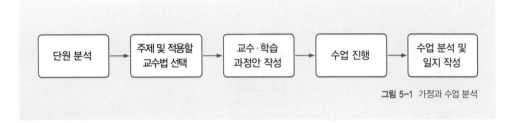

그림 5-1 가정과 수업 분석

업 설계는 이에 수반되는 제반 활동과 요소를 자세하게 계획하는 활동 전반이라고 할 수 있다. 즉 수업 내지 교수·학습의 도입, 전개, 정리 등 전체적 계획을 말한다. 이때 개괄적인 순서로는 〈그림 5-1〉과 같이 단원 분석하기, 주제 및 적용할 교수법 선택하기, 교수·학습 과정안 작성하기, 수업 진행하기, 수업 분석 및 일지 작성하기 등의 순서로 진행된다.

각 단계별 구체적 내용은 본서 2장에서 다루고 있으므로 본장에서는 수업 분석과 수업일지 작성하기를 중심으로 살펴보고자 한다. 수업을 진행한 뒤 교사는 어떤 방식으로든 자신의 수업을 돌아보고 평가하는 과정을 거쳐야 수업 진행 능력에 발전을 가져올 수 있다. 수

표 5-2 수업 분석 도구

분석 영역	분석 도구	접근	설 명
수업 전체	수업일관성 분석	관찰	수업 목표에 적합한 수업 내용, 학생, 수업 방법, 수업 매체, 수업 평가 간의 유기적 통합 정도 분석
	수업구성 분석	관찰	수업 한 차시에 이루어진 도입, 전개, 정리 단계의 조직성과 그 단계에 따른 세부적인 수업 전략의 효과성에 대한 정도 분석
학생	수업만족도 분석	설문	수업 내용, 수업 방식, 수업 환경, 수업 효과, 교수자의 전문성, 수업평가 등의 만족도 정도 분석
	학습동기 분석	설문	학생들이 수업에 대해서 얼마만큼의 동기가 있는지 내재적 및 외재적, 자기효능감, 주의집중, 관련성, 자신감, 만족감 등의 일곱 가지 영역의 정도를 분석
	과업집중도 분석	관찰	교실에 앉아 있는 학생들의 좌석 배치에 따라 각 학생들이 과업집중도 경향성을 분석
교수자와 학생 간의 상호작용	시간관리 및 과업 분산 분석	관찰	교수자가 주어진 수업 시간을 효과적으로 활용하여 학생들의 과업집중도를 어느 정도 확보하는지 등을 분석

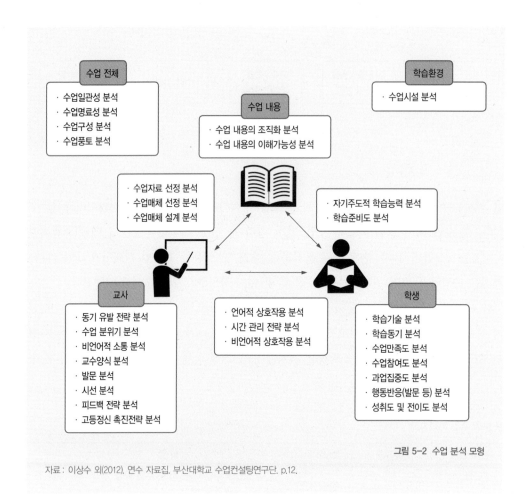

업 분석을 하는 방법은 교수·학습 과정안을 가지고 분석기준에 의거하여 살펴보는 방법과 동영상 촬영을 통한 수업 분석 방법 등이 있다. 이러한 과정에서 나타난 문제점이나 개선점 등은 수업일지를 작성함으로써 다음 수업에 반영할 수 있다. 〈그림 5-2〉는 수업 분석을 위해 제시한 모형이다.

총체적인 수업 분석을 위해서 수업의 전체적 분석, 교수자 분석, 학생 분석, 교수자와 학생 간의 상호작용 등의 네 가지 범주로 구분하여 선정한다. 수업 분석을 위한 도구와 접근 방법, 그에 대한 설명을 표로 제시하면 〈표 5-2〉와 같다.

표 5-3 항목별 수업 분석 관점

항목	수업 분석 관점
동기 유발	· 학습 문제와 직접 관계되는 내용을 소재로 하고 있는가? · 학습 문제를 자신의 문제로 받아들이고 문제 파악을 용이하게 하였는가? · 본시 학습 문제와 관련시키는가? · 학습 내용에 관한 경험 내용을 학생 전원이 집중하도록 하였는가?
학습 목표	· 목표 분석은 바르게 되었는가? · 학습 목표 진술이 바르게 되었는가? · 목표 도달을 위한 학습 계획이 이루어지고 있는가?
학습 내용	· 수업 내용에 따라 시간 배당은 알맞게 되었는가? · 학습 내용은 구조화되어 제시되었는가? · 실험, 실습, 노작 활동 등은 적절하게 배치되었는가?
학습 형태	· 학습 형태는 학습의 내용, 학습의 장, 학생들의 여러 조건에서 볼 때 적절한가? · 강의식, 토의식, 실험·실습 등 학습 형태는 단원의 특성에 알맞은가?
학습 자료	· 적절한 보조 교재가 있는가? · 목표 도달에 도움을 주는 자료인가? · 자료 활용의 시간, 방법이 적절하고 익숙하게 사용되었는가?
학습 과정	· 전체적인 흐름은 일관성이 있고 논리적인가? · 수업의 흐름은 중심 목표에 합치되었는가? · 수업 방법이 목표, 내용, 과정에 따라 알맞게 적용되었는가?
교사의 발문	· 응답에 필요한 시간을 주었는가? · 발문 내용은 중복되지 않게 잘 조직되었는가? · 발문 내용은 간단명료하게 하였는가? · 학급 전체를 대상으로 하고 있는가?
교사의 태도	· 음성과 용어는 때와 내용에 따라 적정한가? · 학생의 응답, 학습활동에 대해 적절하게 반응하였는가? · 소외되는 학생 없이 시선을 골고루 주고 있는가?
학생활동	· 학습 분위기는 잘 조성되고 질서 있게 진행되었는가? · 활동은 적극적이며, 상호 협조적 태도를 보였는가? · 응답은 사고하고 비판하며 분석한 것인가?
학습 정리	· 목표도달 정도를 확인하고 피드백은 이루어졌는가? · 계획과 실제 수업은 일치되었는가? · 차시예고와 과제 해결 방안은 제시되었는가?

자료: 박은종(2010). 사회과 교재연구와 교수·학습법 탐구. p.119. 재구성.

수업 전체에 있어서는 수업 일관성 분석과 수업구성을 분석하게 된다. 이 두 가지 분석을 위해서는 관찰법이 사용되게 된다. 다음으로 학생에 대한 분석 도구로 수업 만족도 분석과 학습동기 분석, 과업 집중도 분석 등이 활용되는데 주로 수업 후에 설문지법으로 조사하게 된다. 과업 집중도의 경우 관찰법에 의해 분석한다. 교수자와 학생 간의 상호작용에 대해서는 시간관리 및 과업분산 분석 도구가 사용되어지는데 관찰법으로 교수자가 수업 시간을 효과적으로 활용하는지에 중점을 두고 분석하게 된다. 〈표 5-3〉에 수업 단계별 흐름에 따른 각 항목별 수업 분석 방법을 제시하였다.

3 | 가정과 수업 평가

가정과 수업 평가란 말 그대로 수업에 관한 평가이다. 평가 혹은 교육평가라고 하면 학생을 평가의 대상으로 하는 것으로 생각하기 쉬우나 1970년대부터 평가의 영역 또는 대상에 '수업'을 포함시켜야 한다는 견해가 제시되면서 오늘날 수업평가는 교육평가의 중요한 영역으로 자리 잡고 있다.

이에 가정과 수업 평가는 '가정과 수업의 효과성 평가'라고 규정할 수 있다. 가정과 수업 평가는 '가정과교사에 의해 드러나는 가정과 수업 전반의 특징과 효과성을 확인하고, 문제점 및 개선점을 찾아 다양한 필요성을 충족시킬 수 있는 정보를 제공하는 과정'으로 정의할 수 있다. 이 같은 가정과 수업 평가의 정의에 비추어볼 때 가정과 수업을 제대로 평가한다는 것은 결코 간단한 것이 아니다.

가정과 수업 평가의 궁극적인 목적이나 필요성은 교수개발을 통한 학교교육의 효과성 제고이다. 교사 자신이나 동료들이 평가의 주체가 되어 가정과교사들 스스로의 수업 운영 과정에 대한 실상을 드러내어 가정과 수업 방법을 개선하고 그 질을 향상시킬 목적을 추구하게 된다(서재복 외, 2013).

수업 참관을 하고 수업을 평가하는 과정은 어떻게 보면 교사가 수행해야 할 가장 중요한 업무로써 자신의 수업을 스스로 평가해 보는 자율장학에서부터 타인의 수업을 참관하고 수업 참관록을 작성하는 일까지 다양하다. 좋은 가정과 수업을 하기 위해서는 자신의 수업뿐만 아니라 다른 가정과교사의 수업을 세밀하게 관찰하고 기록함으로써 체계적인 분석능력을 길러야 한다. 수업관찰의 방법은 자료 수집 방식에 따라 달라지며 관찰자의 위치 또는 이동 여부에 따라서도 구분된다. 수업관찰 분석은 수업의 특징과 문제점을 분석하는 것은 물론, 수업자의 특징적인 수업 형태나 수업 행동을 정확하게 파악할 수 있다는 장점을 가지고 있다(신재한, 2013). 다음은 가정과 수업을 실시하고 난 뒤 자신의 수업을 돌아보며 적은 성찰문의 예시이다.

 가정과 수업 후의 성찰문

· 일시: 4월 26일(수)
· 학년, 반: 1–6반
· 주제: 성역할 고정관념과 양성평등

1. 수업 아이디어
EBS의 지식채널e 프로그램 중 '전족이 아름나운 이유' 편은 다양한 주제로 글을 쓰기에 좋은 동영상이다. 특히 여성에 대한 왜곡된 고정관념이 인간을 얼마나 고통에 빠뜨릴 수 있는지를 이해할 수 있는 내용으로, 이 동영상을 보여주고 짧은 글을 쓰는 수업은 몇 년 동안 계속해온 활동이었다. 이번에는 동영상을 보고 바로 글을 쓰는 것보다 다양한 키워드를 찾고, 이야기를 나누며 주제를 설정하였다. 또한 학급당 주어진 시간에 따라 어떤 학급은 모둠별로 마인드맵을 만들고, 시간이 부족한 학급은 개인별로 마인드맵을 만들어보았다.
그런 연후에 '자기 생각 쓰기'를 하였더니 그냥 동영상만 보여주고 쓴 글보다 한층 글의 깊이가 있었다.

2. 수업의 실제
다른 선생님들을 초대한 반은 1학년 4반이었으나 동영상을 촬영하지 못했다. 그리고 모둠별로 마인드맵을 하면 한 시간 안에 글쓰기를 할 수 없기에 한 시간에 수업을 진행해야 하는 6반 수업을 개인용 800만 화소 디지털 카메라로 찍었다. 학생들의 반응을 관찰하기 위해 앞에서 조금 찍고, 수업의 전체 모습을 살피기 위해 삼각대를 뒤로 옮겨서 찍었다.
동영상을 보니 목소리가 많이 울리고 생각보다 큰 편이라 마이크를 쓰지 않는 것이 좋겠다는 생각이 들었다. 교사 중심의 강의식 수업이 아니라 동영상을 시청하고 이야기를 나누고, 성역할 고정관념에 대한 마인드맵을 작성한 후 글을 쓰는 수업이라 학생들의 몸 움직임은 작은 수업이었다. 뒤에 카메라를 놓으니 앞에서 보지 못했던 학생들의 작은 움직임도 보이는 장점이 있으나 또한 민망하기도 하다. 말을 적게 하면서 학생들의 흥미를 유발하고, 또한 사고의 발전을 이끌어내는 일은 참으로 어려운 일인 것 같고, 계속적인 도전 과제라 생각된다.

표 5-4 수업 참관록 예시1

수업 참관록-1

수업 참관록

단원명		장소		대상		수업자	
과목		단원				관찰자	
학습 목표	1. 2.						

교수·학습 과정안 구성의 분석

영역	분석의 관점 항목	매우 잘됨	잘됨	보통	미흡
수업 설계 능력	교육과정에 대한 이해를 바탕으로 교수·학습 과정안이 설계되었다.				
	수업 목표와 학습 내용이 일치되도록 교수·학습활동이 설계되었다.				
	수업매체, 도구의 선택 및 활용 계획이 효율적으로 설계되었다.				
	학습 목표와 연관된 간결한 판서계획이 수립되었다.				
	형성평가가 수업 목표 도달 여부를 판단할 수 있도록 수립되었다.				

수업 모형 적용 계획의 분석

영역	분석의 관점 항목	매우 잘됨	잘됨	보통	미흡
수업 모형 적용	교과 및 단원의 특성에 맞는 수업 모형을 적용하였다.				
	학생의 특성을 고려한 수업 모형을 적용하였다.				
	학생이 학습 목표에 도달하도록 이끌어주는 수업 모형을 적용하였다.				
	조별활동, 개별학습 등 학생들의 적극적 학습활동을 유도하는 수업 모형을 적용하였다.				

표 5-5 수업 참관록 예시2

수업 참관록-2

수업 참관록

교사 ○○○

수업 일시	년 월 일 (요일) 교시	수업 대상	학년 반
수업 장소		수업 과목	
수업 주제 (내용)		교수·학습 형태 (모형·방법)	
수업 교사 (본인)		수업관찰자 컨설턴트	

1. 수업 준비과정 관찰 소감(수업설계, 학습 지도안, 학생과의 관계형성 등)

2. 수업 진행과정 관찰 소감(학습 내용, 학습자료, 교수·학습방법, 수업전략의 전개, 수업매체, 학습 정리와 형성평가 등)

3. 수업 상호작용에 대한 관찰 소감(배움 중심 학생활동, 교사발문, 교사–학생, 학생–학생 간 상호작용)

4. 종합 의견

표 5-6 수업 협의회에서 나누는 이야기

구분	내용
수업 계획	· 수업과 관련된 다양한 텍스트를 재구성하고 디자인했는가? · 단원 전체의 연결이나 앞뒤 차시의 연결을 고려했는가? · 학생에게 유의미한 경험을 제공하기 위해 설계했는가? · 학생의 생각을 키울 수 있는 방향으로 평가를 계획했는가? · 지적·정의적 능력이 종합적으로 평가되도록 계획했는가?
수업 중 수업 보기	**① 비평의 관점에서 수업 보기** · 교사가 의도하고 있는 배움은 무엇인가? · 의도한 대로 수업을 진행하고 있는가? · 그렇지 못하다면 어려움을 겪는 지점은 어디인가? · 수업에서 가장 의미 있는 지점은 어디인가? 왜 그렇다고 생각하는가? · 흥미와 호기심을 일으킬 수 있도록 어떤 학습상황이 제시되는가?
	② 학생: 배움 중심으로 수업 보기 · 학생들의 배움이 크게 일어나는 지점은 어디인가? · 배움에서 소외된 학생은 있는가? · 전체적으로 배움이 잘 이루어졌다고 보는가? · 학생 스스로 문제해결을 위해 정보를 수집하고, 해결과정을 고민하고 탐구하는가? · 교사의 가르침과 학생의 배움이 크게 어긋나는 지점은 어디인가? · 독서·토론, 실험, 관찰, 글쓰기, 체험 등의 활동이 비판적(반성적) 사고를 기르는가? · 어떤 지점에서 학생–학생, 학생–교사 간에 협력적 배움과 나눔이 일어나는가? · 학생들은 자신의 삶을 어떻게 성찰하고 있는가? · 학습 도약을 가져오는 배움은 어느 지점에서 이루어지고 있는가? · 배움이 크게(적게) 일어난 학생은 누구인가? 왜 그런가? · 배움의 결과를 자기 언어와 자기 생각으로 정리하여 표현하는가? · 어느 지점에서 배움에 대한 기쁨과 감동, 깨달음을 나타내는가?
	③ 교사: 배움을 중심으로 수업 보기 · 배움의 내용을 어떻게 학생의 삶과 연계하여 이끄는가? · 수업 과정에서 학생들의 배움을 어떻게 도와주는가? (신뢰·수용·격려·개발·도전 장려·존중·참여·끌어내기 등) · 학생 개개인의 배움이 일어나는 과정을 어떻게 확인하는가? · 정의적 능력(도전의식, 성취동기, 호기심, 자존감 높이기, 협동과 책임)을 고려한 지점은? · 학습결과를 자기 언어와 자기 생각으로 표현하는 것을 어떻게 돕는가? · 평가는 학생들의 배움을 격려하고 성장하게 하는가? · 학생들의 배움에 대한 기쁨과 감동, 깨달음을 어떻게 확인하는가?
	① 교사의 내면 바라보기 · 배움을 만들어가는 것에서의 두려움은 무엇이었는가? · 새롭게 알게 된 점은 무엇인가? · 학생들의 생각이 잘 연결되도록 하는 데 어려움은 없는가? · 배움을 지나치게 통제하지 않았는가?

(계속)

구분	내용
수업 후 수업 나누기	· 배움을 만들어 가는 것에서의 자신감은 어느 지점에서 일어났는가? · 의도대로 수업이 이뤄지지 않은 곳은 어디인가? 이때의 심경은 어떠했는가?
	② 수업 나누기 · 이 수업에서 '배움'은 무엇일까? · 학생 개개인의 배움이 일어나게 하려면 어떻게 하면 좋을까? · 학생들의 배움이 일어나는지는 어떻게 확인할 수 있을까? · 학생들에게 배움은 언제 가장 잘 일어날까? · 배움이 학생들의 삶과 연계된다는 것은 무엇을 의미할까? · 학생들의 삶과 연계된 배움은 어떻게 이루어질까? · 교사가 겪은 수업 딜레마는 무엇일까?
	③ 내 수업에 적용하기 · 내 수업을 통해 학생들의 삶이 의미 있게 바뀌고 있다고 생각하는가? · 내 수업에서 내가 갖는 비슷한 고민거리는 무엇인가? · 이 수업을 통해 배울 점, 이 수업에서 개선할만한 점은 무엇인가? · 적용할만한 교사의 역할과 수업 분위기는 무엇인가?

이러한 성찰 일지를 작성하는 과정을 통해 교사는 스스로 성장하고 발전하게 되는 것이다. 그리고 자율적인 수업반성과 성찰 외에 교내외 다른 가정과교사의 수업관찰을 통해서도 자신의 수업을 돌아볼 수 있다.

다른 교사의 수업을 참관하고 나면 수업 참관록을 기록하게 되는데, 〈표 5-4, 5〉는 대전광역시 교육청에서 개발한 수업 참관록 예시 자료이다. 이는 정해진 양식이 있다기보다는 학교 실정이나 상황에 맞게 구성원들의 합의하에 그때그때 조정하여 사용하면 된다.

단, 이때 수업 목표, 전시환기, 학습 내용의 적절성이나 교수·학습 방법, 수업매체, 형성평가 등 수업에 있어 필수적으로 포함되어야 할 요소를 확인할 수 있도록 구성한다.

수업 참관록을 바탕으로 하여 수업 후 협의회에서 나누는 이야기의 사례는 〈표 5-6〉에 제시하고 있는데, 이는 특히 배움 중심 수업에서 중점적으로 다루는 이야기를 중심으로 구성하고 있다.

2. 가정과 수업컨설팅

1 | 수업컨설팅의 개념 및 목적

컨설팅이란 어떤 분야에 전문적인 지식을 가진 사람이 고객을 상대로 상세하게 상담하고 도와주는 것(네이버 국어사전, 2014, 참고)이라고 정의할 수 있다. 그 가운데 학교컨설팅이란 학생의 학습과 적응을 향상시키기 위해 전문가(컨설턴트)가 교직원(의뢰인)에게 심리적, 교육적 서비스를 제공하면서 협력적으로 일하는 과정으로 정의할 수 있다. 컨설턴트는 마주보고 상호작용하며 의뢰교사를 돕기 위해 체계적 문제해결, 사회적 영향, 전문적 지원을 제공한다(김정섭, 2009).

　수업컨설팅은 수업 능력이 검증된 교사들이 동료교사들의 수업을 개선하도록 도와주는 것이라 할 수 있다. 기존의 위에서 아래로 상명하달 방식의 수업장학과 달리 수업컨설팅은 '지도'보다는 '상담'에 중점을 두고 있다(신재한, 2013).

 수업코칭

수업코칭이 무엇인지 알기 위해서는 먼저 코칭이 무엇인가라는 것부터 살펴볼 필요가 있다. 웹스터 사전에 따르면 코칭은 '여러 다양한 상황에서 다른 사람에게 개인적인 지도를 해 주거나 다른 사람을 도와주는 것'이라고 한다. 또 '현재 있는 지점에서 출발해 원하는 목적지까지 데려다 주는 개별 서비스(이희경, 2005)'라 말하기도 한다. 이런 정의들을 보면 코칭은 어떤 영역에서든 목적하는 수준에 도달할 수 있도록 그 출발선이 각기 다른 개인을 지도하거나 도와주는 과정이라는 의미를 포함하고 있다고 볼 수 있다.

최근 지식 변화의 속도가 갈수록 빨라지는 흐름에 따라, 학생들의 요구를 감당해야 하는 교사의 역량 강화에 대한 요구가 높아지고 있다. '수업코칭은 수평적 상호작용 방법을 사용해서 수업과 관련한 교사의 능력이, 현재 수준에서 시작해 잠재적 능력과 가능성이 완전히 발휘되는 수준에 이르도록 함께하는 과정'이라고 정리할 수 있다.

자료: 신을진(2015). 교사의 성장을 돕는 수업코칭. 에듀니티.

수업컨설팅은 교사의 자율성을 제도적으로 보장해 주는 새로운 형태의 수업개선 방법으로 출발하였으며, 단위학교 내에서 교사들의 자발성을 보장하여 교사들의 전문성 개발을 도모하는 새로운 접근방법이다. 또한 현재 학교장 중심으로 실시되고 있는 교내 자율장학을 교사 중심으로 변화시켜 자율장학의 단점을 보완할 수 있는 접근이다(주삼환, 2003; 진동섭, 2000; 진동섭·김도기, 2008). 수업컨설팅은 기존의 수업개선 방법들과 달리 수업문제를 일으키는 원인을 학생을 중심으로 하여 학생과 관련된 다양한 변인을 찾고 체계적인 수업 분석을 통해서 그 문제의 근본원인을 찾아 컨설팅을 의뢰한 교사와 함께 해결방안을 협력적으로 찾아가는 과정이다(이상수, 2010; 이상수 외, 2012).

하지만 학교 현장에서 이루어지고 있는 수업컨설팅은 그 원래의 의미나 목적과 달리 기존의 장학과 혼동되어 그 위치를 정확하게 자리매김하지 못하고 있다. 자발성이나 자율성을 중시하는 것이 수업컨설팅의 원칙이지만 아직 다소 강압적인 분위기, 선배교사가 후배교사에게 하달하는 식의 수직적인 관계에서 이루어지기에 몇몇 교사들은 수업컨설팅을 장학의 새로운 형태로 잘못 이해하고 있기도 하다(오영범, 2013; 조영남, 2012). 그리고 수업컨설팅 과정과 결과에 대한 비밀보장의 원칙이 지켜지지 않아 교사들은 자신의 수업을 공개하고 분석 받아야 한다는 부담감이 존재하여 컨설팅 자체에 거부감을 갖기도 한다. 또한 컨설팅을 통해 수업공개를 하더라도 평소의 수업이 아닌 공개수업이나 연구수업을 공개하고 수업 분석을 받다보니 평상시 수업에서 실제 발생하고 있는 문제와 그 근본원인을 찾아 해결하지 못하게 되어 수업컨설팅의 효과성에 의문이 제기되기도 한다(이유나 외 2012; 이화진, 오상철·홍선주, 2007). 이와 같은 현실적 어려움과 문제들 속에 수업컨설팅의 본질적인 의미와 목적, 장점들을 살려 현장 중심의 실천 가능성이 높은 수업컨설팅의 방법을 모색해야 할 필요성이 있다.

표 5-7 수업장학과 수업컨설팅의 구분

구분	수업장학	수업컨설팅
궁극적 목적(공통점)	학습의 개선	학습의 개선
초점	교수자의 수업 능력 개선	교수·학습 과정의 개선
주체 간 관계성	장학사 중심의 상하관계	수평적 협력관계

자료: 이상수 외(2012). 수업컨설팅. p.28. 재구성.

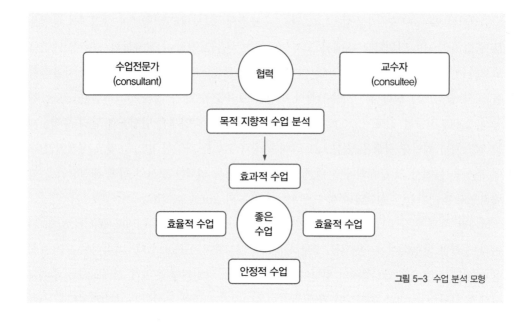

그림 5-3 수업 분석 모형

〈그림 5-3〉의 목적 지향적 수업 분석을 통한 수업컨설팅에서는 수업컨설팅을 통한 수업 개선의 궁극적인 목적은 좋은 수업을 만들기 위함이라고 규정한다. 좋은 수업의 요소인 효과성, 효율성, 매력성, 안정성의 네 가지 관점에 입각하여 명확한 수업 분석 계획을 수립하여 체계적인 과정 및 절차를 통해서 수업 분석이 이루어지고, 좋은 수업의 체제적인 측면을 종합적, 통합적으로 분석해야 한다. 또한 복잡한 수업 분석 방법 및 도구를 좋은 수업의 네 가지 관점에서 교사와 학생으로 구분하여 보다 명료화하여 현장의 활용가능성을 높일 수 있도록 해야 한다(이상수 외, 2012; 이유나 외 2012).

수업컨설팅의 또 다른 목적은 교사의 전문성이나 역량 향상에 있다(강창숙, 2011; 허수미, 2013). 이렇게 수업컨설팅의 목적을 교사의 전문성이나 역량 향상에 두는 것은 이제까지 수업개선을 위해 현장에서 활용되고 있는 방법이나 제도들이 한계점을 드러내고 있기 때문이다. 지금까지 현장의 수업 개선을 이끌어 왔던 수업장학이나 연구수업 등은 학교 관리자, 장학사, 수업전문가 등과 수직적 관계에서 일방적 수업개선의 요구, 수업 분석 전문성 부족 등으로 인해 교사들이 거부감을 갖게 만들었다(이윤식, 1999; 이유나 외, 2013). 교사 개인의 실천적인 수업개선을 지원하고자 하였던 교사 연수 프로그램들은 이론과 실제 간의 괴리, 학교 및 학급 상황의 다양성 등으로 인해 직접적인 수업개선으로 이어지지 못하고 있다(강정찬, 이상수, 2011; 이상수 외, 2012; 오영범, 2013). 교사들의 역량 평가를 통해 교원 전문성 향상, 수업개선을 목적으로 도입된 교원능력개발평가 제도도 교사들 간의 형식적 평가, 평가제도 자체가 가진 거부감, 평가 결과의 수업개선활용 부족 등의 한계점을 갖고 있다. 이런 다양한 방안들이 교사의 전문성을 신장하고 수업개선에 효과적이지 못하였던 것은 모두 교사들의 자발성과 전문성에 기반을 둔 동기부여가 부족하였다는 점이고, 무엇보다 교사들의 수업기술이나 전략 등 교사들이 갖추어야 할 역량 중심의 개선이 오히려 교사들의 수업개선 부담을 가중시키고 자발적인 참여 동기를 떨어뜨리는 결과를 낳았다고 볼 수 있다.

2 | 수업컨설팅의 단계

수업컨설팅 단계를 살펴보기 전에 수업컨설팅을 위한 모형을 제시하면 〈그림 5-4〉와 같다. 수업전문가(컨설턴트)와 의뢰인(컨설티)과의 협력관계 형성을 바탕으로 수업수행분석, 원인분석, 그리고 그에 따른 개입안 설계와 실행이 이루어진다. 먼저 수업컨설팅 의뢰를 받고 컨설팅이 시작되면 본격적으로 수업문제의 분석활동이 시작된다. 이 과정에서 컨설턴트는 잠정적 문제를 규정하고 이를 기반으로 한 구체적인 수행분석 계획을 수립하게 된다. 그리고 계획에 따라 거시적, 중간적, 미시적 수행분석을 실시하고 그 결과에 따라 수업의 근본적 문제를 규정하게 된다. 수행분석 과정에서는 수업문제를 정확히 규정하면서 수업문제의 원인을 파악하기 위한 자료를 함께 분석하는 작업이 이루어진다. 이 과정에서 컨설턴트에게는 다양한 분석 도구들을 활용하여 객관적이면서도 정확하게 수업현상을 분석할 수 있는 역량이 요구된다. 무엇보다도 의뢰인과의 협력적 작업을 통한 수행분석이 이루어져야 한다(이상수 외, 2012, 재인용).

이상과 같은 수업컨설팅 모형을 조금 더 구체적으로 단계별로 제시하면 〈표 5-8〉과 같다. 크게 준비단계, 실행단계, 평가단계로 나누어 진행되게 된다.

먼저 준비단계에서는 의뢰자의 요구를 분석하고 의뢰자가 인식하고 있는 문제점을 파악하여 상담을 준비하는 단계로 상황에 맞게 면담이나 이메일, 전화상담 등의 형태로 진행되

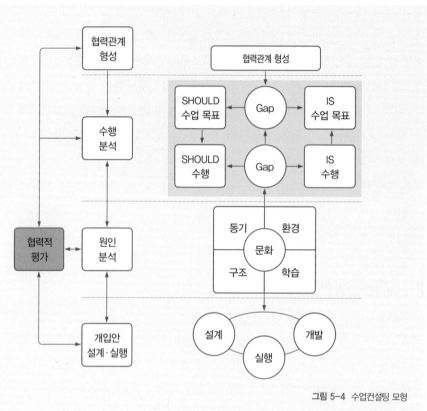

협력관계 형성

SHOULD 수업 목표 ― Gap ― IS 수업 목표

SHOULD 수행 ― Gap ― IS 수행

동기 | 환경
문화
구조 | 학습

설계 | 개발 | 실행

협력관계 형성

수행 분석

협력적 평가 ― 원인 분석

개입안 설계·실행

그림 5-4 수업컨설팅 모형

게 된다. 다음의 실행단계에서는 준비단계에서 분석한 의뢰자의 요구를 토대로 실제로 문제 해결을 위한 계획을 수립하고 실제 문제해결 개입안을 작성하는 단계이다. 특히 이때 의뢰 인이 작성한 교수·학습 과정안이나 자료 등을 토대로 수업 관찰과 분석이 이루어지게 되는 데 상황에 따라 수차례 반복하여 진행하기도 한다.

마지막 평가단계에서는 의뢰인이 제기한 문제를 해결하는 과정에서 무리가 되는 부분이 없지 않았는가?, 의뢰인이 컨설턴트의 피드백을 토대로 수업을 진행하였을 때 원하는 결과 를 얻을 수 있었는가? 등 컨설팅 과정에 대한 평가와 컨설팅 결과에 대한 평가 등을 하는 단계이다. 이러한 단계를 거쳐 컨설팅을 완료한 후 컨설턴트와 의뢰인은 컨설팅 결과보고서 를 작성하고 이를 상호 공유하여 발전적인 방향으로 나아갈 수 있도록 한다.

표 5-8 수업컨설팅의 단계

컨설팅 단계	주요 내용	
1. 준비단계 (preparation stage)	① 첫 만남	컨설팅 의뢰 컨설턴트의 접수
	② 사전문제 확인	문제 예비조사 문제 파악 컨설팅 내용 확인
	③ 컨설팅 수행, 계획 제안	컨설턴트 선정 컨설팅 일정 및 방법 계획
	④ 협약	컨설팅 내용, 일정 및 방법 협약
2. 실행단계 (implementation stage)	① 진단	현상분석(자료수집 및 분석) 문제의 진단
	② 문제해결 실행, 계획 수립	문제해결 방안 개발 문제해결 전략 수립
	③ 문제해결	문제해결 대안 실행
3. 평가단계 (evaluation stage)	① 컨설팅 평가	컨설팅 과정 평가 컨설팅 결과 평가
	② 피드백	컨설팅 전 과정에 평가결과 피드백
	③ 보고서 작성	컨설팅 보고서 작성

자료: 노석구 외(2008). 초등과학 교수·학습 지도안 작성을 위한 수업컨설팅. p.22.

3 | 가정과 수업컨설팅의 실제

중학교에 신규임용된 가정과교사가 수업을 하는데 있어 어려움을 겪고 있어 인근 지역 수석교사에게 수업컨설팅을 받은 사례에 대해 자세히 살펴보겠다.

수업컨설팅의뢰서

·의뢰인(컨설티):   (익명 또는 성만 밝혀도 좋음)

·소속: ·직위:

·연락처: ·email:

·경력: ·담당과목:

1. 의뢰 사유

2. 문제해결을 위해 했던 노력들

3. 현재 문제 상황

4. 희망하는 컨설팅 날짜
·1순위: 2015년 ○월 ○일
·2순위: 2015년 ○월 ○일
·3순위: 2015년 ○월 ○일

의뢰인 ○○○

(1) 사전 만남을 통한 문제 진단

먼저 수업컨설팅의뢰서를 받은 후 이를 통해 신규 가정과교사가 수업컨설팅을 의뢰한 목적을 알고, 사전에 직접 만남의 기회를 가지고 그 목적을 좀 더 명확하게 한다. 이 과정을 통해 수업을 하는 데 있어 현재 어떤 어려움을 겪고 있는지와 개선하고자 하는 수업의 문제점 등을 파악한다.

"제가 수업하고 있는 내용을 학생들이 이해하였는지 전혀 확신이 들지 않아요. 학생들을 장악하는 방법을 알고 싶어요! 임용고사 준비를 하면서 나름 교수·학습 과정안 작성은 자신 있었는데 이제 그것도 자신이 없어져서 학습 목표 도출도 어렵네요. 특히 장난이 심한 남학생들이 저를 만만하게 보는 듯해서 그것도 속상하구요."

이같이 수업의 문제를 잠정적으로 규정하고 이에 대한 문제의 원인 등을 분석하기 위한 수업관찰 일정 등을 포함한 전반적인 수업컨설팅 일정을 협의한다.

(2) 수업 분석 도구 선정

수업의 구성요소인 교수자, 학생, 교육내용(교육매체), 교육환경을 중심으로 의뢰한 수업에 적합한 분석요인을 추출하여 수업컨설팅의뢰서를 바탕으로 수업 분석틀을 결정한다.

(3) 수업 분석의 실제

수업공개 해당 일에 근무 학교를 방문하여 수업을 직접 관찰하였으며 이후 동영상 촬영분을 가지고 와서 분석한다. 분석 내용은 학생의 수업만족도 및 학습동기 분석 결과 등을 종합적으로 해석하고 그 합치도를 분석한다.

수업 분석은 수업컨설팅의뢰서의 수업문제에 대한 비판적 사건 분석(critical incident analysis)을 통한 수업일관성 및 수업구성, 과업집중도 분석을 실시하고, 수업동영상을 통한 여섯 가지 분석[수업일관성, 수업구성, 시간관리, 과업집중도(직접 관찰의 보완적 측면에서 재분석)], 그리고 설문지를 활용하여 학습동기 및 수업만족도 등의 학습자분석을 한다.

수업동영상 분석을 위하여 분석 도구 중 여섯 가지(수업일관성, 수업구성, 시간관리, 동기유발 전략, 수업 분위기 또는 비언어어적 소통, 과업집중도)를 선정하여 분석하고 수업동영상 외에도 수업설계안(교수·학습 지도안)과 학생의 수업만족도와 학습동기 결과를 활용하는 다면적 분석을 실시한다. 독단적이고 편향적인 컨설팅을 피하고자 가정과 수업 전문가 2인에게 분석을 의뢰한 후 크로스 체크하여 신뢰도를 높인다.

그 외 학습자분석을 위해 학생들의 수업만족도와 학습동기 검사를 실시하여 그 결과를 활용하여 분석한다.

(4) 사후 컨설팅

수업 분석을 통하여 왜 학습 목표 설정이 어렵고 학생들의 학습 목표 도달도에 의문을 가지게 되었는지를 분석표를 통해 상호 협의한다. 시선처리나 행동반경이 일부에 집중됨을 알게 되고 교과서 위주의 수업이다 보니 학생들의 집중도가 떨어짐도 알 수 있다. 다양한 Spot 기법의 사례도 제시하여 학생들의 집중력을 높일 수 있도록 개입안을 제공한다. 이러한 분석 결과와 협의 내용을 바탕으로 수정된 교수·학습 과정안을 다른 반 수업에 적용해 보도록 권한다.

수업 진행 후 달라진 점을 이메일을 통해 전해 받았으며, 이러한 수업컨설팅을 계기로 교실수업개선대회에도 도전해 볼 것을 권하였다.

수업컨설팅 후 다른 반 수업에 적용해 본 결과 달라진 점을 이메일을 통해 전해 받고, 이러한 수업컨설팅을 계기로 지속적인 상호교류를 하는 것이 좋다. 이 부분은 수업컨설팅이 수업장학과 다른 점으로 양쪽 교사 모두 상호 협력하는 과정을 통해 동반 성장할 수 있기에 오늘날 교육현장에서 많이 활용되고 있다.

의뢰한 가정과교사는 이후 교실수업실천사례연구대회에 출전해 보기로 하였으며, 이 과정에서도 컨설턴트의 지도 조언을 지속적으로 받을 수 있게 되어 입상을 하는 좋은 결과를 얻게 되었다.

임용고사 맛보기

1 다음은 송 교사의 수업과 관련된 내용이다. 〈제시문 1〉에서 송 교사가 말하고 있는 세 가지 장학 유형의 장단점을 논하시오(단, 각 유형의 명칭, 개념, 방법에 대한 설명이 포함되어야 함). 그리고 〈제시문 2〉의 학습 목표는 '청소년의 시간과 일 관리' 단원의 학습 요소와 연계하여 인지적, 정의적, 운동 기능적 영역별로 한 가지씩 기술하고, 성취기준은 각 평가 영역별로 세 가지씩 기술하시오. **2019 기출**

【제시문 1】

박 교사: 장학에는 어떤 방법들이 있습니까?

송 교사: 수업을 녹화해서 관찰하는 방법이 있고, 우리 학교 가정 선생님들이 참관해서 조언을 해 주는 방법도 있습니다.

박 교사: 그런 다양한 방법이 있군요.

송 교사: 그중 한 가지 방법을 선택해서 수업을 개선하고자 합니다. 어떤 방법을 선택하는 것이 좋을 지 고민하고 있습니다.

박 교사: 어떤 단원을 수업하실 건가요?

송 교사: 중학교 2학년 '청소년의 시간과 일 관리' 단원입니다.

【제시문 2】

중단원명	청소년의 시간과 일 관리	

↓

학습 요소	· 생활시간의 분류	· 생활시간의 관리
	· 나의 생활과 일	· 합리적인 일 관리

↓

학습 목표	· 인지적 영역:
	· 정의적 영역:
	· 운동 기능적 영역:

↓

평가 영역	성취기준
인지적 영역	· · ·
정의적 영역	· · ·
운동 기능적 영역	· · ·

2 다음 교단 일기 (가), (나)는 가정과 교사의 전문성을 향상시키기 위한 서로 다른 장학 유형의 사례이다. (가)에 나타난 장학 유형을 쓰고, (나)와 구별되는 (가)의 장점을 한 가지만 쓰시오. **2014 기출**

【가】

○○월 ○○일

3개월 전 나는 '청소년의 이성교제'에 대한 토론 수업에서 학생들이 다른 친구들의 의견을 잘 듣지 않아 수업 진행에 어려움을 겪었다. 점심시간에 우연히 2학년 가정을 담당하고 있는 박 선생님과 이야기를 나누다가 토론 수업에 대한 조언을 구했다. 박 선생님께서는 흔쾌히 학교에서 매주 한 번씩 내 수업 계획을 검토하고 실제 수업을 관찰 한 후, 피드백을 해 주시겠다고 하셨다. 3개월이 지난 지금 나는 박 선생님의 도움으로 토론 수업에 훨씬 더 자신감을 가지게 되었다.

【나】

○○월 ○○일

오늘 학기 초의 가정과 교사 수업 공개 계획에 따라 '저 출산·고령화 사회'에 대한 나의 공개 수업이 있었다. 교육지원청 장학사를 비롯하여 우리 학교와 인근 학교의 가정과 교사들이 수업을 참관하러 왔다. 수업을 잘해 보고 싶은 마음에 학생들과 본시 수업에 대한 리허설도 했다. 그런데 수업 참관 후, 협의회에서 장학사는 오늘 수업에서 학생들이 다소 경직되어 있었다고 평가했다.

1 교직에 임용되어 수업을 시작하게 된 새내기라고 가정을 하고, 선배교사로부터 컨설팅을 받고자 할 때 수업컨설팅의뢰서를 작성해 보시오.

수업컨설팅의뢰서

· 의뢰인(컨설티):   (익명 또는 성만 밝혀도 좋음)
· 소속: · 직위:
· 연락처: · email:
· 경력: · 담당과목:

1. 의뢰 사유

2. 문제해결을 위해 했던 노력들

3. 현재 문제 상황

4. 희망하는 컨설팅 날짜
 · 1순위: 2015년 ○월 ○일
 · 2순위: 2015년 ○월 ○일
 · 3순위: 2015년 ○월 ○일

의뢰인 ○○○

I. 교수·학습 지도안 작성 평가(2019 서울특별시교육청)

▪ 교수·학습 지도안 작성 유의사항

20○○ 학년도 중등학교교사 임용후보자 선정경쟁시험 (제2차 시험)

가정과 교수·학습 지도안 작성

| 수험 번호 | | | | | | | | | 성명 | | 관리 번호 | |

응시자 유의 사항

1. 시험 시간은 60분입니다.
2. 문제지(초안 작성 용지 포함) 및 답안지의 전체 면수와 인쇄 상태를 확인하시오.
   ◇ 초안 작성 용지와 답안지는 각각 2면입니다. 초안 작성 용지는 문제지에서 떼어 내어 사용합니다.
3. 문제지, 초안 작성 용지, 답안지의 모든 면에 수험 번호와 성명을 기재하시오.
4. 답안의 초안 작성은 초안 작성 용지를 활용하시오.
5. 답안은 지워지거나 번지지 않는 동일한 종류의 검은색 펜을 사용하여 작성하시오.
   ◇ 연필이나 사인펜 종류는 사용할 수 없습니다.
6. 답안을 작성할 때, 가로 선을 그어 답안란의 줄을 추가할 수 있으니, 필요한 경우에 활용하시오.
   ◇ 단, 가로 선은 〈응시자 작성 부분〉란 내에서만 활용할 수 있습니다.
7. 답안을 수정할 때에는 반드시 두 줄(=)을 긋고 수정할 내용을 작성하시오.
   ◇ 수정 테이프 또는 수정액을 사용하여 답안을 수정할 수 없습니다.
8. 문항에 대한 답안 내용 이외의 것(답안의 특정 부분을 강조하기 위한 밑줄이나 기호 등)은 일절 표시하지 마시오.
   ◇ 단, 일반적인 글쓰기 교정 부호는 사용이 가능합니다.
9. 문항에서 요구하는 내용의 가짓수가 제한되어 있는 경우, 요구한 가짓수까지의 내용만 답안으로 작성하시오.
   ◇ 첫 번째로 작성한 내용부터 문항에서 요구한 가짓수에 해당하는 내용까지만 순서대로 평가합니다.
10. 다음에 해당하는 답안은 평가하지 않으니 유의하시오.
    ◇ 〈응시자 작성 부분〉란 이외의 공간(옆면, 뒷면 등)에 작성한 부분
    ◇ 내용이 지워지거나 번지는 등 식별이 불가능한 부분
    ◇ 연필로 작성한 부분, 수정 테이프 또는 수정액을 사용하여 수정한 부분
    ◇ 개인 정보를 노출하거나 암시하는 표시(수험 번호 및 성명 기재란 제외)가 있는 답안지 전체
11. 답안지 교체가 필요한 경우에는 답안 작성 시간을 고려하시오.
    ◇ 종료종이 울리면 답안을 일절 작성할 수 없으며, 답안지 교체 후에는 교체 전 답안지를 폐답안지로 처리합니다.
12. 시험 종료 전까지 답안 작성을 완료하시오.
    ◇ 시험 종료 후 답안 작성은 부정행위로 간주합니다.
13. 문제지, 초안 작성 용지, 답안지를 모두 제출하시오.
    ◇ 낱장을 뜯어 가거나 제출하지 않을 경우, 부정행위로 처리될 수 있습니다.
14. 위의 사항을 위반하여 작성한 답안은 평가 시 불이익을 받을 수 있으니 유의하시오.

※ 시험이 시작되기 전까지 표지를 넘기지 마시오.

II. 수업능력평가(2019 경기도교육청)

▪ 수업능력평가 진행 요령

구분	평가	수험 진행 요령
대기실		· 안내방송 및 감독관의 안내에 따라 개인소지품을 들고 퇴실
구상실 (25분)		· 안내방송 및 감독관의 안내에 따라 입실 　(개인 소지품은 구상실 앞 복도에 비치) · 문제지(수업실연) 수령(문제지는 책상 위 비치) · 문제지에 관리번호만 기입 후 구상(수험번호, 성명 기입 금지) · 문제지 여백, 뒷면 등에는 본인의 답변, 메모 등 기입 가능 　(평가실에서 답변 시 참조 가능) · 종료령 후 구상실에서 활용한 문제지를 지참하고 퇴실 · 개인 소지품을 들고 평가실로 이동(개인 소지품은 평가실 앞 복도에 비치)
평가실 (25분)	수업실연 (15분)	· 안내방송 및 감독관의 안내에 따라 평가실에 입실 · 교탁 앞에서 본인 소개("관리번호 □번입니다.") 후 대기 · 평가위원의 시작 멘트 후 실연 시작 · 수업 실연 평가 시 수험생 스스로 시간 안배 　– 평가실에 탁상 시계 비치 예정, 칠판 판서 가능 · 실연 시간은 15분 이내로 실시(경과 시 방송벨 1회 울림) 　※ 15분 이전 종료 시 교탁 옆 대기석 의자에 앉아 대기 · 수업 실연은 "이상입니다."로 마무리
	수업나눔 (10분)	· 감독관 안내에 따라 평가위원 앞 의자에 착석(탁상시계 설치) · 평가위원의 문항 질문에 따라 답변(3문항 총 10분 운영) 　※ 책상 위에 수업나눔 문제가 비치되어 있음 · 문항별 답변시간은 수험생 스스로 안배하여 답변 · 각 문항의 답변은 "이상입니다."로 마무리 · 평가위원의 종료 또는 퇴실 안내 시 감독관에게 문제지 제출 후 퇴실

수업능력평가의 시간 운영 및 진행 방법은 다음과 같다.

평가 시간 운영

내용	시간(분)	비고
입실, 인사, 착석	15	시작령이 울린 후 15분에 자동 종료
(교탁에서) 수업실연		다음 수업나눔으로 넘어감
(중앙의자에서) 수업나눔	10	시작령이 울린 후 25분에 자동 종료
퇴실, 채점 및 정리		퇴실 지시
계	25	

진행 요령

1. 입실, 인사
  · 감독관 : 수험생 입실 시 관리번호 명찰 확인(평가실 번호, 관리번호)
  · 수험생 : 입실, 인사와 함께 "관리번호 ○○번 입니다!"라고 말하고 교탁 옆 대기석에 착석
  · 평가위원 : "교탁 옆 대기석에서 대기하고, 시작령이 울리면 교탁 앞으로 이동하여 주세요."
2. 수업실연 : 시작령이 울린 후 15분 이내
  · 평가위원 : 시작령이 울리면 "수업을 실연 하십시오!"
  · 수험생 : 수업을 실연함[구상내용을 메모한 문제지(연습지) 활용 가능]
    발표 끝에 "이상입니다!"라고 종료 표시 후 수업나눔 답변을 위해 대기
  · 평가위원 : "교탁 옆 대기석에서 대기하다가 벨이 울리면 답변석으로 이동하세요."
  · 수업실연 종료 : 시작령이 울린 후 15분 경과 시 벨울림(방송)
    ※ 수업실연 종료령이 울릴 때까지 수업실연이 계속 중일 경우
  · 평가위원 : "수업실연을 종료하고 수업나눔을 위해 답변석으로 이동하세요."
3. 수업나눔 : 수업실연 종료(수업나눔 시작)를 위한 벨이 울린 후 10분 이내
  · 평가위원 : 수업나눔 문항을 대화하듯이 부드럽게 낭독(위원별 각 1문항)
  · 수험생 : 수업나눔 문항 답변, 답변은 "이상입니다."로 종료 표시
    ※ 평가 종료시간 전에 수업나눔 답변 종료 시 조기 퇴실 가능함
4. 평가 종료 : 시작령이 울린 후 25분에 종료령이 울림
  · 평가위원 : "수고하셨습니다! 나가셔도 됩니다!(퇴실하십시오!)"
  · 수험생 : 인사 후 구상문제지 반납 후 퇴실
  · 감독관 : 문제지(연습지) 회수, 칠판 정리
  · 평가위원 : 채점 및 자료 정리

※ 위의 예시는 문제유형에 따라 달라질 수 있음

Ⅲ. 심층 면접(2019 경기도교육청)

▪ 심층 면접(집단토의) 평가 진행 요령

구분	평가	수험 진행 요령
대기실		· 안내방송 및 감독관의 안내에 따라 퇴실(개인소지품 미소지) 　(관리번호 명찰 패용, 필기구만 지참)
평가실[구상] **(40분)**		· 안내방송 및 감독관의 안내에 따라 입실 · 관리번호순으로 착석(빠른 번호순으로 1번부터 착석) · 집단토의 문제지 수령(문제지는 책상 위 사전 비치) · 문제지에 관리번호만 기입 후 구상(수험번호, 성명 미기재) · 문제지 여백, 뒷면에는 본인의 답변, 메모 등 기입 가능(답변 시 참조 가능) · 구상 종료 후 대기
평가실 **(42분,** **6인 기준)**	집단토의	· 평가위원의 진행에 따라 토의 참여(토의 중 메모 등 가능) 　※ 수험생의 모든 발언은 시작 시 "관리번호 ○번입니다." 　　종료는 "이상입니다."로 마무리 표시 　− 기조발언: 관리번호순 발언, 1분 이내 　− 자율토의: 연속발언 금지, 발언당 2분 이내, 발언권 경합 시 토의자 상호간 　　에 조율 원칙(평가위원 미개입) 　− 정리발언: 기조발언의 역순으로 발언, 1분 이내 　− 발언시간 초과 시 벨 1회 알림 · 평가위원이 종료 또는 퇴실 안내 시 감독관에게 문제지 제출 후 퇴실 · 복도감독관의 안내에 따라 대기실로 이동

심층 면접(집단토의) 시간 운영 및 진행 방법은 다음과 같다.

평가 시간 운영

내용	시간(분)				비고
	6인	5인	4인	3인	
입실, 인사, 착석	1	1	1	1	본인 관리번호에 맞게 착석(빠른 번호순으로 1번부터 착석)
기조발언	6	5	4	3	관리번호순으로 개인별 1분씩 발언
자율토의	28	23	18	13	1회 발언이 2분 이내, 연속발언 금지, 발언권 경합 시 자율 조정
정리발언	6	5	4	3	기조발언 역순으로 개인별 1분씩 발언
퇴실, 채점 및 정리	1	1	1	1	
계	42	35	28	21	※ 참여인원에 따라 토의조별 토의시간 상이

· 자율토의 종료 6분 전 안내 (시작령 기준 29분 / 23분 / 17분 / 11분 경과시점)
· 정리발언 도입시점 (시작령 기준 35분 / 29분 / 23분 / 17분 경과시점)

진행 요령(6인 기준)

1. 입실, 인사
   · 평가위원 : "본인 관리번호 순서에 맞게 의자에 앉아 주시기 바랍니다." 후 번호 확인
   · 감독관 : 수험생 입실 시 관리번호 명찰 확인(평가실 번호, 관리번호)
2. 기조발언(6분 이내)
   · 평가위원 : 토의 시작 멘트 후 1~6번 순으로 기조발언 유도
   "토의면접을 시작하겠습니다. 1번 수험생부터 기조발언을 하시기 바랍니다."
   · 수험생 : "관리번호 ○번입니다."로 시작하여 "이상입니다."로 종료 표시
   · 감독관 : 수험생 발언 시작 시 발언시간 측정용 스톱워치 작동 (1분 경과 시 알림)
3. 자율토의(28분 정도) : 시작령이 울린 후 35분까지(기조발언 조기 종료 시 바로 자율토의 시작·진행)
   · 평가위원 : "자율토의를 시작하겠습니다."
   · 수험생 : 자율토의 실시[자율적 발언, 평가위원 진행(멘트) 최소화]
   · 감독관 : 수험생 발언 시작 시 발언시간 측정용 스톱워치 작동(2분 경과 시 알림)
   · 평가위원 : "자율토의 종료 6분 전입니다."(시작령이 울린 후 29분 경과 시점)
   · 평가위원 : "자율토의를 종료하겠습니다."(시작령이 울린 후 35분 경과 시점)

4. 정리발언(6분 이내) : <u>시작령이 울린 후 35분부터 시작</u>
 · 평가위원 : "6번 수험생부터 정리 발언을 하십시오."
 · 수험생 : "관리번호 ○번입니다."로 시작하여 "이상입니다."로 종료 표시
 · 감독관 : 수험생 발언 시작 시 발언시간 측정용 스톱워치 작동(1분 경과 시 알림)
5. 마무리(1분 내외)
 · 평가위원 : 평가 종료 및 퇴실 안내
 · 감독관 : 문제지(연습지) 회수
 · 수험생 : 인사 후 <u>구상문제지 제출 후 퇴실</u>
 · 평가위원 : 채점 및 자료 정리

※ 위의 예시는 문제유형에 따라 달라질 수 있음

집단토의면접 시 진행요령

· 구상시간 : 40분 이내
· 평가실에서는 개인별로 조용히 구상하며, 상호의견 교환 등 상의가 금지되어 있으니, 말소리 등이 발생하지 않도록 유의
· 토의시간 : 42분 이내(6인), 35분 이내(5인), 28분 이내(4인), 21분 이내(3인)
기조발언 → 자율토의 → 정리발언순 진행
· 토의진행
입실 : 관리번호 순서대로 의자에 앉습니다.
[본인의 관리번호에 맞게 의자에 착석]
· 집단토의 시작 알림 : "지금부터 집단토의 면접을 시작하겠습니다."
 – 기조발언 : 관리번호 낮은 번호부터 의무적으로 발언(발언 시간 : 1분 이내)
 "1번(발언순번) 수험생부터 차례로 기조발언을 하시기 바랍니다."
 [1번 ⇒ 2번 ⇒ 3번 ⇒ 4번 ⇒ 5번 ⇒ 6번]
 – 자율토의
 a. 모든 토의자의 기조발언 종료 후 자율토의 진행
 "지금부터 자율토의를 시작해 주시기 바랍니다."
 b. 운영원칙은 1회 발언 2분 이내, 연속발언 금지, 발언 순서는 토의자 자율 조정

(자율토의 발언 시 손을 들거나 관리번호를 말하는 등의 절차 없이 서로 자연스럽게 발언하고, 발언권의 경합이 일어날 때에도 토의자가 자율적으로 조정하여 토의를 진행함)

    c. 자율토의 진행 시 평가위원은 토의 진행에 관여하지 않음

    d. 시작령 기준 29분(6인), 23분(5인), 17분(4인), 11분(3인)을 경과할 시점에 자율토의 종료 6분 전임을 공지

    e. 시작령 기준 35분(6인), 29분(5인), 23분(4인), 17분(3인)을 경과할 시점에 자율토의 종료 공지

– 정리발언 : 기조 발언의 역순으로 의무적 발언(발언 시간 :1분 이내)

  "6번(발언순번) 수험생부터 차례로 정리발언을 하시기 바랍니다."

  [6번 ⇒ 5번 ⇒ 4번 ⇒ 3번 ⇒ 2번 ⇒ 1번]

– 집단토의 종료 알림 : "이상으로 집단토의면접을 마치겠습니다. 퇴실하시기 바랍니다."

※ 유의사항

1) 토의 진행이 이루어지지 않거나 너무 과도한 양상을 보일 경우 합리적이고 공동체적 사고 과정을 평가하는 본 면접에 부정적 영향을 미칠 수 있음

2) 발언시간 경과 알림 차임벨이 울렸음에도 발언을 멈추지 않고 계속 발언할 경우 면접에 부정적 영향을 미칠 수 있음

- 심층 면접(개별면접) 평가 진행요령

구분	평가	수험 진행 요령
대기실		· 안내방송 및 감독관의 안내에 따라 개인소지품을 들고 퇴실

구상실
(10분)
		· 안내방송 및 감독관의 안내에 따라 입실
		  (개인소지품은 구상실 앞 복도에 비치)
		· 개별면접 구상형 문제지 수령(책상 위 사전 비치)
		· 문제지에 관리번호만 기입 후 구상(수험번호, 성명 미기재)
		· 문제지 여백, 뒷면에는 본인의 답변, 메모 등 기입 가능
		  (평가실에서 답변 시 참조 가능)
		· 종료령이 울리면 문제지를 지참하고 퇴실
		· 개인소지품을 들고 평가실로 이동
		  (개인소지품은 평가실 앞 복도에 비치)

평가실
(10분)
	개별면접	· 안내방송 및 감독관 안내에 따라 평가실에 입실
		· 중앙 의자 앞에서 본인 소개("관리번호 □번입니다.") 후 착석
		  (즉답형 문제지 책상 위 사전 비치)
		· 평가위원의 멘트에 따라 구상형 문항 답변
		· 평가위원의 멘트에 따라 즉답형 문항을 보고 답변
		  (즉답형 문제지에는 메모할 수 없음)
		· 구상형, 즉답형 문항 질문 및 답변시간은 총 8분 이내(초과 시 벨 1회 울림)
		· 평가위원 추가 질의 답변(2분 이내)
		· 문항별 답변시간은 수험생 스스로 안배
		· 답변 시 본인의 메모 등을 참조 가능
		· 각 문항의 답변은 "이상입니다."로 마무리
		· 평가위원의 종료 또는 퇴실 안내 시 감독관에게 문제지를 제출 후 퇴실

심층 면접(개별면접) 시간 운영 및 진행 방법은 다음과 같다.

평가 시간 운영

내용	시간(분)	비고
입실, 인사, 착석		
구상형(사전제시) 2문항 답변	8	시작령이 울린 후 8분에 자동 종료
즉답형(책상비치) 2문항 답변		다음 질문으로 넘어감
추가 질문 및 답변	2	시작령이 울린 후 10분에 자동 종료
퇴실, 채점 및 정리		퇴실 지시
계	10	구상형, 즉답형 문제 사이에는 시간구분 안내 없음

진행 요령

1. 입실, 인사, 착석
   · 감독관 : 수험생 입실 시 관리번호 명찰 확인(평가실 번호, 관리번호)
   · 수험생 : 입실, 인사와 함께 "관리번호 ○○번 입니다!"라고 말하고 교탁 옆 대기석에 착석
   · 평가위원 : "교탁 옆 대기석에서 대기하고, 시작령이 울리면 면접석으로 이동하여 앉아주세요."
2. 구상형(사전제시형), 즉답형(책상 비치)문항에 대한 답변 : 시작령이 울린 후 8분 이내
   · 감독관 : 시작령이 울리면 초시계 작동
   · 평가위원 : "구상형 2문항에 대해서 차례로 말씀하십시오."
   · 수험생 : 준비한 답변을 발표(지참한 문제지 활용 가능), "이상입니다!"로 종료 표시
   · 평가위원 : "책상 위 즉답형 문제를 보시고 차례로 말씀하십시오."
   · 수험생 : 질문에 대한 답을 함. 답변 끝에 "이상입니다!"로 종료 표시
   ※ 감독관은 4개 문항 답변 도중 8분 경과 시 벨 1회 알림
   ※ 시작령 후 8분 이내 개별면접 답변이 종료할 경우 감독관 알림 없이 추가질의를 계속 진행함
3. 추가 질문과 답변
   · 평가위원 : 자기성장소개서와 관련한 사항 질의
   · 수험생 : 질문에 대한 답을 하고, 답변 끝에 "이상입니다!"라고 종료 표시
   ※ 평가 종료시간 전에 모든 답변 종료 후 조기 퇴실 가능함
4. 면접 마무리 : 종료령이 울림
   · 평가위원 : "수고하셨습니다! 나가셔도 됩니다!(퇴실하십시오!)"
   · 수험생 : 인사 후 구상문제지 제출 후 퇴실
   · 감독관 : 구상형 문제지(연습지) 회수 및 즉답형 문제지 재정렬
   · 평가위원 : 채점 및 자료 정리

※ 위의 예시는 문제유형에 따라 달라질 수 있음

Ⅳ. 자기성장소개서(2019 경기도교육청)

자기성장소개서 제출 및 작성 시 유의사항

1) 자기성장소개서 제출 시 유의사항

1. 자기성장소개서는 지원자 본인이 작성하여야 하고, 사실에 입각하여 정직하게 수험생 자신의 능력이나 특성, 경험, 교직관, 교육철학, 공동체 경험, 미래교직 설계, 경기혁신 교육 이해 노력, 앞으로의 포부 등을 기술하여야 합니다.
2. 자기성장소개서에 기술된 사항에 대한 사실 확인은 면접평가 시 이뤄집니다.
3. 제출된 자기성장소개서는 표절, 대리 작성, 허위사실 기재, 기타 부정한 사실 등의 내용이 면접평가 시 확인될 경우, 면접평가에 불이익을 받을 수 있습니다.
4. 자기성장소개서는 교직을 준비하면서 미래 교직에서 자신의 역할 등을 고민해보는 취지에서 작성하는 것이므로, 사교육 유발요인이 있는 교외 활동(해외 어학 연수 등)이나 과도한 스펙 등을 작성했을 경우, 해당 내용을 평가에 반영하지 않습니다.
5. 평가의 공정성과 객관성을 유지하기 위하여 수험생의 인적사항이 노출되지 않은 상태에서 평가하게 되므로 「지원자 인적사항」 이외에 본인의 성명이나 재학/출신 학교명, 도시명, 특정기관, 특정인맥 등과 같이 수험생을 유추할 수 있는 명칭 등을 기록해서는 안 됩니다. 이를 위반할 경우 면접 평가 시 불이익을 받을 수 있습니다. 단, 반드시 필요하거나 매끄러운 문장의 표현을 위해 명칭을 넣어야 한다면 0000 등으로 쓸 수 있습니다.

2) 자기성장소개서 작성 시 유의사항

1. 자기성장소개서는 특별한 양식이 없이 수험자가 자유롭게 기술합니다. (개조식, 서술식 등)
2. 자기성장소개서는 지원자 본인이 한글로 작성해야 하며, 지정된 분량을 초과할 수 없습니다.
3. 휴먼명조, 글씨크기 12, 검정색, 줄간격 160%를 준수하여 자유롭게 기술합니다. (강조, 밑줄 허용)
4. 항목별 지침에 유의하여 본인이 직접 작성하되 진실하고 정직하게 작성합니다.
5. 수험생 본인의 수험번호, 성명은 반드시 기재하고, 관리번호는 기재하지 않습니다

▪ 자기성장소개서 양식 예시자료

① 교수교과 (※ 보건, 사서, 전문상담, 영양 제외)

[교직관] (600자 이내)	1쪽
1. 지원자의 삶의 경험을 토대로 진로를 고민하는 고등학교 1학년 학생에게 필요한 상담 메시지 또는 학급훈화를 작성해보시오.	
[경기혁신교육] (600자 이내)	1쪽
2. 교육자치를 넘어 학교자치가 최근 교육계의 화두입니다. 자신이 경험한 학교교육에 비추어 볼 때, 학교자치의 실현에서 교사로서 자신의 역할을 계획해 보세요.	
[실천경험] (600자 이내)	2쪽
3. 자신의 학창시절 또는 교사양성과정시절(대학, 대학원 교육과정이나 실습 등)에 느꼈던 학교의 바람직하지 못한 관행을 두 가지 이상 제시하고, 교사가 된다면 관행을 바로잡기 위해서 어떻게 실천하고 싶습니까?	
[교직적성] (600자 이내)	2쪽
4. 경기도교육청이 추구하는 4·16교육체제의 가치와 방향에 비추어볼 때, 그 정신을 구현할 수 있는 교사로서의 실천 계획을 두 가지 이상 제시해 보세요.	

② 비교수교과 (※ 보건, 사서, 전문상담, 영양)

[교직관] (600자 이내)	1쪽
1. 고등학교 1학년 학생이 진로에 관한 상담을 요청했다면, 지원자의 삶의 경험을 바탕으로 어떤 메시지를 줄 것인지 작성해 보시오.	
[경기혁신교육] (600자 이내)	1쪽
2. 교육자치를 넘어 학교자치가 최근 교육계의 화두입니다. 자신이 경험한 학교교육에 비추어 볼 때, 학교자치의 실현에서 교사로서 자신의 역할을 계획해 보세요.	
[실천경험] (600자 이내)	2쪽
3. 자신의 학창시절 또는 교사양성과정시절(대학, 대학원 교육과정이나 실습 등)에 느꼈던 학교의 바람직하지 못한 관행을 두 가지 이상 제시하고, 교사가 된다면 관행을 바로잡기 위해서 어떻게 실천하고 싶습니까?	
[교직적성] (600자 이내)	2쪽
4. 경기도교육청이 추구하는 4·16교육체제의 가치와 방향에 비추어볼 때, 그 정신을 구현할 수 있는 교사로서의 실천 계획을 두 가지 이상 제시해 보세요.	

CHAPTER 1 임용고사 따라잡기

1번 예시 답안

다음 단계별로 적합한 활동사례를 한 가지씩 예로 들면 다음과 같다.

· 학생 분석: '가족관계와 의사소통 OX퀴즈'를 풀게 하여 가족관계와 의사소통에 대한 학생들의 지식수준과 관심도를 파악한다.

· 교수매체와 자료 활용: 행복한 가족관계와 의사소통과의 관계를 파악하도록 하기 위해 행복한 가족관계를 저해하는 의사소통을 보여주는 동영상을 보여준다.

· 학생의 참여 유도: 가족관계와 의사소통에 대한 참고도서, 인터뷰, 인터넷 자료 등을 바탕으로 학생들에게 '행복한 가족의 의사소통'을 UCC로 제작하게 한다.

CHAPTER 2 임용고사 따라잡기

1번 예시 답안

메이거의 수업 목표는 이 행위가 발생되어야 할 중요 조건이나 장면, 이 행위가 성공적인 것인지 아닌지를 판단하기 위한 수락 기준, ③ 수업을 통해서 얻으려고 하는 도착점 행동(성취 행동)을 나타내는 행위 동사로 진술한다. 즉, 메이거의 수업 목표에 포함되어야 할 세 가지 요소는 조건, 기준, 성취 행동이다.

'청소년의 생활' 단원에서 활용할 수 있는 수업 목표를 메이거식으로 설정한다면 다음과 같다. "청소년기에 중요한 영양소의 종류와 그 영양소가 많이 함유된 식품을 3가지 이상 열거할 수 있다"

2번 예시 답안

교직적성 심층 면접 예시 문항을 참고한다.

CHAPTER 3 임용고사 따라잡기

1번 예시 답안

'다양한 가족형태'라는 주제의 단계별 활동 내용을 1단계 모집단 구성, 2단계 전문가 활동, 3단계 모집단의 재소집으로 구분한다. 1단계에서는 5명이 1조를 이루는 모집단을 구성한다. '재혼가족, 다문화가족, 조손가족, 한부모가족, 독신가족' 하위주제를 각자 하나씩 맡을 수 있도록 한다. 2단계에서 모둠원은 각 주제의 전문가가 되어 하위 주제에 해당하는 모둠원끼리 전문가 집단을 구성하여 각 주제에 대해 해당가족의 장점, 어려운 점, 대책(개인적, 사회적) 등 전문적인 내용을 알아온다. 3단계에서 다시 자신이 속한 모둠으로 돌아가서 각자 알아온 내용을 설명하여 모둠원 전체가 모든 주제를 알 수 있도록 한다. 직소 2 모형은 모둠원 간의 보상의존성을 높임으로써 모둠원들의 무임승차를 방지하고 모둠원들의 협력을 독려할 수 있다는 장점이 있다. 모둠원 간의 보상의존성을 높이기 위해서는 개인의 향상점수에 기초한 소집단 점수를 다시 계산하여 새로운 소집단 순위를 게시한다.

2번 예시 답안

① 교수·학습 방법: 역할놀이 수업

② 교육적 효과

· 역할놀이에 사용되는 문제 상황은 갈등을 포함하여 역할놀이 수행 과정을 하게 되면서 문제해결과정을 통해 문제해결을 위한 사고를 촉진시킨다.

· 학생들은 역할을 연기하거나 다른 사람의 연기를 관람하거나 토의 과정에서 서로 의견을 교환함으로써 상호 간의 의견을 보다 잘 이해하게 되어 효과적인 의사소통이 이루어질 수 있다.

③ 지도방법

· 역할연기자 선정 시 지나치게 성인지향적이거나 모범답안식의 해결을 내리리라고 추측되는 학생은 피하는 것이 좋다. 왜냐하면 처음부터 모범답안식의 해결이 나면 학생들이 그와 유사한 상황에서 할 수 있는 생각·느낌에 방해가 되기 때문이다.

· 역할놀이에서 연기력보다는 아이디어가 중요하고, 소품이나 무대에 신경 쓰기보다는 간단한 소품을 이용하는 게 가장 효과적임을 강조한다.

3번 예시 답안

쟁점 중심 수업은 한 사회에서 논의되고 다루어져야 하는 문제에 대한 질문을 중심으로 구성하는 수업으로, 우리의 실제적 삶을 교육내용으로 하며, 사회 구성원들이 직면해 있는 문제나 관심사를 다루어 좀 더 나은 삶의 추구를 강조한다. 따라서 가정과 수업에서 쟁점 중심 수업이 필요한 이유를 교과 성격, 지식, 학생의 측면에서 살펴보면 다음과 같다. 첫째, 개인과 가족이 직면한 항구적이고 실제적인 삶의 문제를 다루는 가정과 교육 특성상 쟁점 중심 수업이 필요하다. 둘째, 실제적 삶의 지식을 통합하는데 효과적이다. '문제해결'이라는 하나의 종합적이고 지적인 과정 속에서 다양한 관련 지식을 통합할 수 있다. 셋째, 학생들의 생활 속에서의 필요와 문제에 직결된 학습이기에 학습 흥미와 동기를 유발하기 쉽고 그 과정에서 얻은 지식은 쉽게 다른 문제해결에 적용할 수 있다. 또한 쟁점 중심 수업은 학생들의 문제해결력, 비판적 사고력, 창의적 사고력, 도덕적 판단력, 의사결정력, 협동심, 사회성의 고차원적 사고능력과 인성을 길러주는데 효과적이다.

중학교 1학년 가정 수업에서 쟁점 선정 기준은 학생 측면에서는 중학교 1학년 수준에 적합하고, 학생들이 흥미를 가지고 탐색할 수 있는 주제여야 한다. 사회적 측면에서는 사회적으로 의견이 갈려진 대립된 사회문제를 선정하고, 교육적 측면에서는 가정과 교육 목표에 적합하고, 고차원적인 사고를 일으킬 수 있는 문제여야 한다.

4번 예시 답안

스팀(STEAM) 프로그램 구상안

Unit 3(소주제)		나만의 티셔츠 제작하기(6차시)									
차시별 주제	학습 내용	다룰 개념 요소									교수·학습활동
		물리	화학	생물	지구	기술·공학	예술	수학	가정		
창작 디자인 (2시간)	한글의 우수성을 조사하고 창의적인 한글 디자인 하기						디자인의 원리		옷차림		□ L 강의하기 ■ I 정보수집하기 □ E 실험하기 ■ C 토론하기 ■ G 설계하기 □ S 문제해결하기 □ P 발표하기 □ A 평가하기 □ 기타( )
염색의 원리 (2시간)	천연염색과 화학염색의 원리를 이해하고 체험하기		추출과 중화반응				구성원리		개성을 살린 옷차림		■ L 강의하기 □ I 정보수집하기 □ E 실험하기 □ C 토론하기 □ G 설계하기 □ S 문제해결하기 □ P 발표하기 □ A 평가하기 □ 기타( )
완성 및 감상 (2시간)	나만의 티셔츠 완성 및 조별 발표, 전시, 감상하기						감상 글쓰기		옷의 기능		□ L 강의하기 □ I 정보수집하기 □ E 실험하기 □ C 토론하기 □ G 설계하기 □ S 문제해결하기 ■ P 발표하기 ■ A 평가하기 □ 기타( )

CHAPTER 4 임용고사 따라잡기

1-1번 예시 답안

㉠ 9기가03-09: 전생애적 관점에서의 진로 설계의 필요성을 인식하고, 건전한 직업가치관을 바탕으로 적성에 맞는 진로 탐색을 설계한다.
· 저출산·고령사회와 일·가정 양립
· 생애 설계와 진로 탐색

㉡ 프로젝트 계획 및 과제 해결하기: 역할분담, 진로 및 직업 조사 계획, 자료 조사, 자료 제작 및 발표 계획

㉢ 생활자립역량: 삶의 주체로서 자신의 발달 과정에서 자아정체감을 형성하여 일상생활의 문제를 스스로 판단·수행할 수 있으며, 주도적인 관점에서 자기 관리 및 생애를 설계할 수 있는 능력

㉣ 프로젝트 학습은 복잡하고 잘 정의되지 않는 실제 상황의 문제에서 정답이 정해지지 않는 해결책을 찾아가는 과정을 통해 통찰력, 확산적 사고능력, 수렴적 사고 능력, 분석적 능력, 맥락 이해 능력 등을 기를 수 있다.
· 프로젝트 수업은 학생의 흥미와 요구를 수용하고 과제 수행 능력의 향상과 창의성 및 창의적인 구상 능력, 문제 해결 능력을 신장시키는 데 효과적이다.
· 프로젝트 학습은 기능 습득의 향상과 문제 해결 과정에서 자신감 형성 및 자기표현 능력의 신장, 협동심, 공동체 의식, 자기 존중감, 성취동기 등의 인성 영역에도 효과적이다.

1-2번 예시 답안

동료 평가 양식

모둠 내 평가					
평가 요소	평가 목표	모둠원 1	모둠원 2	모둠원 3	모둠원 4
프로젝트 완성도	· 발표 내용과 게시물이 우수하였는 가? · 이해하기 쉽게 표현하였는가?				
협동성	· 프로젝트 활동에서 자료 탐색, 계획, 설계 등의 활동에 적극적으로 참여하였는가? · 프로젝트 활동 과정에서 다른 사람의 의견을 존중하였는가? · 프로젝트 활동의 의사 결정에 창의적인 아이디어를 제공하였는가? · 모둠 발표자로 참여하였는가?				
표현력	· 발표 내용과 게시물이 논리적이고 명확하였는가? · 이해할 수 있게 알아듣기 쉽게 말하였는가?				
태도	· 프로젝트 활동 과정에서 상대의 의견을 경청하였는가? · 프로젝트 발표 과정에서 상대의 의견을 잘 듣고 기록하였는가?				
총점					

자기 평가 양식

평가 요소		채점기준	점수		
개인 활동	개인 활동지 작성 및 개인 생애 설계 활동	개인 활동지를 빠짐없이 작성하였는가?	잘함	중간	부족
		개인 활동지에 나의 진로와 직업에 대한 내용에 대한 근거를 논리적으로 제시하였는가?			
모둠 활동		프로젝트 활동 및 발표·게시 활동에 적극 참여하여 의견을 발표하였는가?			
		프로젝트 활동 및 발표·게시 활동에서 모둠 구성원과 협력하여 의견을 조정하였는가?			
		프로젝트 활동 및 발표·게시 활동에서 상대의 의견을 경청하였는가?			
총 표시한 개수					

CHAPTER 5 임용고사 따라잡기

1번 예시 답안

컨설팅 장학 신청서

대한중학교

요청 대상 및 내용

의뢰인	영역	요청과제	신청일자	의뢰내용
민나리	교과	수업컨설팅	2016. 3. 29.	가정과 교수학습 방법의 실제

신청서

컨설팅 장학 신청서	
구분	**내용**
일시 및 장소	2016년 3월 29일(목요일) 9:55~10:40, 대한중학교 가정실
요청 과제	가정과 교수·학습 방법의 실제
학교 특성	· 교사 실태 분석 : 교장, 교감, 수석교사, 교사 55명, 총 58명 교원 재직 중임 · 학급 편제 : 1학년 10학급, 2학년 11학급, 3학년 12학급으로 전교생 1,152명 재학 · 학부모 및 지역사회 특성 등: 신시가지 구역으로 다른 지역에 비해 학부모의 학교에 대한 관심과 참여율이 높은 편임
컨설팅 의뢰 내용	1. 기술·가정 교과 수업 분야 · 학생활동 중심의 수업운영에 대한 전반적인 점검 요망 · 능동적인 수업 참여를 이끌어 내기 위한 방법 조언 · 학생활동에 태블릿 PC를 활용하는 방안 조언 2. 학급 운영 및 학생 상담 분야 · 남학생과 의사소통의 어려움을 겪고 있음 · 상담 시 개인 생활 노출 정도를 알고 이에 대처하기 위한 방법 모색

참고문헌

국내 문헌 및 논문

강소정·조병은 (2013). 스토리텔링 기법을 적용한 성교육이 중학생의 건강한 성가치관 형성에 미치는 효과. 한국가정과교육학회지. 25, 15-36.

강승호 외 (2000). 현대 교육평가의 이론과 실제. 양서원.

강은정 (2007). 특수아를 위한 체제적 교수설계 방안. 경북대학교 대학원 석사학위 청구논문.

강인애 외 (2007). PBL의 실천적 이해. 문음사.

강정찬·이상수 (2011). 효과적인 수업컨설팅을 위한 개입안 설계 모형. 한국교육, 38(3), 5-32.

강창숙 (2011). 사회과 예비교사들의 좋은 수업에 대한 인식특성. 한국지리환경교육학회지, 19(2), 19-34.

강한나 (2013). 특수교육 면접 및 수업 실연. 도서출판 열린교육.

강현석 외 역 (2005). (거꾸로 생각하는) 교육과정 개발: 교과에 대한 진정한 이해를 목적으로. 학지사.

경기도교육청 교육과정지원과 (2013). 2013. 중등 정의적 능력 평가 예시자료 상.

고재희 (2008). 통합적 접근의 교육방법 및 교육공학. 교육과학사.

교육과학기술부 (2008). 중학교 교육과정 해설(Ⅲ). 수학, 과학, 기술·가정.

교육과학기술부 (2009). 초·중등학교 교육과정 총론. 교육과학기술부 고시 제 2009-41호.

교육부 (2015). 2015 개정 실과(기술·가정)/정보과 교육과정. 교육부 고시 제2015-74호【별책 10】.

구성현·채정현 (2009). 선행조직자로서 중학교 가정교과서 '식단과 식품 선택' 단원의 도식자(Graphic Organizer) 개발. 한국가정과교육학회지. 21(2), 61-81.

교육부, 충청남도교육청, 한국과학창의재단 (2018). 중학교 교사별 과정 중심 평가 이렇게 하세요. 중학교 기술·가정과.

교육부, 충청남도교육청 외 16개 시·도교육청 (2018). 2015 개정 교육과정 평가기준-고등학교 기술·가정과-.

구지은 (2013). 스마트 교육을 기반으로 한 융합형 기정과 프로그램 개발. 한국교원대학교 교육대학원 석사학위 청구논문.

국립특수교육원 (2009). 특수교육학 용어사전. 하우

권낙원 (1990). 기본수업모형의 이론과 실제Ⅱ, 수업모형의 개관. 한국교원대학교 교육연구원.

권낙원 (1996). 토의수업의 이론과 실제. 현대교육출판.

권낙원·김동엽 (2006). 교수학습 이론의 이해. 문음사.

권낙원·최화숙 (2010). 현장 교사를 위한 수업 모형. 동문사.

권대훈 (2008). 교육평가(2판). 학지사.

권봉중 역 (2010). **토니부잔의 마인드맵 북**. 비즈니스맵.

권성연 (2010). '좋은 수업'에 대한 중등학교 교사들의 인식- 중요도와 실행도의 차분석을 중심으로-. **교육공학연구**, **26**(1), 185-215.

김경섭·유제필 역 (2004). **밥 파이크의 창의적 교수법**. 김영사.

김경순 (2000). **쟁점중심 통합 사회과 수업 모형 탐색**. 한국교원대학교 대학원 석사학위 청구논문.

김경식 외 편 (1993). **교육사 개요**. 형설출판사.

김경희 외 (2006). 교사의 학생평가 전문성 기준 개발. **교육평가연구**, **19**(2), 89-112.

김교연 (2010). **가치명료화 이론을 적용한 주생활 문화 교수·학습 과정안 개발 및 평가-주생활 문화에 내재된 사회, 경제적 주거가치를 중심으로-**. 한국교원대학교 석사학위 청구논문.

김규선 (2004). 읽기 학습 지도의 효율화를 위한 도식 조직자(graphic organizer)의 활용 연구. **대구교육대학교 논문집**, **39**, 43-74

김대현 외 (1999). **프로젝트 학습의 운영**. 학지사.

김동식 외 역 (2009). **체제적 교수 설계**. 아카데미프레스.

김명수 외 (2003). 수업실기능력 인증제 도입 연구. 교사교육 프로그램 개발 과제. 2003-11.

김명희·김영천 (1998). 다중지능이론: 그 기본 전제와 시사점. **교육과정연구**, **16**(1), 299-330.

김민환·추광재 (2012). **수업모형의 실제**. 원미사.

김범환 (2009). **초등학생 노작경험을 위한 손가락 뜨개질 프로그램 개발**. 한국교원대학교 교육대학원 석사학위 청구논문.

김보경 (2014). 교직수업을 위한 역진행 수업모형 개발. **교육종합연구**, **12**(2), 25-56.

김상미·이혜자 (2012). 책 만들기를 활용한 문제중심학습 중학교 가정과 교수·학습과정안 개발 및 평가. **한국가정과교육학회지**, **24**(3), pp.101-122.

김선순 (2013). **가정교과 내 의·식·주생활 영역의 주제중심 통합 교수·학습 과정안 개발 및 적용-'가족의 생활'과 '가정생활의 실제' 단원의 녹색생활 요소를 중심으로-**. 한국교원대학교 대학원 석사학위 청구논문.

김선순·조재순 (2014). 가정교과 내 의·식·주생활 영역의 주제중심 통합 교수·학습 과정안 개발 및 적용-'가족의 생활'과 '가정생활의 실제' 단원의 녹색생활요소를 중심으로-. **한국가정과교육학회지**, **26**(1), 1-16.

김성교·왕석순 (2011). 감사성향 함양을 위한 중학교 가정과 인성교육 교수·학습 과정안 개발 및 수업적용의 효과 분석. **한국가정과교육학회지**, **23**(2), 17-35.

김순택 (1983). **현대수업원론**. 교육과학사.

김신영·김원경 (2013). 중학교 통계 단원에 대한 스토리텔링 학습자료의 수업 적용 효과, A-수학교육, **52**(3), 335-361.

김영애·유난숙 (2013). 스마트교육을 기반으로 한 의생활교육 프로그램 개발. **한국가정과교육학회지**, 25(1), 155-172.

김영채 (2007). **창의력의 이론과 개발**. 교육과학사.

김영천 (2007). **현장교사를 위한 교육평가**. 문음사.

김원경 외 (2013). **고등학교 수학I**. 비상교육. 71.

김원정 (2010). 예비 체육 교사의 수업 시연을 통한 자기수업반성에 관한 연구. **한국스포츠교육학회지**, 17(1), 25-52.

김유니·조재순 (2010). 실천적 문제 중심 노인주거 교수·학습 과정안 개발 및 적용-고등학교 기술·가정을 중심으로-. **한국가정과교육학회지**, 22(1), p.1-19.

김은정 (2011). 가정교과에서의 스토리텔링(storytelling)을 활용한 수업 설계 방안. **한국가정과교육학회지**, 23(1), 143-157.

김자영 (2011). **중등 기술·가정 수업에서 협동학습이 학업성취도 및 흥미도에 미치는 영향-Jigsaw II와 GI 중심으로-**. 공주대학교 석사학위 청구논문.

김재웅 외 (2010). 한국의 교수·학습 방법의 개혁 성찰과 전망. 한국교육과정평가원 연구보고. RRI 2010-3.

김재춘 외 (2005). **교실 수업 개선을 위한 교수·학습 활동의 이론과 실제**. 교육과학사.

김정섭 (2009). 학습컨설팅의 중요성과 학습 컨설턴트의 역할. **한국교육심리학회지**, 1(1), 19-30.

김정섭 외 역 (2010). **학습과 행동 문제 해결을 위한 학교 컨설팅**. 학지사.

김정환·권향순 (2010). 구성주의적 평가관에 따른 역동적 평가의 원리와 적용방안. **교육평가연구**, 23(3), 547-567.

김종석·김언주·백욱현 역 (1992). **교수·학습의 이론과 실제**. 성원사.

김진수 (2012). **STEAM 교육론**. 양서원.

김창환 (2002). **헤르바르트: 실천학으로서의 교육학**. 문음사.

김태길 외 (1989). **성숙한 시민 개발된 사회**. 자유시대사.

김판수 외 (2000). **구성주의와 교과교육**. 학지사.

김현진 외 (2010). 예비교사의 수업능력 개발을 위한 교육방안 연구. 한국교육과정평가원 연구보고 RRI 2010-16.

김현철 (2011). 스마트교육 콘텐츠 품질관리 및 교수학습모형 개발 이슈. KERIS 이슈리포트 연구자료 RM 2011-20.

김현철 (2014). **고등학교 사회과 교실에서 역할놀이 수업의 실천**. 한국교원대학교 대학원 석사학위 청구논문.

김형경 (2008) 학습과제와 수업 설계. **교육연구**, 28(6), 40-45.

김형숙 (2004). **시각문화 교육. 방법과 실천**. 시공사.

김혜숙 외 (2002). **교육방법론**. 학문사.

나선미 (2008). **수학과 절대평가의 실태 분석 및 수학교사의 성장참조평가 인식도 분석**. 아주대학교 대학원 석사학위 청구논문.

남경숙 (2008). **포트폴리오를 적용한 음악과 수행평가 도구 개발: 초등학교 3학년을 중심으로**. 대구교육대학교 석사학위 청구논문.

노석구 외 (2008). **초등과학 교수·학습 지도안 작성을 위한 수업 컨설팅**. 교육과학사.

노소림·이형실 (2005). 다중지능 이론에 기초한 기술가정과 수업이 중학생의 자아존중감에 미치는 효과–자원의 관리와 환경 단원을 중심으로–. **한국가정과교육학회지**, 17(2), 1–10.

노혜숙 역 (2003). **창의성의 즐거움**. 북로드.

라미경 (2015). **거꾸로 수업을 활용한 수학 수업모형 연구–고등학교 1학년 과정을 중심으로–**. 중앙대학교 교육대학원 석사학위 청구논문.

류상희 (2010). 개념 획득 모형을 적용한 실과 교수학습과정안 개발. **한국실과교육학회지**, 23(4), 323–345.

류지헌 외 (2013). **교육방법 및 교육공학**. 학지사.

박강용 (2000). **쟁점중심 사회과에서 패널식 대의토론 학습과 비판적 사고력의 신장**. 한국교원대학교 대학원 박사학위 청구논문.

박도순 외 (2011). **교육평가**. 문음사.

박미정 외 (2014). **고등학교 기술·가정**. (주)삼양미디어.

박미정 (2012). 가정과교육에서의 창의·인성 수업 모델 개발–'옷차림과 자기표현' 단원을 중심으로–. **한국가정과교육학회지**, 24(3), 35–56.

박범수 (2002). 철학적 관점에서의 토의수업 모형. **한국초등교육**, 13(2), 1–35.

박성익 (2014). **꿈과 끼를 살려주는 행복한 학교**. 연구학교 소식지 제4호.

박성익·권낙원 역 (1989). **교수모형의 적용기술**. 성원사.

박숙희·염명숙 (2013). **교수·학습과 교육공학**. 학지사.

박순경 (1999). 학습자 주도적 학습활동으로서의 프로젝트법에 대한 고찰. **교육과정연구**, 17(2), 21–38.

박영근·천정미 (2003). John Dewey의 반성적 사고와 창의성 교육. **교육사상연구**, 13, 1–12.

박은아 (2012b). 2012년 고교 보통교과 성취평가제 시범학교 운영 지원 사업(ORM 2012–114) 연구보고서. 한국교육가정평가원.

박은종 (2010). **사회과 교재 연구와 교수·학습법 탐구**. 한국학술정보.

박이문 (1991). **합의로서의 합리성: 하버마스 비판이론의 경우**. 사회비평(5). 38–348.

박인우 외 역 (2005). **교수모형**. 아카데미프레스.

박태호 (2014). **아하! 학생 배움중심의 수업코칭 전략**. 아카데미 프레스.

박희정 (2009). 환경친화적 주생활 교육을 위한 쟁점 중심 교수·학습 과정안 개발 및 적용. 한국교원대학교 대학원 석사학위 청구논문.

반재천·김선·박정·김희경·이해선·김수진·신미경·김한승·유명한·정상명·여인경 (2018). 2015 개정 교육과정에 따른 교사별 과정중심평가 활성화를 위한 학생평가 모형 개발 연구. 교육부 11-1342000-000300-01.

방경곤 외 (2013). **교수·학습안과 수업 실연**. 양서원.

배슬기·류청산 (2005). 노작학습 프로그램이 초등학생의 사회성 발달에 미치는 영향. **한국실과교육학회지**, 18(4), 225-236.

배해수 외 (1994). **한국인의 도덕성 연구**. 아산 사회복지 재단.

배호순 (2000). **수행평가의 이론적 기초**. 학지사.

백영균 외 (2007). **교육방법 및 교육공학**. 학지사.

범선화 (2007). **중학교 가정교과 수행평가를 위한 루브릭(rubric) 개발-실험·실습법. 연구보고서법에 적용-**. 한국교원대학교 교육대학원 석사학위 청구논문.

범선화·채정현 (2008). 중학교 가정교과 수행평가를 위한 루브릭(rubric) 개발: 실험·실습법에 적용. **한국가정과교육학회지**, 20(3), 85-105.

변영계 외 (2007). **교육방법 및 교육공학**. 학지사.

변영계 (1984). **학습지도**. 배영사.

변영계 (2005). **교수·학습이론의 이해**. 학지사.

변현진·채정현 (2002). 실천적 추론 가정과 수업이 비판적 사고력에 미치는 효과 검증-가족관계와 자원관리 단원을 중심으로-. 한국가정과교육학회지, 14(3), 1-9.

변홍규 (1997). **능률적 토의 수업의 기법**. 교육과학사.

서근원 (2014). **수업, 어떻게 볼까?**. 교육과학사.

서울대학교교육연구소 편 (1995). **교육학용어사전**. 하우동설.

서울특별시 교육연구원 (1991). 토의학습 어떻게 할 것인가. **서울특별시 교육연구원**, 31-34.

서울특별시교육청 (2010). **서술형 평가 장학 자료집**.

서재복 외 (2013). **교사교육론**. 태영출판사.

석문주 외 (1997). **학습을 위한 수행평가**. 교육과학사.

성태제 (2010). **현대교육평가**. 학지사.

손병철 (2002). **쟁점중심 초등 사회과의 수업과정 분석.** 한국교원대학교 교육대학원 석사학위 청구논문.

손승남 (2007). 좋은 수업의 조건-교수론적 관점들. **교육사상연구, 20**(1), 115-134.

손승남·정창호 역 (2013). **좋은 수업이란 무엇인가?.** 삼우반.

신을진 (2015). **교사의 성장을 돕는 수업 코칭.** 에듀니티.

신재한 (2013). **수업컨설팅의 이론과 실제.** 교육과학사.

신현정 (2002). **개념과 범주화.** 아카넷.

여수경·채정현 (2011). ARCS 동기유발 전략을 활용한 가정과 식품표시 수업이 중학생의 학습동기와 식품표시에 대한 인식 및 활용도에 미치는 효과. **한국가정과교육학회지, 23**(1), 113-141.

오만록 (2012). **교육방법 및 교육공학.** 문음사.

오영범 (2013). 초등학교 수업컨설팅 사례연구를 통한 수업컨설팅 방향탐색. **초등교육연구, 26**(2), 45-70.

원은숙 (2008). **고등학교 가정과 웹기반 수업에서 토론학습이 성지식 및 성태도에 미치는 영향.** 이화여자대학교 석사학위 청구논문.

원효헌 (1997). 교사의 수업 수행 평가 준거의 타당화 연구. **교육문제연구, 9,** 263-283.

유정옥 (1998). **여자고등학교 가정과 수업에서의 탐구학습모형 적용에 관한 연구-피복 재료 단원을 중심으로-.** 공주대학교 교육대학원 석사학위 청구논문.

유진희 (2012). **학습과제에 따라 교사중심 토의수업과 학생중심 토의수업이 학업성취도에 미치는 영향-고등학교 가정과를 중심으로-.** 한국교원대학교 교육대학원 석사학위 청구논문.

유태명 (1992). 가정과교육 방향의 재조명을 위한 가정학 철학 정립의 중대성. 한국가정과교육학회 학술대회 자료집. 43-59.

유태명 (2007). 아리스토텔레스의 덕론에 기초한 가정과교육에서의 실천 개념 고찰을 위한 시론(I): 실천적 지혜(phronesis)와 다른 덕과의 관계에 대한 논의를 중심으로. **한국가정과교육학회지, 19**(2), 13-34.

유태명·이수희 (2009). 2007년 개정 가정과 교육과정 개발 관점의 변화에 따른 실천적 문제 중심 교육과정 연수 프로그램 개발, 실행 및 평가. **한국가정과교육학회지, 21**(1), 1-19.

유태명·이수희 (2010). **실천적 문제중심 가정과수업.** 북코리아.

윤기옥 외 (1992). **수업모형.** 형설출판사.

윤기옥 외 (1995). **수업모형.** 형설출판사.

윤기옥 외 (2009). **수업모형.** 동문사.

윤오영 (2005). **서술형·논술형 평가의 필요성 및 평가 문항 개발.** 서울교육.

윤인경 (1990). 기본수업모형의 이론과 실제II. 중학교 가정과 기본수업모형. 한국교원대학교 교육연구원.

윤인숙 (2008). **초등 실과 손바느질하기 단원의 프로젝트 학습이 학업성취도에 미치는 효과.** 경인교육대학교 교육대학원 석사학위 청구논문.

윤지현 (2008). 가정과 수업에서 통합 논술형 수업의 개발 방안. **한국가정과교육학회지, 20**(1), 21-44.

이동엽 (2013). 플립드러닝(Flipped Learning) 교수학습 설계모형 탐구. **디지털복합연구, 11**(12), 83-92.

이동원 (2009). 창의성 교육의 실천적 접근. 교육과학사.

이미영 (2010). **실과 간단한 생활용품 만들기 단원에서 프로젝트법이 자기주도적 학습능력에 미치는 효과.** 한국교원대학교 교육대학원 석사학위 청구논문.

이미자 (1998). Taba의 귀납적 사고 모형을 적용한 의생활 영역 교수·학습의 실제. 한국가정과교육학회 학술대회 자료집, 45-56.

이민경 (2014). 거꾸로 교실의 교실사회학적 의미 분석-참여 교사들의 경험을 중심으로-. **교육사회학연구, 24**(2), 181-206.

이민정 (2012). **포트폴리오 평가를 적용한 가정과 주생활 교수 학습 과정안 개발 및 실행-주거와 거주환경 단원을 중심으로-.** 한국교원대학교 교육대학원 석사학위 청구논문.

이분희 (2015). **중학교 음악과 논술형 평가 문항 개발 및 적용방안.** 한국교원대학교 교육대학원 석사학위논문.

이상수 외 (2012). **체계적 수업분석을 통한 수업컨설팅.** 학지사.

이상수 (2005). **실과 재활용품 만들기 단원에서 프로젝트 접근법이 과제 수행 능력과 환경에 대한 태도에 미치는 효과.** 한국교원대학교 대학원 박사학위 청구논문.

이성흠 외 (2013). **교육방법 및 교육공학.** 교육과학사.

이성흠·이준 (2009). **교육방법 및 교육공학.** 교육과학사.

이수경·이혜자 (2011). 중학교 기술·가정 의생활영역의 서술형 평가문항 개발 및 적용. **한국가정과교육학회지, 23**(3), 69-90.

이숙희·윤인경 (1994). 가정과 소비자 교육의 개념학습 모형 적용 연구. **한국가정과교육학회지, 6**(2), 161-174.

이승해·이혜자 (2012). 미래문제해결프로그램(FPSP)을 적용한 친환경 의생활 수업이창의·인성 함양에 미치는 영향. **한국가정과교육학회지, 24**(3), 143-173.

이시경 (1996). **가족관계 영역을 중심으로 한 역할놀이수업모형의 개발 및 적용.** 이화여자대학교 석사학위 청구논문.

이연숙 외 (2013). 2009 개정교육과정에 따른 가정과 교육과정과 인성교육과의 관련성. **한국가정과교육학회지, 25**(2), 21-47.

이영림 (2009). **중학교 기술·가정과 옷차림 단원 학습을 위한 e-러닝 설계 및 구현.** 경북대학교 석사학위 청구논문.

이영옥 (2004). **쟁점 중심 가정과 토론 수업이 비판적 사고력에 미치는 효과.** 한국교원대학교 대학원 석사학위 청구논문.

이용복 (1994). **역할놀이 수업모형의 적용이 민주시민의식 내면화에 미치는 영향**. 한국교원대학교 석사학위 청구논문.

이유나 외 (2012). 수업컨설팅 인식 및 요구조사에 기초한 수업컨설팅의 과제. **교육공학연구**, 28(4), 729–755.

이윤식 (1999). **무너져가는 교권을 바로 세우자. 교육개발**, 117호, 12–16.

이은희 외 (2017). 기술·가정(고등). 교문사.

이은희 외 (2017). 기술·가정(중등). 교문사.

이인제 외 (2008). 교직적성 심층면접 출제 매뉴얼. 한국교육과정평가원 연구자료. ORM 2008–19–4.

이종희·조병은 (2011). 고등학생의 성공적인 노후생활 준비교육을 위한 실천적 문제 중심 가정과 수업의 교수 설계와 개발. **한국가정과교육학회지**, 23(3), 161–183.

이지연 (2008). **예비교사를 위한 실제적 교육방법 및 교육공학**. 서현사.

이진희 (2008). Blended Learning(BL) **전략을 활용한 실천적 문제 중심 가정과 교수–학습 과정안 개발 및 평가: '청소년과 소비생활' 단원을 중심으로–**. 한국교원대학교 석사학위 청구논문.

이춘식·이수정 (2003). 중학교 기술·가정과 교수·학습 자료집. 한국교육과정평가원 연구개발자료 RDM 27.

이향원 (2000). **학생중심 토의수업과 교사중심 토의수업이 학습능력에 따라 학업성취 및 학습태도에 미치는 효과**. 한국교원대학교 석사학위 청구논문.

이혁규 (2009). 현장의 우수 수업 특성에 대한 문화 비평. 학교 수업에 대한 반성과 전망. 한국교원대학교·청주교육대학교·한국교원교육학회 공동학술대회자료집.

이혁규 (2013). **누구나 경험하지만 누구도 잘 모르는 수업**. 교육공동체 벗.

이형실·금은주 (2004). 고등학교 가정과수업에서 문제중심학습이 자아효능감에 미치는 효과–가족관계 영역을 중심으로–. **한국가정과교육학회지**, 16(2), 27–36.

이홍우·박재문 (2008). **서양교육사**. 교육과학사.

이화여자대학교 교육공학과 (2007). **21세기 교육방법 및 교육공학**. 교육과학사.

임찬빈 외 (2004). 수업평가 기준 개발 연구(I): 일반 기준 및 교과 기준 개발. 한국교육과정개발원.

임정환·권성기 역 (2009). **교사를 위한 수업 전략**. 시그마프레스.

임헌규 (2013). **수업모형의 분류와 적용에 관한 연구**. 청주교육대학교 석사학위 청구논문.

임효진 (2012). 국제 학업성취도 평가 결과에 기반한 교육정책 개선 방안. 연구자료 ORM 2012–2.

임희석 (2012). **스마트하게 가르쳐라: 스마트 교육**. 휴먼싸이언스

장경원 (2012). 토의 수업을 위한 월드카페 활용 가능성 탐색. **교육방법연구**, 24(3), 523–545.

장명희 외 (2011). 2011 특성화고 및 마이스터고의 가사·실업계열 전문교과 교육과정 개정을 위한 시안 개발. 한국직업능력개발원.

장주인 (2006). Graphic Organizer를 활용한 영어 단편소설 학습이 고등학교 영어 독해능력에 미치는 영향. 한국교원대학교 대학원 석사학위 청구논문.

전미연·오경화 (2014). PBL을 적용한 윤리적 의류소비교육 프로그램 개발과 적용. **한국가정과교육학회지**, **26**(2), 69-87.

전성수 (2012). **부모라면 유대인처럼하브루타로 교육하라.** 예담프렌드.

전숙자 (2002). **사회과교육의 통합적 구성과 교수-학습 설계.** 교육과학사

전숙자 (2007). **고등사고력 함양을 위한 사회과교육의 새로운 이해.** 교육과학사.

정경화 (2014). 조시아 웨지우드와 도자기 생산 산업화-터치스크린 전자책을 활용한 역사과 '거꾸로 교실' 교수·학습방안 연구-. 이화여자대학교 교육대학원 석사학위 청구논문.

정명기 (2008). 도식 조직자 전략 훈련이 청각장애 학생의 쓰기 응집성과 결속구조에 미치는 영향. 단국대학교 대학원 석사학위 청구논문.

정문성 (2006). **협동학습의 이해와 실천.** 교육과학사.

정미경 (2002). 중·고등학생의 다중지능 및 창의성과 가정과 학업성취도와의 관계. **한국가정과교육학회지**, **14**(3), 51-64.

정민 (2014). Flipped Classroom 학습이 초등학생의 수학과 학업성취도와 태도에 미치는 영향. 한국교원대학교 대학원 석사학위 청구논문.

정세호 (2014). **가정교과 중심의 융합인재교육(H-STEAM)을 위한 스마트 교육 프로그램 개발-중학교 타 교과 교과서와의 중복성 분석에 기초하여-.** 한국교원대학교 교육대학원 석사학위 청구논문.

정숙경 (2003). 수업의 기초와 실제 탐구. **동아대학교 출판부.** 16-28.

정윤희 외 (2012). 스토리텔링을 활용한 영어수업이 초등학생의 영어 듣기 말하기 능력 및 정의적 영역에 미치는 효과. **교육과학연구**, **43**(1), 63-89.

정종진 (1999). **교육평가의 이해.** 양서원.

정주영 외 (2012). **술술 풀리는 PBL과 액션러닝.** 학지사.

정혜영·신상옥 (2001). 문제중심학습(PBL)이 청소년 소비자 의식과 기능에 미치는 효과-중학교 가정과 '소비생활' 단원을 중심으로-. **한국가정과교육학회지**, **13**(3), 147-160.

정환만 외 (2014). **학교 안전사고 예방 가이드북.** 광주광역시 교육청.

정회욱 역 (2011). **하우 위 싱크.** 학이시습.

조규락·김선연 (2006). **교육방법 및 교육공학.** 학지사.

조규락·박은실 역 (2009). **문제해결학습**. 학지사.

조벽 (1999). **새시대교수법**. 한단 북스.

조수경·채정현 (2007). 타 교과와의 중복성 분석에 기초한 중학교 가정교과의 선행조직자로서의 개념도 개발－ '자원의 관리와 환경' 영역을 중심으로－. **한국가정과교육학회지**, 19(2), 131-152.

조승제 (2006). **교과교육과 교수학습방법론**. 양서원.

조연순 (2006). **문제중심학습의 이론과 실제**. 학지사.

조연순 외 (2013). **창의성 교육**. 이화여자대학교출판부.

조영남 (2011). 마이크로티칭과 초등예비교사교육. **초등교육연구**, 24(1), 65-84.

조용환 (2009). 한국 고등학생의 학업생활과 문화에 대한 연구. 한국교육개발원 연구보고서. 1-273.

조정래 (2013). **스토리텔링 멘토링－교사와 학부모를 위한 스토리텔링 교수법**. 행복한 미래.

조희정 (2012). ASSURE 이론에 기초한 유아교사 양성과정의 모의수업 모형 개발 및 적용. 배재대학교 박사학위 청구논문.

주삼환 (2003). **장학의 이론과 기법**. 학지사.

진용성·김병수 (2015). 국어과 거꾸로 교실의 적용 가능성 탐색. **한국초등국어교육학회지**, 57, 235-260.

차경수 (1994). 사회과 논쟁문제의 교수모형. **사회와 교육**, 19, 225-240.

차조일 (1999). 사회과 개념학습 모형의 이론적 문제점과 해결방안. **한국사회과학교육학회**, 29, 227-249.

채광석 역 (2015). **교육과 의식화**. 중원문화.

채정현 (2007). 가정과목의 재구성을 통한 질제고 방안. 시도 교육청 핵심교원 연수 자료집. 교육인적자원부. 경기도 교육청.

채정현 외 (2014). **가정과교육론**. 교문사.

채정현·유태명 (2006). 실천적 추론수업이 중학생의 자아존중감에 미치는 효과. **한국가정과교육학회지**, 18(1), 31-47.

최경수 (2012). **창의·인성 교육을 위한 가정과 프로젝트 학습의 개발 및 효과－중학교 '주거 공간 활용' 단원을 중심으로－**. 한국교원대학교 교육대학원 석사학위 청구논문.

최돈형 외 (2009). 교실친화적 교사 양성 연구 I－ 교실친화적 교사양성 기본체제의 설계. 한국교원대학교－한국교육과정평가원 협동 연구과제. 연구보고 RRI 2009-1-1.

최성기 (1994). **역할놀이 수업이 학급풍토에 미치는 영향**. 한국교원대학교 석사학위 청구논문.

최성연·채정현 (2011). 다중지능 교수.학습 방법을 적용한 실천적 문제 중심 가정과 교수·학습 과정안의 개발과 평가－중학교 가정과 '청소년의 영양과 식사' 단원을 중심으로－. **한국가정과교육학회지**, 23(1), 87-111.

최용규 외 (2014). **사회과, 교육과정에서 수업까지**. 교육과학사.

최욱 외 역 (2012). **교수설계 이론과 모형**. 아카데미프레스.

최원경 (1990). 강의법(Lecture Method)에 대한 소고. **대구산업정보대학 논문집**, 4, 138-149.

최인철 (2011). **행복교과서에 따른 교사용 지도서**. 서울대학교 행복연구센터.

최인철·이경민 (2012). **행복교과서에 따른 교사용 지도서**. 서울대학교 행복연구센터.

최정임 (2004). 사례분석을 통한 PBL의 문제 설계 원리에 대한 연구. **교육공학연구**, 20(1), 37-61.

최정임·장경원 (2010). **PBL로 수업하기**. 학지사.

켈러·송상호 (2014). **매력적인 수업설계**. 교육과학사.

한국가정과교육학회 (2008). 미발행된 한국가정과교육학회 홍보리플렛.

한국U러닝연합회 (2014). 플립러닝 성공전략.

한국교육개발원 (1985). 수업의 질을 높이기 위한 새 수업 방안 탐색. 교육자료 TL84-1.

한국교육과정평가원 (2001). 학교교육 내실화 방안 연구(I): 2001 인문사회연구회 협동연구 총괄 보고서(RRC 2001-16). 한국교육과정평가원.

한국교육과정평가원 (2003). 중학교 기술가정과 교수학습 방법과 예시 자료 개발 연구-프로젝트 학습과 문제 중심 학습을 중심으로-. 연구보고 RRI 2003-7.

한국교육과정평가원 (2016). 2015 개정 교육과정에 따른 초중학교 교과 평가기준 개발 연구(총론).

한국교육과정평가원 (2018). 교과 역량 함양을 위한 교수학습-평가 연계 교수학습 과정안 예시자료집-중학교 국어, 역사, 수학, 기술·가정, 음악 교과를 중심으로-. 연구자료 ORM 2018-126.

한국교육과정평가원·한국가정과교육학회 (2008). 2009학년도 개편 중등교사 임용후보자선정 경쟁시험 표시과목 「가정」의 교사 자격 기준 개발과 평가 영역 상세화 및 수업 능력 평가 연구. 연구보고 CRE 2008-6-32.

한국교육과정평가원 (2012b). 2009 개정 교육과정에 따른 교과별 성취기준·성취수준 개발 연구 4차 워크숍 자료집. 한국교육과정평가원.

한국교육과정평가원 (2013). 고등학교 성취평가제 운영의 실제-기술·가정-(ORM 2013-85-11) 연구보고서. 한국교육과정평가원.

한국교육네트워크 역 (2014). **프레이리와 교육**. 살림터.

한국교육평가학회 (2004). **교육평가 용어사전**. 학지사.

한국부잔센터 (1994). **반갑다. 마인드 맵**. 사계절.

한국언론진흥재단 NIE 교수학습 자료 웹페이지. www.forme.or.kr

한완상 (1993). **민중시대의 문제의식**. 일월서각.

한정선 외 (2011). **21세기 교사를 위한 교육방법 및 교육공학**. 교육과학사.

한주·채정현 (2011). 동기 유발 전략을 적용한 가정과 '청소년의 성과 친구관계' 단원 교수·학습 과정안 개발. **한국가정과교육학회지. 23**(4). 87-103.

한준상 (2002). **학습학**. 학지사.

허수미 (2013). 사회과 서술, 논술형 평가 현황 및 평가 목표와의 정합성. **한국교원대 사회과학연구. 15**, 127-148.

홍성효 (2010). **지정의 통합적 접근과 도덕적 행동의 관계에 관한 연구**. 한국교원대학교 교육대학원 석사학위 청구논문.

홍소영 (2009). 교사의 수업 반성이 토의수업행동에 미치는 영향. **학습자중심교과교육연구. 9**(2), 293-317.

황민성 (2014). **가정과 의생활 실습수업이 고등학교 남학생의 인성에 미치는 영향**. 한국교원대학교 교육대학원 석사학위 청구논문.

국외 문헌 및 논문

American Federation of Teacher, National Council on Measurement in Education & National Education Association (AFT. NCME & NEA) (1990). *Standards for teacher competence in educational assessment of students. educational Measurement: Issues and practice, 9*(4), 30-32.

Ausubel, D. (1968) *Educational Psychology: A Cognitive View*. Holt, Rinehart & Winston, New York.

Baldwin (1991). The home economics movement: A new integrative paradigm. *Journal of home economics, 83*(4), 42-29.

Barrows, H. S. & Myers, A. C. (1993). *Problem-based learning in secondary schools. unpublished monograph*. Springfield, IL: Problem-Based Learning Institute, Lanphier Highschool and Southern Illinois University Medical School.

Barrows, H. S. (1985). *How to design a problem-based curriculum for the preclinical years*. New York: Springer.

Barton, J. & Collins, A. (1993). *Portfolios in teacher education. Journal of Teacher Education, 44*, 200-212.

Beattie, D. K. (1997). *Assessment in art education*. Worcester, Massachusetts: Davis Publication, Inc.

Bloom, B. S. (1956). *Taxonomy of educational objectives*. New york. David macay company, Inc.

Brandt, R. (1989). On assessment in the arts: A conversation with howard Gardner. *Educational

Leadership, 45(1), 35–36.

Brown, M. M. & Paolucci, B. (1979). *Home economics: a definition*. Washington, DC: American Home Economics Association.

Brown, M. M. (1978). *A conceptual scheme and decision–rules for the selection and organization of home economics curriculum content*. Madison, WI: Wisconsin Department of Public Instruction.

Brown, M. M. (1980). *What is home economics education?* St. Paul, MN: Minnesota Research and Development Center for Vocational Education.

Brown, M. M. (1993). *Philosophical studies of home economics in the United States*. East Lansing, MI: Michigan State University.

Coomer, D., Hittman, L. & Fedge, C. (1997). Questioning: A teaching strategy and everyday life strategy. In J. Laster & Thomas(Eds): *Family and Consumer Sciences teacher education: Yearbook 17.* Thinking for ethical action in families and communities. Peoria, IL: Glencoe/McGraw–Hill.

DeFina, A. A. (1992). *Portfolio assessment*. Jefferson. City, MO: Scholastic Professional Books.

Delisle, R. (1997). *How to use problem–based learning in the classroom*. VA: Association for supervision and curriculum development.

Forgatty, R. (1997). *Problem–based learning and other curriculum model for the multiple intelligences classroom*. Illinois: Sky Light Professional Development.

Gage, N. L. & Berliner, D. C. (1975). *Educational psychology*. Chicago: Rand McNally.

Gagne, R. M. (1970). *The conditions of learning. Secondedition*. New York: Holt, Rinehart & Winston.

Gardner, H. (1994). *The arts and human development: a psychological study of the artistic process*. New York: Basic Books.

Gronlund, N. E. (1974). *Individualizing classroom instruction*. NY: Macmillan.

Gronlund, N. E. (1985). *Stating objectives for classroom instruction*(3rd ed.). NY: Macmillan.

Gronlund, N. E. (1999). *How to Write and Use Instructional Objectives*(6th ed.). WA; Merrill Press.

Habermas, J. (1971). *Knowledge and human interests*. Translated by J. Shapiro. Boston, MA: Beacon Press.

Herbert, E. A. (1992). Portfolio invite reflection from students and staff. *Educational Journal, 49*(1), 158–61.

Isaken, S. G., Treffinger, D. J. (1985). *Creative problem solving*. The basic course. Buffalo, NY: Bearly Ltd.

Jonathan Bergmann & Aaron Sams (2012). *How the Flipped Classroom Is radically transforming Learning.*

Laster, J. F. (1982). A Practical Action Teaching Model, *Journal of home economics,* 74(3). 41-44.

Mager, R. F. (1962). *Preparing instructional objectives.* Calif: Fearon Publishers.

McMillan (2004). *Classroom assessment principle and practice for effective instruction.* Boston: Allyn & Bacon.

Moore, K. D. (2005). *Effective instructional strategies: From theory to practice.* Calif: Sage Publications.

Olson, K. (1999). Practical reasoning. In Johnson, J. & Fedge, C.(1999). *Family and Consumer Science curriculum: Toward a critical science approach.* Education and Technology Division, American Association of Family and Consumer Sciences.

Oregon Department of Education (1996). *Family and consumer science studies curriculum for Oregon middle schools.*

Osborn, A. F. (1953). *Applied imagination(rev. ed.).* New York: Scribner's.

Parnes, S. J. (1967). *Creative behavior guidebook.* New York, NY: Charles Scribner's Sons.

Reay, D. (1994). *Selecting training methods.* London, UK: Kogan Page.

Reigeluth, C. M. (1983). Meaningfulness and Instruction: Relating What Is Being Learned to What a Student Knows. *Instructional Science, 12*(3), 197-218.

Scriven, M. (1967). *The methodoldgy of evalution.* In R. Tyler, R. Gagne & M. Scriven(Eds), Perpectives on Curricular Evaluation, AERA Monograph Series on Curriculum Evaluation, 1.

Sfard, A. (1998). *On two metaphors for learning and the dangers of choosing just one.* ducational researcher, 27, 10-11.

Torrance, E. P. (1974). *Torrance tests of creative thinking: Directions manual and scoring guide(Verbal test booklet a, B).* Scholastic Testing Service, Inc.

Tyler, R. W. (1949). *Basic principles of Curriculum and Instruction.* Chicago: The University of Chicago Press.

Wiggins, G. (1993). *Assessing Student performance, Exploring the purpose and lim its of teaching.* Jossy-Bass Pub: New York.

Williams, S. K. (1999). Critical science: reaching the learner. In Johnson, J. & Fedje, C. G. *Family and consumer sciences curriculum toward a critical science approach*(pp.70-78). Education and Technology Division. American Association of Family and Consumer Science.

찾아보기

저자소개

채정현 한국교원대학교 가정교육과 교수
박미정 한국교원대학교 가정교육과 교수
김성교 경북 경주여자중학교 수석교사
유난숙 전남대학교 가정교육과 교수
한 주 강원대학교 가정교육과 교수
허영선 광산중학교 가정과 교사

3판

행복한 배움을 실천하는
가정과 수업 방법과 수업 실연

2015년 10월 23일 초판 발행 │ 2017년 2월 20일 2판 발행 │ 2019년 8월 30일 3판 발행 │ 2021년 2월 15일 3판 2쇄 발행

지은이 채정현·박미정·김성교·유난숙·한 주·허영선 │ **펴낸이** 류원식 │ **펴낸곳 교문사**

편집팀장 모은영 │ **책임편집** 이유나 │ **디자인** 신나리 │ **본문편집** 벽호미디어

주소 (10881) 경기도 파주시 문발로 116 │ **전화** 031-955-6111 │ **팩스** 031-955-0955
홈페이지 www.gyomoon.com │ **E-mail** genie@gyomoon.com
등록 1960. 10. 28. 제406-2006-000035호
ISBN 978-89-363-1867-3(93590) │ 값 28,000원

예비 선생님을 응원합니다.

열린교문
www.opengyomoon.com

교문사의 선생님 응원 프로젝트~!!!

01 선생님만을 위한 수업 지원 서비스,
교수 학습 자료에서 확인하세요.

02 학습 결과보다는 과정을 중시하는 과정중심 수행평가,
교문사가 함께합니다.

03 수동적 듣기보다 적극적 참여가 가능한 플립 러닝,
교문사가 시작합니다.

ⓘ 교과서에 대해서 직접 하실 말씀이나 궁금한 점이 있으시면

메일을 보내셔도 됩니다.   ✉ gyom_textbook@naver.com
전화를 하셔도 됩니다.   📞 교과서팀 직통 전화번호 031-955-0952
직접 찾아 오시는 것도 환영합니다.   🏠 경기도 파주시 문발로 116